EDA精品智汇馆

Vivado从此开始

（第2版）

高亚军 编著

電子工業出版社
Publishing House of Electronics Industry
北京 • BEIJING

内 容 简 介

本书涵盖了 Vivado 的四大主题：设计流程、时序约束、设计分析和 Tcl 脚本的使用，结合实例，深入浅出地阐述了 Vivado 的使用方法，精心总结了 Vivado 在实际工程应用中的一些技巧和注意事项，既包含图形界面操作方式，也包含相应的 Tcl 命令。

本书语言流畅，图文并茂，共包含 406 张图片、17 个表格、173 个 Tcl 脚本和 39 个 HDL 代码，同时配有 41 个电子教学课件，为读者提供了直观而生动的资料。

本书可供电子工程领域的本科高年级学生和研究生学习参考，也可供 FPGA 工程师和自学者参考。

图书在版编目（CIP）数据

Vivado 从此开始 / 高亚军编著. —2 版. —北京：电子工业出版社，2024.4
（EDA 精品智汇馆）
ISBN 978-7-121-47230-5

Ⅰ. ①V… Ⅱ. ①高… Ⅲ. ①现场可编程门阵列－系统设计 Ⅳ. ①TP331.202.1

中国国家版本馆 CIP 数据核字（2024）第 032751 号

责任编辑：张 楠
文字编辑：徐 萍
印 刷：三河市君旺印务有限公司
装 订：三河市君旺印务有限公司
出版发行：电子工业出版社
北京市海淀区万寿路 173 信箱 邮编 100036
开 本：787×1 092 1/16 印张：16.5 字数：423 千字
版 次：2017 年 1 月第 1 版
2024 年 4 月第 2 版
印 次：2024 年 12 月第 3 次印刷
定 价：65.00 元

凡所购买电子工业出版社图书有缺损问题，请向购买书店调换。若书店售缺，请与本社发行部联系，联系及邮购电话：（010）88254888，88258888。

质量投诉请发邮件至 zlts@phei.com.cn，盗版侵权举报请发邮件至 dbqq@phei.com.cn。

本书咨询联系方式：（010）88254579。

◇前　言◇

2012 年，Xilinx 推出了新一代开发工具 Vivado，旨在应对芯片规模的显著提升和设计复杂度的大幅增加，助力下一代全可编程 FPGA 和 SoC 的设计与开发。换言之，从 Xilinx 基于 28nm 工艺的 7 系列 FPGA 开始，Vivado 成为了 FPGA 工程师不可或缺的利器。同时，Vivado 并非孤立的，围绕 Vivado，Xilinx 推出了高层次综合工具 Vivado HLS（从 2020.2 版本开始，Vivado HLS 被 Vitis HLS 取代），这样算法开发可以根据场合需求，借助基于模型的 System Generator 或基于 C/C++的 Vivado HLS 来完成。

Vivado 并非 ISE（Xilinx 前一代开发工具）的延续，而是一个全新的工具。与 ISE 相比，Vivado 有太多显著的变化。例如，Vivado 引入了以 IP 为核心的设计理念，无论是用户的 HDL 代码还是 System Generator 工程或 Vivado HLS 工程都可以封装为 IP，从而增强了设计的可复用性和可维护性；Vivado 融入了 Tcl（Tool command language），在支持传统 Tcl 脚本的基础上，还提供了大量的辅助命令，进一步提升了 Vivado 的功能；Vivado 采用了 XDC（Xilinx Design Constraints）作为约束的描述，与 UCF（User Constraints File）相比更易用；Vivado 贯穿了 UltraFast 设计方法学，引导用户尽可能地在设计初期发现潜在问题，从而大幅减少设计迭代周期。

为了推广 Vivado，Xilinx 发布了大量的用户指南、在线视频教程等，由于均为英文版本，因此不便于初学者学习、掌握。本书从读者的角度出发，围绕 Vivado 的这些显著特色，力求尽可能快地帮助读者掌握 Vivado 的精髓。全书共 7 章：第 1 章介绍了 Xilinx 7 系列和 Xilinx UltraScale 系列 FPGA 的结构，旨在帮助读者建立硬件语言与 FPGA 内部逻辑单元的对应关系；第 2 章至第 4 章从设计综合、设计实现和设计验证三个层面，结合实例介绍了 Vivado 的使用方法；第 5 章从工程应用角度阐述了 Vivado 以 IP 为核心的设计理念；第 6 章介绍了如何利用 XDC 描述约束，包括时序约束和物理约束；第 7 章列举了 Tcl 在 Vivado 中的一些应用案例。此外，作者还精心总结了一些设计技巧和注意事项，加速读者对 Vivado 的理解。

本书所用版本为 Vivado 2023.1，绝大部分案例为 Vivado 自带的例子工程，在书中都有明确说明，其他案例都以 HDL 代码形式给出。本书所阐述的内容对于 Vivado 的其他版本也是适用的，只是操作界面可能会有一些变化。

本书配有 41 个电子教学课件，为读者提供了直观而生动的资料。读者可登录华信教育资源网直接下载。

本书适用于电子工程领域内的本科高年级学生和研究生，以及 FPGA 工程师和自学者。如果您在阅读过程中发现任何错误或有任何建议，请发送邮件至 zhangn@phei.com.cn。

编 者

2023 年 10 月

◇目　录◇

第 1 章

FPGA 技术分析

1.1 FPGA 内部结构分析

1.1.1 Xilinx 7 系列 FPGA 内部结构分析

从第一颗 FPGA 产生至今，FPGA 已有 30 多年的历史，虽内部结构愈加丰富，但万变不离其宗——可编程逻辑单元、可编程 I/O 单元和布线资源构成了 FPGA 内部三大主要资源，如图 1.1 所示。

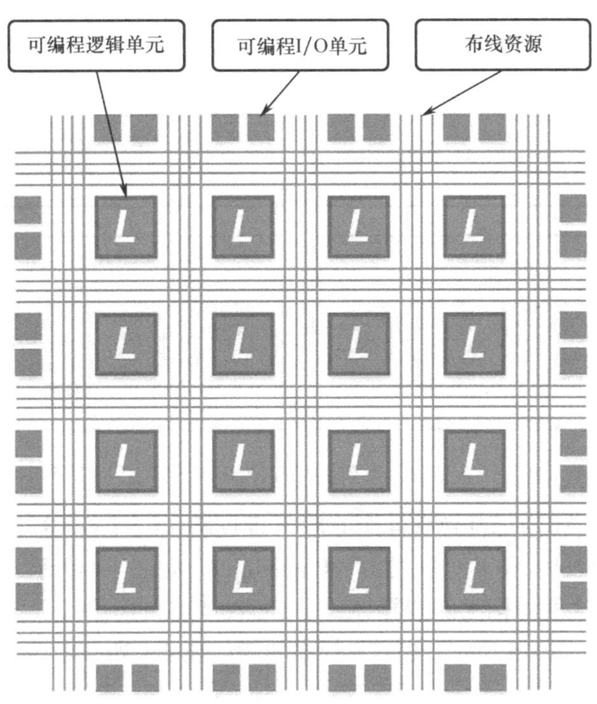

图 1.1　FPGA 内部结构

作为 FPGA 的主流厂商，在 28nm 工艺节点上，Xilinx 推出了 7 系列 FPGA，依然采用 ASMBL（Advanced Silicon Modular Block）架构，如图 1.2 所示。在该架构中，每类资源以列形式存在，列的个数决定了该资源的数量，从而可以满足不同应用领域的需求。

1．可配置逻辑单元（Configurable Logic Block，CLB）

CLB[1]在 FPGA 中最为丰富，由两个 SLICE 构成。由于 SLICE 有 SLICEL（L: Logic）

和 SLICEM（M: Memory）之分，因此 CLB 可分为 CLBLL 和 CLBLM 两类，如图 1.3 所示，图中箭头为进位链。

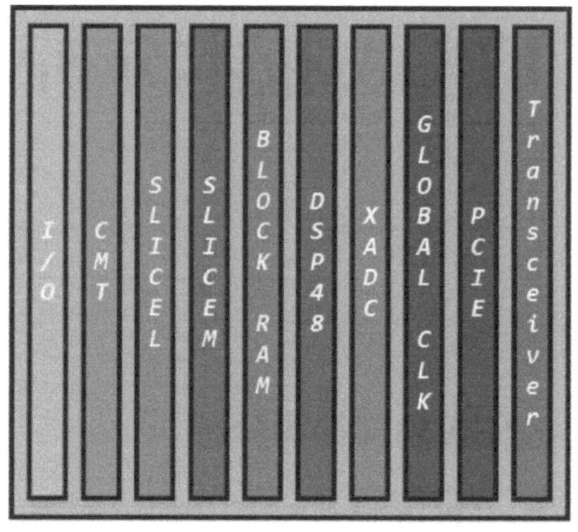

图 1.2　ASMBL 架构

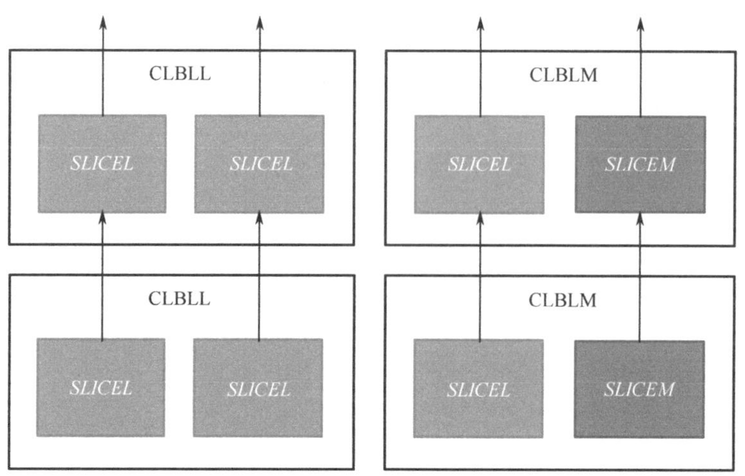

图 1.3　Xilinx 7 系列 FPGA CLB 和 SLICE 的关系

SLICEL 和 SLICEM 内部都包含 4 个 6 输入查找表（LUT6）、3 个数据选择器（MUX）、1 个进位链（Carry Chain）和 8 个触发器（Flip-Flop），如图 1.4 所示。尽管如此，二者的结构仍略有不同，正是这种结构上的差异导致了 LUT6 功能的不同。

LUT6 内部结构如图 1.5 所示。LUT6 基本功能如表 1.1 所示，该表也体现了 SLICEL 和 SLICEM 的区别。

用作逻辑函数发生器时，查找表就扮演着真值表的角色，真值表的内容可在 Vivado 中查看。例如，实现 !a&!b 时 Vivado 显示的查找表的内容如图 1.6 所示。

结合图 1.5 可知，LUT6 可满足以下情形的逻辑运算：

（1）任意 6 输入布尔表达式，此时运算结果均由 O6 输出；

（2）两个共享输入端口的 5 输入布尔表达式，此时 A6=1，运算结果分别由 O6 和 O5 输出；

（3）一个 x 输入布尔表达式和一个 y 输入布尔表达式，只要满足 $x+y\leqslant 5$，此时 A6=1，运算结果分别由 O6 和 O5 输出。

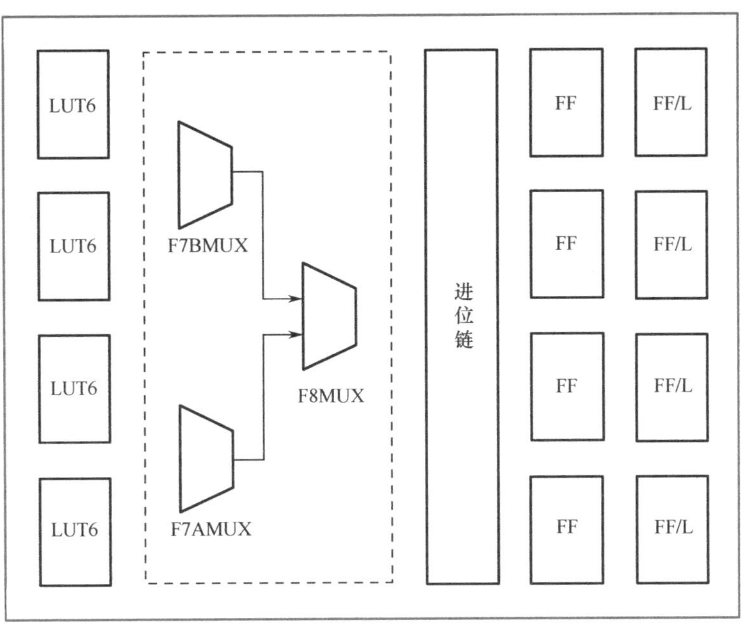

图 1.4　SLICE 内部资源

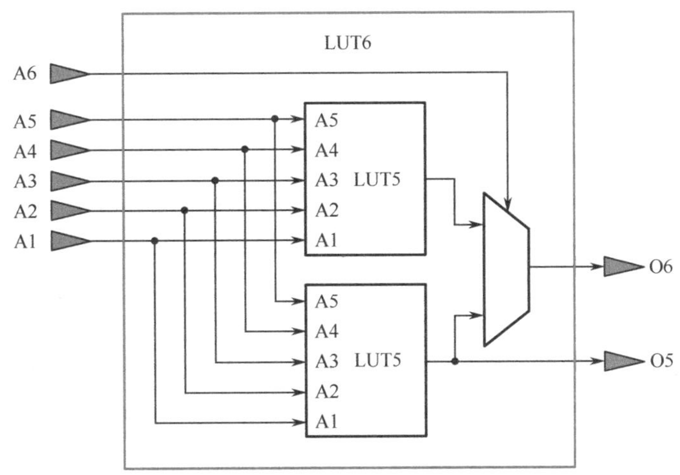

图 1.5　LUT6 内部结构

表 1.1　LUT6 基本功能

LUT 功能	SLICEL	SLICEM
逻辑函数发生器	√	√
ROM	√	√
分布式 RAM		√
移位寄存器		√

对于第二种情形，默认情况下 Vivado 会把这两个布尔表达式放在一个 LUT6 中实现；对于第三种情形，当这两个布尔表达式有共享端口时，默认情况下 Vivado 会把这两个布尔

表达式放在一个 LUT6 中实现，否则 Vivado 会把这两个布尔表达式分别放在两个 LUT6 中。因此，对于 VHDL 代码 1.1，f1 和 f3 会被放在一个 LUT6 中，f2 会单独占用一个 LUT6，整个设计会占用两个 LUT6。

Cell Properties

arg_cnt[2]_i_4

I1	I0	O=!I0 & !I1
0	0	1
0	1	0
1	0	0
1	1	0

图 1.6　实现 !a&!b 时 Vivado 显示的查找表的内容

VHDL 代码 1.1　LUT 用作逻辑函数发生器

```
architecture archi of lut_func2 is
begin
  f1 <= a1 and a2;
  f2 <= a3 or a4 or a5;
  f3 <= a1 and a6;
end archi;
```

查找表还可用作 ROM（Read-Only Memory），每个 SLICE 中的 LUT6 可配置为 64×1（占用 1 个 LUT6，64 代表 ROM 深度，1 代表 ROM 宽度）、128×1（占用 2 个 LUT6）和 256×1（占用 4 个 LUT6）的 ROM。

SLICEM 中的查找表可配置为 RAM（Random Access Memory），称为分布式 RAM。其中，RAM 的写操作为同步，读操作为异步，与时钟信号无关。如果需要实现同步读操作，则要占用额外的触发器，虽增加了一个时钟的 Latency（延迟），但提升了系统的性能。一个 LUT6 可配置为 64×1 的 RAM，当 RAM 的深度大于 64 时，会占用额外的 MUX（F7AMUX、F7BMUX 和 F8MUX）。VHDL 代码 1.2 实现的是单端口 RAM，会占用 16 个 LUT6。对于分布式存储单元（RAM 和 ROM），Vivado 提供了相应的 IP：Distributed Memory Generator。

VHDL 代码 1.2　LUT 用作分布式 RAM

```
library ieee;
use ieee.std_logic_1164.all;
use ieee.numeric_std.all;

entity ram_dist is
  generic (
              AW : integer := 6; -- Address width
              DW : integer := 16 -- Data width
             );

  port (
           clk  : in std_logic;
           we   : in std_logic;
           addr : in unsigned(AW-1 downto 0);
```

```
        di    : in std_logic_vector(DW-1 downto 0);
        do    : out std_logic_vector(DW-1 downto 0)
      );
end ram_dist;

architecture archi of ram_dist is
  subtype ram_data is std_logic_vector(DW-1 downto 0);
  type ram_type is array(2**AW-1 downto 0) of ram_data;
  signal single_ram : ram_type := (others => (others => '0'));
begin
  process(clk)
  begin
    if rising_edge(clk) then
      if we = '1' then
        single_ram(to_integer(addr)) <= di;
      end if;
    end if;
  end process;

  do <= single_ram(to_integer(addr));
end archi;
```

SLICEM 中的查找表还可配置为移位寄存器，每个 LUT6 可实现深度为 32 的移位寄存器，且同一个 SLICEM 中的 LUT6 可级联实现 128 深度的移位寄存器。移位寄存器采用 VHDL 描述时如 VHDL 代码 1.3 所示，当 DEPTH=4 时，功能描述如图 1.7 所示。

VHDL 代码 1.3　LUT 用作移位寄存器

```
library ieee;
use ieee.std_logic_1164.all;

entity shift_reg is
  generic (
            DEPTH : integer := 32
          );
  port (
         clk  : in std_logic;
         ce   : in std_logic;
         si   : in std_logic;
         so   : out std_logic
       );
end shift_reg;

architecture archi of shift_reg is
  signal shreg : std_logic_vector(DEPTH-1 downto 0) := (others => '0');
begin
  so <= shreg(DEPTH-1);
  process(clk)
  begin
    if rising_edge(clk) then
      if ce = '1' then
        shreg <= shreg(DEPTH-2 downto 0) & si;
      end if;
    end if;
  end process;
end archi;
```

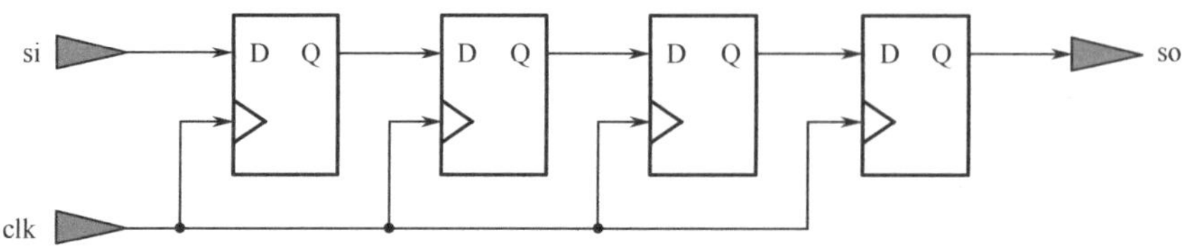

图 1.7 移位寄存器功能描述

此外，动态移位寄存器也可采用 SLICEM 中的查找表实现，相应的代码如 VHDL 代码 1.4 所示。若 DEPTH=4，则功能描述如图 1.8 所示。移位寄存器的典型应用是延迟补偿和同步 FIFO。需要注意的是，这里的移位寄存器均没有复位端，是因为 LUT6 本身不支持复位。一旦代码描述中使用了复位，则无论是同步复位还是异步复位，都会导致移位寄存器采用触发器级联的方式实现。

VHDL 代码 1.4 LUT 用作动态移位寄存器

```
library ieee;
use ieee.std_logic_1164.all;
use ieee.numeric_std.all;

entity dynamic_sreg is
  generic (
           DEPTH     : integer := 32;
           SEL_WIDTH : integer := 5
          );
  port (
         clk  : in std_logic;
         ce   : in std_logic;
         si   : in std_logic;
         addr : in unsigned(SEL_WIDTH-1 downto 0);
         so   : out std_logic
       );
end dynamic_sreg;

architecture archi of dynamic_sreg is
  type srl_array is array(DEPTH-1 downto 0) of std_logic;
  signal sreg : srl_array := (others => '0');
begin
  so <= sreg(to_integer(addr));
  process(clk)
  begin
    if rising_edge(clk) then
      if ce = '1' then
        sreg <= sreg(DEPTH-2 downto 0) & si;
      end if;
    end if;
  end process;
end archi;
```

基于 LUT6 的移位寄存器除使用 HDL 代码描述方式外，还可采用原语（Primitive，SRL16E 或 SRLC32E）或在 Vivado 中直接调用 IP: RAM-based Shift Register。

SLICE 中的三个 MUX（Multiplexer：F7AMUX、F7BMUX 和 F8MUX）可以和 LUT6 联合共同实现更大的 MUX。事实上，一个 LUT6 可实现 4 选 1 的 MUX。一个 4 选 1 的 MUX

如 VHDL 代码 1.5 所示，用布尔表达式可表示为

$$\begin{aligned}do = &[di(3)\ \&\ !sel(0)\ \&\ !sel(1)] \mid [di(2)\ \&\ !sel(0)\ \&\ sel(1)] \mid \\ &[di(1)\ \&\ sel(0)\ \&\ !sel(1)] \mid [di(0)\ \&\ sel(0)\ \&\ sel(1)]\end{aligned} \tag{1.1}$$

式中，“&”表示“与运算”；“!”表示“取反运算”；“|”表示“或运算”。显然，式（1.1）是一个 6 输入布尔表达式，故占用一个 LUT6。

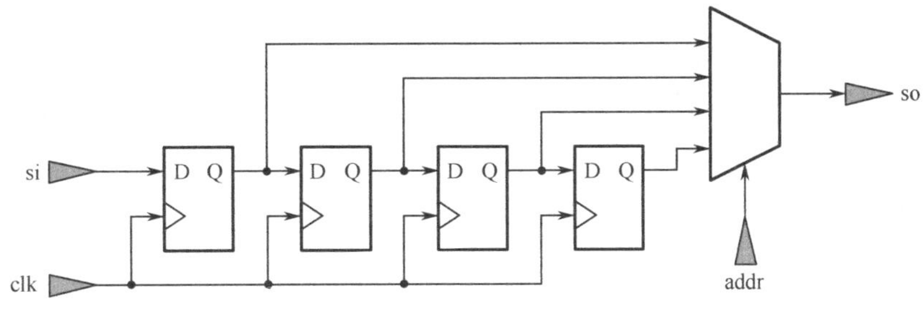

图 1.8　动态移位寄存器功能描述

VHDL 代码 1.5　LUT 用作 MUX

```
library ieee;
use ieee.std_logic_1164.all;

entity mux4_1 is
  port (
        di  : in std_logic_vector(3 downto 0);
        sel : in std_logic_vector(1 downto 0);
        do  : out std_logic
      );
end mux4_1;

architecture archi of mux4_1 is
begin
  process(sel, di)
  begin
    case sel is
      when "00" => do <= di(3);
      when "01" => do <= di(2);
      when "10" => do <= di(1);
      when others => do <= di(0);
    end case;
  end process;
end archi;
```

SLICE 中 F7MUX（F7AMUX 和 F7BMUX）的输入数据来自相邻的两个 LUT6 的 O6 端口。由于一个 F7MUX 和相邻的两个 LUT6 可实现一个 8 选 1 的 MUX，因此一个 SLICE 可实现两个 8 选 1 的 MUX。由于 4 个 LUT6、F7AMUX、F7BMUX 和 F8MUX 可实现一个 16 选 1 的 MUX，因此一个 SLICE 可实现一个 16 选 1 的 MUX。

SLICE 中的进位链用于实现加法和减法运算。进位链中包含 2 输入异或门。这是因为异或运算是加法运算中必不可少的运算。以一位全加器为例：输入端是被加数 A 、加数 B 及较低位的进位 C_{IN} ；输出端是本位和 S 及向较高位的进位 C_{OUT} 。输出与输入的逻辑关系可表示为

$$\begin{cases} S = A \wedge B \wedge C_{IN} \\ C_{OUT} = (A \& B) | (B \& C_{IN}) | (A \& C_{IN}) \end{cases} \tag{1.2}$$

每个 SLICE 中有 8 个触发器。这 8 个触发器可分为两大类，其中 4 个只能配置为边沿敏感的 D 触发器（图 1.4 中标记为 FF），而另外 4 个既可以配置为边沿敏感的 D 触发器，又可以配置为电平敏感的锁存器（图 1.4 中标记为 FF/L）。但是当后者被配置为锁存器时，前者将无法使用。当这 8 个触发器用作 D 触发器时，它们的控制端口包括使能端 CE、置位/复位端 S/R 和时钟端 CLK 是对应共享的。{CE,S/R,CLK} 称为触发器的控制集。显然，在具体设计时，控制集种类越少越好，这样可以提高触发器的利用率。S/R 端口可配置为同步/异步置位或同步/异步复位，且高有效，因此可形成 4 种 D 触发器，如表 1.2 所示。可见，触发器无法实现复位和置位并存的情形。另外，当使用低有效置位或复位时，会占用额外的查找表资源以实现极性翻转。

表 1.2　4 种 D 触发器

原语（Primitive）	功 能 描 述	原语（Primitive）	功 能 描 述
FDCE	同步使能，异步复位	FDRE	同步使能，同步复位
FDPE	同步使能，异步置位	FDSE	同步使能，同步置位

此外，还可以设定触发器的初始值，如 VHDL 代码 1.6 第 14 行所示。初始值不仅在仿真时起作用，在综合后的网表中也可以看到。

VHDL 代码 1.6　设定触发器的初始值

```
01 library ieee;
02 use ieee.std_logic_1164.all;
03
04 entity reg_init is
05   port (
06          clk  : in std_logic;
07          rst  : in std_logic;
08          din  : in std_logic;
09          dout : out std_logic
10        );
11 end reg_init;
12
13 architecture archi of reg_init is
14   signal dout_i : std_logic := '1';
15 begin
16   process(clk)
17   begin
18     if rising_edge(clk) then
19       if rst = '1' then
20         dout_i <= '0';
21       else
22         dout_i <= din;
23       end if;
24     end if;
25   end process;
26
27   dout <= dout_i;
28 end archi;
```

2．存储单元（Block RAM，BRAM）

每个 BRAM[2]大小均为 36KB（RAMB36E1），由两个独立的 18KB BRAM（RAMB18E1）构成，因此一个 36KB 的 BRAM 可配置为 4 种情形，如图 1.9 所示。由于两个 18KB 的 BRAM 无法共享其中的 FIFO Logic（用于生成 FIFO 控制信号，包括读/写地址等），因此无法将一个 36KB 的 BRAM 当作两个 18KB 的 Built-in FIFO（使用固有的 FIFO Logic）来使用。

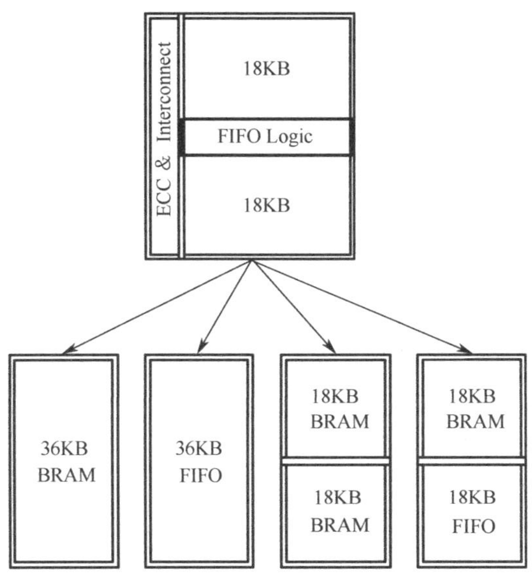

图 1.9 36KB BRAM 的 4 种应用情形

BRAM 与查找表构成的分布式 RAM 的差异如表 1.3 所示。尽管 BRAM 可支持更多功能，但这并不表明 BRAM 在任何场合都具有优势。对于一些小规模的数据存储，分布式 RAM 可获得与 BRAM 相媲美，甚至比 BRAM 更好的性能（从功耗和速度两方面比较）。

表 1.3 BRAM 与分布式 RAM 的差异

比较内容	分布式 RAM	BRAM
读操作	同步	同步
写操作	异步	同步
是否支持写使能	√	√
是否支持 RAM 使能	×	√
是否支持输出复位	×	√
是否具备可选输出寄存器	×	√
是否支持字节写使能	×	√
是否支持单端口 RAM	√	√
是否支持双端口 RAM	读/写时钟必须相同	√
是否支持单端口 ROM	√	√
是否支持双端口 ROM	×	√

BRAM 配置为 RAM 时有三种工作模式：读优先（Read First，Read-Before-Write Mode）、写优先（Write First，Transparent Mode）和保持模式（No Change Mode）。这三种模式体现

了当对 RAM 中同一地址同时进行读操作和写操作时的不同。从 HDL 代码角度来看，以单端口 BRAM 为例，VHDL 代码 1.7 为读优先模式，VHDL 代码 1.8 为写优先模式，VHDL 代码 1.9 为保持模式。代码中第 23 行将 RAM 初始化为全 0 值，第 28 行的 en 为 RAM 使能信号，第 29 行的 we 为写使能信号；di 为输入数据端口，do 为输出数据端口。

VHDL 代码 1.7 BRAM 单端口读优先模式

```
01 library ieee;
02 use ieee.std_logic_1164.all;
03 use ieee.numeric_std.all;
04
05 entity rams_sp_rf is
06   generic (
07             AW : natural := 10; --Address width
08             DW : natural := 16  --Data width
09           );
10   port (
11         clk  : in std_logic;
12         en   : in std_logic; -- RAM enable
13         we   : in std_logic;
14         addr : in unsigned(AW-1 downto 0);
15         di   : in std_logic_vector(DW-1 downto 0);
16         do   : out std_logic_vector(DW-1 downto 0)
17       );
18 end rams_sp_rf;
19
20 architecture archi of rams_sp_rf is
21   subtype ram_data is std_logic_vector(DW-1 downto 0);
22   type ram_type is array(2**AW-1 downto 0) of ram_data;
23   signal ram : ram_type := (others => (others => '0'));
24 begin
25   process(clk)
26   begin
27     if rising_edge(clk) then
28       if en = '1' then
29         if we = '1' then
30           ram(to_integer(addr)) <= di;
31         end if;
32         do <= ram(to_integer(addr));
33       end if;
34     end if;
35   end process;
36 end archi;
```

VHDL 代码 1.8 BRAM 单端口写优先模式

```
01 library ieee;
02 use ieee.std_logic_1164.all;
03 use ieee.numeric_std.all;
04
05 entity rams_sp_wf is
06   generic (
07             AW : natural := 10; --Address width
08             DW : natural := 16  --Data width
09           );
```

```
  port (
        clk  : in std_logic;
        en   : in std_logic; -- RAM enable
        we   : in std_logic;
        addr : in unsigned(AW-1 downto 0);
        di   : in std_logic_vector(DW-1 downto 0);
        do   : out std_logic_vector(DW-1 downto 0)
      );
end rams_sp_wf;

architecture archi of rams_sp_wf is
  subtype ram_data is std_logic_vector(DW-1 downto 0);
  type ram_type is array(2**AW-1 downto 0) of ram_data;
  signal ram : ram_type := (others => (others => '0'));
begin
  process(clk)
  begin
    if rising_edge(clk) then
      if en = '1' then
        if we = '1' then
          ram(to_integer(addr)) <= di;
          do <= di;
        else
          do <= ram(to_integer(addr));
        end if;
      end if;
    end if;
  end process;
end archi;
```

VHDL 代码 1.9　BRAM 单端口保持模式

```
library ieee;
use ieee.std_logic_1164.all;
use ieee.numeric_std.all;

entity rams_sp_nc is
  generic (
            AW : natural := 10; --Address width
            DW : natural := 16  --Data width
          );
  port (
        clk  : in std_logic;
        en   : in std_logic; -- RAM enable
        we   : in std_logic;
        addr : in unsigned(AW-1 downto 0);
        di   : in std_logic_vector(DW-1 downto 0);
        do   : out std_logic_vector(DW-1 downto 0)
      );
end rams_sp_nc;

architecture archi of rams_sp_nc is
  subtype ram_data is std_logic_vector(DW-1 downto 0);
  type ram_type is array(2**AW-1 downto 0) of ram_data;
  signal ram : ram_type := (others => (others => '0'));
begin
  process(clk)
```

```
  begin
    if rising_edge(clk) then
      if en = '1' then
        if we = '1' then
          ram(to_integer(addr)) <= di;
        else
          do <= ram(to_integer(addr));
        end if;
      end if;
    end if;
  end process;
end archi;
```

对 VHDL 代码 1.7～VHDL 代码 1.9 进行仿真，仿真结果如图 1.10 所示。图中，do_rf 为读优先模式输出结果，do_wf 为写优先模式输出结果，do_nc 为保持模式输出结果。从图中可以看到，当同时对 RAM 中的同一地址进行读/写时，读优先模式将读出该地址内的原有数据，写优先模式将读出当前向该地址写入的数据，保持模式则保持之前读出的数据不变。

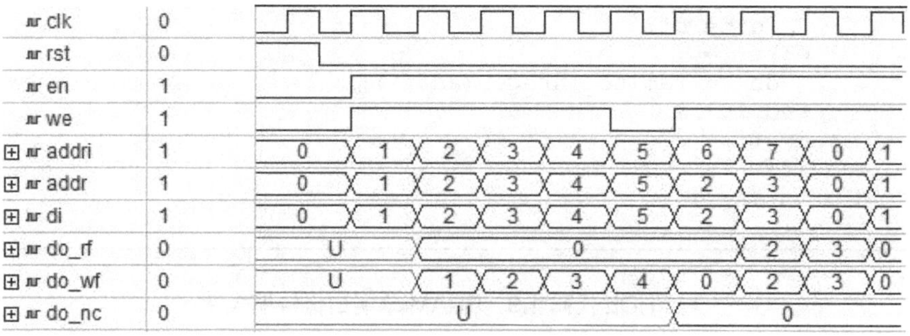

图 1.10　BRAM 三种工作模式仿真结果

用作 RAM 时，BRAM 还支持字节使能，具体功能如 VHDL 代码 1.10 所示。从代码第 30～33 行可以看到，每一位写使能对应 1 字节（实际上就是字节使能信号），当写使能有效时，将其对应的字节写入 RAM 中。

VHDL 代码 1.10　BRAM 字节写使能模式

```
01 library ieee;
02 use ieee.std_logic_1164.all;
03 use ieee.numeric_std.all;
04
05 entity bytewrite_ram is
06   generic (
07            AW     : integer := 10; --Addr width
08            CW     : integer := 8;  --Column width
09            NB_COL : integer := 2   --Number of column
10           );
11   port (
12          clk  : in std_logic;
13          we   : in std_logic_vector(NB_COL-1 downto 0);
14          addr : in unsigned(AW-1 downto 0);
15          di   : in std_logic_vector(NB_COL*CW-1 downto 0);
16          do   : out std_logic_vector(NB_COL*CW-1 downto 0)
17        );
18 end bytewrite_ram;
```

```
architecture archi of bytewrite_ram is
  subtype ram_data is std_logic_vector(NB_COL*CW-1 downto 0);
  type ram_type is array(2**AW-1 downto 0) of ram_data;
  signal ram : ram_type := (others => (others => '0'));
  signal addr_i : integer := to_integer(addr);
begin
  process(clk)
  begin
    if rising_edge(clk) then
      do <= ram(addr_i);
      for i in 0 to NB_COL-1 loop
        if we(i) = '1' then
          ram(addr_i)((i+1)*CW-1 downto i*CW) <= di((i+1)*CW-1 downto i*CW);
        end if;
      end loop;
    end if;
  end process;
end archi;
```

对 VHDL 代码 1.10 取 CW=8，NB_COL=2，相应的仿真结果如图 1.11 所示。从图中可以看出，当 we=1 即 we(0)='1'时，将“CB”写入 1 号地址的低 8 位；当 we=2 即 we(1)='1'时，将“22”写入 1 号地址的高 8 位；当 we=3 即 we(1)='1'且 we(0)='1'时，将“33EE”写入 1 号地址。这在 RAM 的输出端 do 处得到了验证。

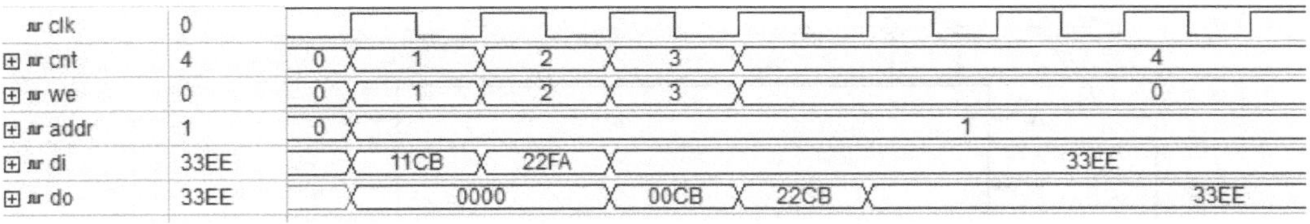

图 1.11　BRAM 字节写使能仿真结果

BRAM 的 RAM 使能信号、内部锁存器同步复位信号 RSTRAM 和内部触发器同步复位信号 RSTREG，既可配置为高有效，也可配置为低有效，而不会占用查找表资源。尽管如此，从代码风格的角度而言，采用 7 系列 FPGA 设计时，复位信号和使能信号均统一为高有效。这是因为其内部的触发器无论是复位还是使能均只支持高有效。

Vivado 提供了 IP：Block Memory Generator，用于将 BRAM 配置为 RAM 或 ROM。在该 IP 中对 RAM 的输出提供了两个可选输出寄存器，即图 1.12 中的 Primitives Output Register 和 Core Output Register。其中，前者位于 BRAM 内部，后者为 CLB 中的触发器。需要注意的是，在这里，这两个触发器只支持同步高有效复位。这两个触发器可大大降低时钟到输出的延迟。UltraFast 设计方法学建议在高速设计中，这两个触发器都使用，尽管这会使读操作的 Latency 增大为 3 个时钟周期。

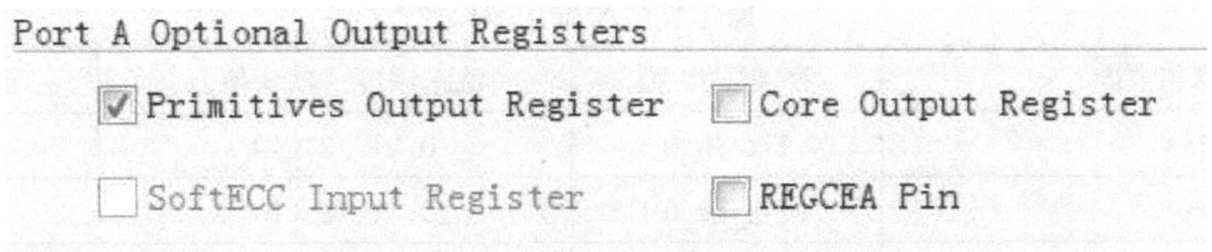

图 1.12　BRAM 输出可选寄存器

BRAM 还可以配置为 FIFO（同步 FIFO 或异步 FIFO），同时提供了专用的 FIFO Logic

用于生成 FIFO 的控制信号（如读/写地址）和状态信号（如空/满标记信号）。使用专用 FIFO Logic 的 FIFO 称为 Built-in FIFO。Vivado 提供了 IP：FIFO Generator，既可以将 BRAM 配置为 Built-in FIFO，也可以采用 CLB 资源生成 FIFO 控制逻辑结合 BRAM 构成 FIFO。

对于 7 系列 FPGA 内部未使用的 18KB BRAM，Vivado 通过 Power Gating 技术不会对其进行初始化，从而可有效降低功耗。

3．运算单元（DSP48E1）

7 系列 FPGA 中的运算单元为 DSP48E1[3]，它不仅可以实现逻辑运算，如与、或、异或，也可以实现算术运算，如加法、乘法、乘累加等。其对外端口如图 1.13 所示，端口描述如表 1.4 所示。表中，Fix_W_F 表示有符号定点数，字长为 W，小数部分字长为 F；UFix_W_F 表示无符号定点数，字长为 W，小数部分字长为 F。DSP48E1 支持 25×18（被乘数和乘数位宽分别为 25bit 和 18bit）的有符号数乘法和 24×17 的无符号数乘法（端口 A 用作乘法输入端口时，尽管为 30bit，但其高 5 位为符号位的扩展）。

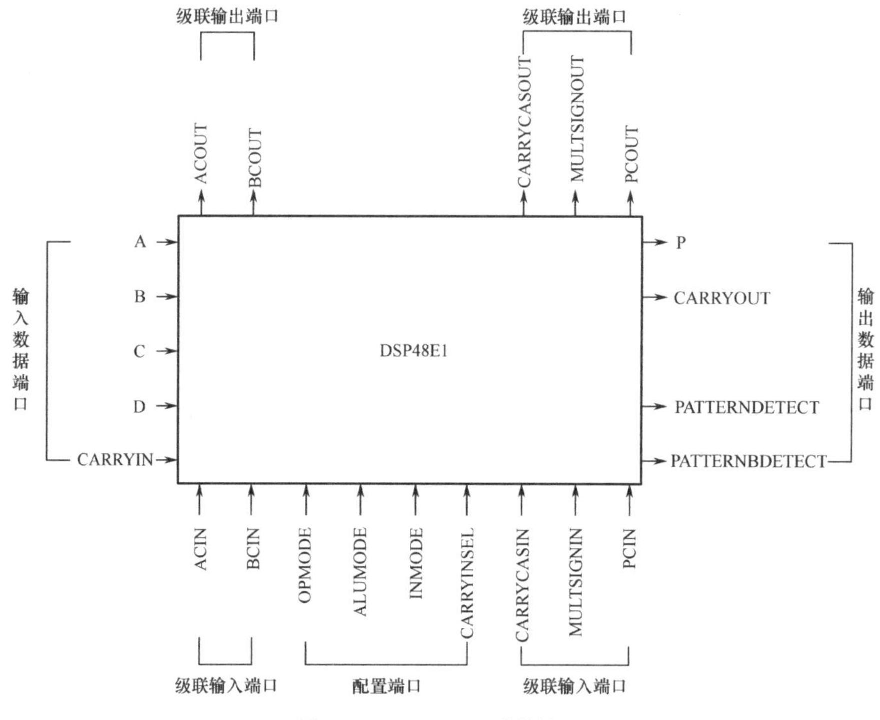

图 1.13 DSP48E1 对外端口

表 1.4 DSP48E1 对外端口描述

操作数输入/输出端口			
端口名称和方向	数 据 类 型	流水深度（默认值）	流水深度配置参数
A（In）	Fix_30_0	0，1，2（1）	AREG
B（In）	Fix_18_0	0，1，2（1）	BREG
C（In）	Fix_48_0	0，1（1）	CREG
D（In）	Fix_25_0	0，1（1）	DREG
CARRYIN（In）	UFix_1_0	0，1（1）	CARRYIN REG

（续表）

操作数输入/输出端口			
端口名称和方向	数 据 类 型	流水深度（默认值）	流水深度配置参数
P（Out）	Fix_48_0	0，1（1）	PREG
CARRYOUT（Out）	UFix_4_0	0，1（1）	PREG
PATTERNDETECT（Out）	Bool	0，1（1）	PREG
PATTERNBDETECT（Out）	Bool	0，1（1）	PREG

DSP48E1 的简化结构如图 1.14 所示。图中，D 表示 D 触发器。构成 DSP48E1 的核心部分为预加器、乘法器和算术逻辑单元（ALU，用于实现逻辑运算和算术运算，具体功能由 ALUMODE 控制）。其中，ALU 的输入数据由 OPMODE 控制 X MUX、Y MUX 和 Z MUX（图中以 XYZ MUX 表示）来决定。

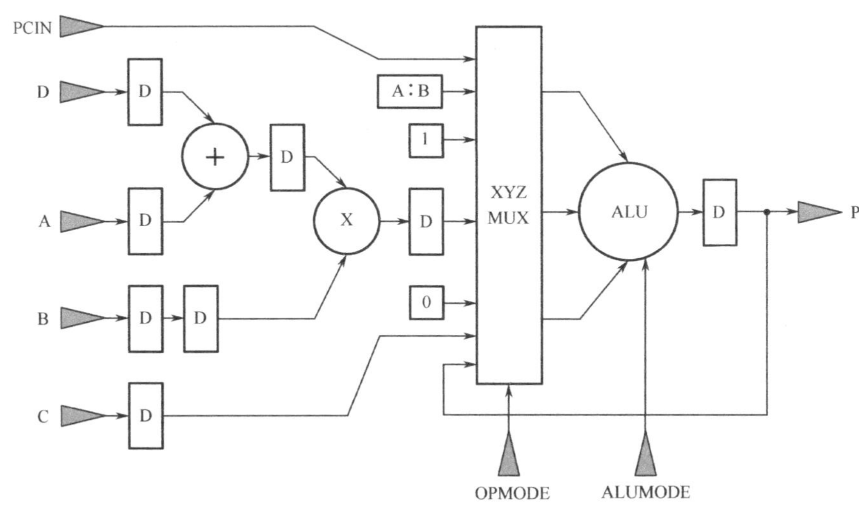

图 1.14 DSP48E1 的简化结构

在默认情况下，对于乘法（VHDL 代码 1.11）、乘加/乘减（VHDL 代码 1.12）、乘累加（VHDL 代码 1.13）和预加相乘运算（VHDL 代码 1.14），Vivado 都会将其映射为 DSP48E1。VHDL 代码 1.11～VHDL 代码 1.14 都只占用了一个 DSP48E1，代码中的寄存器都使用了 DSP48E1 内部的寄存器。需要注意的是，DSP48E1 内部寄存器只支持同步复位，不支持异步复位。为了获得最高性能，在采用 DSP48E1 实现上述与乘法相关的运算时，需要三级流水（输入数据寄存、乘法器输出数据寄存和 ALU 输出数据寄存）。

VHDL 代码 1.11 乘法运算

```
library ieee;
use ieee.std_logic_1164.all;
use ieee.numeric_std.all;

entity mult is
  generic (
            AW : positive := 25;
            BW : positive := 18
```

```
          );
  port (
         clk : in std_logic;
         A   : in signed(AW-1 downto 0);
         B   : in signed(BW-1 downto 0);
         P   : out signed(AW+BW-1 downto 0)
       );
end mult;

architecture archi of mult is
  signal Areg : signed(AW-1 downto 0);
  signal Breg : signed(BW-1 downto 0);
  signal Mreg : signed(AW+BW-1 downto 0);
begin
  process(clk)
  begin
    if rising_edge(clk) then
      Areg <= A;
      Breg <= B;
      Mreg <= Areg * Breg;
      P    <= Mreg;
    end if;
  end process;
end archi;
```

VHDL 代码 1.12　乘加、乘减运算

```
library ieee;
use ieee.std_logic_1164.all;
use ieee.numeric_std.all;

entity mult_addsub is
  generic (
           AW : positive := 25;
           BW : positive := 18;
           CW : positive := 48;
           PW : positive := 48
          );
  port (
         clk    : in std_logic;
         addsub : in std_logic;
         A      : in signed(AW-1 downto 0);
         B      : in signed(BW-1 downto 0);
         C      : in signed(PW-1 downto 0);
         P      : out signed(PW-1 downto 0)
       );
end mult_addsub;

architecture archi of mult_addsub is
  signal Areg : signed(AW-1 downto 0);
  signal Breg : signed(BW-1 downto 0);
  signal Creg : signed(CW-1 downto 0);
  signal Mreg : signed(AW+BW-1 downto 0);
begin
  process(clk)
  begin
    if rising_edge(clk) then
      Areg <= A;
      Breg <= B;
```

```
      Creg <= C;
      Mreg <= Areg * Breg;
      if addsub = '0' then
        P <= resize(Mreg,PW) + resize(Creg,PW);
      else
        P <= resize(Mreg,PW) - resize(Creg,PW);
      end if;
    end if;
  end process;
end archi;
```

VHDL 代码 1.13　乘累加运算

```
library ieee;
use ieee.std_logic_1164.all;
use ieee.numeric_std.all;

entity macc is
  generic (
           AW : positive := 25;
           BW : positive := 18;
           PW : positive := 48
          );
  port (
         clk : in std_logic;
         rst : in std_logic;
         A   : in signed(AW-1 downto 0);
         B   : in signed(BW-1 downto 0);
         P   : out signed(PW-1 downto 0)
       );
end macc;

architecture archi of macc is
  signal Areg  : signed(AW-1 downto 0);
  signal Breg  : signed(BW-1 downto 0);
  signal Mreg  : signed(AW+BW-1 downto 0);
  signal accum : signed(PW-1 downto 0);

begin
  process(clk)
  begin
    if rising_edge(clk) then
      if rst = '1' then
        Areg <= (others => '0');
        Breg <= (others => '0');
        Mreg <= (others => '0');
        accum <= (others => '0');
      else
        Areg <= A;
        Breg <= B;
        Mreg <= Areg * Breg;
        accum <= accum + resize(Mreg,PW);
      end if;
    end if;
  end process;
  P <= accum;
end archi;
```

VHDL 代码 1.14 预加相乘运算

```
library ieee;
use ieee.std_logic_1164.all;
use ieee.numeric_std.all;

entity preadder is
  generic (
           AW : positive := 25;
           BW : positive := 18;
           CW : positive := 48;
           DW : positive := 25;
           PW : positive := 48
         );
  port (
        clk : in std_logic;
        A   : in signed(AW-1 downto 0);
        B   : in signed(BW-1 downto 0);
        C   : in signed(CW-1 downto 0);
        D   : in signed(DW-1 downto 0);
        P   : out signed(PW-1 downto 0)
      );
end preadder;

architecture archi of preadder is
  signal Areg   : signed(AW-1 downto 0);
  signal Breg1  : signed(BW-1 downto 0);
  signal Breg2  : signed(BW-1 downto 0);
  signal Creg   : signed(CW-1 downto 0);
  signal Dreg   : signed(DW-1 downto 0);
  signal padder : signed(AW-1 downto 0);
  signal Mreg   : signed(AW+BW-1 downto 0);
begin
  process(clk)
  begin
    if rising_edge(clk) then
      Areg   <= A;
      Breg1  <= B;
      Breg2  <= Breg1;
      Creg   <= C;
      Dreg   <= D;
      padder <= Areg + resize(Dreg,AW);
      Mreg   <= padder * Breg2;
      P      <= resize(Mreg,PW) + resize(Creg,PW);
    end if;
  end process;
end archi;
```

为了便于直接使用 DSP48E1，Vivado 提供了 IP：DSP48 Macro。

1.1.2 Xilinx UltraScale 系列 FPGA 内部结构分析

1. 可配置逻辑单元（CLB）

UltraScale 系列 FPGA 依然采用 ASMBL 架构，与 7 系列 FPGA 在内部结构上虽有很多相似之处，但仍有差异。就 CLB[4]而言，UltraScale FPGA 的每个 CLB 均由一个 SLICEL 或一个 SLICEM 构成，这相当于 7 系列 FPGA 中 SLICE 去掉了边界。CLB 包含 8 个 6 输入查找表、7 个 MUX、1 个进位链和 16 个触发器，如图 1.15 所示。

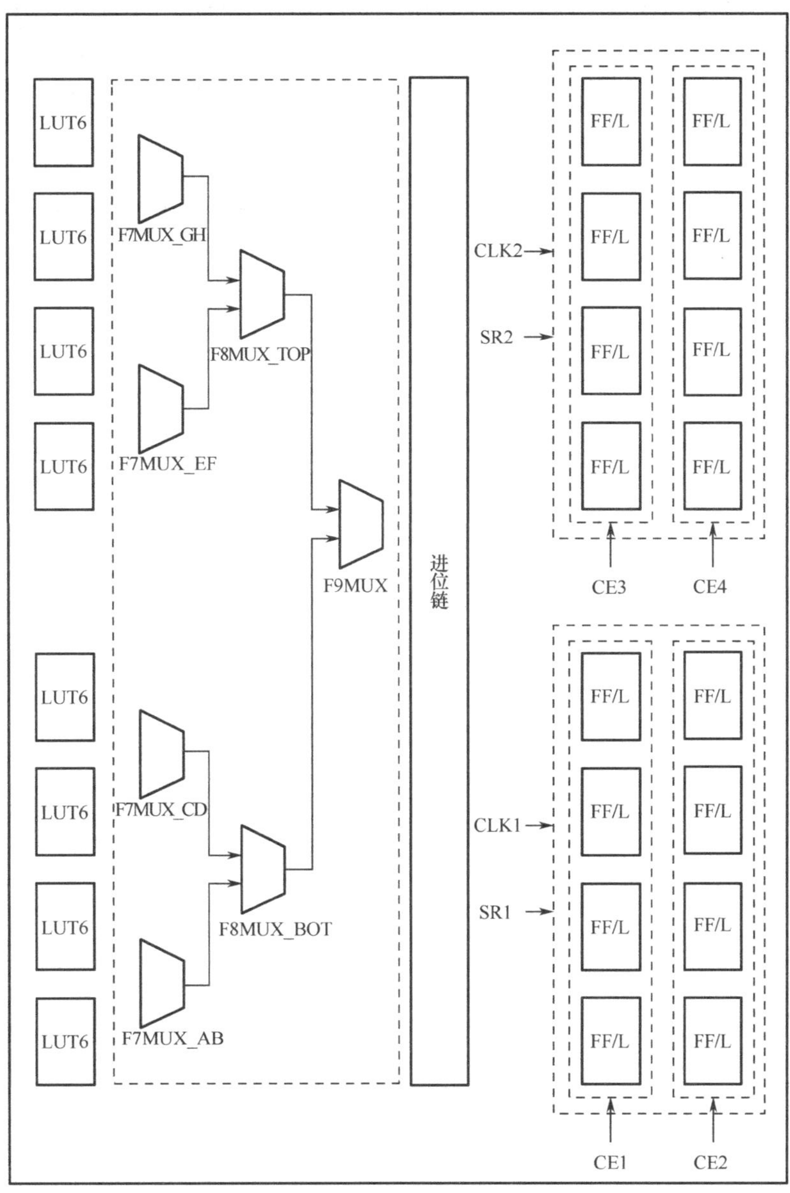

图 1.15　UltraScale FPGA CLB 内部资源

查找表的功能因 SLICEL 与 SLICEM 的不同而改变，这与 7 系列 FPGA 保持一致。SLICEM 中的 8 个 LUT6 可级联实现深度为 256 的移位寄存器，用作分布式 RAM 时可存储 512bit 数据。与 7 系列 FPGA 相比，UltraScale CLB 中多了一个 F9MUX，使 32 选 1 的 MUX 可在一个 CLB 中实现（32 选 1 的 MUX 需要占用 8 个 LUT6）。

变化较大的是触发器，UltraScale CLB 中的 16 个触发器均可配置为边沿敏感的 D 触发器或电平敏感的锁存器。CLB 顶部和底部各 8 个一组。若该组中有一个触发器被配置为锁存器，那么其余的触发器只能当作锁存器使用。当用作边沿敏感的 D 触发器时，顶部的 8 个共享一个时钟端口和一个置位/复位端口（既支持高有效又支持低有效，而不会占用额外的逻辑资源），底部的 8 个共享一个时钟端口和一个置位/复位端口。顶部的 8 个分为两组，每组有独立的使能信号，底部的 8 个也是如此，从而使一个 CLB 中的 16 个触发器可以有 2 个时钟信号、2 个置位/复位信号和 4 个使能信号，控制集的个数增加，对提高 CLB 的利用率非常有利。

此外，UltraScale 中的触发器复位/置位信号既支持高有效又支持低有效。因此，VHDL 代码 1.15 所描述的异步低有效 D 触发器若在 UltraScale FPGA 中，将直接映射为 FDCE，如图 1.16 所示；若在 7 系列 FPGA 中，则会占用一个查找表以实现极性翻转，如图 1.17 所示。这体现了代码风格的一个原则，即 HDL 代码要与 FPGA 内部结构相匹配。

VHDL 代码 1.15 异步低有效的 D 触发器

```
library ieee;
use ieee.std_logic_1164.all;

entity dff_arstn is
  generic ( IS_DIRECT_RESET : string := "yes");
  port (
         rstn : in std_logic;
         clk  : in std_logic;
         d    : in std_logic;
         q    : out std_logic
       );
  attribute DIRECT_RESET : string;
  attribute DIRECT_RESET of rstn : signal is IS_DIRECT_RESET;
end dff_arstn;

architecture archi of dff_arstn is
begin
  process(rstn, clk)
  begin
    if rstn = '0' then
      q <= '0';
    elsif rising_edge(clk) then
      q <= d;
    end if;
  end process;
end archi;
```

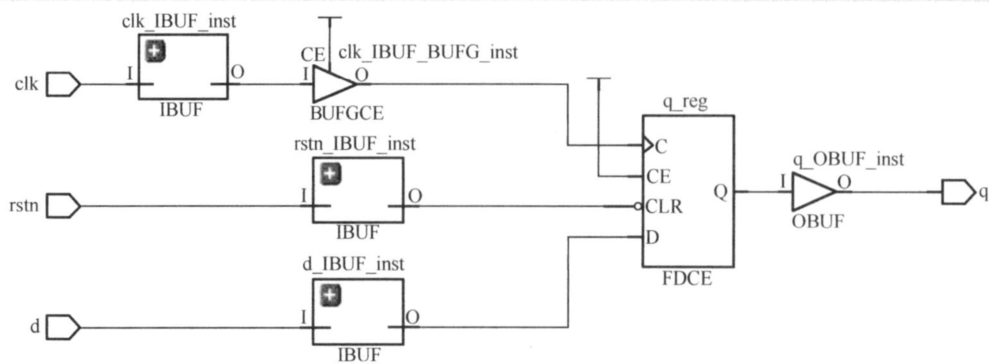

图 1.16 异步低有效 D 触发器在 UltraScale FPGA 中的实现方式

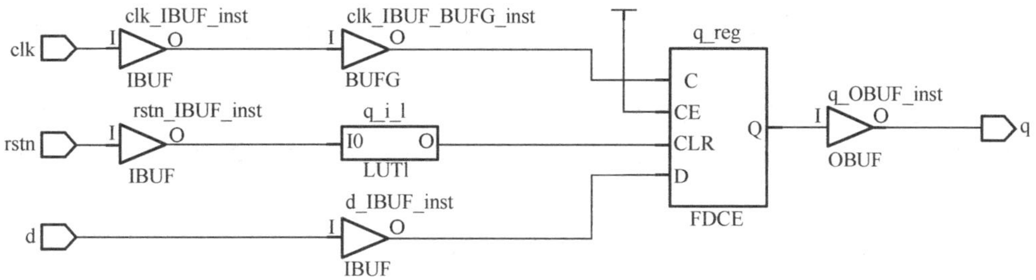

图 1.17　异步低有效 D 触发器在 7 系列 FPGA 中的实现方式

2．存储单元（Block RAM，BRAM）

UltraScale 中的 BRAM 为第二代 BRAM（RAMB36E2，RAMB18E2），与 7 系列 FPGA 相比有两个不同之处[5]。

（1）UltraScale 的每列 BRAM 有专用的级联走线。这对于构造更大的存储空间非常有利：BRAM 的级联不需要使用 CLB 资源，同时还可以避免布线拥塞并且降低功耗。这种级联的使用也非常简单，只要存储空间需要至少两个 RAMB36E2 就有可能需要级联，Vivado 会自动完成级联。

（2）为进一步降低动态功耗，每个 RAMB18E2 和 RAMB36E2 都提供了端口 SLEEP。当 RAM 使能信号无效时，即在某段时间内对 RAM 不执行任何操作，即可将该 RAM 设置为睡眠模式（SLEEP=1）。在此模式下，RAM 内的数据将保持不变。当再次对 RAM 进行操作时，需要先将 RAM 唤醒，这需要占用两个时钟周期。

3．运算单元（DSP48E2）

UltraScale 中的运算单元为 DSP48E2[6]，其简化结构如图 1.18 所示。与 DSP48E1 相比，增加了 3 个 MUX，其中两个如图中虚线框所示，另一个为 W MUX（图中以 WXYZ MUX 表示 4 个 MUX，即 W MUX、X MUX、Y MUX 和 Z MUX）。从该图可以看出，DSP48E2 很容易实现 $(A+D)^2$ 或 $(B+D)^2$ 。

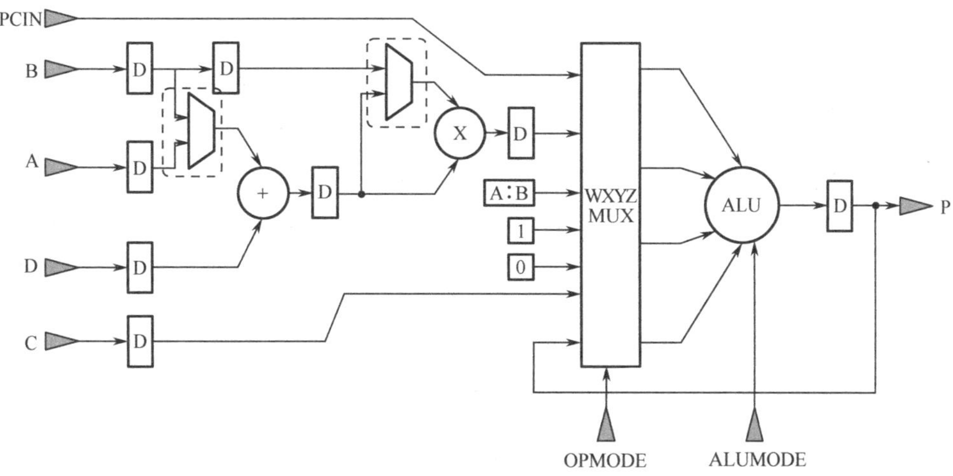

图 1.18　DSP48E2 简化结构

此外，DSP48E2 中的预加器为 27bit，乘法器可实现 27×18 的有符号数乘法运算和 26×17 的无符号数乘法运算。

采用 VHDL 描述平方运算如 VHDL 代码 1.16 所示，该代码可完全映射到 DSP48E2 中而不会占用额外资源。但若采用 7 系列 FPGA 则除了占用一个 DSP48E1 外，还会占用 16 个查找表和 32 个触发器。

VHDL 代码 1.16 平方运算

```
library ieee;
use ieee.std_logic_1164.all;
use ieee.numeric_std.all;

entity mysquare is
  generic (DW : positive := 16);
  port (
        clk : in std_logic;
        A   : in signed(DW-1 downto 0);
        D   : in signed(DW-1 downto 0);
        P   : out signed(2*DW+1 downto 0)
      );
end mysquare;

architecture archi of mysquare is
  signal Areg     : signed(DW-1 downto 0) := (others => '0');
  signal Dreg     : signed(DW-1 downto 0) := (others => '0');
  signal preadder : signed(DW downto 0) := (others => '0');
begin
  process(clk)
  begin
    if rising_edge(clk) then
      Areg <= A;
      Dreg <= D;
      preadder <= resize(Areg, DW+1) + resize(Dreg, DW+1);
      P <= preadder * preadder;
    end if;
  end process;
end archi;
```

1.2 FPGA 设计流程分析

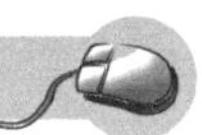

传统的 FPGA 设计流程如图 1.19 所示。设计输入支持 HDL 代码，如 VHDL、Verilog 和 System Verilog，也支持厂商提供的 IP，同时还应提供 FPGA 工程约束文件，如引脚分配、时序约束。设计综合（Synthesis）则完成 HDL 代码到硬件电路的转化与映射并生成网表文件。这一步与 FPGA 内部结构密切相关。为了便于说明，以 VHDL 代码 1.17 为例，其对应的电路结构如图 1.20 所示。采用 Kintex-7 作为目标芯片，综合后的结果如图 1.21 所示。可见，此时 D 触发器被映射为 FDRE，异或运算映射为查找表。设计实现（Implementation）阶段主要完成布局和布线（Place and Route）。布局是将综合后的各个电路元件根据约束放置在 FPGA 内部。布线则是完成元件之间的走线。布局、布线后的结果如图 1.22 所示。设计调试则是将程序下载到 FPGA 中，借助测试仪器对设计进行分析。由于 SRAM 工艺的 FPGA 在掉电后程序会消失，因此需要将生成的下载程序转换为厂商要求的文件存储在片外

Flash 中，这即是程序固化。

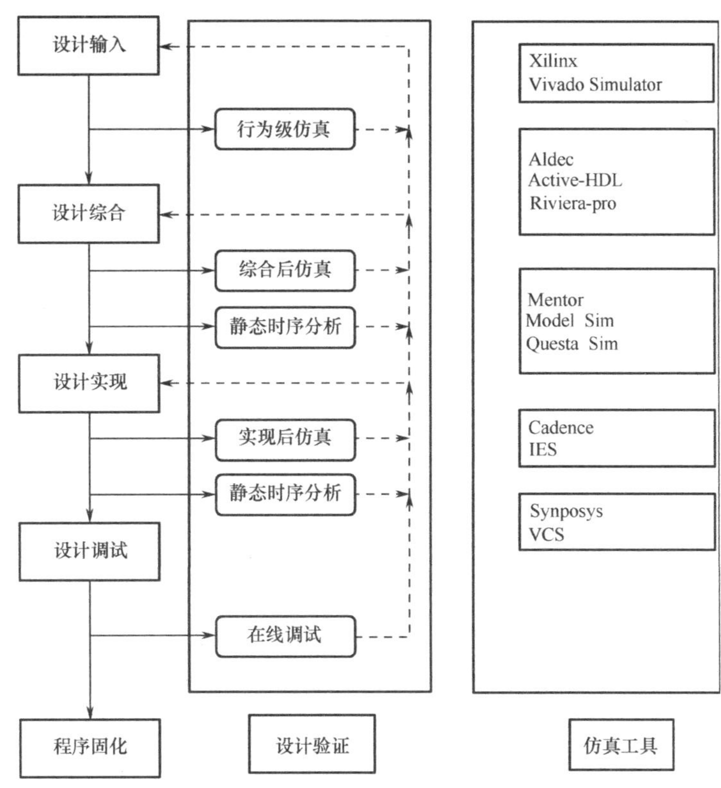

图 1.19 传统的 FPGA 设计流程

设计验证贯穿于 FPGA 设计的整个过程，包括两个部分：仿真和静态时序分析（Static Timing Analysis，STA）。设计输入阶段除了提供可综合的 HDL 代码外，还应提供用于仿真的测试文件（Testbench）。测试文件有两个功能：一是提供输入激励；二是对测试结果进行对比分析。其中将两个功能均具备的测试文件称为具有自我检查功能的测试文件。设计输入完成后即可进行行为级仿真（Behavioral Simulation），该阶段的仿真没有延时信息，只是功能上的验证，但在 FPGA 设计验证环节至关重要。综合后仿真分为功能仿真和时序仿真两种。前者的目的是验证综合后的电路与原本 HDL 所描述电路功能是否保持一致；后者则加入了门级延时信息，可进一步分析设计时序。实现后仿真也分为功能仿真和时序仿真，其目的与综合后仿真一致，只是实现后的时序仿真不仅加入了门级延时信息，还包含了走线延时信息，使得仿真与 FPGA 本身的运行状态保持一致。仿真工具既可以选用 FPGA 厂商自己的工具，也可以选用第三方仿真工具。静态时序分析建立在约束（时序约束和物理约束，如面积约束、位置约束等）的基础上，对设计进行时序检查和分析。之所以进行时序分析，是因为 FPGA 本身存在固有延时，而综合和布局布线又会引入门级延时和走线延时，这些延时可能导致时序违例（建立时间或保持时间不能满足 FPGA 要求）。因此，只有仿真通过且没有时序违例的设计才可能在 FPGA 中正常运行。图 1.19 中的虚线还表明 FPGA 设计是一个反复迭代的过程，如在设计实现后发现时序违例，那么首先可能需要修改实现策略，也可能需要返回设计输入阶段优化 HDL 代码，然后重新综合、实现。

VHDL 代码 1.17　一个简单的 HDL 代码

```
library ieee;
use ieee.std_logic_1164.all;

entity simple_rtl is
  port (
          clk  : in std_logic;
          ain  : in std_logic;
          bin  : in std_logic;
          cout : out std_logic
        );
end simple_rtl;

architecture archi of simple_rtl is
signal ain_r : std_logic := '0';
signal bin_r : std_logic := '0';
begin
  process(clk)
  begin
    if rising_edge(clk) then
      ain_r <= ain;
      bin_r <= bin;
      cout  <= ain_r xor bin_r;
    end if;
  end process;
end archi;
```

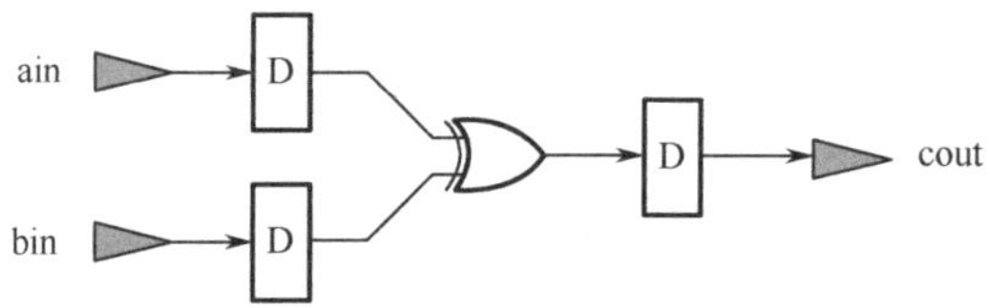

图 1.20　VHDL 代码 1.17 对应的电路结构

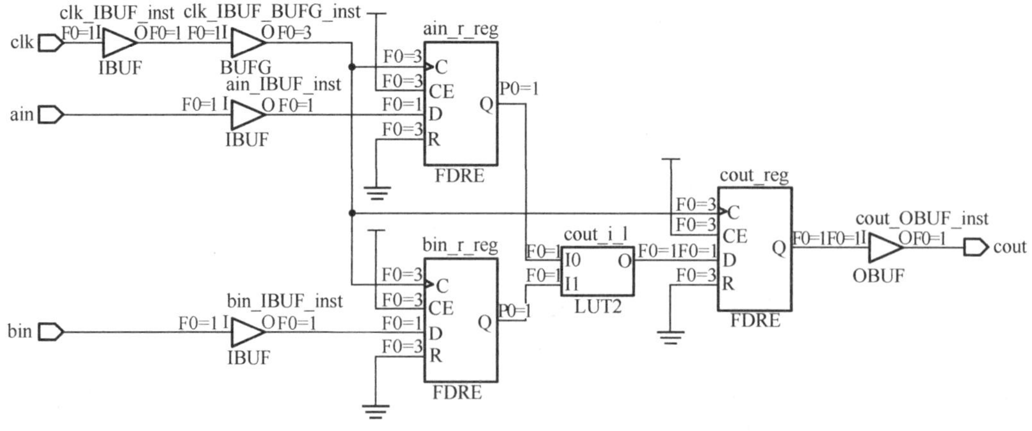

图 1.21　VHDL 代码 1.17 综合后的结果

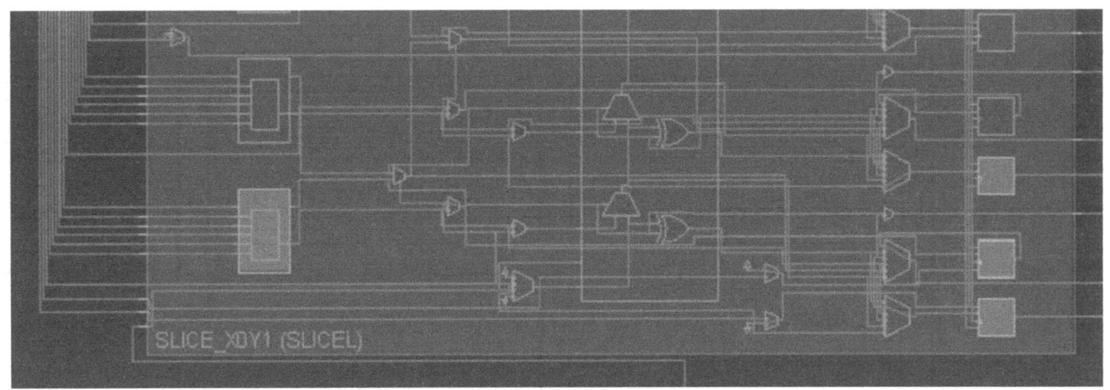

图 1.22　VHDL 代码 1.17 布局、布线后的结果

1.3　Vivado 概述

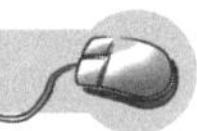

1.3.1　Vivado 下的 FPGA 设计流程

Vivado 是 Xilinx 新一代针对 7 系列及后续 FPGA 的开发平台。Vivado 下的 FPGA 设计流程[7]如图 1.23 所示。可以看到，借助 Vivado 能够完成 FPGA 的所有流程，包括设计输入、设计综合、设计实现、设计调试和设计验证。

相比于 Xilinx 前一代开发平台 ISE，Vivado 的设计实现环节较为复杂，多了几个步骤，如图 1.23 中设计实现框内的斜体字所示。这几个步骤是可选的，但布局和布线则是必需的。正是这些步骤及每个步骤自身的参数选项使得 Vivado 可以构造不同的实现策略。

设计优化可进一步对综合后的网表进行优化，如可以去除无负载的逻辑电路，可以优化 BRAM 功耗（优化 BRAM 功耗是在设计优化阶段而非功耗优化阶段完成的）。

功耗优化是借助触发器的使能信号降低设计的动态功耗。尽管功耗优化可以在布局前运行也可以在布局后运行，但为了达到更好的优化效果，最好在布局之前运行。布局之后的功耗优化是在保证时序的前提下进行的，因而优化受到限制。

物理优化可进一步改善设计时序。对于关键时序路径上的大扇出信号，通过复制驱动降低扇出，改善延时；对于关键时序路径上的与 DSP48 相关的寄存器，可以根据时序需要将寄存器从 SLICE 中移入 DSP48 内部或从 DSP48 内部移出到 SLICE 中；对于关键路径上的与 BRAM 相关的寄存器，可以根据时序需要将寄存器从 SLICE 中移入 BRAM 内部或从 BRAM 内部移出到 SLICE 中。

对于约束，Vivado 采用了新的描述方式 XDC（Xilinx Design Constraints），它是在 SDC（Synopsys Design Constraints）基础上的扩展。相比于 ISE，Vivado 对约束的管理更为灵活，可以在设计综合前加入约束文件，也可以在设计综合后添加约束，同时还可以设定约束的作用域和作用阶段。

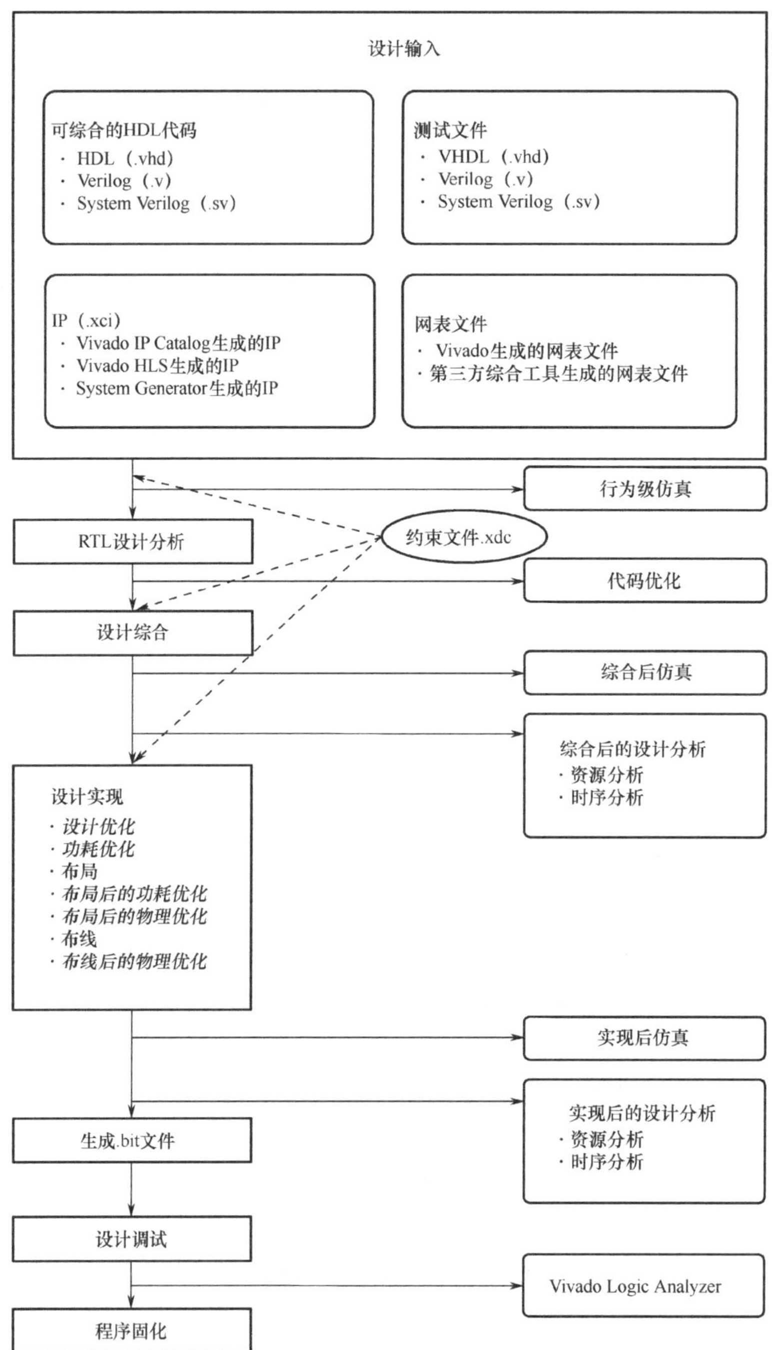

图 1.23　Vivado 下的 FPGA 设计流程

1.3.2　Vivado 的两种工作模式

Vivado 提供了两种运行模式：Project 模式和 Non-Project 模式。其中，Project 模式可以在图形界面下操作或以 Tcl 脚本方式在 Vivado Tcl Shell 中运行；Non-Project 模式只能以 Tcl 脚本方式运行。

对于 Project 模式，Vivado 以图形界面方式提供了 Flow Navigator，使得整个设计流程一目了然。图形界面菜单操作与 Tcl 脚本的对应关系如图 1.24 所示。综合和实现之后会自动生成相应的网表文件（Design Checkpoint，DCP）。与 ISE 不同，Vivado 采用了统一的数据模型，网表文件统一为 DCP 格式。

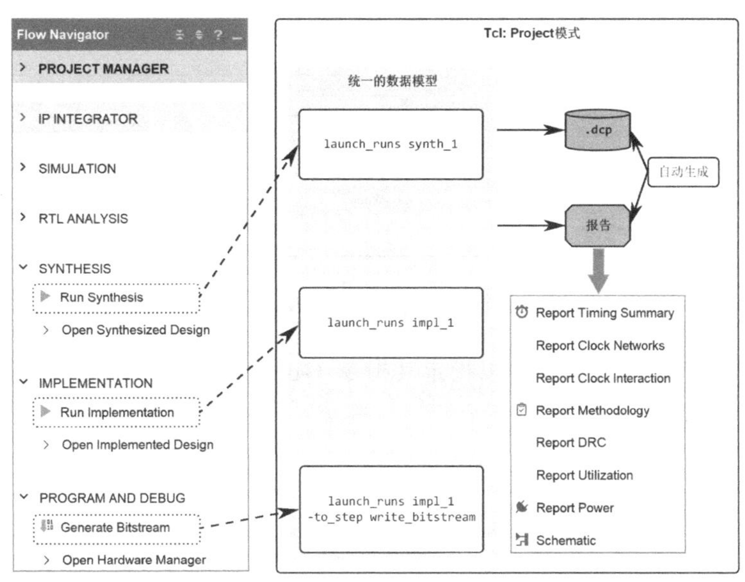

图 1.24　Project 模式下图形界面方式与 Tcl 脚本的对应关系

Project 模式可以采用 Tcl 脚本的方式在 Vivado Tcl Shell 中运行，相应的 Tcl 命令和流程如图 1.25 所示。对综合或实现后的设计进行分析时，需要先将综合或实现后的运行结果（DCP）打开，这可通过 open_run 命令执行。

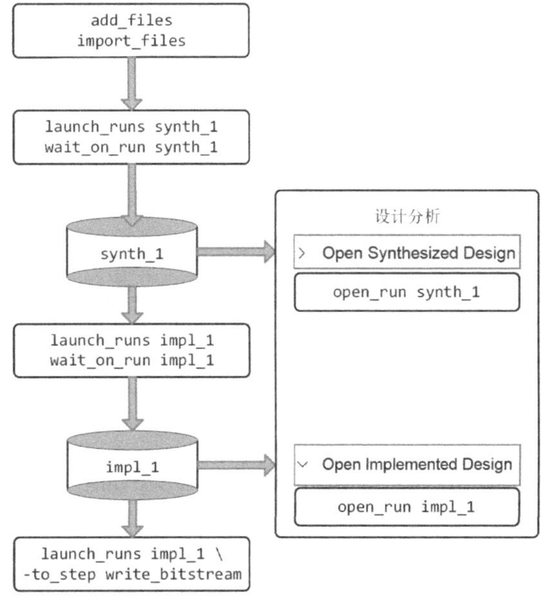

图 1.25　Project 模式以 Tcl 脚本方式的运行流程

在 Project 模式的实现阶段，可以逐步执行每个分步骤，如图 1.26 所示，被执行的分步骤会自动生成相应的网表文件（DCP）。单击 File 菜单下的 Checkpoint，打开该网表文件可进行设计分析。

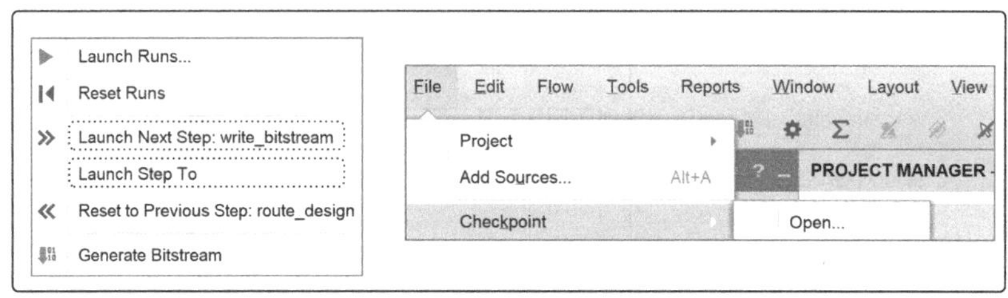

图 1.26　Project 模式下逐步执行实现阶段的每个分步骤

对于实现阶段的各个分步骤可以指定其指令（-directive），还可以指定其他参数（具体参数可参考 ug835），如图 1.27 所示。

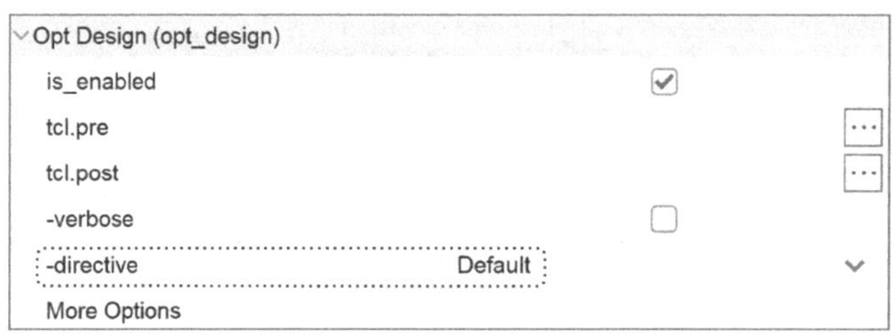

图 1.27　Project 模式下设置分步骤参数

在 Project 模式下，可以添加多个 runs 同时运行，如图 1.28 所示。Impl_1 建立在 synth_1 的基础上。不同的 synth run 可以有不同的约束文件、芯片型号和综合策略。

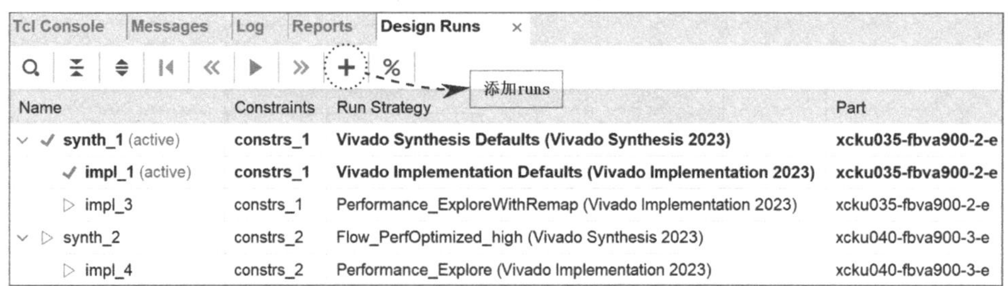

图 1.28　Project 模式下添加多个 runs

Non-Project 模式类似于 ASIC 的开发流程，全部采用 Tcl 脚本在 Vivado Tcl Shell 中运行。相应的 Tcl 脚本和流程如图 1.29 所示。与 Project 模式不同，Non-Project 模式下需要手动生成各个分步骤的网表文件（DCP）和报告（如时序报告、资源利用率报告等）。

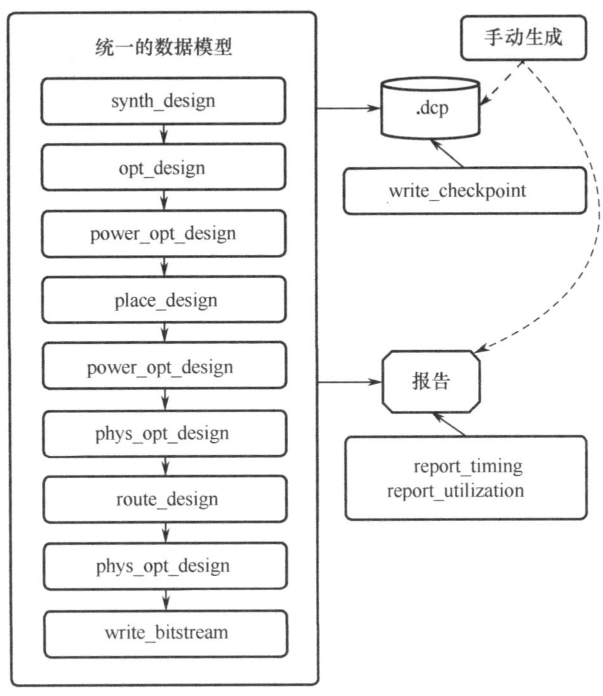

图 1.29　Non-Project 模式操作流程

Non-Project 模式尽管只能在 Vivado Tcl Shell 中运行，但并不意味着无法与图形界面方式交互使用。在 Vivado Tcl Shell 中执行 start_gui 命令可以回到图形界面方式，利用图形界面方式对设计进行分析，分析完毕后可以执行 stop_gui 命令返回 Vivado Tcl Shell。

尽管 Project 和 Non-Project 均可采用 Tcl 脚本运行，但两者用到的 Tcl 命令是不一致的且不可混用，如图 1.30 所示。

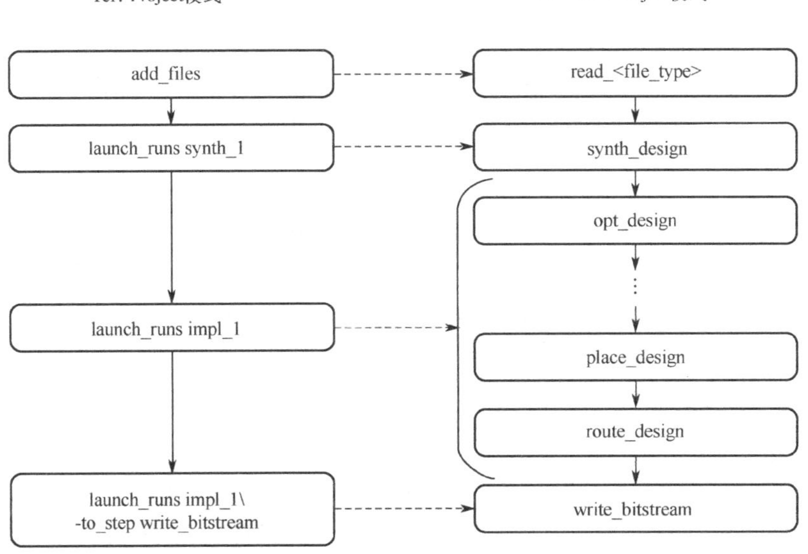

图 1.30　Project 模式和 Non-Project 模式下的 Tcl 命令对比

Project 模式的优势在于可以设定多个 runs 以比较不同综合策略或实现策略对设计结果的影响，而 Non-Project 模式的优势在于设计源文件、设计流程和生成文件可全部定制，相比 Project 模式有更短的运行时间。

1.3.3 Vivado 的 5 个特征

与前一代开发平台 ISE 相比，Xilinx 新一代开发平台 Vivado 有 5 个显著的特征，这 5 个特征也体现了与 ISE 的重大差异。

1. 统一的数据模型

在 ISE 中，综合后的网表文件为.ngc，Translate 之后的网表文件为.ngd，布局、布线之后的网表文件为.ncd；在 Vivado 下，综合和实现之后的网表文件均为.dcp。DCP 成为统一的数据模型，如图 1.31 所示。

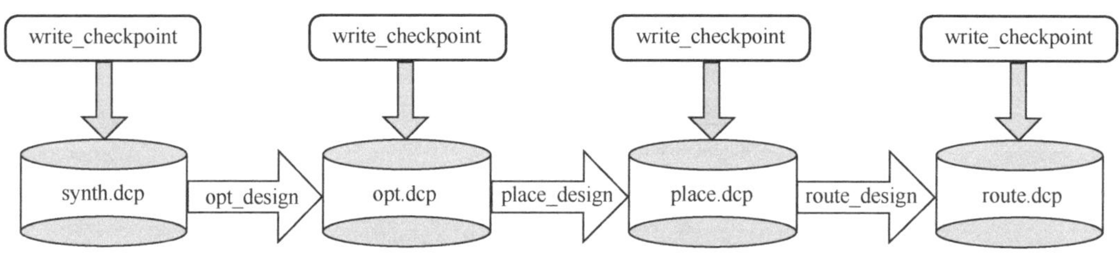

图 1.31　统一的数据模型 DCP

2. 业界标准的约束描述方式

在 Vivado 中，约束采用 XDC 描述，它是在 SDC 的基础上进行了扩展，添加了 Xilinx 特定的物理约束。相比 ISE 中 UCF 描述的约束方式，XDC 更为灵活。

3. 融合 Tcl 脚本

Vivado 融合了 Tcl 脚本，几乎所有的菜单操作都有相应的 Tcl 命令，而且用 Tcl 可以实现菜单无法操作的功能，如编辑综合后的网表文件。事实上，XDC 本身就是 Tcl 命令。除此之外，用户也可以编写自己的 Tcl 命令嵌入 Vivado 中。Vivado 提供了 Tcl 控制台（Tcl Console）和 Tcl Shell 用来运行 Tcl 脚本。

4. 以 IP 为核心的设计理念

Vivado 提供了以 IP 为核心的设计理念，以实现最大化的设计复用，如图 1.32 所示。Vivado HLS 和 System Generator 两个工具都可以将自身设计封装为 IP 嵌入 Vivado IP Catalog 中。此外，用户自己的工程也可以通过 Vivado 下的 IP Packager 封装为 IP 嵌入 Vivado IP Catalog 中。

5. 体现 UltraFast 设计方法学

Xilinx 提出的 UltraFast 设计方法学其根本宗旨是将问题尽可能地放在设计初期解决，而不要等到设计实现阶段才着手解决。因为在设计初期解决问题的方式更为灵活，措施也更为多样；而到后期，往往只能在局部小范围内修正，常会出现调试好了 A 模块，B 模块又出问题的情况，甚至面临不得不返工的窘境。Vivado 将这一方法学贯穿其中，在 RTL 设计分析阶段可以进行设计检查，检查内容包括代码风格和时序约束。在综合后可以分析时序，发现潜在的布线拥塞问题。与 ISE 不同，Vivado 综合后的时序报告是可信任的。

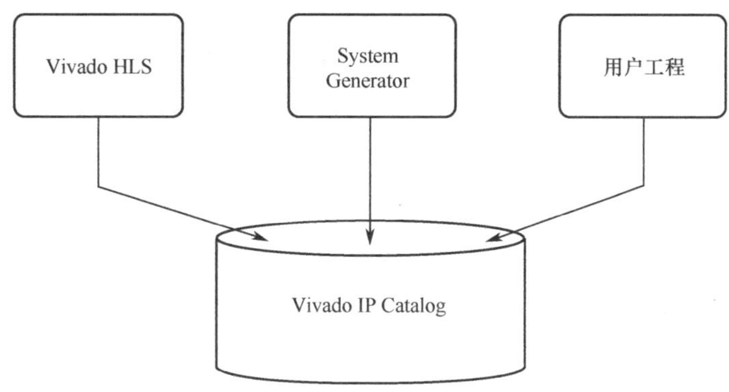

图 1.32　Vivado 以 IP 为核心的设计理念

参 考 文 献

[1] Xilinx, "7 Series FPGAs Configurable Logic Block User Guide", ug474(v1.7), 2014

[2] Xilinx, "7 Series FPGAs Memory Resources User Guide", ug473(v1.11), 2014

[3] Xilinx, "7 Series DSP48E1 Slice User Guide", ug479(v1.8), 2014

[4] Xilinx, "UltraScale Architecture Configurable Logic Block User Guide", ug574(v1.4), 2015

[5] Xilinx, "UltraScale Architecture Memory Resources User Guide", ug573(v1.3), 2015

[6] Xilinx, "UltraScale Architecture DSP Slice User Guide", ug579(v1.3), 2015

[7] Xilinx, "Vivado Design Suite User Guide Design Flows Overview", ug892(v2015.4), 2015

第 2 章

设 计 综 合

2.1 常用综合选项的设置

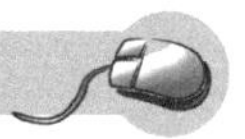

2.1.1 -flatten_hierarchy 对综合结果的影响

综合选项的设置对综合结果有着潜在的影响。综合选项窗口如图 2.1 所示。本节介绍-flatten_hierarchy[1]的含义。

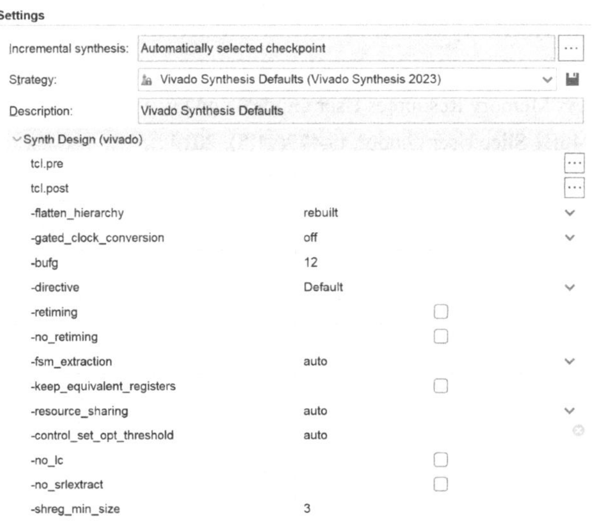

图 2.1 综合选项窗口

-flatten_hierarchy 有 3 个可选值，每个值的具体含义如表 2.1 所示。为了进一步解释，这里以 Vivado 自带的例子工程 Wavegen 为例。在其他综合选项保持默认的情形下，创建 3 个 Design runs：synth_1、synth_2 和 synth_3。三者的区别只是-flatten_hierarchy 取值不同。

表 2.1 -flatten_hierarchy 的 3 个可选值

-flatten_hierarchy	
full	综合时将原始设计打平，只保留顶层层次，执行边界优化
none	综合时完全保留原始设计层次，不执行边界优化
rebuilt	综合时将原始设计打平，执行边界优化，综合后将网表文件按照原始层次显示，故与原始层次相似

原始 RTL 代码层次如图 2.2 所示，三者综合后的网表层次如图 2.3 所示。结合表 2.1，不难理解图 2.3 所示结果。

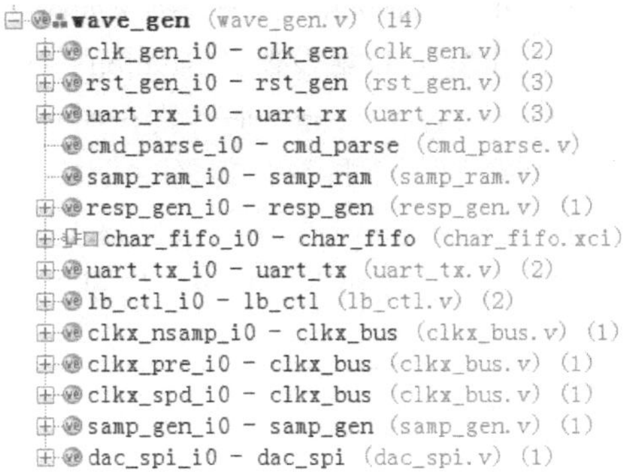

```
wave_gen (wave_gen.v) (14)
  clk_gen_i0 - clk_gen (clk_gen.v) (2)
  rst_gen_i0 - rst_gen (rst_gen.v) (3)
  uart_rx_i0 - uart_rx (uart_rx.v) (3)
  cmd_parse_i0 - cmd_parse (cmd_parse.v)
  samp_ram_i0 - samp_ram (samp_ram.v)
  resp_gen_i0 - resp_gen (resp_gen.v) (1)
  char_fifo_i0 - char_fifo (char_fifo.xci)
  uart_tx_i0 - uart_tx (uart_tx.v) (2)
  lb_ctl_i0 - lb_ctl (lb_ctl.v) (2)
  clkx_nsamp_i0 - clkx_bus (clkx_bus.v) (1)
  clkx_pre_i0 - clkx_bus (clkx_bus.v) (1)
  clkx_spd_i0 - clkx_bus (clkx_bus.v) (1)
  samp_gen_i0 - samp_gen (samp_gen.v) (1)
  dac_spi_i0 - dac_spi (dac_spi.v) (1)
```

图 2.2 原始 RTL 代码层次

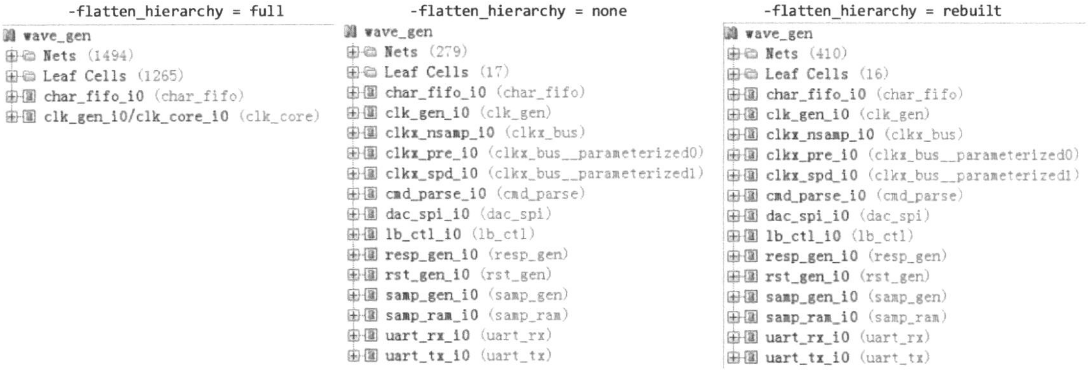

```
-flatten_hierarchy = full
wave_gen
  Nets (1494)
  Leaf Cells (1265)
  char_fifo_i0 (char_fifo)
  clk_gen_i0/clk_core_i0 (clk_core)
```

```
-flatten_hierarchy = none
wave_gen
  Nets (279)
  Leaf Cells (17)
  char_fifo_i0 (char_fifo)
  clk_gen_i0 (clk_gen)
  clkx_nsamp_i0 (clkx_bus)
  clkx_pre_i0 (clkx_bus__parameterized0)
  clkx_spd_i0 (clkx_bus__parameterized1)
  cmd_parse_i0 (cmd_parse)
  dac_spi_i0 (dac_spi)
  lb_ctl_i0 (lb_ctl)
  resp_gen_i0 (resp_gen)
  rst_gen_i0 (rst_gen)
  samp_gen_i0 (samp_gen)
  samp_ram_i0 (samp_ram)
  uart_rx_i0 (uart_rx)
  uart_tx_i0 (uart_tx)
```

```
-flatten_hierarchy = rebuilt
wave_gen
  Nets (410)
  Leaf Cells (16)
  char_fifo_i0 (char_fifo)
  clk_gen_i0 (clk_gen)
  clkx_nsamp_i0 (clkx_bus)
  clkx_pre_i0 (clkx_bus__parameterized0)
  clkx_spd_i0 (clkx_bus__parameterized1)
  cmd_parse_i0 (cmd_parse)
  dac_spi_i0 (dac_spi)
  lb_ctl_i0 (lb_ctl)
  resp_gen_i0 (resp_gen)
  rst_gen_i0 (rst_gen)
  samp_gen_i0 (samp_gen)
  samp_ram_i0 (samp_ram)
  uart_rx_i0 (uart_rx)
  uart_tx_i0 (uart_tx)
```

图 2.3 -flatten_hierarchy 为不同值时综合后的网表层次

从综合后的资源利用率报告来看（如图 2.4 所示），当-flatten_hierarchy 为 none 时消耗的寄存器最多。

-flatten_hierarchy = full

Resource	Utilization	Available	Utilization %
Slice LUTs	856	41000	2.09
Slice Registers	606	82000	0.74
Memory	1	135	0.74
IO	18	300	6.00
Clocking	3	32	9.38

-flatten_hierarchy = none

Resource	Utilization	Available	Utilization %
Slice LUTs	857	41000	2.09
Slice Registers	622	82000	0.76
Memory	1	135	0.74
IO	18	300	6.00
Clocking	3	32	9.38

-flatten_hierarchy = rebuilt

Resource	Utilization	Available	Utilization %
Slice LUTs	867	41000	2.11
Slice Registers	606	82000	0.74
Memory	1	135	0.74
IO	18	300	6.00
Clocking	3	32	9.38

图 2.4 -flatten_hierarchy 为不同值时的资源利用率

此外，观察 uart_rx 下的模块 meta_harden，其综合结果如图 2.5 所示。可以看到，meta_harden 内部的 signal_dst 是一个同步复位 D 触发器。当-flatten_hierarchy 为 none 时，signal_dst 端口名保持不变；而当-flatten_hierarchy 为 rebuilt 时，则在原有端口名称后添加_reg 作为后缀。这也是 Vivado 对寄存器命名的一个特征，理解这个特征便于寻找网线（net）。当-flatten_hierarchy 为 full 时，利用 get_pins 命令则无法找到该引脚，利用 get_nets 命令尽管可以找到类似名称的网线，但并非 uart_rx 模块下的网线，如图 2.6 所示。

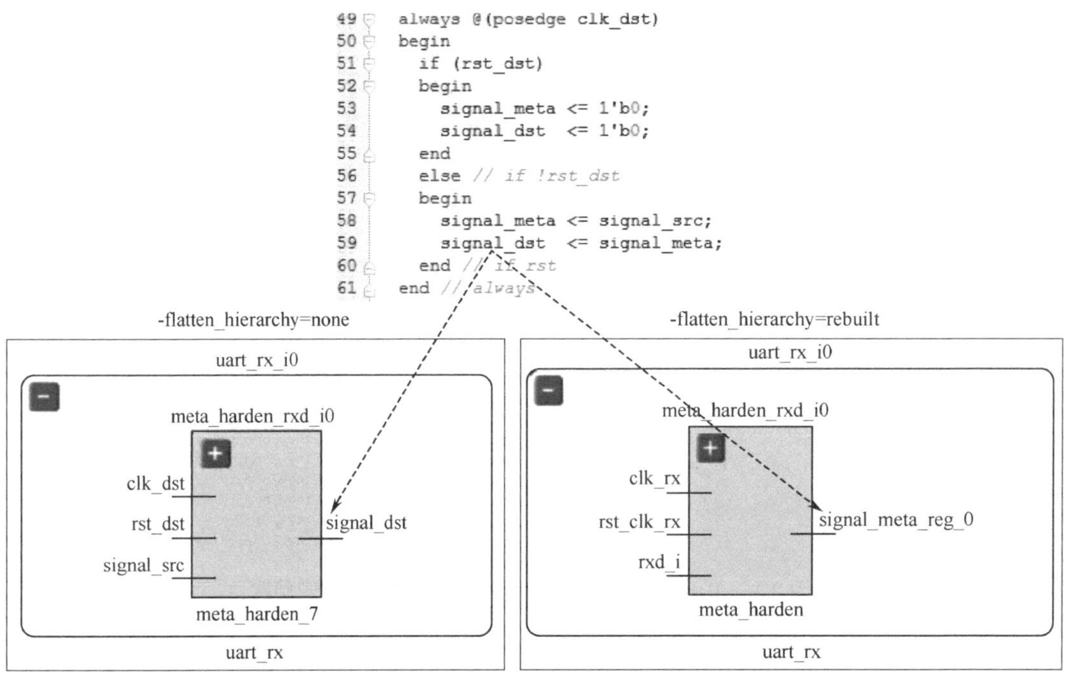

图 2.5 -flatten_hierarchy 为 none 和 rebuilt 时对寄存器输出端口名的影响

```
get_nets -hier *signal_dst*
lb_ctl_i0/debouncer_i0/meta_harden_signal_in_i0/signal_dst_reg_n_0 uart_rx_i0/uart_rx_ctl_i0/signal_dst_reg
```

图 2.6 -flatten_hierarchy 为 full 时对寄存器输出端口名的影响

-flatten_hierarchy 是一个全局的综合指导原则，即它对整个工程的所有模块都起作用。如果需要对指定模块的层次化进行管理，就需要用到 keep_hierarchy 综合属性了。仍以 Wavegen 工程为例，在 uart_rx 模块中添加该属性，如图 2.7 所示。-flatten_hierarchy 设定为 full，综合前后的层次对比如图 2.8 所示。可以看到，uart_rx 被保留，但其内部依然被打平。

```
(* keep_hierarchy = "yes" *)
module uart_rx (
  // Write side inputs
```

图 2.7 添加 keep_hierarchy 属性

通常情况下，建议将-flatten_hierarchy 设定为默认值 rebuilt。

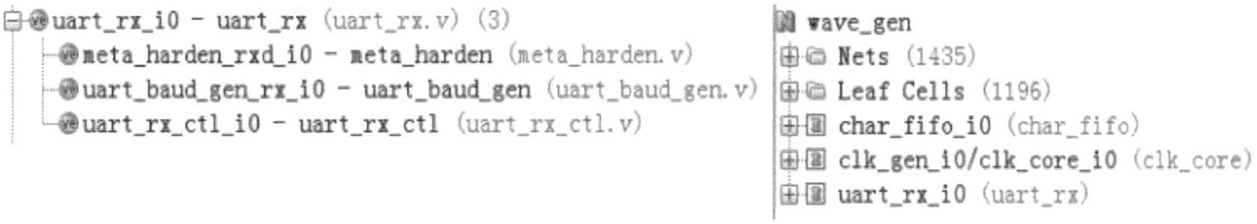

```
uart_rx_i0 - uart_rx (uart_rx.v) (3)
  meta_harden_rxd_i0 - meta_harden (meta_harden.v)
  uart_baud_gen_rx_i0 - uart_baud_gen (uart_baud_gen.v)
  uart_rx_ctl_i0 - uart_rx_ctl (uart_rx_ctl.v)
```

```
wave_gen
  Nets (1435)
  Leaf Cells (1196)
  char_fifo_i0 (char_fifo)
  clk_gen_i0/clk_core_i0 (clk_core)
  uart_rx_i0 (uart_rx)
```

图 2.8 uart_rx 模块综合前后的层次对比

2.1.2 -fsm_extraction 对状态机编码方式的影响

-fsm_extraction 用于设定状态机的编码方式，默认值为 auto，此时 Vivado 会自行决定最佳的编码方式。

仍以 Vivado 自带的例子工程 Wavegen 为例，该工程的 cmd_parse 模块中包含一个状态机。当-fsm_extraction 为 auto 时，综合后在 log 窗口中搜索 encoding，结果如图 2.9 所示，可见此时状态机编码方式为 sequential，之所以会显示 Previous Encoding，是因为 cmd_parse 模块本身已经设定了编码方式，如图 2.10 所示。

```
---------------------------------------------------------------------------------------------------
                 State |                    New Encoding |                Previous Encoding
---------------------------------------------------------------------------------------------------
                  IDLE |                             000 |                              000
              CMD_WAIT |                             001 |                              001
               GET_ARG |                             010 |                              010
              READ_RAM |                             011 |                              011
             READ_RAM2 |                             100 |                              100
             SEND_RESP |                             101 |                              101
---------------------------------------------------------------------------------------------------
INFO: [Synth 8-3354] encoded FSM with state register 'state_reg' using encoding 'sequential' in module 'cmd_parse'
INFO: [Synth 8-3971] The signal mem_array_reg was recognized as a true dual port RAM template.
```

图 2.9 -fsm_extraction 为 auto 时状态机的编码方式

```
localparam
   IDLE       = 3'b000,
   CMD_WAIT   = 3'b001,
   GET_ARG    = 3'b010,
   READ_RAM   = 3'b011,
   READ_RAM2  = 3'b100,
   SEND_RESP  = 3'b101;
```

图 2.10 cmd_parse 模块自带的状态机编码方式

但是，当-fsm_extraction 设定为 one-hot 时，综合后的结果如图 2.11 所示，可见此时-fsm_extraction 设定的编码方式高于 HDL 代码内部定义的编码方式。

与-fsm_extraction 具有同样功能的综合属性是 fsm_encoding，它可以在 HDL 代码中针对某个状态机设定编码方式，其优先级高于-fsm_extraction，但是如果代码本身已经定义了编码方式（如图 2.10 所示），则 fsm_encoding 设定的编码方式将无效。

```
---------------------------------------------------------------------------------------------
                  State |                     New Encoding |               Previous Encoding
---------------------------------------------------------------------------------------------
                   IDLE |                           000001 |                             000
               CMD_WAIT |                           000010 |                             001
                GET_ARG |                           000100 |                             010
               READ_RAM |                           001000 |                             011
              READ_RAM2 |                           010000 |                             100
              SEND_RESP |                           100000 |                             101
---------------------------------------------------------------------------------------------
INFO: [Synth 8-3354] encoded FSM with state register 'state_reg' using encoding 'one-hot' in module 'cmd_parse'
INFO: [Synth 8-3971] The signal mem_array_reg was recognized as a true dual port RAM template.
---------------------------------------------------------------------------
```

图 2.11 -fsm_extraction 为 one-hot 时状态机的编码方式

通常情况下，-fsm_extraction 设定为 auto 即可满足设计需求，如果需要对某个状态机指定编码方式，可以采用 VHDL 代码 2.1 所示的方式，通过对 fsm_encoding 的参数化处理实现代码的高效维护和管理并增强代码的可读性。

VHDL 代码 2.1 在 VHDL 代码中应用 fsm_encoding

```
library IEEE;
use IEEE.std_logic_1164.all;
entity simple_fsm is
  generic ( FSM_ENCODING_METHOD : string := "one_hot" );
  port (
        clk   : in std_logic;
        reset : in std_logic;
        sel   : in std_logic;
        outp  : out std_logic
      );
end entity;

architecture archi of simple_fsm is
  type state_type is (s1,s2,s3,s4);
  signal state, next_state: state_type;
  attribute fsm_encoding : string;
  attribute fsm_encoding of state : signal is FSM_ENCODING_METHOD;
begin
```

2.1.3 -keep_equivalent_registers 的含义

所谓等效寄存器（Equivalent Registers），是指具有同源的寄存器，即共享输入数据的寄存器，如 VHDL 代码 2.2 中的 opa_rx 和 opa_ry。

VHDL 代码 2.2 等效寄存器

```
process(clk)
  begin
    if rising_edge(clk) then
      opa_rx <= opa;
      opa_ry <= opa;
      opb_r  <= opb;
      resa   <= opa_rx and opb_r;
```

```
      resb    <= opa_ry xor opb_r;
    end if;
  end process;
```

当-keep_equivalent_registers 没有被勾选即等效寄存器被合并时，VHDL 代码 2.2 的综合结果如图 2.12 所示，否则如图 2.13 所示。从这个例子可以看出，等效寄存器可以有效降低扇出。

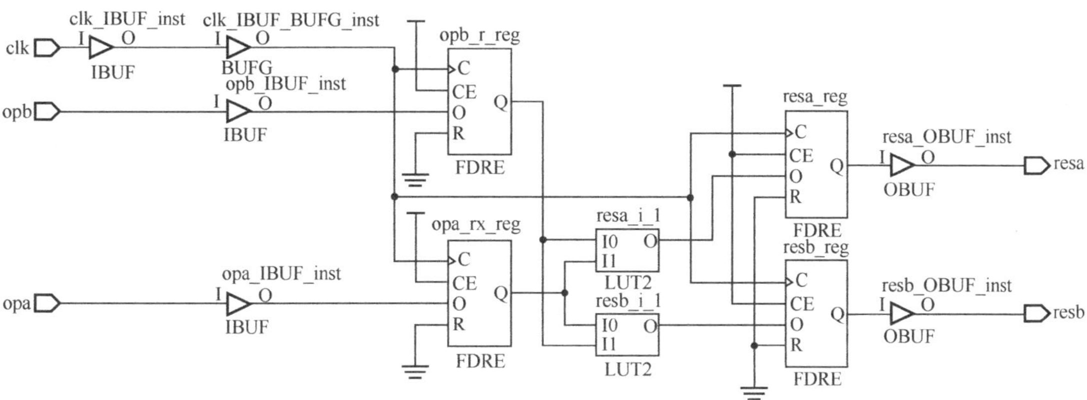

图 2.12 -keep_equivalent_registers 没有被勾选时的综合结果

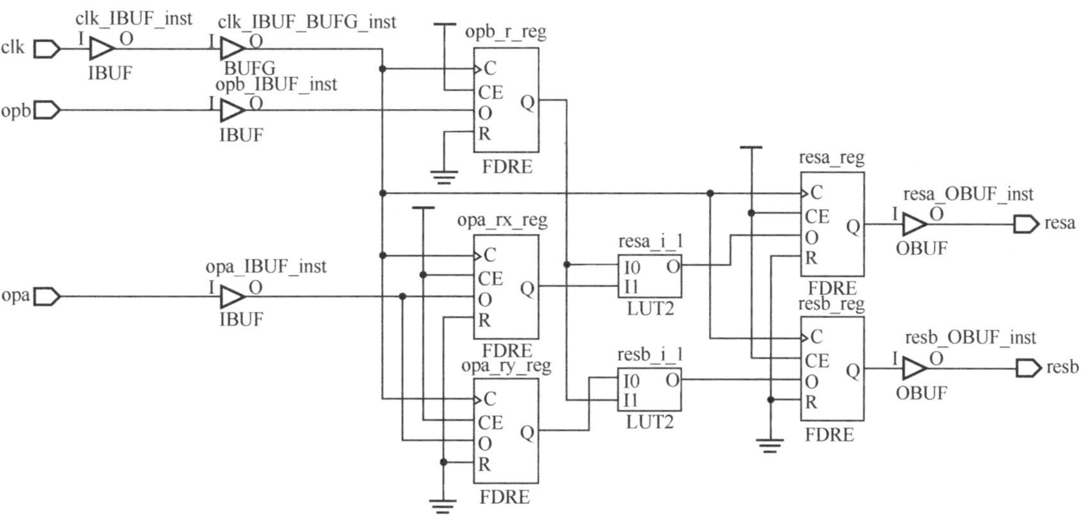

图 2.13 -keep_equivalent_registers 被勾选时的综合结果

此外，对于等效寄存器还可以通过设置综合属性 keep 避免其被合并，如 VHDL 代码 2.3 所示，这里 IS_KEEP 为 true。

VHDL 代码 2.3 使用 keep 避免等效寄存器被合并

```
architecture archi of equiv_reg is
  signal opa_rx : std_logic := '0';
  signal opa_ry : std_logic := '0';
  signal opb_r  : std_logic := '0';
```

```
  attribute keep : string;
  attribute keep of opa_rx : signal is IS_KEEP;
  attribute keep of opa_ry : signal is IS_KEEP;
begin
```

2.1.4 -resource_sharing 对算术运算的影响

-resource_sharing 的作用是对算术运算通过资源共享优化设计资源，它有 3 个值，即 auto、off 和 on。默认值为 auto，此时会根据设计时序需求确定是否进行资源共享。

以加法运算为例，VHDL 代码 2.4 显示了利用资源共享降低资源利用率。代码中 resize 函数的作用是对操作数进行符号位扩展，防止溢出。-resource_sharing 分别为 on 和 off 时的资源利用率如图 2.14 所示，显然，资源共享降低了资源利用率。资源共享的原理如图 2.15 所示。

VHDL 代码 2.4　对加法运算实现资源共享

```
library ieee;
use ieee.std_logic_1164.all;
use ieee.numeric_std.all;

entity rs_share_add is
  generic (DW : integer := 8);
  port (
         opa :  in signed(DW-1 downto 0);
         opb :  in signed(DW-1 downto 0);
         opc :  in signed(DW-1 downto 0);
         op  :  in std_logic;
         res :  out signed(DW downto 0)
       );
end rs_share_add;

architecture archi of rs_share_add is
begin
  res <= resize(opa,DW+1) + resize(opb,DW+1) when op = '1' else
         resize(opa,DW+1) - resize(opc,DW+1);
end archi;
```

-resource_sharing = on

Resource	Utilization	Available	Utilization %
LUT	9	41000	0.02
IO	34	300	11.33

-resource_sharing = off

Resource	Utilization	Available	Utilization %
LUT	21	41000	0.05
IO	34	300	11.33

图 2.14　-resource_sharing 分别为 on 和 off 时的资源利用率

此外，对于 VHDL 代码 2.5 所示的乘法运算也可以通过-resource_sharing 控制资源共享。

2.1.5 -control_set_opt_threshold 对触发器控制集的影响

触发器的控制集由时钟信号、复位/置位信号和使能信号构成，通常只有{clk,set/rst,ce}均相同的触发器才可以被放置在一个 SLICE 中。但是，对于同步置位、同步复位和同步使能信号，Vivado会根据-control_set_opt_threshold的设置进行优化，其目的是减少控制集的个数。优化的方法如图2.16所示。在优化之前，3个触发器被分别放置在3个SLICE中，而优化后，被放置在一个SLICE中，但此时需占用查找表资源。

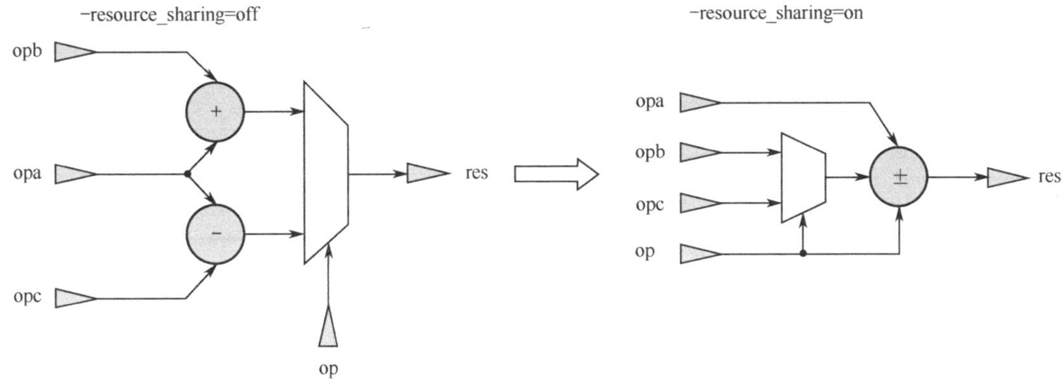

图2.15 资源共享的原理

VHDL代码2.5 对乘法运算实现资源共享

```
architecture archi of rs_share_mult is
begin
  res <= opa * opb when op = '1' else opc * opd;
end archi;
```

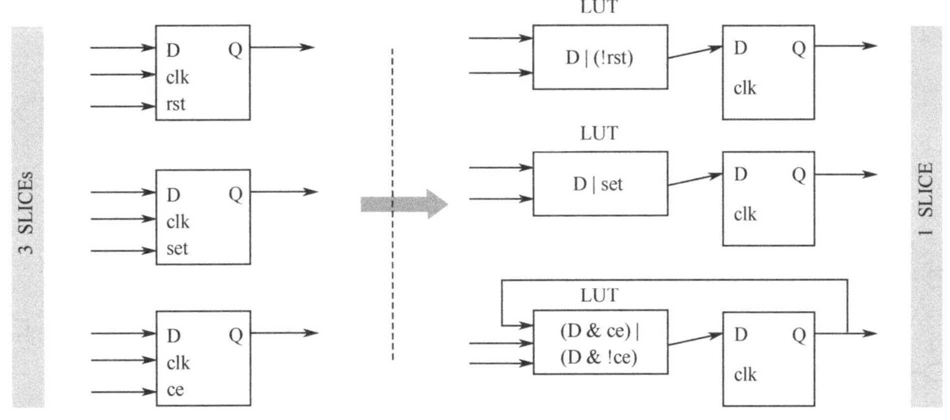

图2.16 控制集优化方法

-control_set_opt_threshold的值为控制信号（不包括时钟）的扇出个数，表明对小于此值的同步信号进行优化。显然，此值越大，被优化的触发器就越多，但占用的查找表也越多。若此值为0，则不进行优化。通常情况下，按默认值auto运行即可。

对于VHDL代码2.6所示的同步复位寄存器，-control_set_opt_threshold取auto和0时的综合结果如图2.17所示。

在设计初期就应尽可能地减少控制集，否则可能会出现触发器消耗不多但SLICE的占用率却很高的情形。

VHDL 代码 2.6　同步复位寄存器

```
process(clk)
  begin
    if rising_edge(clk) then
      if rst = '1' then
        qr <= '0';
      else
        qr <= din;
      end if;
    end if;
  end process;
```

-control_set_opt_threshold=auto

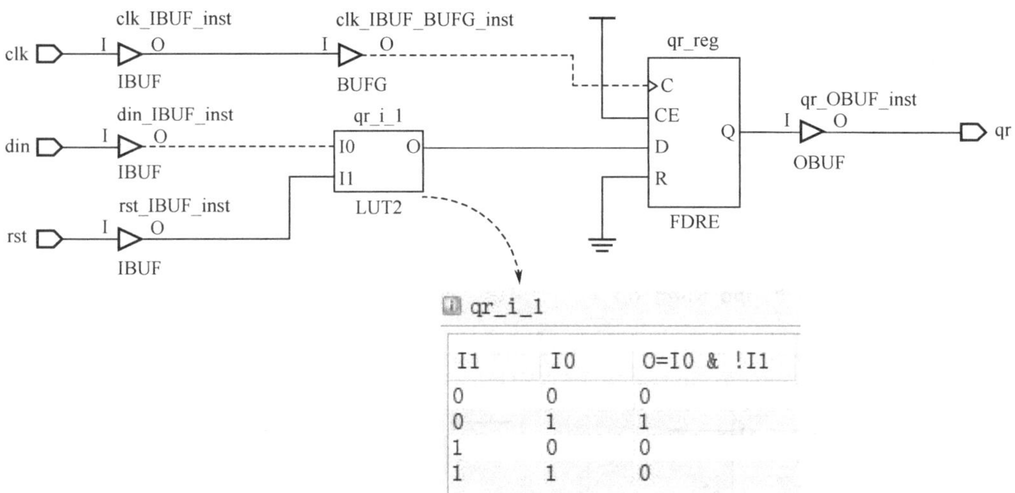

I1	I0	O=I0 & !I1
0	0	0
0	1	1
1	0	0
1	1	0

-control_set_opt_threshold=0

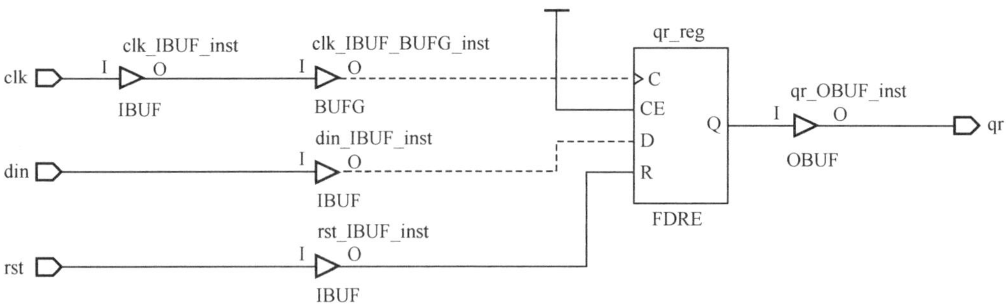

图 2.17　-control_set_opt_threshold 取 auto 和 0 时对同步复位寄存器的影响

2.1.6　-no_lc 对查找表资源的影响

在第 1 章已阐述了 Xilinx FPGA 内部 LUT6 的结构，正是这种结构决定了对于一个 x 输入布尔表达式和一个 y 输入布尔表达式，只要满足 $x+y\leqslant5$（相同变量只算一次），两个布尔表达式就可以放置在一个 LUT6 中实现，此时 A6=1，运算结果分别由 O6 和 O5

输出。

默认情况下，当存在共享变量时，Vivado 会自动把这两个布尔表达式放在一个 LUT6 中实现，称为 LUT 整合（LUT Combining）；否则，仍占用两个 LUT6 分别实现每个布尔表达式。但是，当-no_lc（No LUT Combining）被勾选时，则不允许出现 LUT 整合。

如 VHDL 代码 2.7 所示，在默认情况下会占用一个 LUT6，即采用了 LUT 整合。在综合后的资源利用率报告中会显示消耗了一个 LUT6。在实现后的报告中，选择图 2.18 中的 using O5 and O6 可查看整合的 LUT6 个数。

VHDL 代码 2.7　LUT 整合

```
architecture archi of lut_func is
begin
  f1 <= a1 and a2 and a3;
  f2 <= a2 or  a3  or a4;
end archi;
```

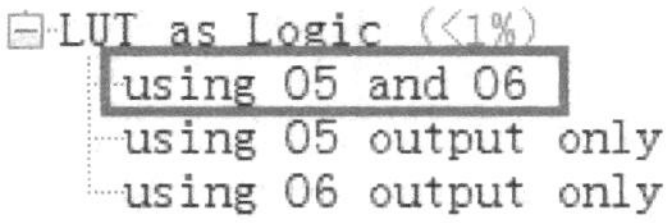

LUT as Logic (<1%)
using O5 and O6
using O5 output only
using O6 output only

图 2.18　在实现后的资源利用率报告中查看整合的 LUT6 个数

通过 LUT 整合虽然可以降低 LUT 的资源消耗率，但是也可能导致布线拥塞。因此，Xilinx 建议，当整合的 LUT 超过 LUT 总量的 15%时，应考虑勾选-no_lc，关掉 LUT 整合。

2.1.7　-shreg_min_size 对移位寄存器的影响

在第 1 章已阐述了 SLICEM 中的 LUT 可以用来实现移位寄存器。-shreg_min_size 决定了当 VHDL 代码 2.8 所示的移位寄存器的深度大于此设定值时，将采用“触发器+SRL+触发器”的方式实现，其中 SRL 由 LUT 实现。例如，当 DEPTH=5 时，综合后的结果如图 2.19 所示。

VHDL 代码 2.8　移位寄存器

```
library ieee;
use ieee.std_logic_1164.all;

entity shift_reg is
  generic (
            DEPTH : integer := 32
          );
  port (
        clk : in std_logic;
        ce  : in std_logic;
        si  : in std_logic;
        so  : out std_logic
       );
```

```
end shift_reg;

architecture archi of shift_reg is
  signal shreg : std_logic_vector(DEPTH-1 downto 0) := (others => '0');
begin
  so <= shreg(DEPTH-1);
  process(clk)
  begin
    if rising_edge(clk) then
      if ce = '1' then
        shreg <= shreg(DEPTH-2 downto 0) & si;
      end if;
    end if;
  end process;
end archi;
```

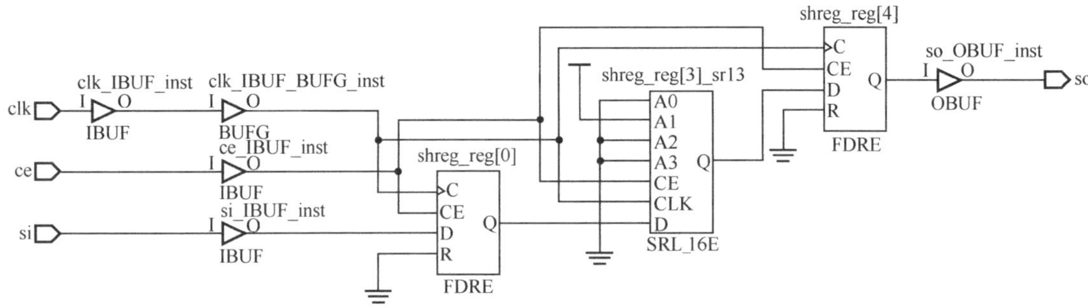

图 2.19　深度为 5 的移位寄存器综合后的结果

在综合属性中，shreg_extract 可用于指导综合工具是否将移位寄存器推断为 SRL。作为局部的综合指导命令，其优先级高于-shreg_min_size。例如，当-shreg_min_size 为 3、shreg_extract 为 no 时，对于深度为 5 的寄存器，综合的结果将是 5 个寄存器级联。

此外，综合属性 srl_style 可指导综合工具如何处理移位寄存器。它的 6 个可取值及对应的综合结果如图 2.20 所示。srl_style 的优先级虽高于-shreg_min_size，低于 shreg_extract，但 srl_style 不必与 shreg_extract 联合使用。

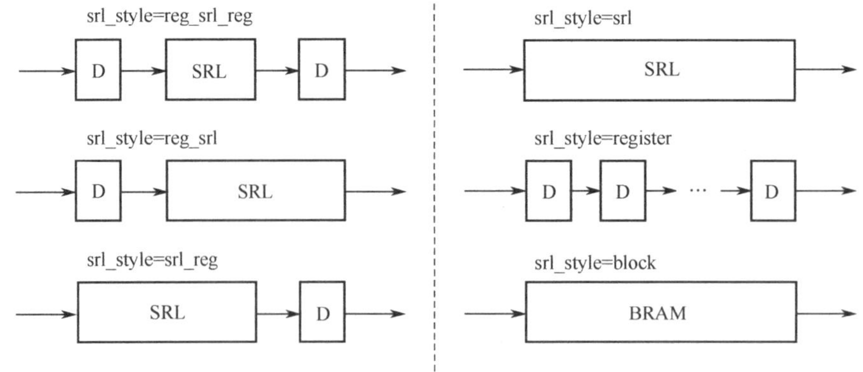

图 2.20　srl_style 的 6 个可取值及对应的综合结果

在工程应用中，可将 srl_style 参数化以提高代码的可读性和可维护性，如 VHDL 代码 2.9 所示。

VHDL 代码 2.9 srl_style 参数化方法

```
library ieee;
use ieee.std_logic_1164.all;

entity shift_reg_bus is
  generic (
           SRL_METHOD : string  := "reg_srl_reg";
           DW         : integer := 16;
           DEPTH      : integer := 32
          );
  port (
        clk : in std_logic;
        ce  : in std_logic;
        si  : in std_logic_vector(DW-1 downto 0);
        so  : out std_logic_vector(DW-1 downto 0)
       );
end shift_reg_bus;

architecture archi of shift_reg_bus is
  subtype shreg_data is std_logic_vector(DW-1 downto 0);
  type shreg_type is array(DEPTH-1 downto 0) of shreg_data;
  signal shreg : shreg_type := (others => (others => '0'));
  attribute srl_style : string;
  attribute srl_style of shreg : signal is SRL_METHOD;
begin
  so <= shreg(DEPTH-1);
  process(clk)
  begin
    if rising_edge(clk) then
      if ce = '1' then
        shreg <= shreg(DEPTH-2 downto 0) & si;
      end if;
    end if;
  end process;
end archi;
```

2.2 合理使用综合属性

2.2.1 async_reg 在异步跨时钟域场合的应用

在异步跨时钟域场合，对于控制信号（通常位宽为 1bit）常使用双触发器方法完成跨时钟域操作，如图 2.21 所示。此时对于图中标记的 1 号触发器需要使用综合属性 async_reg，有以下两个目的：

（1）表明 1 号触发器接收的数据是来自与接收时钟异步的时钟域；

（2）表明 2 号触发器是同步链路上的触发器。

从而，保证 1 号、2 号触发器在布局时会被放置在同一个 SLICE 内，减少线延迟对时序的影响。

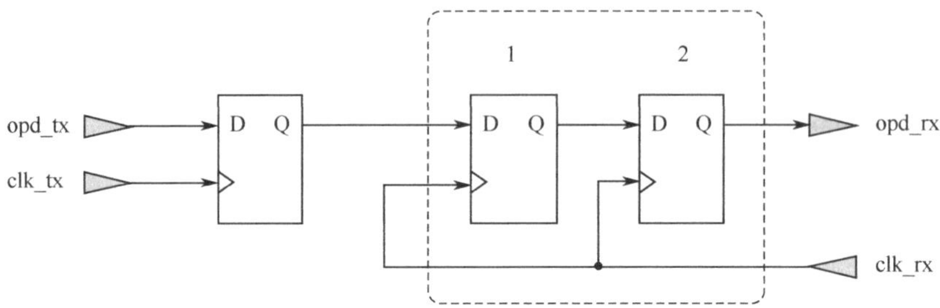

图 2.21　双触发器方法

async_reg 的使用方法如 VHDL 代码 2.10 所示。

VHDL 代码 2.10　async_reg 的使用方法

```
library ieee;
use ieee.std_logic_1164.all;

entity double_reg is
  port (
        clk_tx : in std_logic;
        opd_tx : in std_logic;
        clk_rx : in std_logic;
        opd_rx : out std_logic
      );
end double_reg;

architecture archi of double_reg is
  signal opd_tx_i : std_logic := '0';
  signal opd_rx_i : std_logic := '0';
  attribute async_reg : string;
  attribute async_reg of opd_rx_i : signal is "true";
begin
  process(clk_tx)
  begin
    if rising_edge(clk_tx) then
      opd_tx_i <= opd_tx;
    end if;
  end process;

  process(clk_rx)
  begin
    if rising_edge(clk_rx) then
      opd_rx_i <= opd_tx_i;
      opd_rx  <= opd_rx_i;
    end if;
  end process;

end archi;
```

2.2.2　max_fanout 对高扇出信号的影响

高扇出信号可能会因为布线拥塞而导致时序问题，常用的处理方法是通过寄存器复制以降低扇出。一种方法是可以手工采用 HDL 代码复制寄存器，但此时要注意确保综合时复制的等效寄存器不会被优化掉；另一种方法则是通过综合属性 max_fanout 实现寄存器复制。

仍以 Vivado 自带的例子工程 Wavegen 为例，综合后通过 report_high_fanout_nets 可以找到该设计中的高扇出网线，如图 2.22 所示，该网线的 Schematic 视图如图 2.23 所示。

Net Name	Fanout	Driver Type
rst_gen_i0/reset_bridge_clk_rx_i0/rst_clk_rx	253	FDPE
rst_gen_i0/reset_bridge_clk_tx_i0/rst_clk_tx	129	FDPE

图 2.22　高扇出信号列表

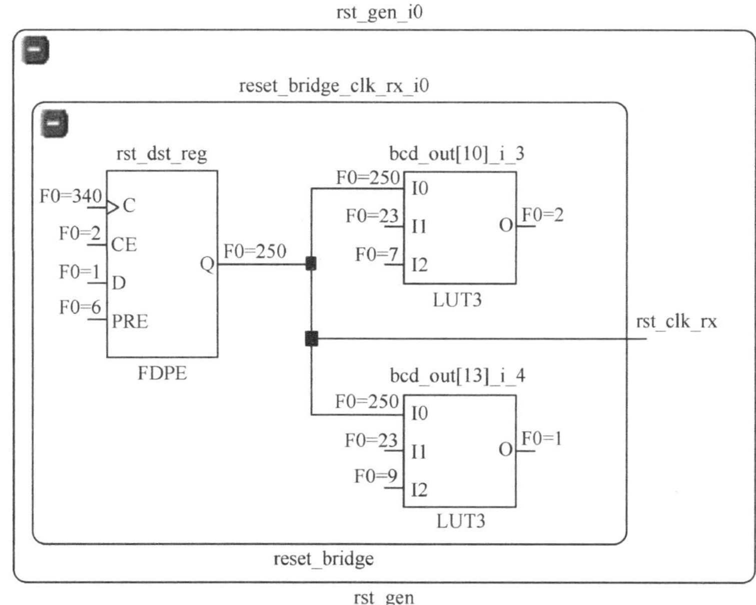

图 2.23　rst_clk_rx 的 Schematic 视图

为了将 rst_clk_rx 的扇出降低到 150，在原始的 HDL 代码中使用 max_fanout（注意，括号和星号之间没有空格），如图 2.24 所示。

```
(* max_fanout = 150 *)
wire        rst_clk_rx;     // Reset, synchronized to clk_rx
```

图 2.24　在 HDL 代码中使用 max_fanout

综合后再次通过 report_high_fanout_nets 命令找到扇出较大的网线，如图 2.25 所示，可以看到，此时 rst_clk_rx 的扇出已经降低。为了进一步确定，可观察其 Schematic 视图，如图 2.26 所示。显然，此时 rst_clk_rx 已经被赋值为 3 个寄存器，每个寄存器的扇出分别为 117、116 和 17，总扇出保持不变。

使用 max_fanout 时，不用勾选综合选项中的-keep_equivalent_registers，因为本身 max_fanout 的作用就是复制寄存器，而且被复制的等效寄存器在后续实现时也不会被优化掉。

Net Name	Fanout	Driver Type
rst_gen_i0/reset_bridge_clk_tx_i0/rst_clk_tx	129	FDPE
rst_gen_i0/reset_bridge_clk_rx_i0/SR[0]	117	FDPE
rst_gen_i0/reset_bridge_clk_rx_i0/over_sample_cnt_reg[0]	116	FDPE

图 2.25　使用 max_fanout 后显示的大扇出网线

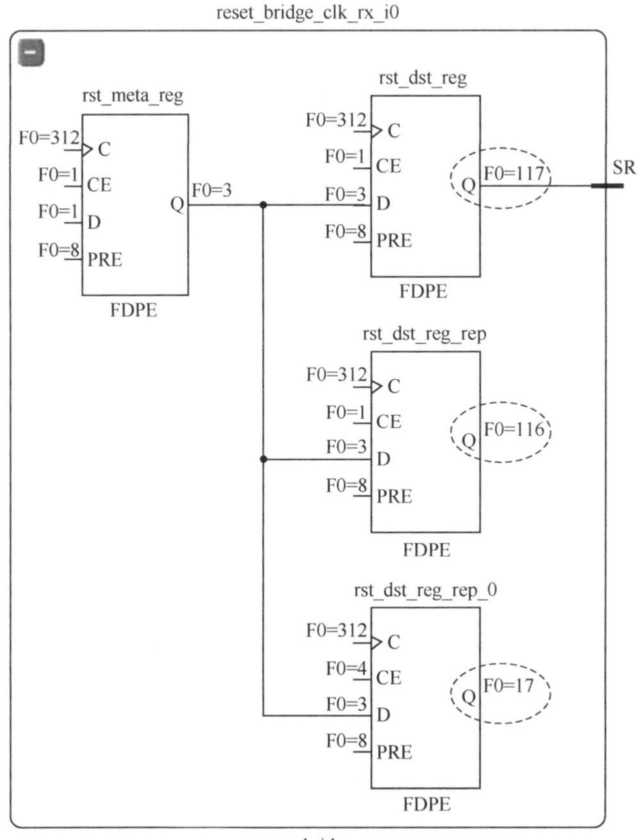

图 2.26　使用 max_fanout 后 rst_clk_rx 被复制之后的 Schematic 视图

尽管在 Vivado 综合选项中由-fanout_limit 来控制扇出，但它是全局指导，对于局部某个网线，max_fanout 的优先级要高于-fanout_limit。

2.2.3　ram_style 和 rom_style 对存储性能的影响

在 Xilinx FPGA 中，既可以采用分布式资源（查找表）也可以采用 BRAM 实现 RAM。对于手工编写的 HDL 代码所描述的 RAM，在默认情况下，Vivado 会通过内部算法给出最优结果。此外，也可以通过 ram_style 指导工具推断 RAM 的实现方式。该属性有 3 个值：block（将 RAM 映射为 BRAM）、distributed（将 RAM 映射为分布式资源）和 registers（指导工具推断为寄存器而非 RAM）。

VHDL 代码 2.11 描述的是一个时钟的简单双端口 RAM 可以通过 ram_style 映射为分布式资源，其中 RAM_MAP（在 generic 中声明）的值为 distributed，采用这种方法是为了实现综合属性的参数化管理。

VHDL 代码 2.11　一个时钟的简单双端口 RAM 映射为分布式资源

```
library ieee;
use ieee.std_logic_1164.all;
use ieee.numeric_std.all;

entity simple_dual_one_clock is
  generic (
           AW       : positive := 10;
           DEPTH    : positive := 2**AW;
           DW       : natural  := 16;
           RAM_MAP  : string   := "distributed"
          );
  port (
         clk   : in std_logic;
         ena   : in std_logic;
         wea   : in std_logic;
         addra : in unsigned(AW-1 downto 0);
         dia   : in std_logic_vector(DW-1 downto 0);
         enb   : in std_logic;
         addrb : in unsigned(AW-1 downto 0);
         dob   : out std_logic_vector(DW-1 downto 0)
       );
end simple_dual_one_clock;

architecture archi of simple_dual_one_clock is
  subtype ram_data is std_logic_vector(DW-1 downto 0);
  type ram_type is array(2**AW-1 downto 0) of ram_data;
  signal ram : ram_type := (others => (others => '0'));
  attribute ram_style : string;
  attribute ram_style of ram : signal is RAM_MAP;
begin
  process(clk)
  begin
    if rising_edge(clk) then
      if ena = '1' then
        if wea = '1' then
          ram(to_integer(addra)) <= dia;
        end if;
      end if;
    end if;
  end process;

  process(clk)
  begin
    if rising_edge(clk) then
      if enb = '1' then
        dob <= ram(to_integer(addrb));
      end if;
    end if;
  end process;

end archi;
```

对于两个时钟的简单双端口 RAM，也可以通过 ram_style 映射为分布式资源，但是对于真正的双端口 RAM，即便将 ram_style 设置为 distributed，RAM 仍将通过 BRAM 实现。

rom_style 与 ram_style 有同样的功能，只是它针对的是 ROM，且只有两个值 block 和 distributed。

2.2.4 use_dsp48 在实现加法运算时的作用

在 Vivado 中，默认情况下用 HDL 描述的乘法、乘加、乘减、乘累加及预加相乘最终都会映射到 DSP48 中，但是加法、减法和累加运算会用常规的逻辑资源，即查找表、进位链等来实现。相比查找表，DSP48 在功耗和速度上都有优势。如果期望加法运算也能映射到 DSP48 中，就要用到综合属性 use_dsp48。该属性可作用于 entity/module、architecture、component、signal。

采用 VHDL 描述加法运算并使用该属性的相应代码，如 VHDL 代码 2.12 所示。综合后，该模块只占用了一个 DSP48E1（目标芯片为 7 系列 FPGA），其中的寄存器也一并被吸收到 DSP48E1 内部。

VHDL 代码 2.12　用 DSP48 实现加法运算

```
library ieee;
use ieee.std_logic_1164.all;
use ieee.numeric_std.all;

entity adder is
  generic (
           DW       : integer := 16;
           IS_DSP48 : string  := "yes"
          );
  port (
          clk : in std_logic;
          opa : in signed(DW-1 downto 0);
          opb : in signed(DW-1 downto 0);
          res : out signed(DW downto 0)
       );
end adder;

architecture archi of adder is
  signal opa_r : signed(DW-1 downto 0) := (others => '0');
  signal opb_r : signed(DW-1 downto 0) := (others => '0');
  signal res_i : signed(DW downto 0) := (others => '0');
  attribute use_dsp48 : string;
  attribute use_dsp48 of res_i : signal is IS_DSP48;
begin
  res_i <= resize(opa_r,DW+1) + resize(opb_r,DW+1);
  process(clk)
  begin
    if rising_edge(clk) then
      opa_r <= opa;
      opb_r <= opb;
      res   <= res_i;
    end if;
  end process;

end archi;
```

对于 FPGA 设计中常用的计数器，也可以采用 use_dsp48 属性使其映射到 DSP48 上，如 VHDL 代码 2.13 所示。代码中 IS_DSP48 的值为 yes。

VHDL 代码 2.13 计数器用 DSP48 实现

```
library ieee;
use ieee.std_logic_1164.all;
use ieee.numeric_std.all;

entity cnt_dsp48 is
  generic (
            IS_DSP48 : string  := "yes";
            DW       : integer := 16
          );
  port (
          clk : in std_logic;
          rst : in std_logic;
          ce  : in std_logic;
          cnt : out unsigned(DW-1 downto 0)
        );
end cnt_dsp48;

architecture archi of cnt_dsp48 is
  signal cnt_i : unsigned(DW-1 downto 0) := (others => '0');
  attribute use_dsp48 : string;
  attribute use_dsp48 of cnt_i : signal is IS_DSP48;
begin
  process(clk)
  begin
    if rising_edge(clk) then
      if rst = '1' then
        cnt_i <= (others => '0');
      elsif ce = '1' then
        cnt_i <= cnt_i + 1;
      end if;
    end if;
  end process;
  cnt <= cnt_i;
end archi;
```

对于关系运算，也可以转换成算术运算通过 DSP48 实现。例如，opa < opb 意味着 opa − opb < 0，这时只需取 opa − opb 结果的最高位，即符号位进行判断，若符号位为 1，则表明 opa < opb，相应的代码如 VHDL 代码 2.14 所示。

VHDL 代码 2.14 关系运算采用 DSP48 实现

```
library ieee;
use ieee.std_logic_1164.all;
use ieee.numeric_std.all;

entity cmp_pipe is
  generic (
            IS_DSP48 : string  := "yes";
```

```
            DW       : natural := 32
          );
    port (
          clk : in std_logic;
          opa : in signed(DW-1 downto 0);
          opb : in signed(DW-1 downto 0);
          res : out std_logic
        );
end cmp_pipe;

architecture archi of cmp_pipe is
  signal opa_r : signed(DW-1 downto 0) := (others => '0');
  signal opb_r : signed(DW-1 downto 0) := (others => '0');
  signal sub   : signed(DW downto 0);
  attribute use_dsp48 : string;
  attribute use_dsp48 of sub : signal is IS_DSP48;

begin
  sub <= resize(opa_r,DW+1) - resize(opb_r,DW+1);
  process(clk)
  begin
    if rising_edge(clk) then
      opa_r <= opa;
      opb_r <= opb;
      res   <= sub(sub'high);
    end if;
  end process;
end archi;
```

当该属性作用于 entity/module 时，该模块内的所有加法/减法运算都将采用 DSP48 实现。

2.3 out-of-context（OOC）综合模式

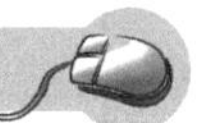

2.3.1 Project 模式下使用 OOC

out-of-context（OOC）综合模式本质上是一种自底向上（bottom-up）的综合方法，该方法可以应用于 IP、IPI（IP Integrator）的 Block Design 及用户逻辑。这里着重介绍如何对用户逻辑使用 OOC 综合方法。

仍以 Vivado 自带的例子工程 Wavegen 为例。设定工程名为 WaveGenOOC，打开该工程之后，选中 uart_rx 模块，单击右键就会出现如图 2.27 所示的界面，选择图中方框标记的选项，会弹出如图 2.28 所示的界面。在此界面中，Source Node 指定了被设定为 OOC 综合的模块，Generate Stub 的作用是告知 Vivado 在对顶层设计综合时，需要把 uart_rx 模块当作黑盒子（Black Box）对待（因为其在 OOC 模式下已被单独综合，有单独的网表文件）。

Set as Out-of-Context for Synthesis...
Set Library... Alt+L
Set File Type...
Set Used In...

图 2.27 选择 OOC 模式

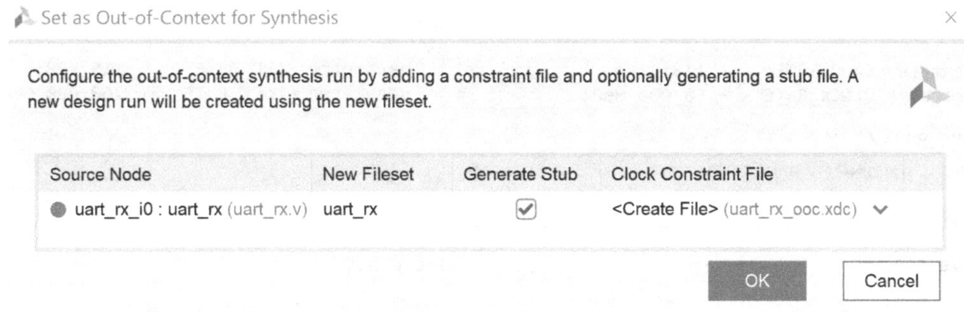

图 2.28 设置 OOC 选项

单击 OK 按钮之后，会出现如图 2.29 所示界面，显示设定 OOC 失败，并在 Tcl Console 窗口中给出 CRITICAL WARNING（如图 2.30 所示）。注意其中加粗的斜体字，表明失败原因是实例化 uart_rx 时出现了参数传递。

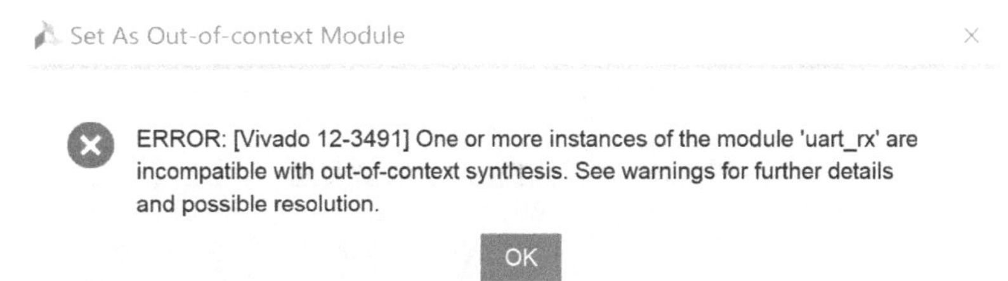

图 2.29 设定 OOC 失败

```
CRITICAL WARNING: [filemgmt 20-1744] Instance uart_rx_i0 of module uart_rx uses one or
more parameters. To synthesize as an out-of-context module, parameter values need to be
defined in the module definition and removed from the instantiation. There is no way to
define different parameter values for different instances of an out-of-context module.
[F:/BookVivado/VivadoPrj/WaveGenOOC/WaveGenOOC.srcs/sources_1/imports/Sources/kintex7/
wave_gen.v:239]
```

图 2.30 设定 OOC 失败的警告信息

进一步分析，在 uart_rx.v 中定义了两个参数，如图 2.31 左侧所示，在顶层 wave_gen.v 中对这两个参数重新定义并在 uart_rx.v 实例化时执行参数传递，而这对于需要 OOC 综合的模块而言是不允许的。因此，做如下两点改动：

（1）直接将实际参数值写入 uart_rx.v 中；

（2）在顶层 wave_gen.v 中对 uart_rx.v 模块实例化时移除参数传递，如图 2.31 右侧所示。

重新设定 OOC，弹出如图 2.28 所示界面，其中的 New Fileset 表明会生成一个新的文件夹 uart_rx，Clock Constraint File 表明会生成一个时钟约束文件，如图 2.32 所示。同时，uart_rx 模块前多了一个实体方块，如图 2.33 中虚线框标记所示，表明此模块被设定为 OOC 综合模式。此外，在 Design Runs 窗口中，增添了 uart_rx 的单独综合，如图 2.34 中的虚线框标记所示。

uart_rx.v

```
parameter BAUD_RATE    = 115_200;
parameter CLOCK_RATE   = 50_000_000;
```

uart_rx.v

```
parameter BAUD_RATE    = 115_200;
parameter CLOCK_RATE   = 200_000_000;
```

wave_gen.v

```
parameter BAUD_RATE            = 115_200;

parameter CLOCK_RATE_RX        = 200_000_000;
```

wave_gen.v

```
uart_rx #(
  .BAUD_RATE    (BAUD_RATE),
  .CLOCK_RATE   (CLOCK_RATE_RX)
) uart_rx_i0 (
  .clk_rx       (clk_rx),
  .rst_clk_rx   (rst_clk_rx),

  .rxd_i        (rxd_i),
  .rxd_clk_rx   (rxd_clk_rx),

  .rx_data_rdy  (rx_data_rdy),
  .rx_data      (rx_data),
  .frm_err      ()
);
```

wave_gen.v

```
uart_rx  uart_rx_i0 (
  .clk_rx       (clk_rx),
  .rst_clk_rx   (rst_clk_rx),

  .rxd_i        (rxd_i),
  .rxd_clk_rx   (rxd_clk_rx),

  .rx_data_rdy  (rx_data_rdy),
  .rx_data      (rx_data),
  .frm_err      ()
);
```

图 2.31　移除实例化时的参数传递

```
constrs_1
sim_1
sources_1
uart_rx
    new
        uart_rx_ooc.xdc
```

图 2.32　OOC 模块生成的文件目录

```
wave_gen (wave_gen.v) (14)
  clk_gen_i0 - clk_gen (clk_gen.v) (2)
  rst_gen_i0 - rst_gen (rst_gen.v) (3)
  uart_rx_i0 - uart_rx (uart_rx.v) (3)

wave_gen (wave_gen.v) (14)
  clk_gen_i0 - clk_gen (clk_gen.v) (2)
  rst_gen_i0 - rst_gen (rst_gen.v) (3)
  uart_rx_i0 - uart_rx (uart_rx.v) (3)
```

图 2.33　设定为 OOC 综合的模块的图标

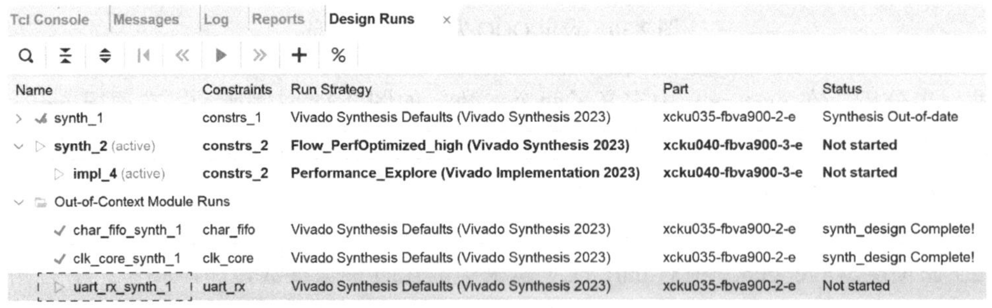

图 2.34　设定为 OOC 综合的模块在 Design Runs 窗口中的体现

对于 uart_rx_ooc.xdc 文件，打开之后，内容为空，添加如 Tcl 脚本 2.1 所示的时钟约束，之后即可对 uart_rx 模块单独进行综合。注意，uart_rx_ooc.xdc 并不需要添加到 Vivado 工程中，它会和图 2.34 中的 uart_rx_synth_1 自动关联起来，如图 2.35 所示。

Tcl 脚本 2.1 添加时钟约束

```
create_clock -name clk_rx -period 5 [get_ports clk_rx]
```

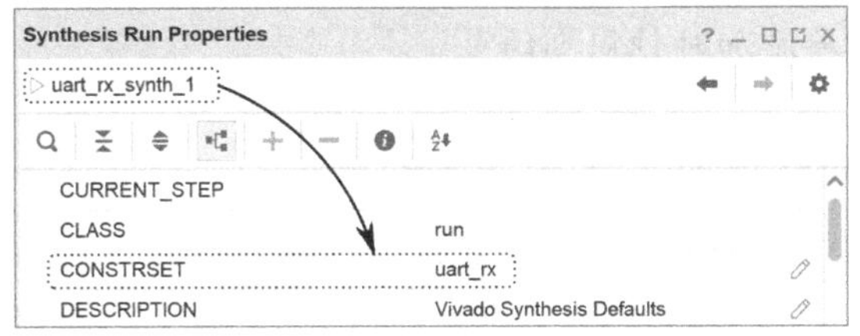

图 2.35 uart_rx_synth_1 关联的 CONSTRSET

在如图 2.34 所示的 Design Runs 窗口中，选中 uart_rx_synth_1，单击右键，出现如图 2.36 所示界面，选择虚线框标记，即可打开 uart_rx_synth_1 所在目录，可以看到生成的网表文件 uart_rx. dcp。

图 2.36 打开 uart_rx_synth_1 的运行目录

对于 uart_rx_synth_1，打开运行结果，可以看到如图 2.37 所示的 Schematic 视图。此视图中，输入/输出引脚并没有插入 I/O BUF。之后，可对该模块单独进行时序分析。

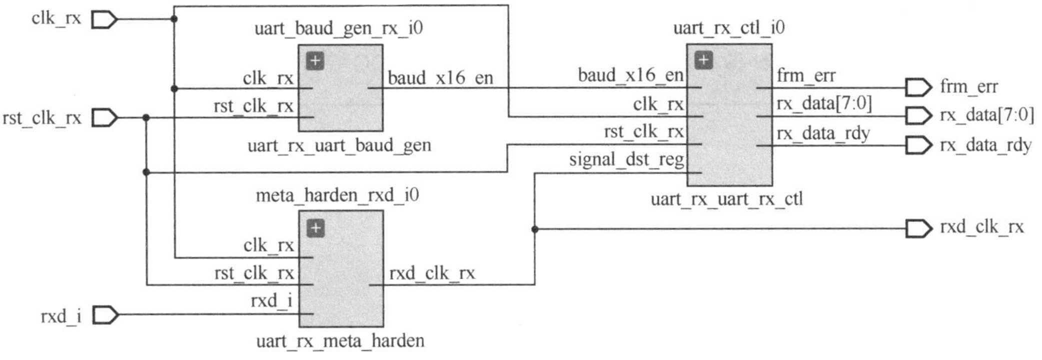

图 2.37 uart_rx.dcp 的 Schematic 视图

此外，对于已设定为 OOC 综合模式的模块，可撤销 OOC 设置，如图 2.38 中的虚线框所示。

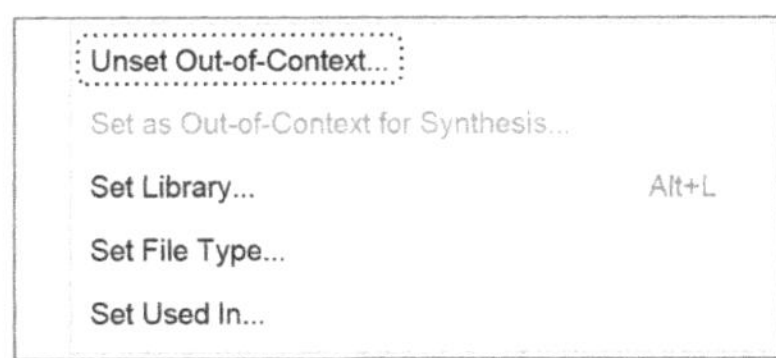

图 2.38 撤销 OOC 设置

结论

对于设定为 OOC 综合的模块：

- 在模块内部可以设定参数，但在该模块被实例化时不允许出现参数映射。
- 若包含其他 IP，则该 IP 应设定为 Global 综合模式，而不能设定为 OOC 综合模式。
- 对所有时钟引脚要添加时钟周期约束。

2.3.2 Non-Project 模式下使用 OOC

在 Non-Project 模式下，使用 OOC 也非常容易操作。仍以 Wavegen 工程为例，需要将其中的 uart_rx 模块应用 OOC 综合模式。首先创建 src 文件夹，将相应的 Verilog 文件复制到该目录下，同时创建 xdc 文件夹和 uart_rx_ooc.xdc 文件，其中.xdc 的文件内容为 clk_rx 的时钟周期约束，与 Tcl 脚本 2.1 一致。整体目录如图 2.39 所示。

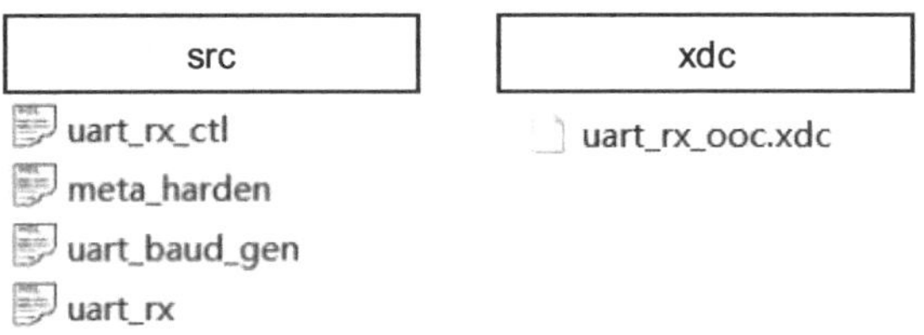

图 2.39 整体目录

在 Vivado Tcl Shell 中执行 Tcl 脚本 2.2 所示内容。注意，需要先将 Vivado 的工作目录切换到 src 所在目录。脚本运行完毕后可通过 start_gui 命令打开 Vivado，回到图形界面下，查看综合后网表的 Schematic 视图。

Tcl 脚本 2.2 Non-Project 模式应用 OOC 综合方法

```
set OutPutDir ./uart_rx
file mkdir $OutPutDir
set part xc7k70tfbg676-1
set top uart_rx
read_verilog [glob ./src/*.v]
read_xdc [glob ./xdc/*.xdc] -mode out_of_context
synth_design -part $part -top $top -mode out_of_context
write_checkpoint -force ${top}.dcp
```

在 Tcl 脚本 2.2 中，需要注意，读入 xdc 时要以 out_of_context 模式读入，综合时也要指定综合模式为 out_of_context，如脚本中的下画线部分所示。

2.4 综合后的设计分析

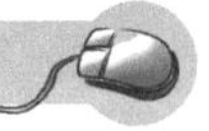

2.4.1 时钟网络分析

时钟网络反映了时钟从时钟引脚进入 FPGA 后在 FPGA 内部的传播路径。以 Vivado 自带的例子工程 Wavegen 为例，综合之后，打开设计，执行 Report Clock Networks 命令，如

图 2.40 虚线框标记所示，或执行与之等效的 Tcl 命令，如图 2.40 右侧所示。显示结果如图 2.41 所示。

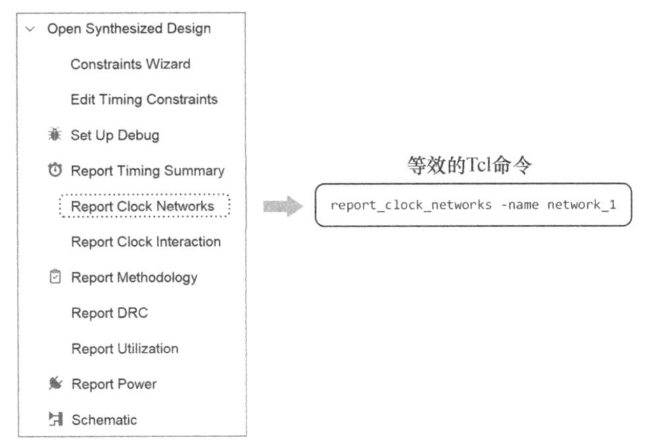

图 2.40 执行生成时钟网络命令

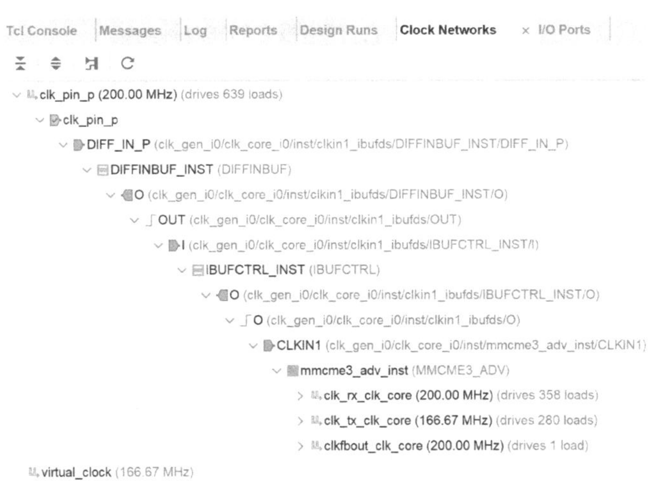

图 2.41 生成的时钟网络报告

从图 2.41 中可以看出，时钟从输入引脚进入之后，经过 IBUFDS，再通过 MMCM 生成时钟，同时显示了各个时钟的频率。时钟网络显示的时钟除虚拟时钟（图 2.41 中的 virtual_clock）外，并不需要创建时钟约束。为进一步说明，如果在综合之前没有添加任何时钟约束，那么生成的时钟网络报告如图 2.42 所示。与图 2.41 相比，此时生成的时钟网络没有显示时钟频率，也没有显示虚拟时钟，但在报告的最上端显示了 Unconstrained（未约束，图中虚线框 1 所示），这为创建时钟约束提供了帮助。选择图中虚线框 2（此为根时钟，root clock），单击右键弹出图 2.43 所示菜单，选择其中的 Create Clock 即可。

report_clocks 命令用于生成时钟报告，这里的时钟为时钟约束（create_clock，create_generated_clock）创建的时钟，包括自动生成的时钟。对于 Wavegen 工程，report_clocks 会显示图 2.44 所示内容。除此之外，还会显示生成时钟更为详细的信息，包括生成时钟与主时钟的关系、主时钟引脚位置和生成时钟引脚位置。

图 2.42　未添加时钟约束时生成的时钟网络报告

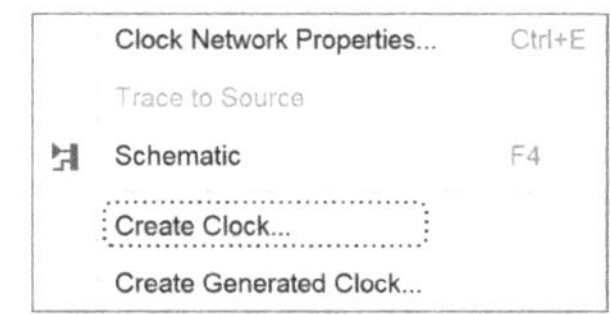

图 2.43　通过时钟网络报告创建时钟约束

```
Clock              Period(ns)  Waveform(ns)     Attributes  Sources
clk_pin_p          5.000       {0.000 2.500}    P           {clk_pin_p}
clkfbout_clk_core  5.000       {0.000 2.500}    P,G         {clk_gen_i0/clk_core_i0/inst/mmcm_adv_inst/CLKFBOUT}
clk_rx_clk_core    5.000       {0.000 2.500}    P,G         {clk_gen_i0/clk_core_i0/inst/mmcm_adv_inst/CLKOUT0}
clk_tx_clk_core    6.000       {0.000 3.000}    P,G         {clk_gen_i0/clk_core_i0/inst/mmcm_adv_inst/CLKOUT1}
virtual_clock      6.000       {0.000 3.000}    V           {}
spi_clk            6.000       {3.000 6.000}    P,G,I       {spi_clk_pin}
clk_samp           192.000     {0.000 96.000}   P,G         {clk_gen_i0/BUFHCE_clk_samp_i0/O}
```

图 2.44　report_clocks 显示内容

如果没有添加时钟约束，那么 report_clocks 返回空值。从这个角度而言，可以先通过 create_clock 创建时钟约束，再通过 report_clocks 检查所创建的约束是否生效。

2.4.2　跨时钟域路径分析

借助 report_clock_interaction 可以分析时钟之间的交互关系和跨时钟域的路径是否安全，如图 2.45 所示。

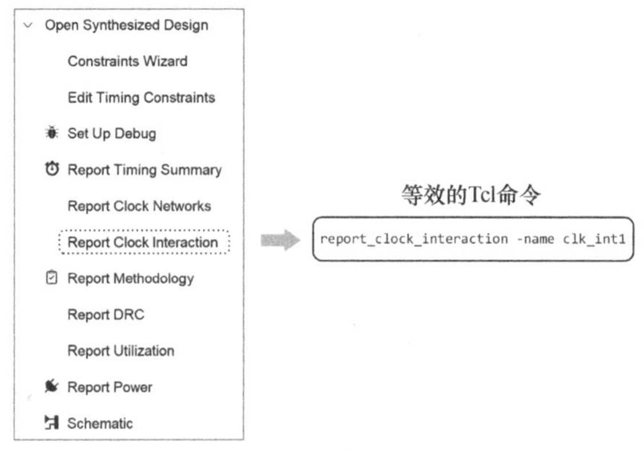

图 2.45　执行生成时钟交互关系报告命令

以 Wavegen 工程为例，report_clock_interaction 的执行结果如图 2.46 所示。图中矩形内的不同颜色表征了不同时钟域之间的路径所呈现的约束状态，而非 Slack（时序裕量）的恶化程度。

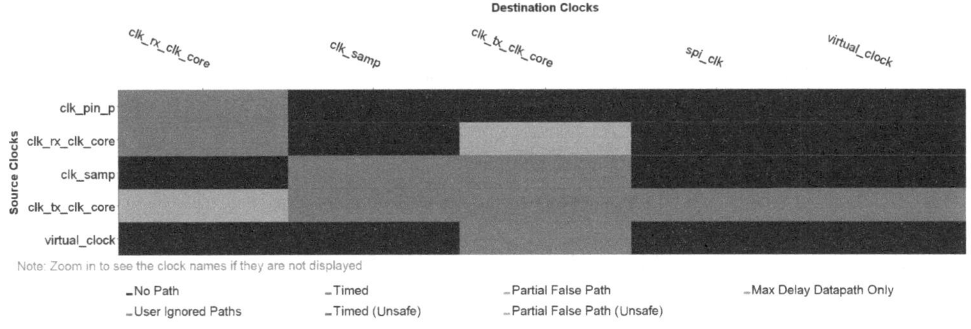

图 2.46 Wavegen 工程时钟交互报告

时钟域之间的约束状态有如下几种。

（1）No Path：用黑色表示，表明源时钟与目的时钟之间没有时序路径。

（2）Timed：用绿色表示，表明源时钟与目的时钟是同步时钟（例如，来自于同一个 MMCM），二者之间的路径被安全约束。

（3）User Ignored Paths：用深蓝色表示，表明这部分路径是用户通过 set_false_path 或 set_clock_groups 定义的伪路径。

（4）Partial False Path：用浅蓝色表示，表明源时钟与目的时钟是同步时钟，但二者之间的部分路径被用户定义为伪路径。

（5）Timed（Unsafe）：用红色表示，表明源时钟与目的时钟是异步时钟，二者之间的路径没有做任何约束。

（6）Partial False Path（Unsafe）：用橙色表示，表明源时钟与目的时钟是异步时钟，但二者之间有部分路径被用户定义为伪路径。

（7）Max Delay Datapath Only：用紫色表示，表明这部分路径被 set_max_delay -datapath_only 所约束。

结论

- Timed 和 Partial False Path 对应路径的源时钟与目的时钟是同步时钟。
- Timed（Unsafe）和 Partial False Path（Unsafe）对应路径的源时钟与目的时钟是异步时钟。
- User Ignored Paths 和 Max Delay Datapath Only 对应路径的源时钟与目的时钟可能是同步时钟，也可能是异步时钟。

根据上述结论也可以看出，report_clock_interaction 呈现的报告并不是根据时序约束生成的，但跟时序约束有关，它可以反映出用户定义的伪路径。例如，Partial False Path 对应路径的源时钟与目的时钟是同步的，甚至可能是同一个时钟，但如果用户通过 set_false_path 将其中的部分跨时钟域路径定义为伪路径，那么就可以在该报告中显示出来。

在分析时，尤其要关注 Timed（Unsafe）和 Partial False Path（Unsafe）所对应的路径。这些路径的源时钟与目的时钟是异步时钟，两个时钟之间存在跨时钟域路径，且存在全部或部分路径未被任何约束所覆盖。此时，可选中相应的矩形颜色块，单击右键即可弹出图 2.47

所示界面，这非常便于设置相关跨时钟域路径的约束。

图 2.47 时钟交互报告颜色块的右键菜单

时钟交互报告的下半部分即图 2.46 的下方呈现如图 2.48 所示内容。这两部分内容本质上是一致的，都在反映跨时钟域路径的约束状态，只是体现形式不一样。若在图 2.46 中选中某个矩形颜色块，对应的图 2.48 中的相关路径也会被选中，反之亦然。在图 2.48 中，选中某条路径，单击右键也会弹出图 2.47 所示界面，此时也可进行相应的约束设置或选择 Report Timing，查看该路径的时序报告。对于图 2.48，除了关注 WNS、TNS 等指标外，还要关注虚线框标记的 Path Req 是否合理。

Id	Source Clock	Destination Clock	Edges (WNS)	WNS (ns)	TNS (ns)	Failing Endpoints (TNS)	Total Endpoints (TNS)	Path Req (WNS)
1	clk_pin_p	clk_rx_clk_core	rise - rise	0.665	0.000	0	1	5.000
2	clk_rx_clk_core	clk_rx_clk_core	rise - rise	0.876	0.000	0	914	10.000
3	clk_rx_clk_core	clk_tx_clk_core	rise - rise	3.701	0.000	0	58	5.000
4	clk_tx_clk_core	clk_rx_clk_core	rise - rise	5.355	0.000	0	10	6.000
5	clk_tx_clk_core	clk_tx_clk_core	rise - fall	0.858	0.000	0	462	3.000
6	clk_tx_clk_core	clk_samp	rise - rise	2.571	0.000	0	54	6.000
7	clk_tx_clk_core	virtual_clock	rise - rise	4.762	0.000	0	9	6.000
8	clk_tx_clk_core	spi_clk	rise - rise	1.443	0.000	0	3	3.000

图 2.48 时钟交互报告下半部分内容

在时钟较多的情形下，可选择感兴趣的时钟以便于查看时钟交互报告，这可通过单击图 2.49 中虚线框内的按钮后选择时钟来实现。

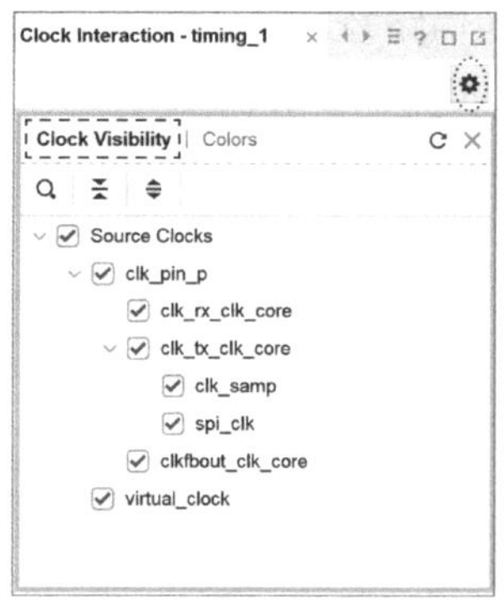

图 2.49 过滤时钟

此外，也可通过 get_clock_interaction 命令获取指定时钟域之间的路径的时序信息。例如，Tcl 脚本 2.3 可获得源时钟为 clk_tx_clk_core、目的时钟为 clk_rx_clk_core 的路径的 wns 值。

Tcl 脚本 2.3 get_clock_interaction 应用案例

```
::xilinx::designutils::get_clock_interaction clk_tx_clk_core clk_rx_clk_core wns
```

另一个非常有用的 Tcl 命令 report_cdc 也可用于分析跨时钟域路径。该命令所报告的路径要求其源时钟和目的时钟都已被约束。在默认情况下，report_cdc 会显示出设计中所有跨时钟域的路径。对于 Wavegen 工程，report_cdc 的输出结果如图 2.50 所示。

CDC Report

Severity	Source Clock	Destination Clock	CDC Type	Exceptions	Endpoints	Safe	Unsafe	Unknown	No ASYNC_REG
Critical	input port clock	clk_rx_clk_core	No Common Primary Clock	False Path	3	2	0	1	0
Warning	clk_tx_clk_core	clk_rx_clk_core	Safely Timed	Max Delay Datapath Only	10	10	0	0	0
Warning	input port clock	clk_samp	No Common Primary Clock	False Path	1	1	0	0	1
Warning	input port clock	clk_tx_clk_core	No Common Primary Clock	False Path	2	2	0	0	1
Info	clk_pin_p	clk_rx_clk_core	Safely Timed	None	1	1	0	0	0
Info	clk_tx_clk_core	clk_samp	Safely Timed	None	54	54	0	0	0
Info	clk_rx_clk_core	clk_tx_clk_core	Safely Timed	None	58	58	0	0	0
Info	clk_samp	clk_tx_clk_core	Safely Timed	None	20	20	0	0	0

图 2.50 Wavegen 工程 report_cdc 输出结果

如果要查看指定时钟的跨时钟域路径，可采用 Tcl 脚本 2.4 的形式指定源时钟和目的时钟。

Tcl 脚本 2.4 report_cdc 应用案例 1

```
report_cdc -from [get_clocks clk_rx_clk_core] -to [get_clocks clk_tx_clk_core]
```

也可通过 report_cdc 以图形界面方式显示所有的跨时钟域路径，如 Tcl 脚本 2.5 所示。该 Tcl 命令与在 Vivado 界面中选择菜单栏里的 Reports→Timing→Report CDC（如图 2.51 所示）方式是等效的，运行结果如图 2.52 所示。

Tcl 脚本 2.5 report_cdc 应用案例 2

```
report_cdc -name mycdc
```

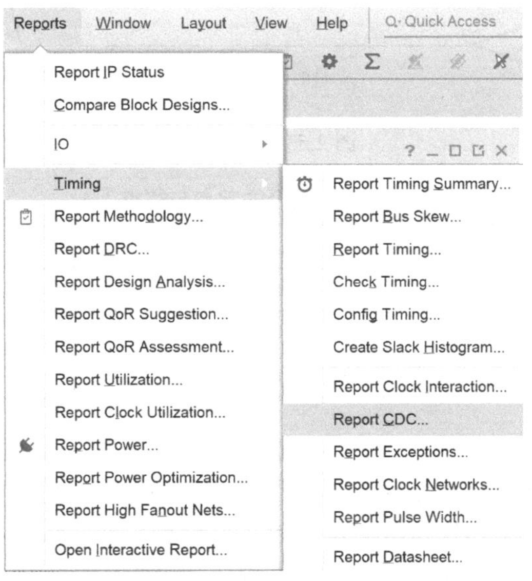

图 2.51 以图形界面方式运行 Report CDC

Tcl Console | Messages | Log | Reports | Design Runs | Timing | I/O Ports

Summary (by clock pair)

- General Information
- Summary (by clock pair)
- Summary (by type)
- Summary (by waived endpoints)
- CDC Details (6)
  - clk_tx_clk_core to clk_rx_clk_core (1)
  - input port clock to clk_rx_clk_core (2)
  - input port clock to clk_samp (1)
  - input port clock to clk_tx_clk_core (2)

Severity	Source Clock	Destination Clock	CDC Type	Exceptions
Warning	input port clock	clk_rx_clk_core	No Common Primary Clock	False Path
Warning	input port clock	clk_samp	No Common Primary Clock	False Path
Warning	input port clock	clk_tx_clk_core	No Common Primary Clock	False Path
Info	clk_pin_p	clk_rx_clk_core	Safely Timed	None
Info	clk_tx_clk_core	clk_rx_clk_core	Safely Timed	Max Delay Datapath Only
Info	clk_tx_clk_core	clk_samp	Safely Timed	None
Info	clk_rx_clk_core	clk_tx_clk_core	Safely Timed	None
Info	clk_samp	clk_tx_clk_core	Safely Timed	None

图 2.52 Report CDC 运行结果

2.4.3 时序分析

与 ISE 不同，Vivado 综合后的时序报告是可信的，因此，综合之后就要查看时序报告，而不是等到布局布线之后再查看。若在综合时没有添加时序约束，那么可以在综合之后添加，添加之后即可查看时序报告，而不必重新综合。

1．时序模型

一个典型的时序模型由发起寄存器、组合逻辑和捕获寄存器 3 部分构成[2]，如图 2.53 所示，从而形成源时钟路径（Source Clock Path）、数据路径（Data Path）和目的时钟路径（Destination Clock Path）3 部分路径，这 3 部分路径共同构成了一个完整的时序路径。每条路径的起点与终点如表 2.2 所示，尤其要注意的是数据路径的起点是发起寄存器的时钟端口，而不是其输出数据端口 Q。

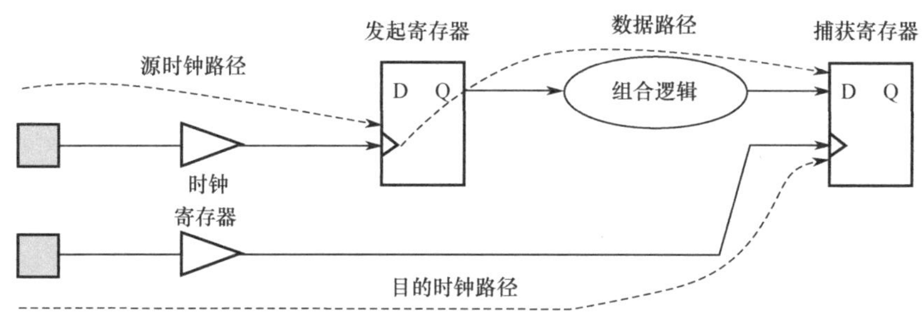

图 2.53 时序模型

表 2.2 路径的起点与终点

路　径	起　点	终　点
源时钟路径	时钟输入引脚	发起寄存器时钟端口
目的时钟路径	时钟输入引脚	捕获寄存器时钟端口
数据路径	发起寄存器时钟端口	捕获寄存器时钟端口

FPGA 设计很多情形下为同步设计，这就意味着发起寄存器和捕获寄存器使用同一个时钟，从而图 2.53 所示的模型可变为图 2.54 所示的模型。这个模型中各个参数的含义如表 2.3 所示。表 2.3 中 T_{co} 解释了为什么数据路径的起点是发起寄存器的时钟端口而非输出数据端口，这也不难理解，如同自然界中“渐变”而非“突变”现象一样，发起沿有效数据并不是瞬时到达 Q 端口的。

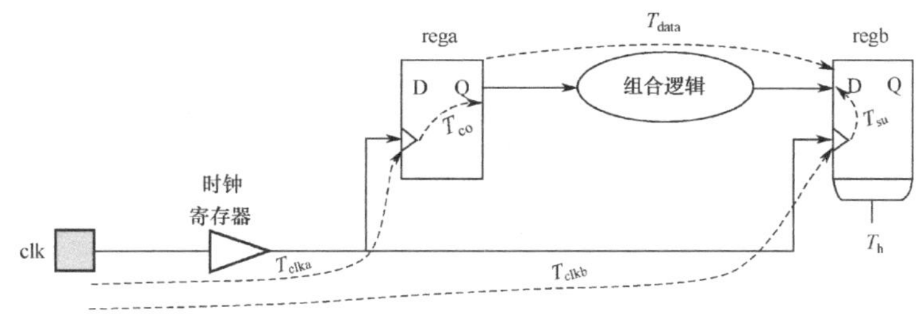

图 2.54 发起寄存器和捕获寄存器共用时钟的时序模型

表 2.3 时序模型中各参数含义

参数名称	含 义
T_{clka}	源时钟延迟
T_{clkb}	目的时钟延迟
T_{co}	时钟到输出时间，即从发起沿有效到数据出现在发起寄存器 Q 端口所需时间
T_{data}	数据延迟，包括组合逻辑延迟和走线延迟
T_{su}	捕获寄存器建立时间需求
T_h	捕获寄存器保持时间需求

2. 时序分析中的基本概念

1）发起沿与捕获沿

说到发起沿，就要提到捕获沿，通常两者相差一个时钟周期，如图 2.55 所示。捕获沿同时也是下一个发起沿。

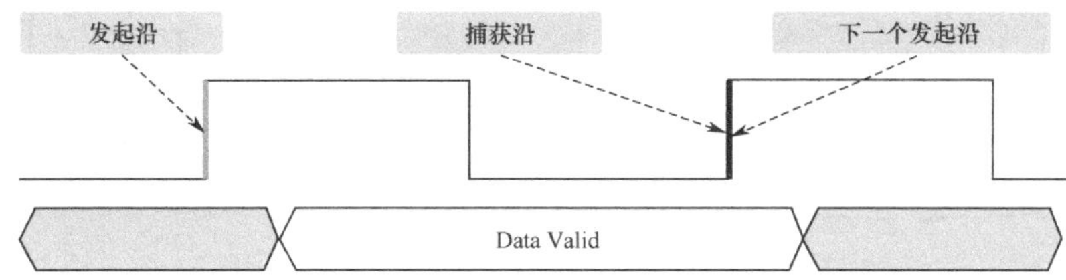

图 2.55 发起沿与捕获沿

2）数据到达时间（Data Arrival Time）

以发起沿为时间基准点（参考点），数据到达时间的计算式为（如图 2.56 所示）

$$\text{Data Arrival Time} = \text{Launch Edge} + T_{clka} + T_{co} + T_{data} \tag{2.1}$$

式中，Launch Edge 即为发起沿时间点，通常为 0。

3）时钟到达时间（Clock Arrival Time）

这里的时钟是指捕获寄存器的时钟，仍以发起沿作为基准点，时钟到达时间的计算式为（如图 2.57 所示）

$$\text{Clock Arrival Time} = \text{Capture Edge} + T_{clkb} \tag{2.2}$$

式中，Capture Edge 为捕获沿时间，与发起沿时间相差一个时钟周期。

4）建立时间的数据需求时间

对建立时间而言，其数据需求时间的计算式为（如图 2.58 所示）

$$\text{Data Required Time (Setup)} = \text{Clock Arrival Time} - T_{su} - \text{Clock Uncertainty} \tag{2.3}$$

它表明了数据必须提前 T_{su} 稳定存在于捕获寄存器的输入数据端口。

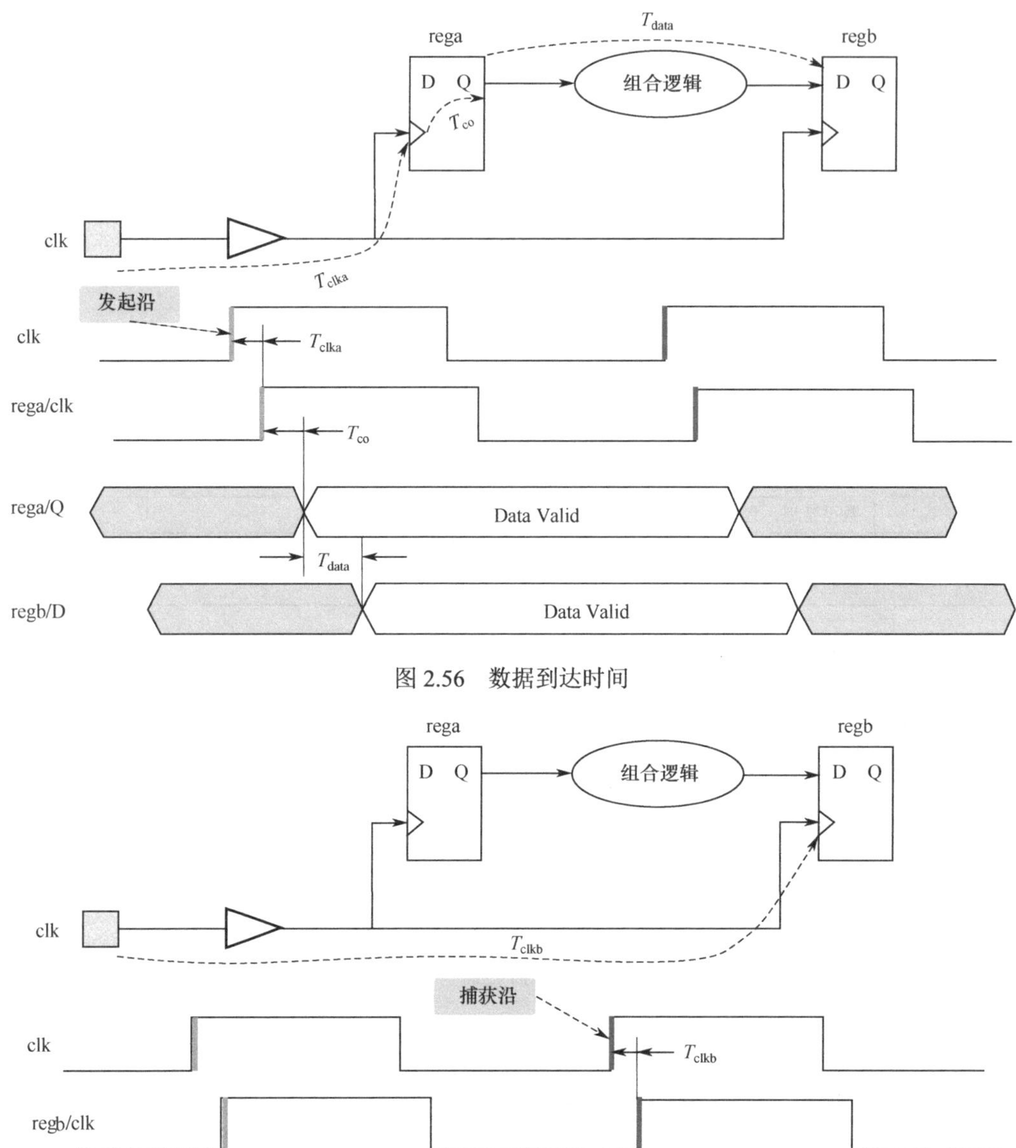

图 2.56 数据到达时间

图 2.57 时钟到达时间

5）保持时间的数据需求时间

对保持时间而言，其数据需求时间的计算式为（如图 2.59 所示）

$$\text{Data Required Time(Hold)} = \text{Clock Arrival Time} + T_h - \text{Clock Uncertainty} \quad (2.4)$$

它表明了数据必须在时钟捕获沿（**regb/clk**）之后依然要稳定存在一段时间 T_h。

6）建立时间裕量

根据图 2.60 可知，建立时间裕量为

$$\text{Setup Slack} = \text{Data Required Time(Setup)} - \text{Data Arrival Time(Setup)} \quad (2.5)$$

如果出现建立时间违例，如图中的虚线框所示，那么意味着数据来得“太晚了”（延迟太大了）。

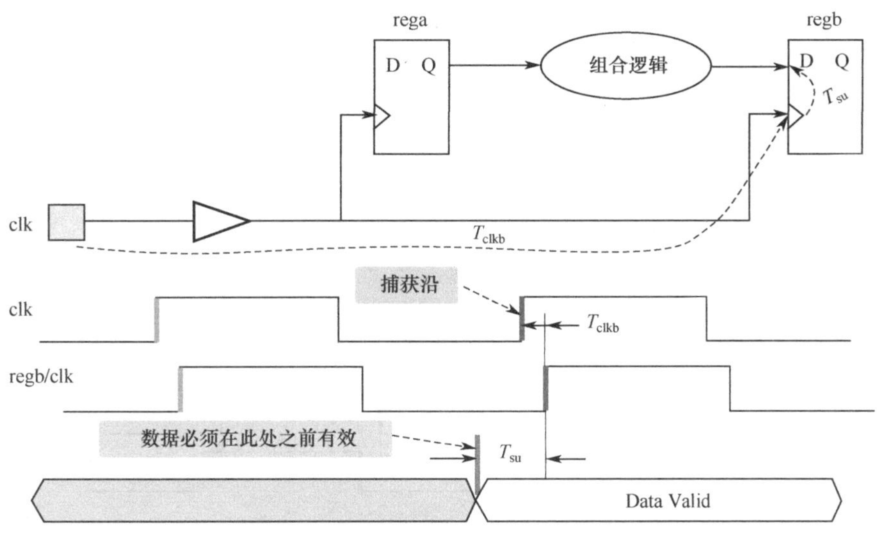

图 2.58 建立时间的数据需求时间

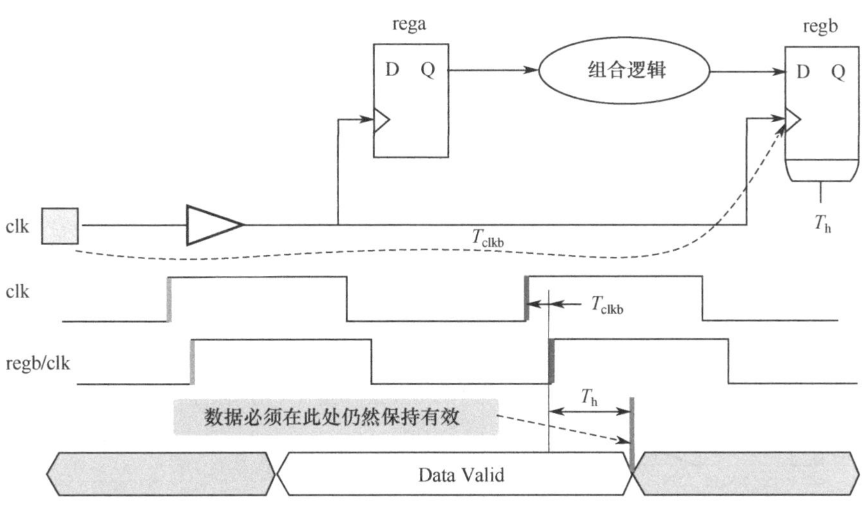

图 2.59 保持时间的数据需求时间

7）保持时间裕量

根据图 2.61 可知，保持时间裕量为

$$\text{Hold Slack} = \text{Data Arrival Time(Hold)} - \text{Data Required Time(Hold)} \tag{2.6}$$

注意，式中 Data Arrival Time 指的是下一个数据的到达时间。如果出现保持时间违例，如图中的虚线框所示，那么说明下一个数据来得“太早了”（当前数据延迟太小了），“冲走”了当前数据。

为进一步理解建立时间裕量和保持时间裕量，将二者放在同一张图中，如图 2.62 所示。

建立时间裕量和保持时间裕量在时序分析中扮演着至关重要的角色。但就本质而言，我们还是要回归到对建立时间和保持时间的理解上。如图 2.63 所示，建立时间和保持时间共同决定了数据有效窗的大小，见图中的标记①。以 T 表示时钟周期，那么建立时间决定了数据的最大延迟：

$$\text{Max Delay} = T - T_{su} \tag{2.7}$$

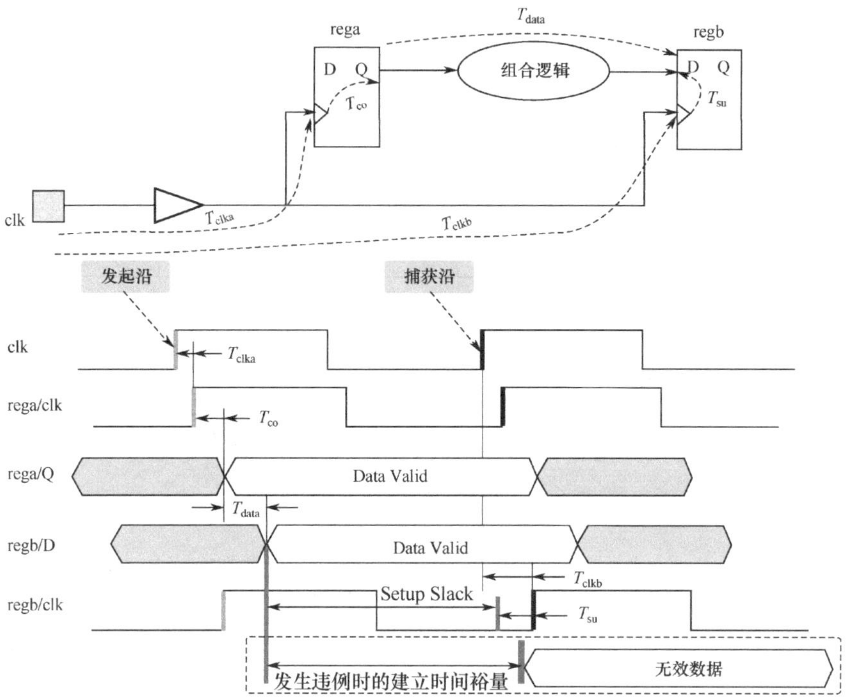

图 2.60 建立时间裕量

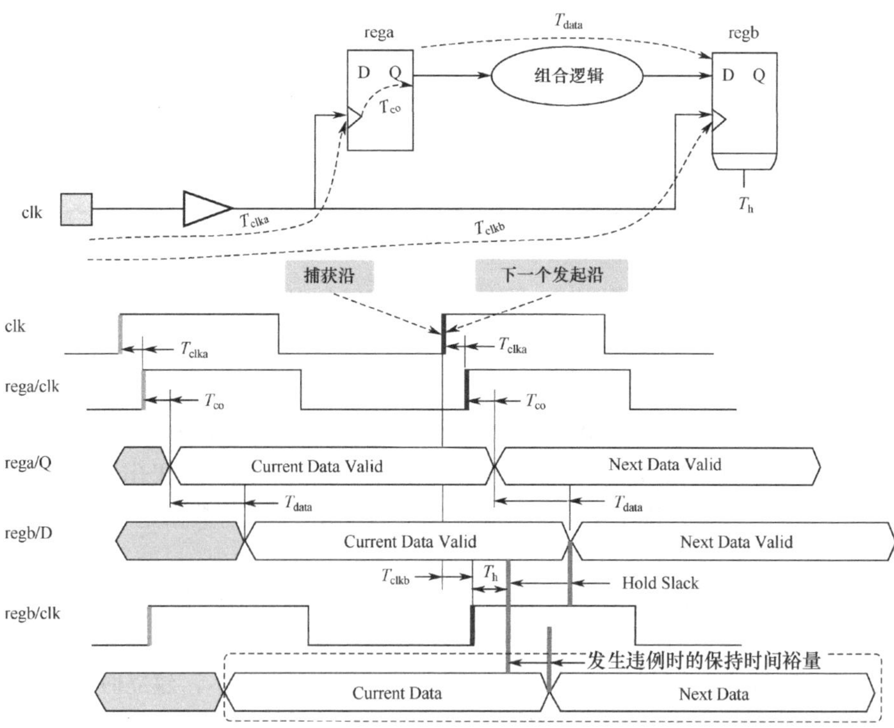

图 2.61 保持时间裕量

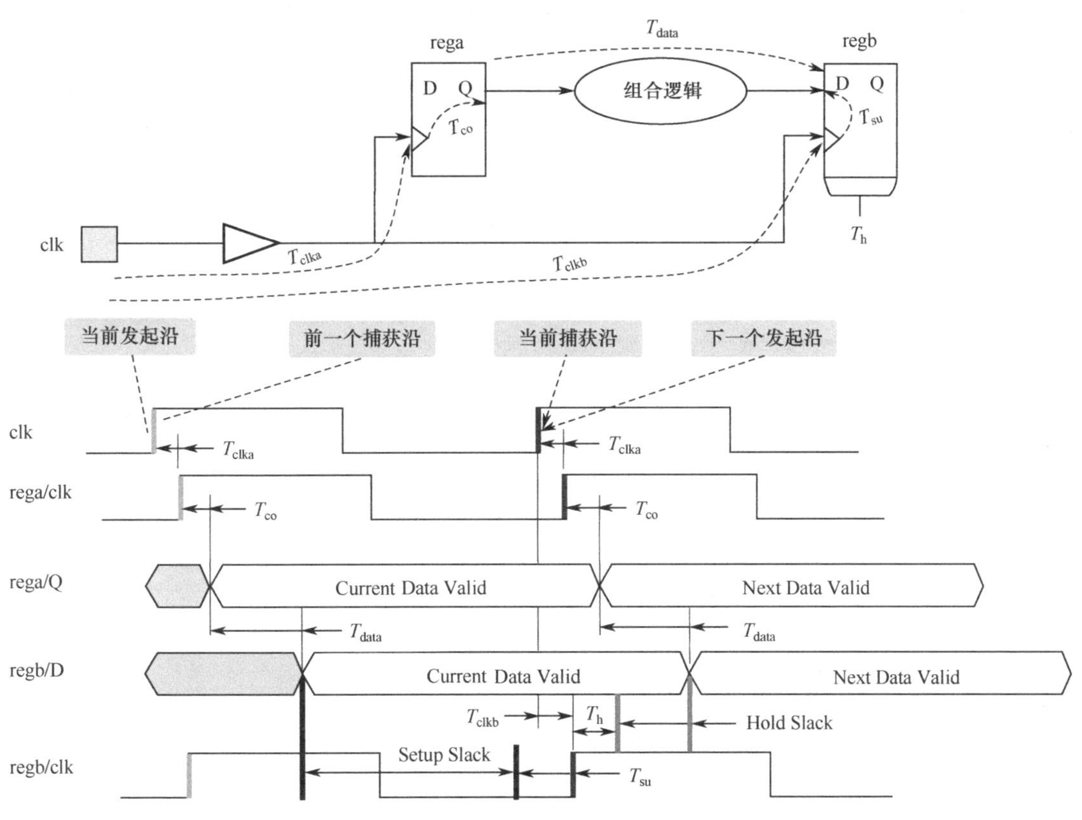

图 2.62 建立时间裕量和保持时间裕量

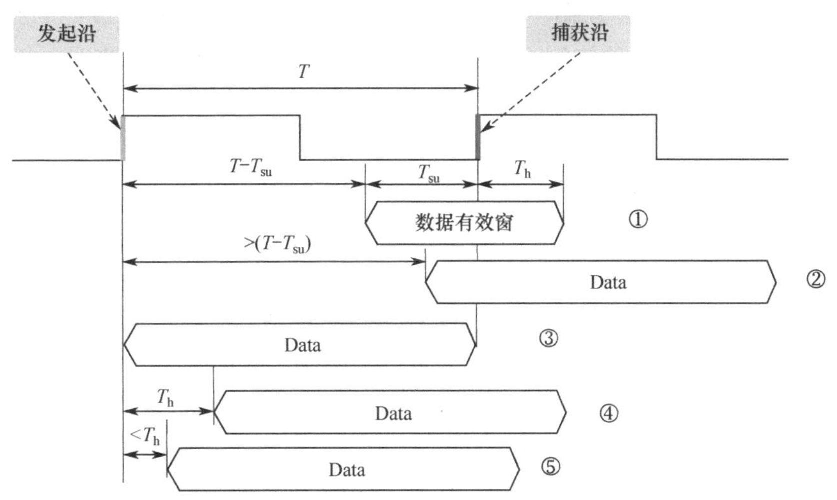

图 2.63 最大延迟与最小延迟

如果数据延迟大于此值，如图中的标记②所示，那么就会出现建立时间违例。当然，延迟也并非越小越好，如图中的标记③所示，延迟为 0，此时出现保持时间违例。因此，数据的最小延迟为

$$\text{Min Delay} = T_h \quad (2.8)$$

这可借助图中的标记④理解。图中的标记⑤则是数据延迟大于 0 但小于 T_h 的情形，此时依然会出现保持时间违例。

在 FPGA 中，时钟都有专用走线，因此时钟延迟可忽略不计。但从理论分析的角度看，如图 2.64 所示，理想情况下如图中的标记①，若时钟出现延迟，那么将会改善建立时间裕量而恶化保持时间裕量。这是因为时钟的延迟导致 Data Required Time（Setup）和 Data Required Time（Hold）增大，这可分别由式（2.3）和式（2.4）验证。

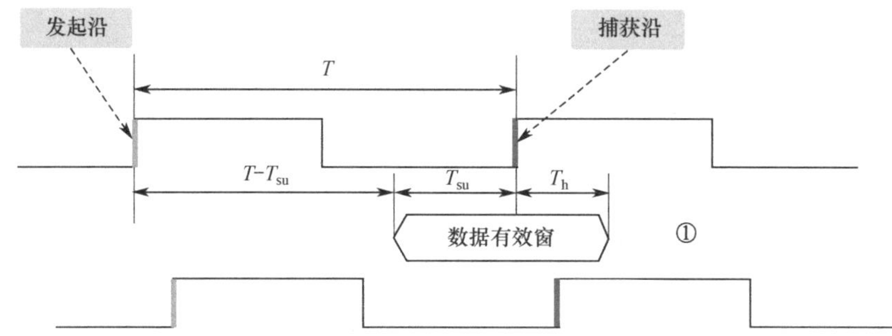

图 2.64 时钟延迟对建立时间裕量和保持时间裕量的影响

进一步分析，系统时钟周期 T 需满足

$$T \geqslant T_{co} + T_{logic} + T_{routing} + T_{su} - T_{skew} \quad (2.9)$$

故可确定系统所能运行的最高频率为

$$F_{max} = \frac{1}{T_{co} + T_{logic} + T_{routing} + T_{su} - T_{skew}} \quad (2.10)$$

式中，T_{logic} 为组合逻辑延迟；$T_{routing}$ 为两级寄存器之间的布线延迟，两者之和即为 T_{data}；T_{skew} 为两级寄存器的时钟歪斜，其值等于时钟同一边沿到达两个寄存器时钟端口的时间差。在 FPGA 中，对于同步设计 T_{skew} 可忽略（认为其值为 0）。由于 T_{co} 和 T_{su} 取决于芯片工艺，因此，一旦芯片型号选定就只能通过 T_{logic} 和 $T_{routing}$ 来改善 F_{max}。其中，T_{logic} 和代码风格有很大关系，$T_{routing}$ 和布局布线的策略有很大关系。这为我们实现时序收敛提供了理论依据。

结论

- 建立时间决定了数据路径的最大延迟。
- 保持时间决定了数据路径的最小延迟。

在 Vivado 中，打开综合后的设计，运行 Report Timing Summary（如图 2.65 所示）即可生成时序报告。

单击 Report Timing Summary 会弹出如图 2.66 所示的 Options 界面。其中的 Path delay type 有 3 个可选值，分别为 min、max 和 min_max，通常选择 min_max。这是因为 min 对应保持时间，max 对应建立时间，min_max 则是二者兼而有之，意味着保持时间和建立时间都会被分析。

在图 2.67 所示的 Timer Settings 界面中，Interconnect 有 3 个可选值，分别为 actual、estimated 和 none。通常选择 actual，意味着线延迟会足够精确，接近布线后的真实线延迟。

有时也会选 none，意味着线延迟为 0，从而可快速报告出逻辑延迟较大的路径，如果此种情形下仍出现时序违例，那就说明需要对组合逻辑进行优化以减小组合逻辑延迟。Speed grade 为芯片速度等级。如果需要尝试当前设计能否在其他速度等级下实现时序收敛，只需在此处切换芯片速度等级即可，而无须重新创建工程。Corner name 有 Slow 和 Fast 之分，具体区别如图 2.68 所示，意味着 Vivado 中的静态时序分析（Static Timing Analysis，STA）支持多角时序分析，会对 Slow Corner 和 Fast Corner 下的时序同时展开分析，然后报告出最差情形。

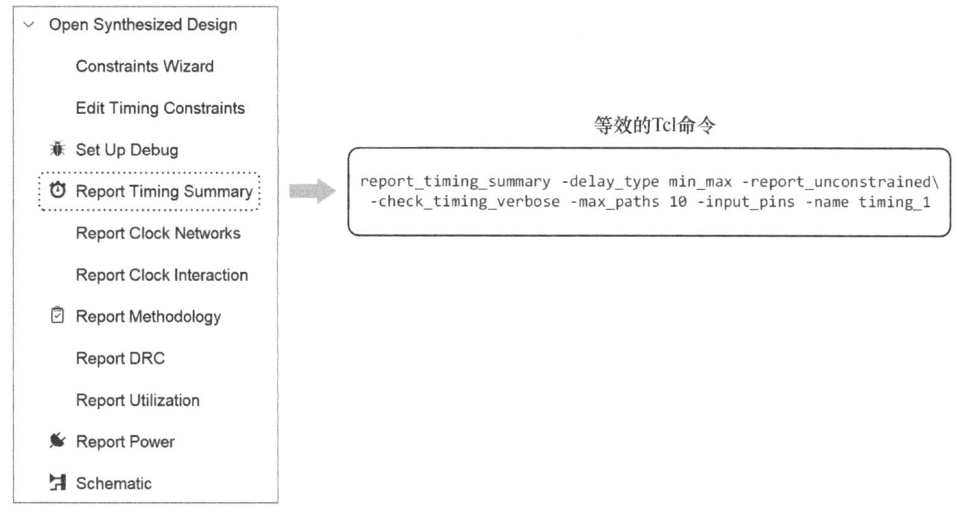

图 2.65 生成时序报告

Options Advanced Timer Settings

Report

Path delay type: min_max

Report unconstrained paths

Report datasheet

图 2.66 Report Timing Summary 之 Options 界面

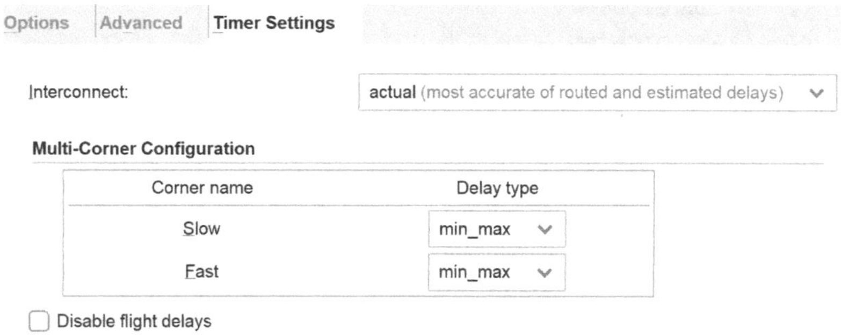

Options Advanced Timer Settings

Interconnect: actual (most accurate of routed and estimated delays)

Multi-Corner Configuration

Corner name	Delay type
Slow	min_max
Fast	min_max

Disable flight delays

图 2.67 Report Timing Summary 之 Timer Settings 界面

图 2.68 Slow Corner 与 Fast Corner 的区别

结论

- 与时序相关的 Tcl 命令中，-min 对应保持时间，-max 对应建立时间。
- Timer Settings 中，Interconnect 设置为 none 可快速查看组合逻辑延迟较大的路径。
- Timer Settings 中，通过切换 Speed grade 可快速查看当前设计在不同速度等级的芯片上能否实现时序收敛。

时序报告由两部分构成，如图 2.69 和图 2.70 所示。在第一部分内容中可以看到，生成时序报告的同时也执行了 check_timing 和 report_clock_interaction 的功能。

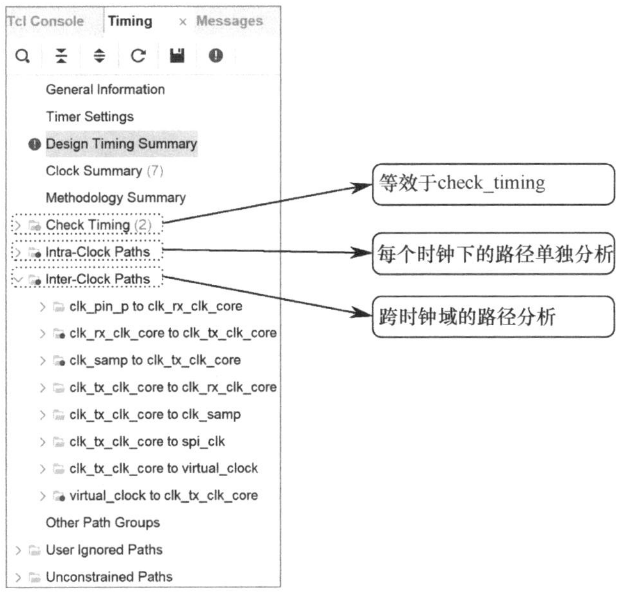

图 2.69 时序报告第一部分

Design Timing Summary

Setup		Hold		Pulse Width	
Worst Negative Slack (WNS):	0.578 ns	Worst Hold Slack (WHS):	-1.412 ns	Worst Pulse Width Slack (WPWS):	0.750 ns
Total Negative Slack (TNS):	0.000 ns	Total Hold Slack (THS):	-43.815 ns	Total Pulse Width Negative Slack (TPWS):	0.000 ns
Number of Failing Endpoints:	0	Number of Failing Endpoints:	512	Number of Failing Endpoints:	0
Total Number of Endpoints:	1510	Total Number of Endpoints:	1490	Total Number of Endpoints:	648

Timing constraints are not met.

图 2.70 时序报告第二部分

在第二部分内容中要注意以下几个指标。

WNS：针对建立时间而言，所有时序路径中最差的裕量。此值可正可负，一旦为负说明有建立时间违例。

TNS：以时序路径终点为选取点，该点对应的所有时序路径中，选取小于 0 且最差的 WNS 将其相加即为 TNS。

WHS：针对保持时间而言，所有时序路径中最差的裕量。此值可正可负，一旦为负说明有保持时间违例。

THS：以时序路径终点为选取点，该点对应的所有时序路径中，选取小于 0 且最差的 WHS 将其相加即为 THS。

结论

- 若 WNS<0，则说明有建立时间违例。
- 若 WHS<0，则说明有保持时间违例。

打开时序报告，可查看时序路径的总体信息，如图 2.71 所示，呈现出路径的建立时间裕量、逻辑级数、扇出、时序路径起点和时序路径终点。此外，还包括总延迟（Total Delay）、逻辑延迟（Logic Delay）和线延迟（Net Delay）。

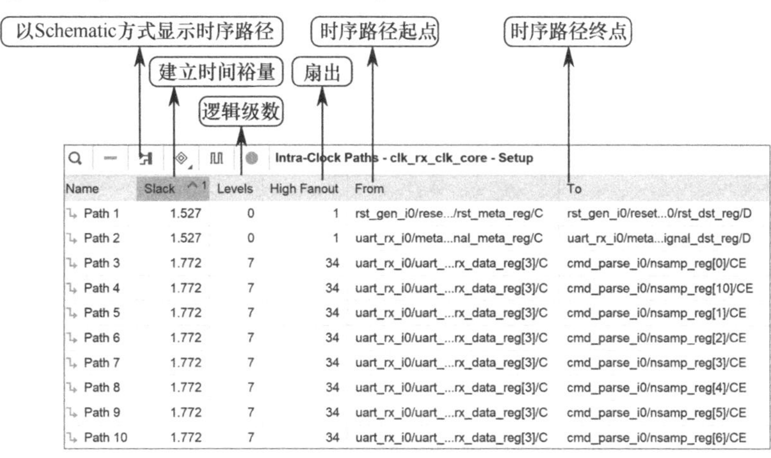

Name	Slack ^1	Levels	High Fanout	From	To
Path 1	1.527	0	1	rst_gen_i0/rese.../rst_meta_reg/C	rst_gen_i0/reset...0/rst_dst_reg/D
Path 2	1.527	0	1	uart_rx_i0/meta...nal_meta_reg/C	uart_rx_i0/meta...ignal_dst_reg/D
Path 3	1.772	7	34	uart_rx_i0/uart_...rx_data_reg[3]/C	cmd_parse_i0/nsamp_reg[0]/CE
Path 4	1.772	7	34	uart_rx_i0/uart_...rx_data_reg[3]/C	cmd_parse_i0/nsamp_reg[10]/CE
Path 5	1.772	7	34	uart_rx_i0/uart_...rx_data_reg[3]/C	cmd_parse_i0/nsamp_reg[1]/CE
Path 6	1.772	7	34	uart_rx_i0/uart_...rx_data_reg[3]/C	cmd_parse_i0/nsamp_reg[2]/CE
Path 7	1.772	7	34	uart_rx_i0/uart_...rx_data_reg[3]/C	cmd_parse_i0/nsamp_reg[3]/CE
Path 8	1.772	7	34	uart_rx_i0/uart_...rx_data_reg[3]/C	cmd_parse_i0/nsamp_reg[4]/CE
Path 9	1.772	7	34	uart_rx_i0/uart_...rx_data_reg[3]/C	cmd_parse_i0/nsamp_reg[5]/CE
Path 10	1.772	7	34	uart_rx_i0/uart_...rx_data_reg[3]/C	cmd_parse_i0/nsamp_reg[6]/CE

图 2.71　时序路径总体信息

选中图 2.71 中的某条路径后按 F4 键可以 Schematic 方式显示该路径。双击某条路径则会显示该路径的具体信息。通常，该信息包含 4 个部分，分别如图 2.72 至图 2.74 所示。

Summary

Name	Path 1
Slack	0.876ns
Source	cmd_parse_i0/send_resp_data_reg[8]/C (rising edge-triggered cell FDRE c
Destination	resp_gen_i0/to_bcd_i0/bcd_out_reg[5]/D (rising edge-triggered cell FDRE
Path Group	clk_rx_clk_core
Path Type	Setup (Max at Slow Process Corner)
Requirement	10.000ns (clk_rx_clk_core rise@10.000ns - clk_rx_clk_core rise@0.000ns)
Data Path Delay	8.956ns (logic 1.131ns (12.628%) route 7.825ns (87.372%))
Logic Levels	14 (LUT2=1 LUT3=1 LUT4=1 LUT5=4 LUT6=7)
Clock Path Skew	-0.145ns
Clock Uncertainty	0.060ns
Timing Exception	MultiCycle Path Setup -end 2

图 2.72　时序路径信息总结

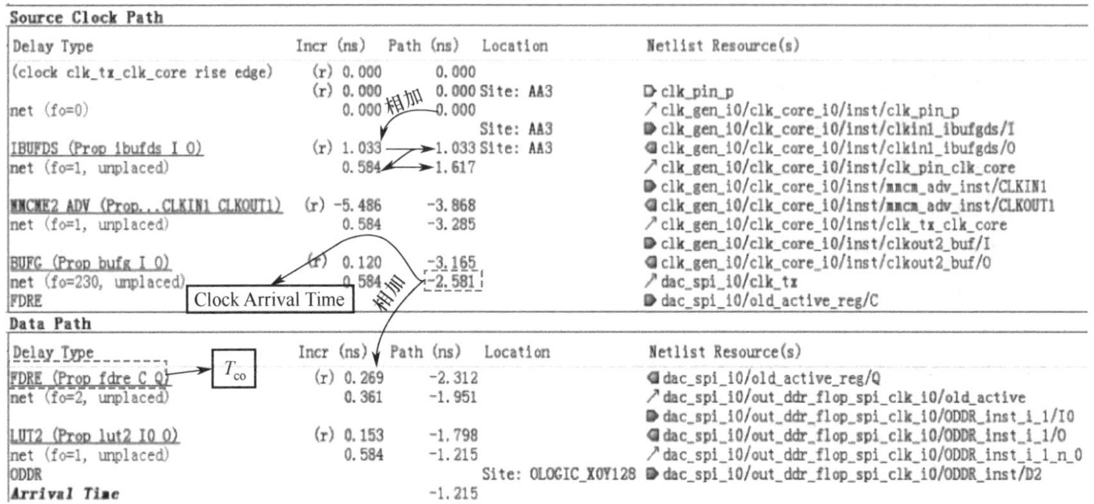

Source Clock Path

Delay Type	Incr (ns)	Path (ns)	Location	Netlist Resource(s)
(clock clk_tx_clk_core rise edge)	(r) 0.000	0.000		
	(r) 0.000	0.000	Site: AA3	clk_pin_p
net (fo=0)	0.000	0.000		clk_gen_i0/clk_core_i0/inst/clk_pin_p
			Site: AA3	clk_gen_i0/clk_core_i0/inst/clkin1_ibufgds/I
IBUFDS (Prop ibufds I O)	(r) 1.033	1.033	Site: AA3	clk_gen_i0/clk_core_i0/inst/clkin1_ibufgds/O
net (fo=1, unplaced)	0.584	1.617		clk_gen_i0/clk_core_i0/inst/clk_pin_clk_core
				clk_gen_i0/clk_core_i0/inst/mmcm_adv_inst/CLKIN1
MMCME2 ADV (Prop...CLKIN1 CLKOUT1)	(r) -5.486	-3.868		clk_gen_i0/clk_core_i0/inst/mmcm_adv_inst/CLKOUT1
net (fo=1, unplaced)	0.584	-3.285		clk_gen_i0/clk_core_i0/inst/clk_tx_clk_core
				clk_gen_i0/clk_core_i0/inst/clkout2_buf/I
BUFG (Prop bufg I O)	(r) 0.120	-3.165		clk_gen_i0/clk_core_i0/inst/clkout2_buf/O
net (fo=230, unplaced)	0.584	-2.581		dac_spi_i0/clk_tx
FDRE				dac_spi_i0/old_active_reg/C

Data Path

Delay Type	Incr (ns)	Path (ns)	Location	Netlist Resource(s)
FDRE (Prop fdre C Q)	(r) 0.269	-2.312		dac_spi_i0/old_active_reg/Q
net (fo=2, unplaced)	0.361	-1.951		dac_spi_i0/out_ddr_flop_spi_clk_i0/old_active
				dac_spi_i0/out_ddr_flop_spi_clk_i0/ODDR_inst_i_1/I0
LUT2 (Prop lut2 I0 O)	(r) 0.153	-1.798		dac_spi_i0/out_ddr_flop_spi_clk_i0/ODDR_inst_i_1/O
net (fo=1, unplaced)	0.584	-1.215		dac_spi_i0/out_ddr_flop_spi_clk_i0/ODDR_inst_i_1_n_0
ODDR			Site: OLOGIC_X0Y128	dac_spi_i0/out_ddr_flop_spi_clk_i0/ODDR_inst/D2
Arrival Time		-1.215		

图 2.73　源时钟路径与数据路径延迟信息

Destination Clock Path

Delay Type	Incr (ns)	Path (ns)	Location	Netlist Resource(s)
(clock clk_tx_clk_core fall edge)	(f) 3.000	3.000		
	(f) 0.000	3.000	Site: AA3	clk_pin_p
net (fo=0)	0.000	3.000		clk_gen_i0/clk_core_i0/inst/clk_pin_p
IBUFDS			Site: AA3	clk_gen_i0/clk_core_i0/inst/clkin1_ibufgds/I
IBUFDS (Prop ibufds I O)	(f) 0.915	3.915	Site: AA3	clk_gen_i0/clk_core_i0/inst/clkin1_ibufgds/O
net (fo=1, unplaced)	0.439	4.354		clk_gen_i0/clk_core_i0/inst/clk_pin_clk_core
MMCME2_ADV				clk_gen_i0/clk_core_i0/inst/mmcm_adv_inst/CLKIN1
MMCME2 ADV (Prop mmcme2 adv CLKIN1 CLKOUT1)	(f) -4.599	-0.245		clk_gen_i0/clk_core_i0/inst/mmcm_adv_inst/CLKOUT1
net (fo=1, unplaced)	0.554	0.309		clk_gen_i0/clk_core_i0/inst/clk_tx_clk_core
BUFG				clk_gen_i0/clk_core_i0/inst/clkout2_buf/I
BUFG (Prop bufg I O)	(f) 0.113	0.422		clk_gen_i0/clk_core_i0/inst/clkout2_buf/O
net (fo=230, unplaced)	0.439	0.861		dac_spi_i0/out_ddr_flop_spi_clk_i0/clk_tx
ODDR			Site: OLOGIC_X0Y128	dac_spi_i0/out_ddr_flop_spi_clk_i0/ODDR_inst/C
clock pessimism	-0.587	0.274		
clock uncertainty	-0.062	0.212		
ODDR (Setup oddr C D2)	-0.569	-0.357	Site: OLOGIC_X0Y128	dac_spi_i0/out_ddr_flop_spi_clk_i0/ODDR_inst
Required Time		-0.357		

图 2.74　目的时钟路径延迟信息

（1）第一部分是一个总结，这里需要重点关注 Slack、Path Type（可以是 Setup 或 Hold）和 Logic Levels（包括逻辑级数的具体构成），同时也要关注 Requirement 是否合理。

（2）第二部分为源时钟路径，可以看到基准点为时钟发起沿，对应 0 时刻，最终计算出 Clock Arrival Time。

（3）第三部分为数据路径，根据第二部分的计算结果得到 Data Arrival Time。

（4）第四部分为目的时钟路径，可以看到基准点为时钟发起沿，此时捕获沿对应 T（T 为时钟周期），最终获得 Data Required Time。

此外，还有一个非常好用的 Tcl 命令 report_timing。Tcl 脚本 2.6 显示了如何利用 report_timing 过滤出建立时间违例的最差 5 条路径，结果如图 2.75 所示（将 Wavegen 工程的时钟周期约束由 5ns 改为 3.333ns）。在默认情况下，report_timing 的参数-delay_type 为 max，即建立时间。

Tcl 脚本 2.6　report_timing 案例 1

```
report_timing -max_paths 5 -slack_less_than 0 -name worse_5_setup
```

Timing Checks - Setup

Name	Slack	Levels	High Fanout	From	To
Constrained Paths (5)					
Path 1	-5.786	14	20	cmd_parse_i0/send_resp_data_reg[8]/C	resp_gen_i0/to_bcd_i0/bcd_out_reg[5]/D
Path 2	-5.642	14	23	cmd_parse_i0/send_resp_data_reg[8]/C	resp_gen_i0/to_bcd_i0/bcd_out_reg[6]/D
Path 3	-5.367	13	23	cmd_parse_i0/send_resp_data_reg[8]/C	resp_gen_i0/to_bcd_i0/bcd_out_reg[3]/D
Path 4	-5.364	13	20	cmd_parse_i0/send_resp_data_reg[8]/C	resp_gen_i0/to_bcd_i0/bcd_out_reg[1]/D
Path 5	-5.364	13	20	cmd_parse_i0/send_resp_data_reg[8]/C	resp_gen_i0/to_bcd_i0/bcd_out_reg[2]/D

图 2.75　显示时序违例的最差 5 条路径（-nworst=1）

Tcl 脚本 2.7 通过-nworst 和-unique_pins 报告出同一时序终点的时序路径中违例的最差两条路径，结果如图 2.76 所示。在默认情况下，-nworst 为 1。

Tcl 脚本 2.7　report_timing 案例 2

```
report_timing -max_paths 5 -nworst 2 -unique_pins -name worst_path_unique
```

Timing Checks - Setup

Name	Slack	Levels	High Fanout	From	To
Constrained Paths (5)					
Path 1	-5.786	14	20	cmd_parse_i0/send_resp_data_reg[8]/C	resp_gen_i0/to_bcd_i0/bcd_out_reg[5]/D
Path 2	-5.779	14	20	cmd_parse_i0/send_resp_data_reg[8]/C	resp_gen_i0/to_bcd_i0/bcd_out_reg[5]/D
Path 3	-5.642	14	23	cmd_parse_i0/send_resp_data_reg[8]/C	resp_gen_i0/to_bcd_i0/bcd_out_reg[6]/D
Path 4	-5.571	14	25	cmd_parse_i0/send_resp_data_reg[7]/C	resp_gen_i0/to_bcd_i0/bcd_out_reg[6]/D
Path 5	-5.367	13	23	cmd_parse_i0/send_resp_data_reg[8]/C	resp_gen_i0/to_bcd_i0/bcd_out_reg[3]/D

图 2.76　-nworst>1 时的情形

以图 2.77 为例，如果使用 Tcl 脚本 2.6，则只会显示路径 P1 和路径 P3；如果使用 Tcl 脚本 2.7，则路径 P1、P2 和 P3 均会报告出来。这就体现了-max_paths 和-nworst 的区别。

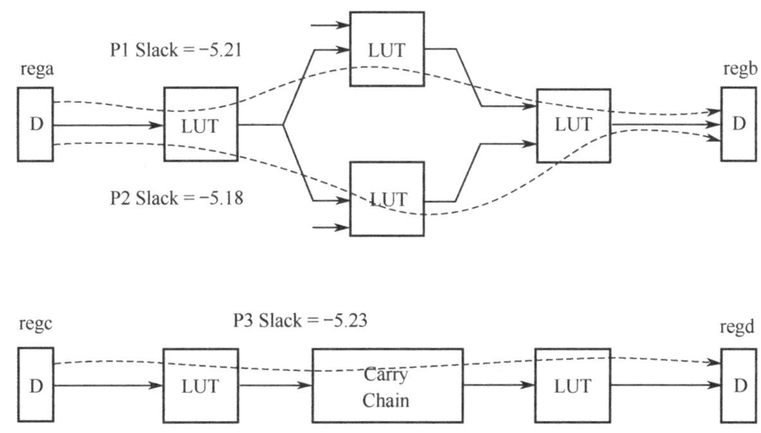

图 2.77　时序路径

如果已知时序路径的起点和终点，可通过 report_timing 显示指定路径的时序信息，如

Tcl 脚本 2.8 所示。

Tcl 脚本 2.8 report_timing 案例 3

```
set start_cell [get_cells uart_rx_i0/uart_rx_ctl_i0/rx_data_reg[2]]
set end_cell [get_cells cmd_parse_i0/prescale_reg[0]]
report_timing -from $start_cell -to $end_cell
```

如果需要查看穿过某个模块、引脚或网线的时序路径的信息，可使用 Tcl 脚本 2.9，通过-through 确定模块、引脚或网线。

Tcl 脚本 2.9 report_timing 案例 4

```
set tp [get_cells cmd_parse_i0/send_resp_type[0]_i_4]
report_timing -through $tp -nworst 5 -unique_pins -name through_path
```

2.4.4 资源利用率分析

打开综合后的设计，运行 Report Utilization 即可查看设计的资源利用率，如图 2.78 所示。

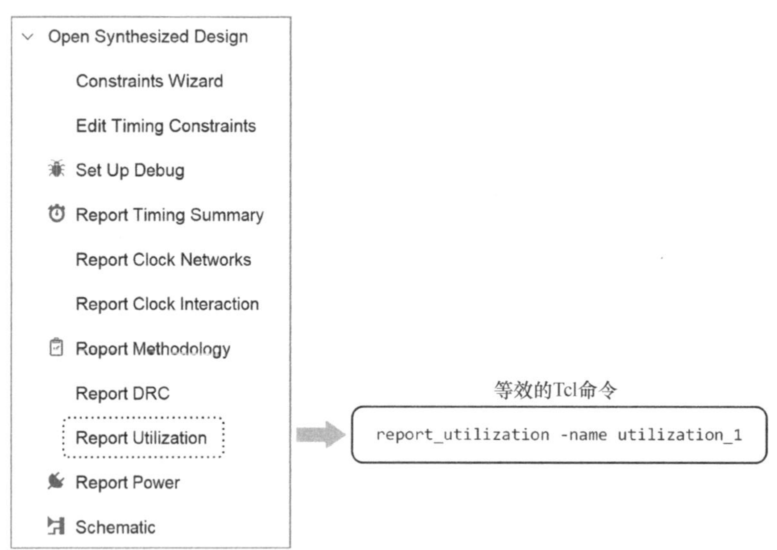

图 2.78 查看资源利用率

以 Wavegen 工程为例，生成的资源利用率报告由两部分构成，分别如图 2.79 和图 2.80 所示。在第一部分中，选择 Summary 可以查看整个设计的资源利用率，如图 2.81 所示；在第二部分中，可以查看每个模块的资源利用率。

对于某个指定模块的资源利用率，也可以采用 Tcl 脚本 2.10 查看。

对于时钟资源的利用率，除了可在图 2.79 中选择 CLOCK 进行查看外，还可以用 Tcl 脚本 2.11 进行查看。该脚本第 1 行确定当前工程目录，第 2 行将时钟资源利用率以文件形式输出到该目录下。

Hierarchy
Summary
CLB Logic
BLOCKRAM
ARITHMETIC
I/O
CLOCK
ADVANCED
CONFIGURATION
Primitives
Black Boxes
Instantiated Netlists

图 2.79 资源利用率报告第一部分

Hierarchy

Name	CLB LUTs (203128)	CLB Registers (406256)	CARRY8 (30300)	F7 Muxes (121200)	Block RAM Tile (540)	Bonded IOB (468)	HRIO (104)
wave_gen	742	631	11	1	1	18	18
char_fifo_i0 (char_fifo)	94	185	4	0	0.5	0	0
clk_gen_i0 (clk_gen)	26	17	2	0	0	0	0
clkx_nsamp_i0 (clkx_bus)	11	28	0	0	0	0	0
clkx_pre_i0 (clkx_bus__parameterized0)	3	38	0	0	0	0	0
clkx_spd_i0 (clkx_bus__parameterized0_0)	3	38	0	0	0	0	0
cmd_parse_i0 (cmd_parse)	375	147	0	0	0	0	0
dac_spi_i0 (dac_spi)	12	13	0	0	0	0	0
lb_ctl_i0 (lb_ctl)	32	24	3	0	0	0	0
resp_gen_i0 (resp_gen)	57	27	0	0	0	0	0
rst_gen_i0 (rst_gen)	0	6	0	0	0	0	0
samp_gen_i0 (samp_gen)	35	57	2	0	0	0	0
samp_ram_i0 (samp_ram)	5	0	0	0	0.5	0	0
uart_rx_i0 (uart_rx)	61	30	0	0	0	0	0
uart_tx_i0 (uart_tx)	28	21	0	1	0	0	0

图 2.80 资源利用率报告第二部分

Summary

Resource	Utilization	Available	Utilization %
LUT	742	203128	0.37
FF	631	406256	0.16
BRAM	1	540	0.19
IO	18	468	3.85
BUFG	5	480	1.04
MMCM	1	10	10.00

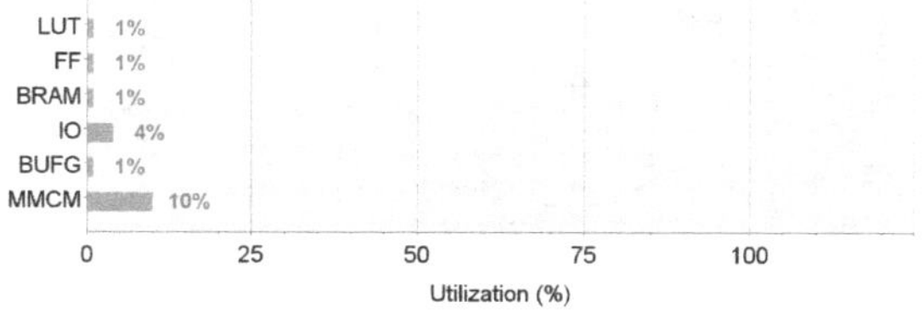

LUT 1%
FF 1%
BRAM 1%
IO 4%
BUFG 1%
MMCM 10%
0 25 50 75 100
Utilization (%)

图 2.81 整个设计的资源利用率

Tcl 脚本 2.10 查看指定模块的资源利用率

```
set mycell [get_cells uart_rx_i0]
report_utilization -cells $mycell -name mycell_util
```

Tcl 脚本 2.11 查看时钟资源利用率

```
set dir [get_property DIRECTORY [current_project]]
report_clock_utilization  -file $dir/clock_util.txt
```

2.4.5 扇出分析

在 Vivado 下分析设计的扇出变得很容易。下面以 Vivado 自带的例子工程 CPU (Synthesized)为例予以说明。打开综合后的设计，选择菜单 Reports→Report High Fanout Nets，如图 2.82 所示，即可查看设计的扇出，报告如图 2.83 所示，显示了网线的名字、负载个数和驱动类型。

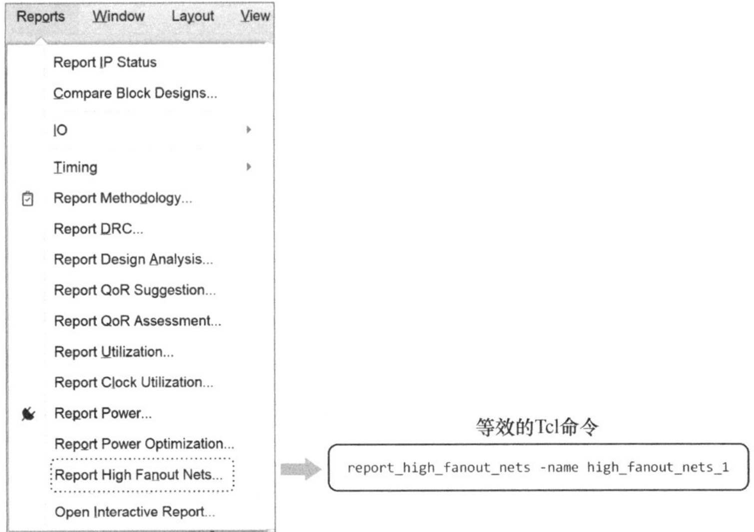

图 2.82　查看扇出

Summary

Net Name	Fanout	Driver Type
rectify_reset	10287	FDRE
usbEngine0/u1/u3/03	560	FDRE
usbEngine1/u1/u3/03	560	FDRE
n_0_reset_reg_reg_rep	525	FDRE
cpuEngine/or1200_cpu/or1200_ctrl/017	1017	LUT2
usbEngine0/usb_dma_wb_in/buffer_fifo/05	912	LUT2
usbEngine1/usb_dma_wb_in/buffer_fifo/05	912	LUT2
usbEngine0/n_0_buf0_orig_reg[31]_i_2	528	LUT2
usbEngine1/n_0_buf0_orig_reg[31]_i_2	528	LUT2
usbEngine0/n_0_csr0_reg[12]_i_2__11	512	LUT2

图 2.83　扇出报告

report_high_fanout_nets 还提供了其他参数，如 Tcl 脚本 2.12 所示，可查看扇出大于 1000 的网线，并报告出该网线的 WNS，其结果如图 2.84 所示；也可通过参数-fanout_lesser_than 查看扇出小于某个值的网线。

Tcl 脚本 2.12　查看扇出大于 1000 的网线

```
report_high_fanout_nets -timing -fanout_greater_than 1000
```

Net Name	Fanout	Driver Type	Worst Slack(ns)	Worst Delay(ns)
rectify_reset	10287	FDRE	8.566	0.466
cpuEngine/or1200_cpu/or1200_ctrl/017	1017	LUT2	3.882	0.270

图 2.84　查看扇出大于 1000 的网线并显示 WNS

对于扇出较大的网线可以采用 max_fanout 的方式复制寄存器以减小扇出，也可以通过 Tcl 脚本 2.13 的方式直接在高扇出网线上插入 BUFG。对图 2.83 中的网线 rectify_reset 插入

BUFG，其结果如图 2.85 所示。

Tcl 脚本 2.13 插入 BUFG

```
set fanout_net [get_nets rectify_reset]
::xilinx::designutils::insert_buffer -net $fanout_net -buffer {BUFG}
```

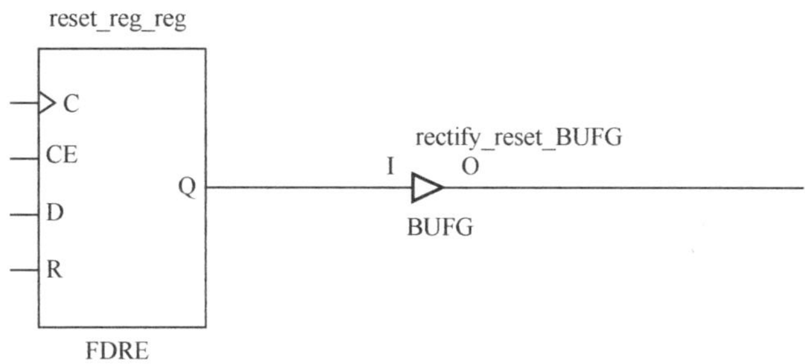

图 2.85 对网线 rectify_reset 插入 BUFG

2.4.6 触发器控制集分析

关于触发器控制集的概念在第 1 章中已经阐述。较多的触发器控制集会使得触发器分散到不同的 SLICE 中，造成布线拥塞进而导致时序问题。

在 Vivado 中通过 report_control_sets 命令可查看当前设计的触发器控制集情况。以 Vivado 自带的例子工程 CPU（Synthesized）为例，该命令的输出结果如图 2.86 所示。

Clock Enable	Synchronous Set/Reset	Asynchronous Set/Reset	Total Registers	Total Slices
No	No	No	3297	0
No	No	Yes	1774	0
No	Yes	No	598	0
Yes	No	No	558	0
Yes	No	Yes	4036	0
Yes	Yes	No	5474	0

图 2.86 触发器控制集报告

通过 Tcl 脚本 2.14 的方式可以查看到每个触发器的时钟信号、使能信号和置位/复位信号。

Tcl 脚本 2.14 report_control_sets 应用案例

```
report_control_sets -sort_by {clk set} -verbose
```

参 考 文 献

[1] Xilinx, "Vivado Design Suite User Guide Synthesis", ug901(v2015.4), 2015

[2] Xilinx, "Vivado Design Suite User Guide Design Analysis and Closure Techniques", ug906(v2015.4), 2015

第 3 章

设 计 实 现

3.1 理解实现策略

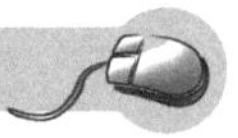

3.1.1 Project 模式下应用实现策略

在 Vivado 下，实现由多个子步骤构成，如图 3.1 所示。图中阴影所示步骤为必须执行的操作，而其他步骤则是可选的（通过 is_enabled 确定，如图 3.2 所示）。此外，除与 Power 相关的步骤（power_opt_design）外，其余操作均有-directive 参数供设置，这在图 3.2 中也可看到。

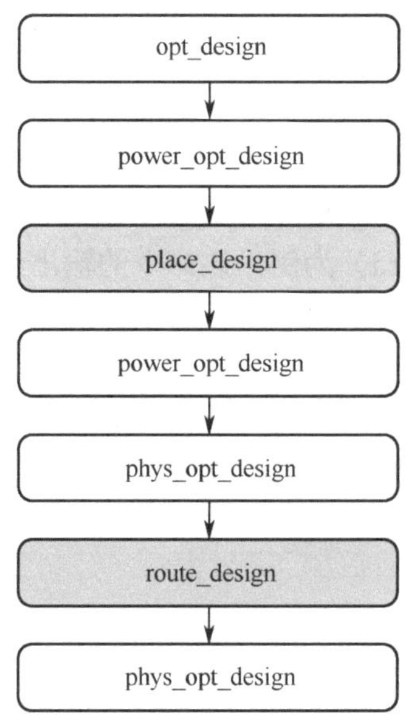

图 3.1 Vivado 下实现的子步骤

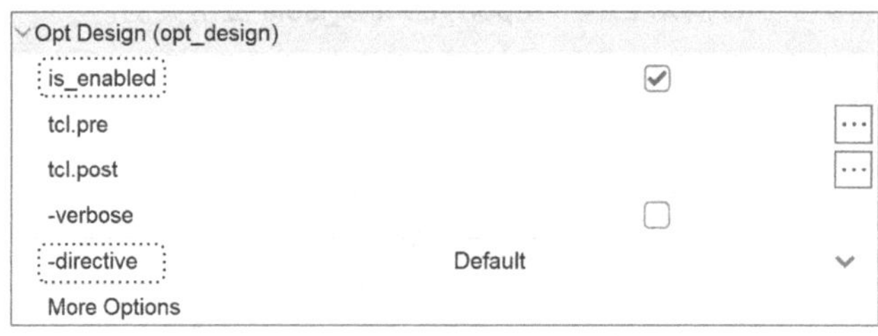

图 3.2 设定-directive

Vivado 下若-directive 设置为 Explore，则与 ISE 下-effort_level 为 high 时对应。对于 opt_design，若-directive 为 ExploreArea，则与 ISE 下-effort_level 为 high -area_mode 对应，如图 3.3 所示。

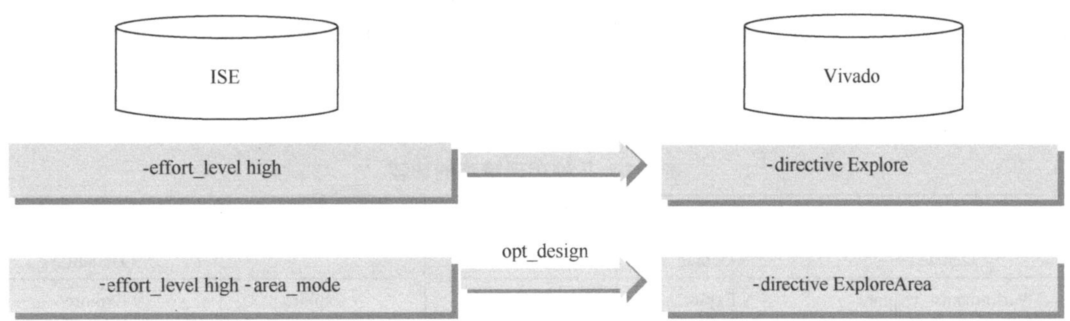

图 3.3 Vivado -directive 与 ISE -effort_level 的对应关系

正是不同的子步骤与不同的-directive 组合而形成不同的实现策略。Vivado 提供了 5 类实现策略[1]，如图 3.4 所示。这 5 类实现策略面向不同情形：针对性能、针对资源、针对功耗、针对运行时间和针对布线拥塞。

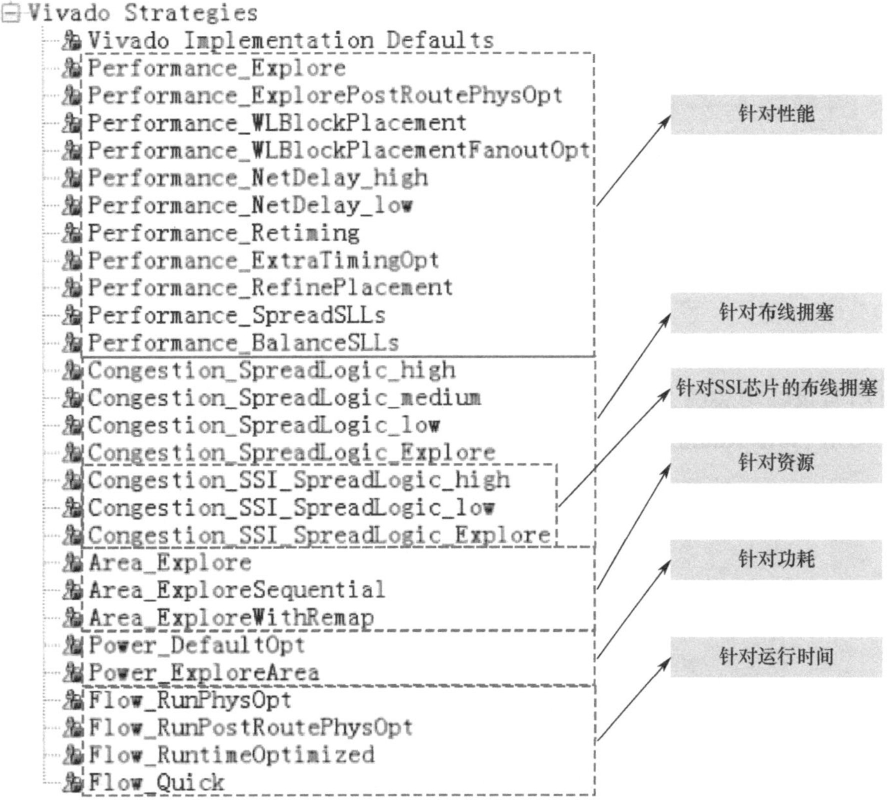

图 3.4 Vivado 实现策略

表 3.1 给出了几种实现策略的比较，可以看到与默认策略 Defaults 相比，Performance_Explore 增加了 phys_opt_design，同时其他子步骤的-directive 由 Default 变为 Explore；Area_Explore 则只是将 opt_design 的-directive 更改为 ExploreArea，其他保持不变；Flow_RunPhysOpt 则是增加了子步骤 phys_opt_design 且-directive 为 Explore，其他保持不变；Flow_RuntimeOptimitzed 则是将各子步骤的-directive 更改为 RuntimeOptimized；Congestion_SpreadLogic_high 变化较大，除了增加子步骤 phys_opt_design 外，place_design 和 route_design 的-directive 也有明显不同。

表 3.1 几种实现策略的比较

Strategy	opt_design	place_design	phys_opt_design	route_design
Defaults	√Default	√Default		√Default
Performance_Explore	√Explore	√Explore	√Explore	√Explore
Area_Explore	√ExploreArea	√Default		√Default
Flow_RunPhysOpt	√Default	√Default	√Explore	√Default
Flow_RuntimeOptimized	√RuntimeOptimized	√RuntimeOptimized		√RuntimeOptimized
Congestion_SpreadLogic_high	√Default	√SpreadLogic_high	√AlternateReplication	√MoreGlobalInteractions

为了评估不同实现策略对设计的影响，我们以 Vivado 自带的例子工程 CPU（Synthesized）为例，当时钟周期约束为 10ns 时，实现所用的时间如图 3.5 所示，可以看到 Defaults 策略耗时最短。

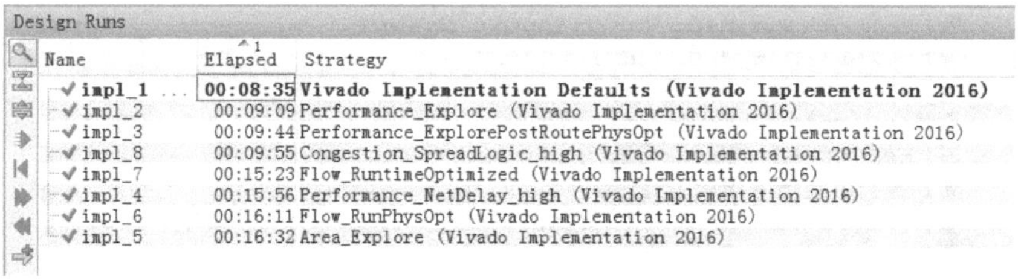

Design Runs

Name	Elapsed	Strategy
impl_1	00:08:35	Vivado Implementation Defaults (Vivado Implementation 2016)
impl_2	00:09:09	Performance_Explore (Vivado Implementation 2016)
impl_3	00:09:44	Performance_ExplorePostRoutePhysOpt (Vivado Implementation 2016)
impl_8	00:09:55	Congestion_SpreadLogic_high (Vivado Implementation 2016)
impl_7	00:15:23	Flow_RuntimeOptimized (Vivado Implementation 2016)
impl_4	00:15:56	Performance_NetDelay_high (Vivado Implementation 2016)
impl_6	00:16:11	Flow_RunPhysOpt (Vivado Implementation 2016)
impl_5	00:16:32	Area_Explore (Vivado Implementation 2016)

图 3.5 时钟周期约束为 10ns 时不同实现策略所用的时间

此时所有策略均实现了时序收敛，如图 3.6 所示，且 Area_Explore 所能获得的时序性能最佳，然后是 Flow_RuntimeOptimized。

Design Runs

Name	WNS	WHS	Strategy
impl_1	0.100	0.058	Vivado Implementation Defaults (Vivado Implementation 2016)
impl_2	0.100	0.058	Performance_Explore (Vivado Implementation 2016)
impl_3	0.100	0.058	Performance_ExplorePostRoutePhysOpt (Vivado Implementation 2016)
impl_8	0.128	0.043	Congestion_SpreadLogic_high (Vivado Implementation 2016)
impl_7	0.299	0.049	Flow_RuntimeOptimized (Vivado Implementation 2016)
impl_4	0.222	0.055	Performance_NetDelay_high (Vivado Implementation 2016)
impl_6	0.100	0.058	Flow_RunPhysOpt (Vivado Implementation 2016)
impl_5	1.236	0.030	Area_Explore (Vivado Implementation 2016)

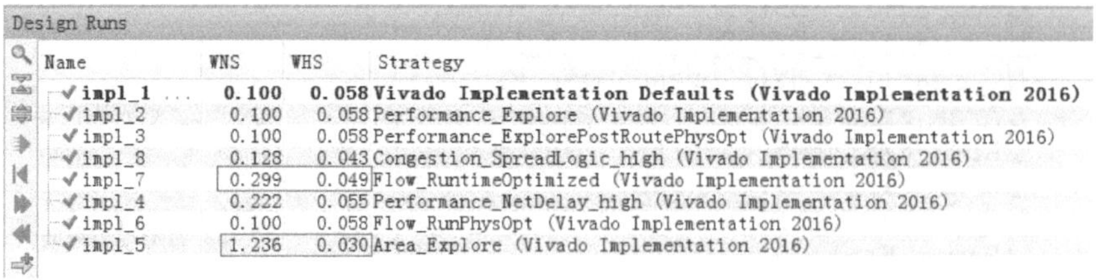

图 3.6 时钟周期约束为 10ns 时不同实现策略下的时序收敛情况

资源方面如图 3.7 所示，Flow_RuntimeOptimized 消耗的 LUT 最少，Area_Explore 消耗的 FF 最少。

进一步将时钟周期约束由 10ns 改为 7ns，从运行时间来看，Flow_RuntimeOptimized 耗时最短，如图 3.8 所示。

Design Runs

Name	LUT	FF	BRAM	DSP	Strategy
impl_1 ...	20020	15689	109	68	Vivado Implementation Defaults (Vivado Implementation 2016)
impl_2	20020	15689	109	68	Performance_Explore (Vivado Implementation 2016)
impl_3	20020	15689	109	68	Performance_ExplorePostRoutePhysOpt (Vivado Implementation 2016)
impl_8	19983	15689	109	68	Congestion_SpreadLogic_high (Vivado Implementation 2016)
impl_7	19907	15689	109	68	Flow_RuntimeOptimized (Vivado Implementation 2016)
impl_4	19980	15689	109	68	Performance_NetDelay_high (Vivado Implementation 2016)
impl_6	20020	15689	109	68	Flow_RunPhysOpt (Vivado Implementation 2016)
impl_5	20160	15677	109	68	Area_Explore (Vivado Implementation 2016)

图 3.7　时钟周期约束为 10ns 时不同实现策略下的资源消耗情况

Design Runs

Name	Elapsed	Strategy
impl_1 ...	00:24:25	Vivado Implementation Defaults (Vivado Implementation 2016)
impl_2	00:36:28	Performance_Explore (Vivado Implementation 2016)
impl_3	00:37:16	Performance_ExplorePostRoutePhysOpt (Vivado Implementation 2016)
impl_4	01:00:17	Performance_NetDelay_high (Vivado Implementation 2016)
impl_5	00:21:01	Area_Explore (Vivado Implementation 2016)
impl_6	00:22:53	Flow_RunPhysOpt (Vivado Implementation 2016)
impl_7	00:18:31	Flow_RuntimeOptimized (Vivado Implementation 2016)
impl_8	00:22:41	Congestion_SpreadLogic_high (Vivado Implementation 2016)

图 3.8　时钟周期约束为 7ns 时不同实现策略所用的时间

从时序收敛情况来看，此时只有 Performance_Explore、Performance_ExplorePostRoute-PhysOpt 和 Area_Explore 没有时序违例，且仍是 Area_Explore 获得最佳时序性能，如图 3.9 所示。

Design Runs

Name	WNS	TNS	Strategy
impl_1 ...	-0.508	-7.822	Vivado Implementation Defaults (Vivado Implementation 2016)
impl_2	0.008	0.000	Performance_Explore (Vivado Implementation 2016)
impl_3	0.008	0.000	Performance_ExplorePostRoutePhysOpt (Vivado Implementation 2016)
impl_4	-0.245	-2.642	Performance_NetDelay_high (Vivado Implementation 2016)
impl_5	0.087	0.000	Area_Explore (Vivado Implementation 2016)
impl_6	-0.023	-0.045	Flow_RunPhysOpt (Vivado Implementation 2016)
impl_7	-0.610	-13.118	Flow_RuntimeOptimized (Vivado Implementation 2016)
impl_8	-0.466	-31.368	Congestion_SpreadLogic_high (Vivado Implementation 2016)

图 3.9　时钟周期约束为 7ns 时不同实现策略下的时序收敛情况

从资源角度看，相比于 10ns 时的情形，所有策略所用的 LUT 均略微增加，但 Area_Explore 消耗的 FF 依然最少，如图 3.10 所示。

Design Runs

Name	LUT	FF	BRAM	DSP	Strategy
impl_1 ...	20033	15689	109	68	Vivado Implementation Defaults (Vivado Implementation 2016)
impl_2	20034	15689	109	68	Performance_Explore (Vivado Implementation 2016)
impl_3	20034	15689	109	68	Performance_ExplorePostRoutePhysOpt (Vivado Implementation 2016)
impl_4	20005	15689	109	68	Performance_NetDelay_high (Vivado Implementation 2016)
impl_5	20317	15677	109	68	Area_Explore (Vivado Implementation 2016)
impl_6	20033	15689	109	68	Flow_RunPhysOpt (Vivado Implementation 2016)
impl_7	19940	15689	109	68	Flow_RuntimeOptimized (Vivado Implementation 2016)
impl_8	20006	15689	109	68	Congestion_SpreadLogic_high (Vivado Implementation 2016)

图 3.10　时钟周期约束为 7ns 时不同实现策略下的资源消耗情况

从上述对比可以看到实现策略对设计时序、资源与编译时间的影响。在具体设计中，可根据默认策略下的结果结合设计目标调整实现策略。从这个角度而言，切换实现策略也是达到时序收敛的手段之一。

对于 Project 模式，如果采用 Tcl 脚本运行，可通过 create_run 指定实现策略，如 Tcl 脚本 3.1 所示。在这个命令中，-part 若不指定，则会用创建工程时指定的芯片型号。-strategy 用来指定实现策略，具体策略名称可参考图 3.4（注意区分大小写）或参考文献[1]；若未指定，则用默认的实现策略（Vivado Implementation Defaults）。-parent_run 明确了实现所用的网表文件。若 Vivado 工程输入为网表文件，则该参数可不用指定；若为 HDL 代码，则需要指定。

Tcl 脚本 3.1　在 Tcl 脚本中指定实现策略

```
create_run -name impl_1 -part xc7k70tfbg676-2 -flow {Vivado Implementation 2015} \
-strategy "Vivado Implementation Defaults" -constrset constrs_1 -parent_run synth_1
```

3.1.2　Non-Project 模式下应用实现策略

如前所述，实现策略是由不同的子步骤与-directive 组合而来的。因此，在 Non-Project 模式下指定实现策略也是很容易的。以 opt_design 为例，其 Tcl 命令格式如 Tcl 脚本 3.2 所示。在该命令中，可通过-directive 指定 opt_design 的策略。但需要注意，-directive 只能与-verbose 和-quiet 同时使用，而不能与其他参数共存，因为它是一个全局指导原则。

Tcl 脚本 3.2　opt_design 命令格式

```
opt_design [-retarget] [-propconst] [-sweep] [-bram_power_opt] [-remap]
[-resynth_area] [-resynth_seq_area] [-directive <arg>] [-quiet]
[-verbose]
```

Tcl 脚本 3.3 显示了 opt_design 的具体使用方法。该脚本的第 1 行表明-directive 为 default；第 2 行和第 3 行通过-directive 显式指定 opt_design 的策略（注意，Explore 不能写为 explore，大小写是敏感的）；第 4 行则通过其他参数指定 opt_design 的策略。

Tcl 脚本 3.3　opt_design 使用方法

```
1 opt_design
2 opt_design -directive Explore
3 opt_design -directive ExploreArea
4 opt_design -sweep -retarget
```

place_design、phys_opt_design 和 route_design 等的使用方法与 opt_design 一致。仍以 Vivado 自带的例子工程 CPU（Synthesized）为例，在 Non-Project 模式下，分别应用 default 和 Explore 实现策略，如 Tcl 脚本 3.4 所示。在这段代码中，由于工程源文件为网表文件，所以需要先执行 link_design 而不是 synth_design。该段代码还可以通过 foreach 语句进一步优化。

具体每个子步骤对应的-directive 可参考参考文献[1]。

Tcl 脚本 3.4 Non-Project 模式下应用 default 和 Explore 策略

```
file mkdir default explore

set_part xc7k70tfbg676-2
read_edif [glob -nocomplain ./EDIF/*.edif]
read_xdc [glob -nocomplain ./XDC/*.xdc]

link_design

# default run
opt_design
place_design
write_checkpoint -force default/place.dcp
report_timing_summary -file default/timing_post_place.rpt

route_design
write_checkpoint -force default/routed.dcp
report_timing_summary -file default/routed_timing.rpt

# Explore run
opt_design -directive Explore
place_design -directive Explore
write_checkpoint -force explore/place.dcp
report_timing_summary -file explore/timing_post_place.rpt

route_design -directive Explore
write_checkpoint -force explore/routed.dcp
report_timing_summary -file explore/routed_timing.rpt
```

3.2 理解物理优化

物理优化可以在布局后执行，也可以在布线后执行，如图 3.11 所示。但无论何时执行，都需要明确的是物理优化针对的是有时序违例的路径，因此，若时序已收敛，那么就没有必要执行物理优化了。

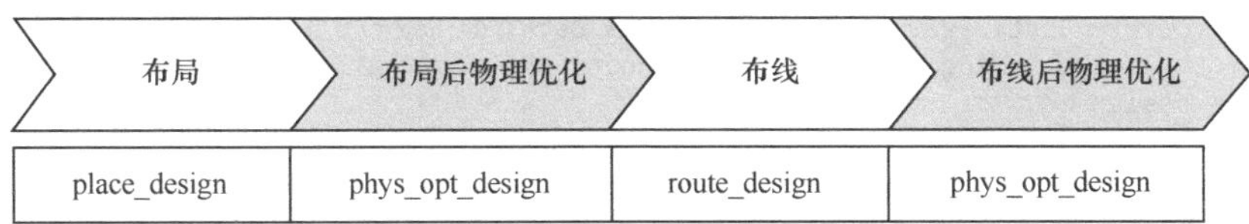

图 3.11 物理优化的执行阶段

布局后的物理优化和布线后的物理优化所能优化的程度是不一样的，如表 3.2 所示。表中 Default 表示该选项在默认情形下会被执行。

在 Non-Project 模式下，可以通过判断布局或布线之后时序是否收敛来确定是否执行物理优化，这可通过 Tcl 脚本 3.5 所示方式实现。

表 3.2 物理优化选项说明

参 数	含 义	布局之后	布线之后
-fanout_opt	对建立时间违例的高扇出网线进行复制（复制该网线的驱动），以减小扇出	√ Default	
-placement_opt	对关键路径上的所有模块重新布局，以减少线延迟	√ Default	√ Default
-routing_opt	对关键路径重新布线（针对 net 和 pin），以减少延迟		√ Default
-rewire	交换关键路径上的 LUT 连接关系或在不改变功能的前提下重新构造组合逻辑实现方式，以降低逻辑级数（Logic Level）	√ Default	√ Default
-critical_cell_opt	复制关键路径上的模块，以减少线延迟。例如，某个模块与其负载在布局时被放置在较远的位置，那么该模块可能会被复制，放在与其负载相距较近的位置	√ Default	√ Default
-dsp_register_opt	对关键路径上的 DSP48 进行优化，将 DSP48 中的寄存器用 SLICE 中的寄存器取代，或将 SLICE 中的寄存器用 DSP48 中的寄存器取代，以改善时序	√ Default	
-bram_register_opt	对关键路径上的 BRAM 进行优化，将 BRAM 末级寄存器用 SLICE 中的寄存器取代，或将 SLICE 中的寄存器用 BRAM 中的寄存器取代，以改善时序	√ Default	
-shift_register_opt	对关键路径上的 SRL 进行优化，将 SRL 优化为“寄存器+SRL”或“SRL+寄存器”的方式，以改善时序。这里 SRL 深度必须大于 1，且为固定深度	√ Default	
-bram_enable_opt	对关键路径上涉及功耗优化的 BRAM，优化其使能信号，以改善时序	√ Default	
-hold_fix	对保持时间违例的路径增加数据路径延迟，以改善时序	√	
-retime	通过改变关键路径上的寄存器位置优化时序	√	√
-force_replication_on_nets	复制网线的驱动端，以改善时序	√	
-critical_pin_opt	对关键路径上的 LUT 重新映射其逻辑引脚与物理引脚，以改善时序	√ Default	
-clock_opt	对关键路径的目的端时钟路径插入 BUFG，增加目的端时钟延迟，以改善时序		√ Default

Tcl 脚本 3.5 判断是否执行物理优化

```
if {[get_property SLACK [get_timing_paths -max_paths 1 -nworst 1 -setup]] < 0} {
  puts "Found setup timing violations => running physical optimization"
  phys_opt_design
}
```

3.3 增量实现

3.3.1 Project 模式下应用增量实现

所谓增量实现，更严格地讲是增量布局和增量布线。它是在设计改动较小的情形下参考原始设计的布局布线结果，将其中未改动的模块、引脚和网线等直接复用，而对发生改变的部分重新布局布线。这样做的好处是显而易见的，即节省运行时间、提高再次布局布线结果的可预测性并有助于时序收敛。

增量实现的流程如图 3.12 所示。注意：这里所谓“修改后的设计”是指，相对于原始设计更新后的设计局部 RTL 代码发生改变或对原始设计综合后的网表进行了编辑导致改变，且这种改变是局部的，通常建议只有 5%的设计发生改变。

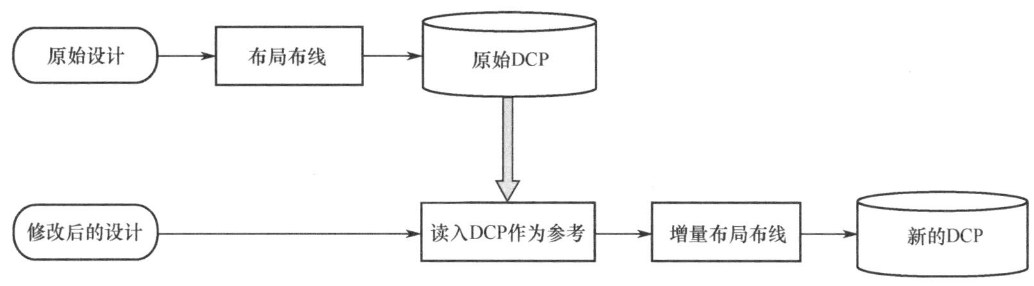

图 3.12 增量实现的流程

由于需要读入原始 DCP 作为参考，所以需要在非自动模式下新建 Design Runs，而不能在原始的 Design Runs 上操作。如图 3.13 所示，原始的 Design Runs 为 synth_1 和 impl_1，创建新的 Design Runs、synth_2 和 impl_2，并将 impl_2 设置为增量实现（指定参考 DCP 文件）。

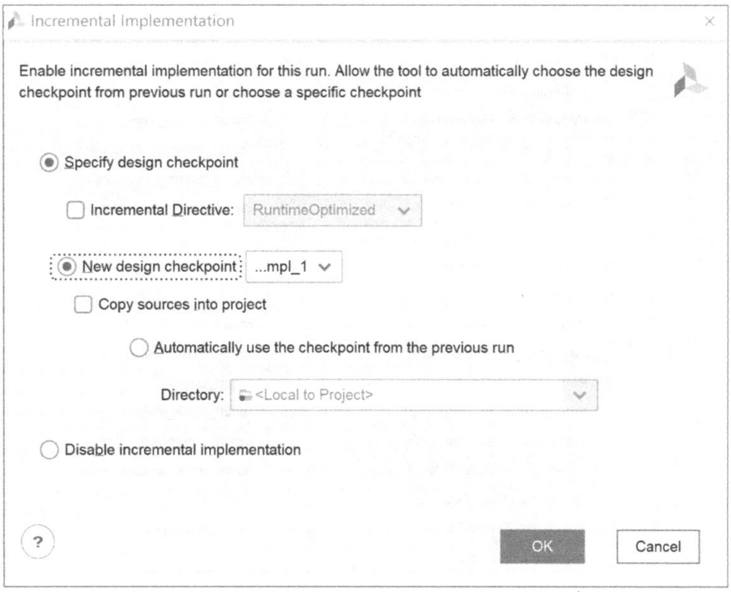

Incremental Implementation

Enable incremental implementation for this run. Allow the tool to automatically choose the design checkpoint from previous run or choose a specific checkpoint

Specify design checkpoint

Incremental Directive: RuntimeOptimized

New design checkpoint ...mpl_1

Copy sources into project

Automatically use the checkpoint from the previous run

Directory: <Local to Project>

Disable incremental implementation

? OK Cancel

图 3.13 设置增量实现

图 3.13 所示的过程也可以通过 Tcl 脚本 3.6 实现。在该脚本的第 4 行，如虚线框所标记，指定了参考 DCP 的来源。

对于采用增量实现的 Design Runs，可以在其属性窗口中查看参考 DCP，如图 3.14 所示，也可以直接通过 Tcl 脚本 3.7 查看参考 DCP。

Tcl 脚本 3.6　Project 模式下采用 Tcl 脚本应用增量实现

```
create_run synth_2 -flow {Vivado Synthesis 2015}
create_run impl_2 -parent_run synth_2 -flow {Vivado Implementation 2015} -strategy \
{Vivado Implementation Defaults}
set_property incremental_checkpoint \
F:/BookVivado/VivadoPrj/bft/bft.runs/impl_1/bft_routed.dcp [get_runs impl_2]
launch_runs impl_2
```

```
STATUS                  route_design Complete!
STRATEGY                Vivado Implementation Defaults
INCREMENTAL_CHECKPOINT  F:/BookVivado/BookVivado/VivadoPrj/bft/bft.runs/impl_1/bft_routed.dcp
INCLUDE_IN_ARCHIVE
```

图 3.14　在 impl_2 属性窗口中查看参考 DCP

Tcl 脚本 3.7　查看参考 DCP

```
get_property INCREMENTAL_CHECKPOINT [get_runs impl_2]
```

对于增量实现的结果，Vivado 提供了相应的增量实现报告，如图 3.15 所示，在 Reports 窗口中可以看到这些报告。以布线后的报告为例，报告的具体内容如图 3.16 所示，可清楚地看到复用的模块、引脚和网线所占的比率。

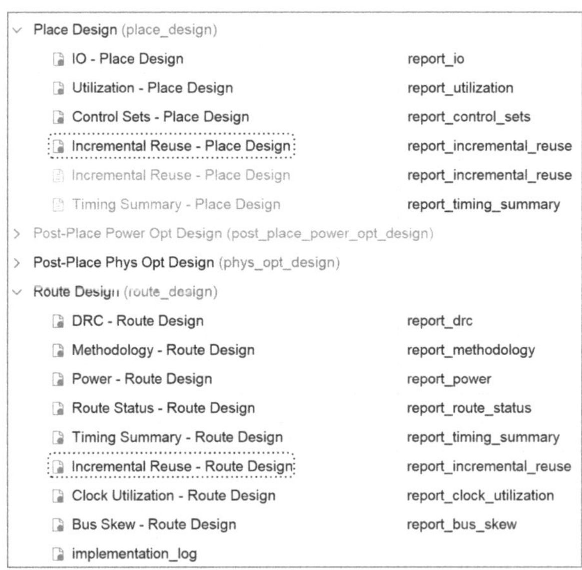

图 3.15　增量实现报告列表

增量实现报告也可通过 Tcl 脚本生成，如 Tcl 脚本 3.8 所示。该脚本第 2 行直接在 Tcl Console 中显示报告内容；第 3 行则是将报告以文件形式输出到指定目录；第 4 行是针对指定模块生成增量实现报告，以查看该模块的变动情况；第 5 行至第 12 行是针对设计中用到的 BRAM、DSP48、LUT 和触发器分别生成增量实现报告；第 13 行则是以层次化方式显示各模块的变动情况。

1. Incremental Flow Summary

Flow Information	Value
Synthesis Flow	Default
Auto Incremental	No
Incremental Directive	RuntimeOptimized
Target WNS	0.0
QoR Suggestions	0

2. Reuse Summary

Type	Matched % (of Initial Total)	Initial Reuse % (of Initial Total)	Current Reuse % (of Total)	Fixed % (of Total)	Total
Cells	100.00	100.00	100.00	1.98	3577
Nets	100.00	90.08	89.99	0.00	5185
Pins	-	86.72	86.61	-	18319
Ports	100.00	100.00	100.00	100.00	71

图 3.16 增量实现报告具体内容

Tcl 脚本 3.8 生成增量实现报告

```
set dir [get_property DIRECTORY [get_runs impl_2]]
report_incremental_reuse
report_incremental_reuse -file $dir/reuse_rpt.txt
report_incremental_reuse -cells [get_cells arnd1]
report_incremental_reuse -cells [get_cells -hierarchical \
-filter {PRIMITIVE_TYPE =~ BMEM.bram.* } ]
report_incremental_reuse -cells [get_cells -hierarchical \
-filter {PRIMITIVE_TYPE =~ MULT.dsp.*}]
report_incremental_reuse -cells [get_cells -hierarchical \
-filter {PRIMITIVE_TYPE =~ LUT.others.*}]
report_incremental_reuse -cells [get_cells -hierarchical \
-filter {PRIMITIVE_TYPE =~ FLOP_LATCH.flop.*}]
report_incremental_reuse -hierarchical
```

事实上，对于被复用的对象（模块、引脚、网线），在其属性窗口中会显示 IS_REUSED，如图 3.17 所示。此外，还可以通过 Tcl 脚本 3.9 获取被复用的对象。注意：该脚本中的-hierarchical 可简写为-hier。

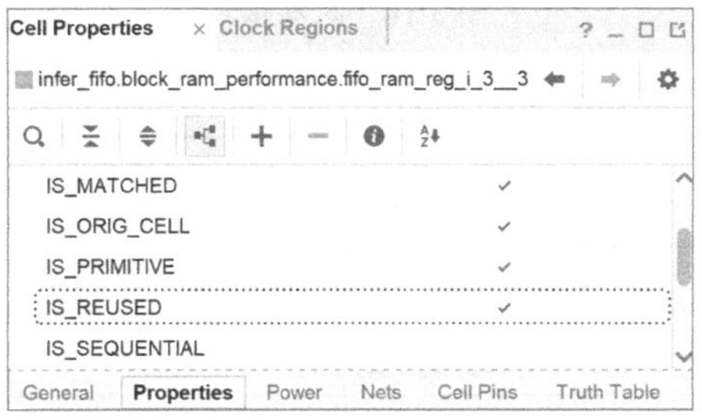

图 3.17 被复用对象属性窗口

Tcl 脚本 3.9 获取被复用的对象

```
set myreused_cells [get_cells -hier -filter "IS_REUSED == TRUE"]
set myreused_nets [get_nets -hier -filter "IS_REUSED == TRUE"]
set myreused_pins [get_pins -hier -filter "IS_REUSED == TRUE"]
set myreused_ports [get_ports -filter "IS_REUSED == TRUE"]
```

在时序分析时，默认情况下时序报告会标记复用信息，如图 3.18 所示。其中，Pin Reuse 有 4 种可能值，如表 3.3 所示。如果不希望标记复用信息，则可添加选项-no_reused_label，如 Tcl 脚本 3.10 所示。

Tcl 脚本 3.10 时序分析时不标记复用情形

```
report_timing -no_reused_label
```

```
Pin Reuse   Location        Delay type                 Incr(ns)  Path(ns)
--------------------------------------------------------------------------
                            (clock wbClk rise edge)    0.000     0.000 r
            V20                                        0.000     0.000 r
                            net (fo=0)                 0.000     0.000
            V20                                                        r
            V20             IBUF (Prop_ibuf_I_0)       0.764     0.764 r
                            net (fo=1, routed)         1.901     2.665
            BUFGCTRL_X0Y1                                              r
            BUFGCTRL_X0Y1   BUFG (Prop_bufg_I_0)       0.093     2.758 r
                            net (fo=704, routed)       1.395     4.153
            SLICE_X20Y32    FDRE                                       r
--------------------------------------------------------------------------
Routing     SLICE_X20Y32    FDRE (Prop_fdre_C_Q)       0.259     4.412 r
                            net (fo=24, routed)        1.832     6.245
Routing     SLICE_X11Y48                                               r
Routing     SLICE_X11Y48    LUT3 (Prop_lut3_I2_0)      0.055     6.300 r
                            net (fo=1, routed)         0.805     7.105
Routing     RAMB36_X0Y10    RAMB36E1                                   r
--------------------------------------------------------------------------
```

图 3.18 时序报告

表 3.3 时序报告中 Pin Reuse 各值含义

名 称	含 义
Routing	与管脚相连的底层单元的布局和到该管脚的布线均被复用
Placement	与管脚相连的底层单元的布局被复用，但到该管脚的布线未被复用
Moved	与管脚相连的底层单元的布局和到该管脚的布线均未被复用
New	这是一个新的底层单元，在参考 DCP 中不存钱

3.3.2 Non-Project 模式下应用增量实现

在 Non-Project 模式下也可以使用增量实现，具体过程如 Tcl 脚本 3.11 所示。注意：其中的虚线框标记，显示了此时读入参考 DCP 且为增量模式。

Tcl 脚本 3.11 Non-Project 模式下使用增量实现

```
file mkdir IncrImpl

set part xc7k70tfbg484-2
set top bft

set RefDcp [glob -nocomplain ./dcp/*.dcp]

read_vhdl -library bftlib [glob -nocomplain ./Vhdl/*.vhd*]
read_verilog [glob -nocomplain ./Verilog/*.v]
read_xdc [glob -nocomplain ./xdc/*.xdc]

synth_design -part $part -top $top

opt_design
read_checkpoint -incremental $RefDcp
place_design
write_checkpoint -force IncrImpl/incr_place.dcp
report_incremental_reuse -file IncrImpl/incr_place_rpt.rpt
route_design
write_checkpoint -force IncrImpl/incr_route.dcp
report_incremental_reuse -file IncrImpl/incr_route_rpt.rpt
```

在 Non-Project 模式下，可以使用 read_checkpoint 的更多参数实现对增量实现过程的精细控制，如 Tcl 脚本 3.12 所示。通过参数-only_reuse 可以指定仅对指定模块复用，如该脚本的第 2 行表明只可以复用参考 DCP 中的 BRAM；通过参数-dont_reuse 可以指定对该模块之外的模块复用，如该脚本的第 4 行表明除了模块 arnd*之外，其他模块均可复用。

Tcl 脚本 3.12 read_checkpoint 的两个参数

```
1 read_checkpoint -incremental routed.dcp -only_reuse [get_cells arnd*]
2 read_checkpoint -incremental routed.dcp -only_reuse \
3 [get_cells -hier -filter { PRIMITIVE_TYPE =~ BMEM.bram.* }]
4 read_checkpoint -incremental routed.dcp -dont_reuse [get_cells arnd*]
5 read_checkpoint -incremental routed.dcp -dont_reuse \
6 [get_cells -hier -filter { PRIMITIVE_TYPE =~ BMEM.bram.* }]
```

通过 Tcl 脚本 3.12，我们还可以体会到 Tcl 脚本方式相对于图形界面方式的灵活性。因此，熟悉一些常用的 Tcl 脚本是非常有必要的。本书第 7 章会详细阐述 Tcl 脚本的应用。

3.4 实现后的设计分析

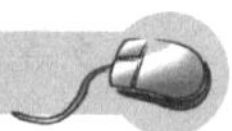

3.4.1 资源利用率分析

实现后的设计分析和综合后的设计分析方法是一致的。这里只介绍资源利用率的分析。实现后生成的资源利用率报告与综合后的报告对比如图 3.19 所示，可以看到实现后的报告更为详细，同时还可以看到 Combined LUT 的个数。

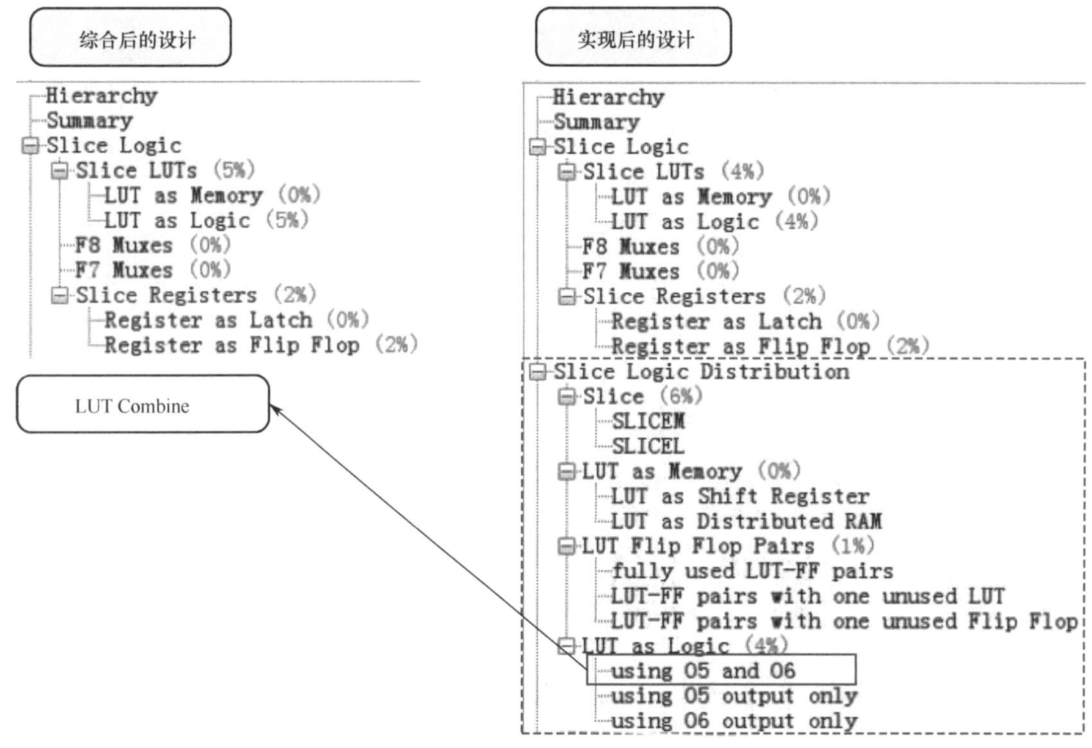

图 3.19 实现后的资源利用率报告与综合后的报告对比

通常情况下，实现后的资源占用情况与综合后的会不同，以 Vivado 自带的例子工程 CPU（Synthesized）为例，结果如图 3.20 所示。资源消耗的差别主要体现在 LUT 和 FF（触发器）上。

3.4.2 时序分析

实现后的时序分析方法与综合后的时序分析方法是一致的，只是实现后的设计，由于已经完成了布局布线，因此可以在 Device 窗口中查看模块在芯片中的位置及相应的布线资源。如图 3.21 所示，在 Netlist 窗口中选择需要查看的模块，单击右键会弹出信息菜单，选择 Highlight Leaf Cells，指定好颜色之后就会在 Device 中以指定颜色显示该模块用到的资源。同时在 Device 视图的条形菜单中，选择图 3.21 中的虚线框标记就会显示布线资源。这对于时序分析是大有裨益的，因为据此可以更清楚地查看线延迟对时序的影响。

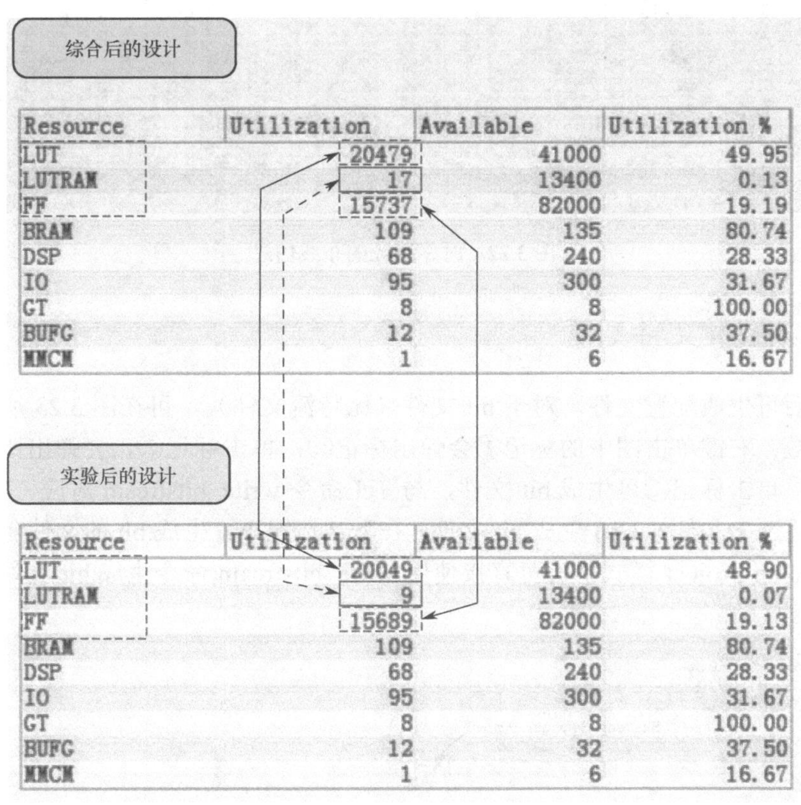

综合后的设计

Resource	Utilization	Available	Utilization %
LUT	20479	41000	49.95
LUTRAM	17	13400	0.13
FF	15737	82000	19.19
BRAM	109	135	80.74
DSP	68	240	28.33
IO	95	300	31.67
GT	8	8	100.00
BUFG	12	32	37.50
MMCM	1	6	16.67

实验后的设计

Resource	Utilization	Available	Utilization %
LUT	20049	41000	48.90
LUTRAM	9	13400	0.07
FF	15689	82000	19.13
BRAM	109	135	80.74
DSP	68	240	28.33
IO	95	300	31.67
GT	8	8	100.00
BUFG	12	32	37.50
MMCM	1	6	16.67

图 3.20　实现后与综合后的资源占用情况对比

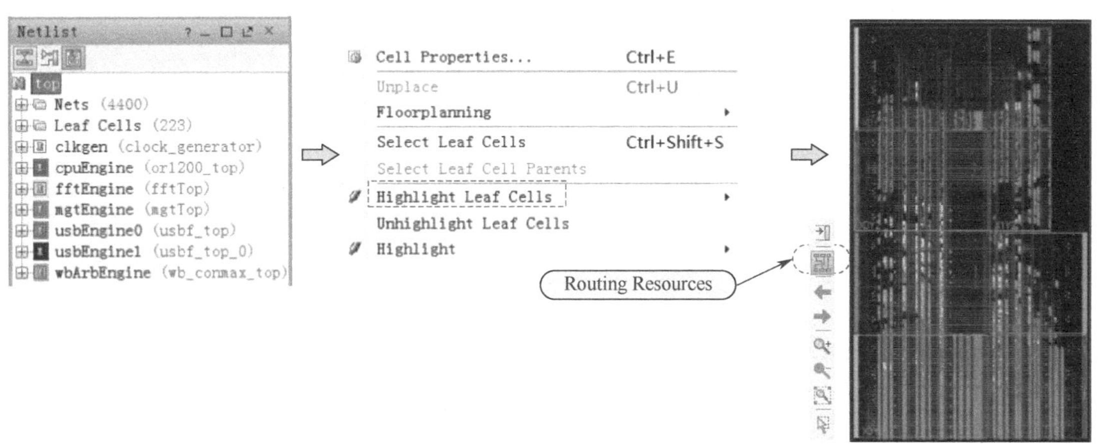

图 3.21　查看布局布线信息

由于有了布线信息，在时序报告中，选择时序路径之后，按下 F4 键，即可以用 Schematic 方式查看时序路径，同时在 Device 窗口中也会显示该时序路径的具体布线信息，如图 3.22 所示。

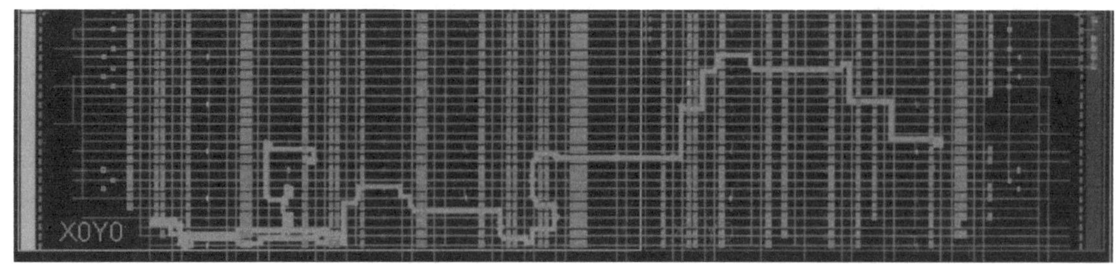

图 3.22　时序路径的布线信息

3.5　生成配置文件

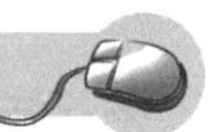

实现之后可生成配置文件。对于.bit 文件（比特流文件），可在图 3.23 所示的界面中设置相关参数：右键单击图中的标记①会弹出标记②；单击标记②，会弹出比特流文件参数设置界面；单击标记①可生成.bit 文件，与 Tcl 命令 write_bitstream 对应。在 Project 模式下，也可通过 Tcl 脚本 3.13 生成.bit 文件。在默认情况下，生成.bit 的文件名与顶层文件名一致。在 Non-Project 模式下，可直接使用 write_bitstream 命令生成.bit 文件，如 Tcl 脚本 3.14 所示。

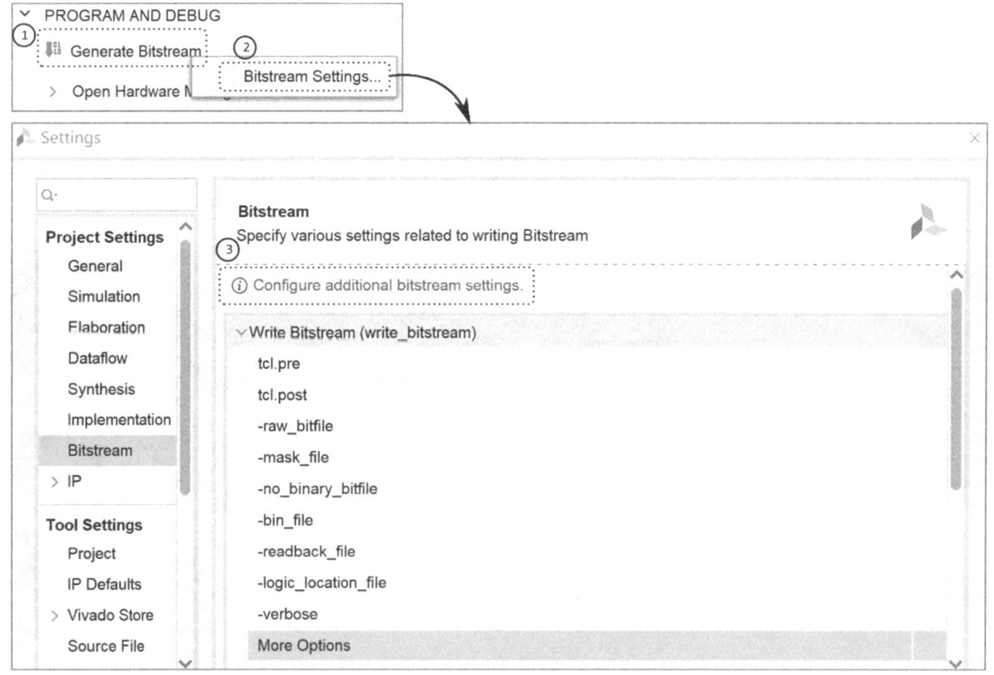

图 3.23　配置.bit 文件

Tcl 脚本 3.13　Project 模式下生成.bit 文件

```
launch_runs impl_2 -to_step write_bitstream
```

Tcl 脚本 3.14　Non-Project 模式下生成.bit 文件

```
write_bitstream -force explore/top.bit
```

对于生成的.bit 文件，可通过 Tcl 脚本 3.15 显示相关信息，如图 3.24 所示。

Tcl 脚本 3.15　显示.bit 文件相关信息

```
report_property [get_runs impl_2]
```

```
STEPS.WRITE_BITSTREAM.TCL.PRE                        file     false
STEPS.WRITE_BITSTREAM.TCL.POST                       file     false
STEPS.WRITE_BITSTREAM.ARGS.RAW_BITFILE               bool     false     0
STEPS.WRITE_BITSTREAM.ARGS.MASK_FILE                 bool     false     0
STEPS.WRITE_BITSTREAM.ARGS.NO_BINARY_BITFILE         bool     false     0
STEPS.WRITE_BITSTREAM.ARGS.BIN_FILE                  bool     false     0
STEPS.WRITE_BITSTREAM.ARGS.READBACK_FILE             bool     false     0
STEPS.WRITE_BITSTREAM.ARGS.LOGIC_LOCATION_FILE       bool     false     0
STEPS.WRITE_BITSTREAM.ARGS.VERBOSE                   bool     false     0
STEPS.WRITE_BITSTREAM.ARGS.MORE OPTIONS              string   false
```

图 3.24　查看.bit 文件相关信息

单击图 3.23 中的标记③可进入 Edit Device Properties 窗口，可编辑 FPGA 配置模式和外部配置芯片相关信息等；也可通过在菜单 Tools 下单击 Edit Device Properties 进入该窗口，如图 3.25 所示。

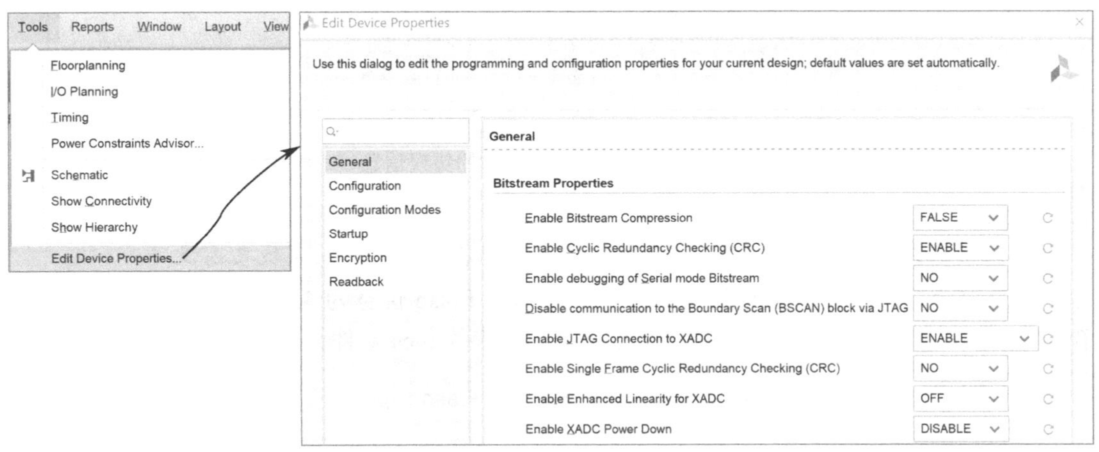

图 3.25　进入 Edit Device Properties 窗口

在 Edit Device Properties 窗口中可通过相应的菜单进行设置，如在 Configuration 菜单下可设置 BPI Flash 和 SPI Flash 的相关信息，如图 3.26 所示；也可直接搜索关键字进行参数设定，如输入 IOB 会显示图 3.27 所示界面，可对未使用的 I/O 进行设定。

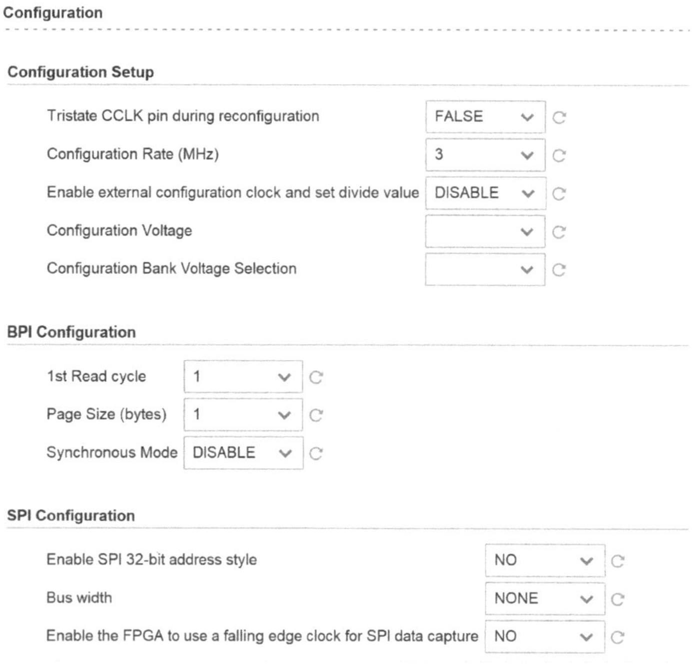

Configuration

Configuration Setup

Tristate CCLK pin during reconfiguration	FALSE
Configuration Rate (MHz)	3
Enable external configuration clock and set divide value	DISABLE
Configuration Voltage	
Configuration Bank Voltage Selection	

BPI Configuration

1st Read cycle	1
Page Size (bytes)	1
Synchronous Mode	DISABLE

SPI Configuration

Enable SPI 32-bit address style	NO
Bus width	NONE
Enable the FPGA to use a falling edge clock for SPI data capture	NO

图 3.26　设置 BPI/SPI Flash 相关信息

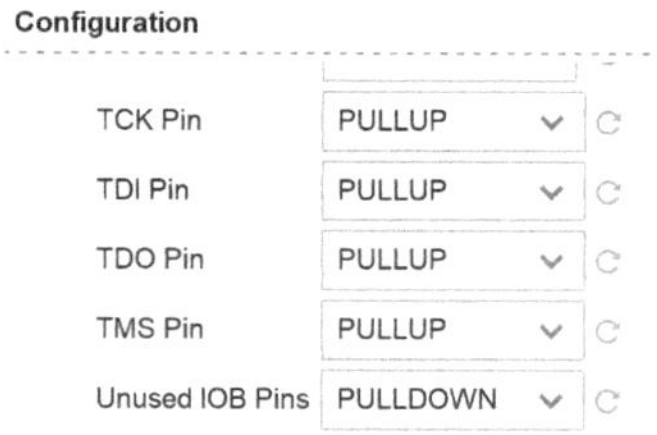

Configuration

TCK Pin	PULLUP
TDI Pin	PULLUP
TDO Pin	PULLUP
TMS Pin	PULLUP
Unused IOB Pins	PULLDOWN

图 3.27　配置未使用的 I/O

如果在布局布线之后，才设定 BPI/SPI Flash 的相关信息，如在图 3.26 中设定 SPI 位宽为 4，但实际位宽为 8，则在生成.mcs 文件时会显示图 3.28 所示的错误信息。

```
ERROR: [Writecfgmem 68-30] write_cfgmem -interface SPIX8 is not comptabitle with the
F:/BookVivado/VivadoPrj/cpunetlist/cpunetlist.runs/impl_2/top.bit part xc7k70tfbg676-3.
ERROR: [Common 17-39] 'write_cfgmem' failed due to earlier errors.
```

图 3.28　生成.mcs 文件时的错误信息

结论

- *配置芯片相关信息如 SPI Flash 的位宽等，应在综合之后、实现之前设定。*

如果综合之后、实现之前在图 3.26 中设定 SPI Flash 位宽为 4，与之等效的 Tcl 脚本如 Tcl 脚本 3.16 所示，则可通过 Tcl 脚本 3.17 生成相应的.mcs 文件。

Tcl 脚本 3.16　设定 SPI Flash 位宽

```
set_property BITSTREAM.CONFIG.SPI_BUSWIDTH 4 [get_designs impl_1]
```

但需要注意的是，无论是 BPI Flash 还是 SPI Flash 都支持.bin 文件，因此，只要选中图 3.23 中的标记④即可生成期望的.bin 文件（需事先在图 3.26 所示的 Edit Device Properties 窗口中完成相应的设置），而无须再用 Tcl 命令生成.mcs 文件。

Tcl 脚本 3.17　生成.mcs 文件

```
set BitDir [get_property DIRECTORY [current_run]]
set BitFile [glob $BitDir/*.bit]
write_cfgmem -force -format MCS -interface SPIx4 \
-loadbit "up 0x0 $BitFile" cpunetlist_spi.mcs
```

3.6　下载配置文件

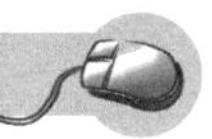

Vivado 提供了非常友好的界面用于下载配置文件。对于 FPGA，需要提供.bit 文件；对于外部配置芯片如 BPI Flash 或 SPI Flash，则需要提供.bin 文件。

在生成配置文件之后，通过图 3.29 所示的方式打开 Vivado 配置界面，后续操作选择标记①或标记②均可。

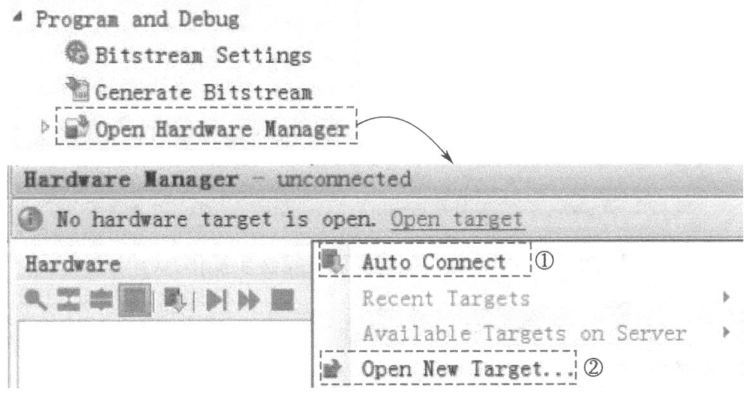

图 3.29　打开 Vivado 配置界面（第 1 步操作）

选择标记②，进入图 3.30 所示界面。在该界面的标记③中，可以对 JTAG 的工作时钟频率进行设置。在该界面的标记②中，除了选择 Local server 外，还可以选择 Remote server，如图 3.31 所示，用于远程下载配置文件。与图 3.30 等效的 Tcl 脚本如 Tcl 脚本 3.18 所示。

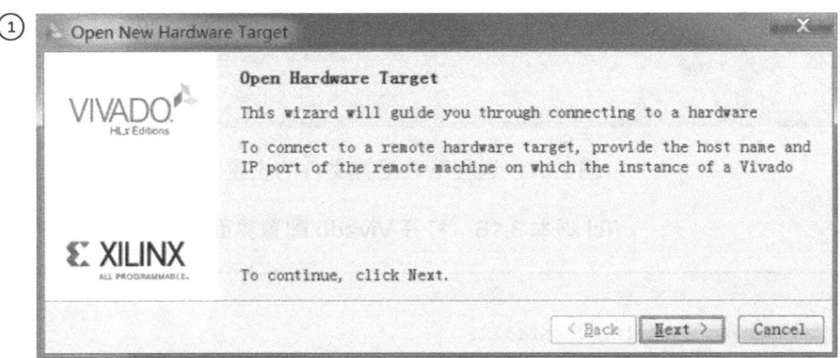

图 3.30　打开 Vivado 配置界面（第 2 步操作）

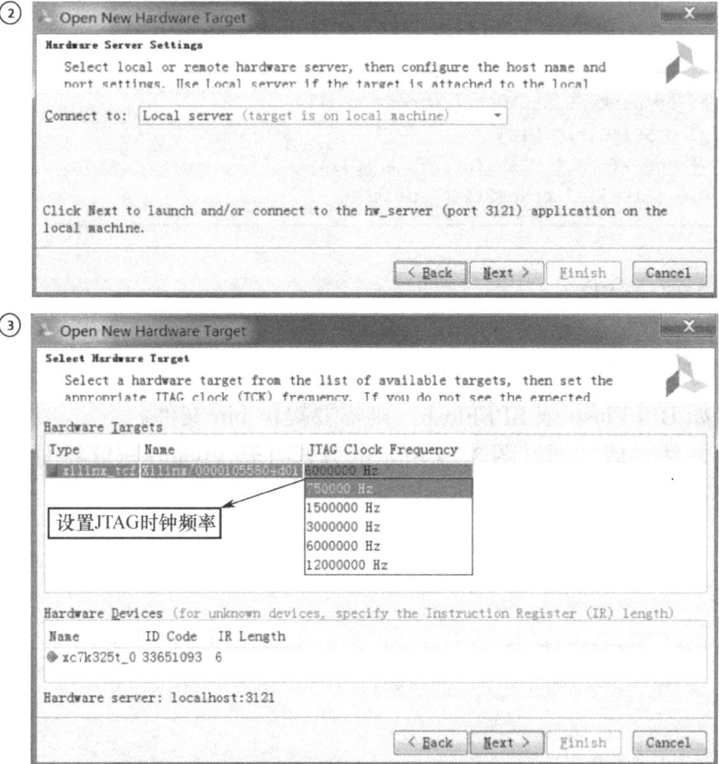

图 3.30　打开 Vivado 配置界面（第 2 步操作）（续）

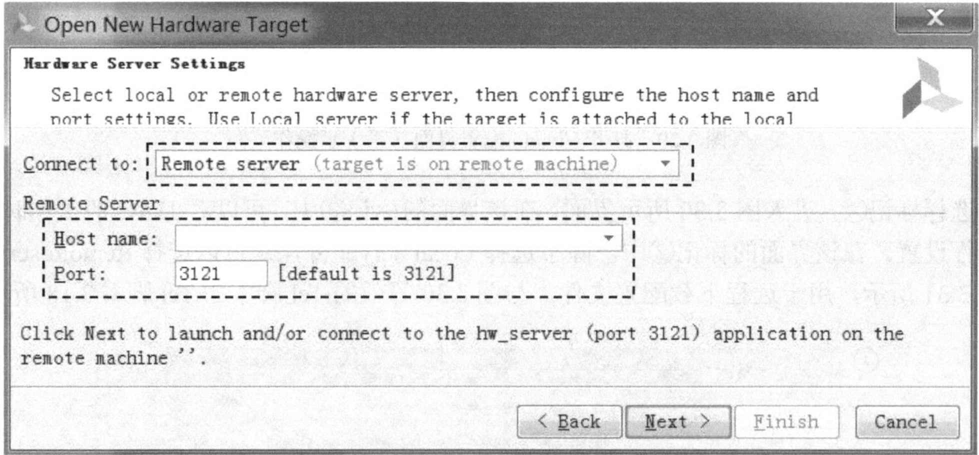

图 3.31　远程下载配置文件的设置

Tcl 脚本 3.18　打开 Vivado 配置界面

```
open_hw
connect_hw_server -url localhost:3121
current_hw_target [get_hw_targets */xilinx_tcf/Xilinx/00001055804d01]
set_property PARAM.FREQUENCY 12000000 \
[get_hw_targets */xilinx_tcf/Xilinx/00001055804d01]
```

```
open_hw_target
set_property PROGRAM.FILE \
{F:/BookVivado/VivadoPrj/LightA/Light/Light.runs/impl_1/top.bit} \
[lindex [get_hw_devices] 0]
current_hw_device [lindex [get_hw_devices] 0]
refresh_hw_device -update_hw_probes false [lindex [get_hw_devices] 0]
```

Tcl 脚本 3.18 中涉及 server、target 和 device 等概念，这些概念可借助 Tcl 脚本 3.19 理解。在该脚本中，#所在行为上一行命令的输出结果。

Tcl 脚本 3.19 server、target、device 等概念

```
current_hw_server
#localhost:3121
current_hw_device
#xc7k325t_0
current_hw_target
#localhost:3121/xilinx_tcf/Xilinx/00001055804d01
get_hw_targets -of [current_hw_server]
#localhost:3121/xilinx_tcf/Xilinx/00001055804d01
```

打开后的 Vivado 配置界面如图 3.32 所示，进一步通过图 3.32 所示流程可完成对 FPGA 程序的下载。

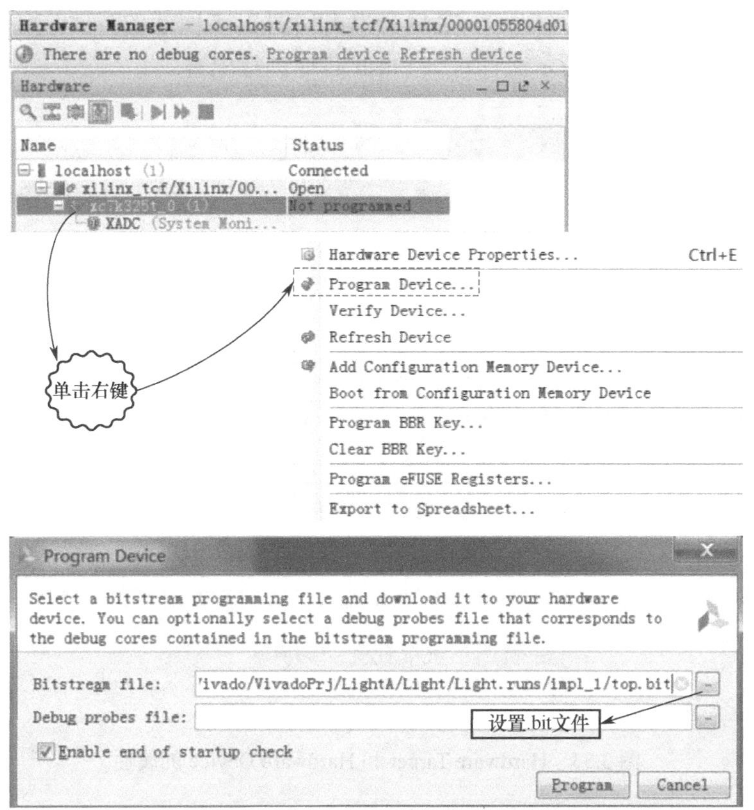

图 3.32 下载程序到 FPGA

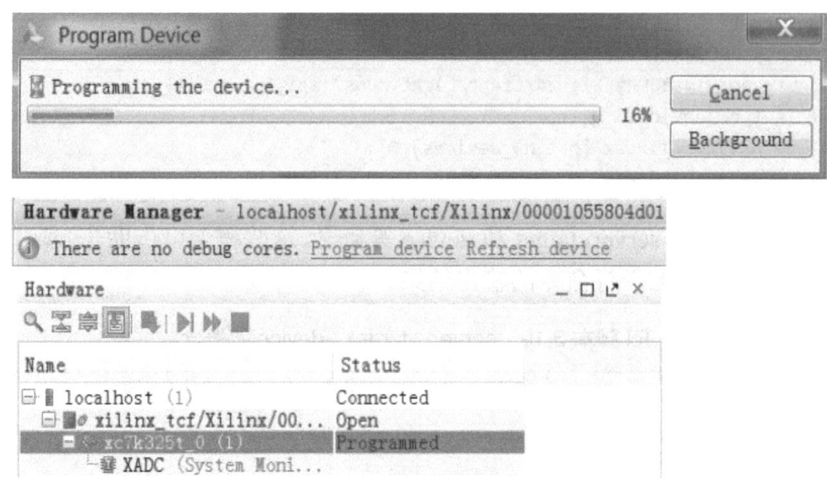

图 3.32　下载程序到 FPGA（续）

进一步观察 Hardware Target 和 Hardware Device 的属性，如图 3.33 所示。Hardware Target 属性中的 PARAM.FREQUENCY 为 6000000，表明 JTAG 时钟频率为 6MHz，如果需要修改，可借助 Tcl 脚本 3.18 中的第 4 行并结合图 3.30 所支持的时钟频率进行设置。

如果需要对外部 Flash 芯片烧写配置文件，首先需要将该 Flash 型号添加到 Hardware Manager 中，具体操作如图 3.34 所示，之后会弹出如图 3.35 所示的界面，用于查找 Flash 芯片。至此，即可通过图 3.36 所示流程对该 Flash 芯片进行配置。

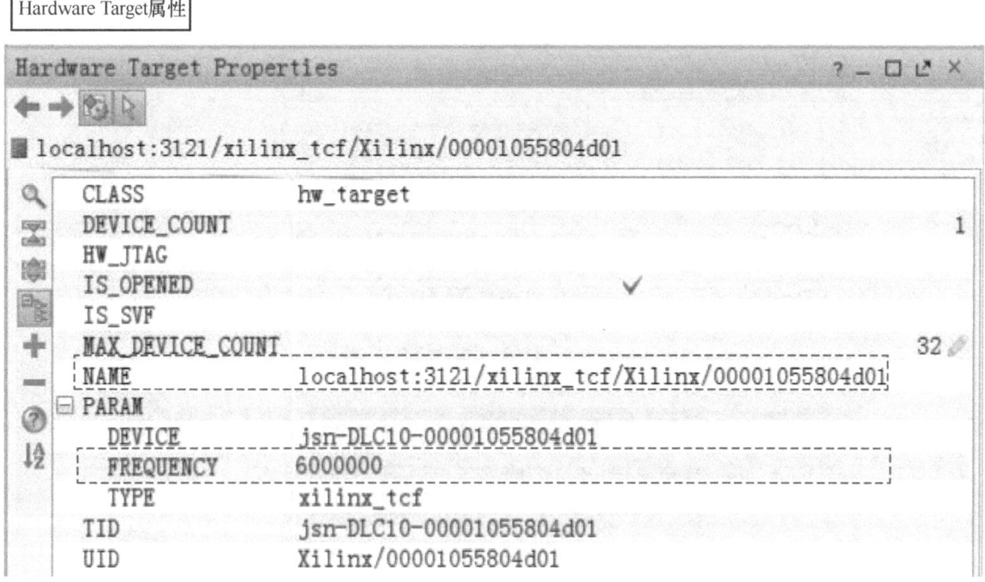

图 3.33　Hardware Target 和 Hardware Device 的属性

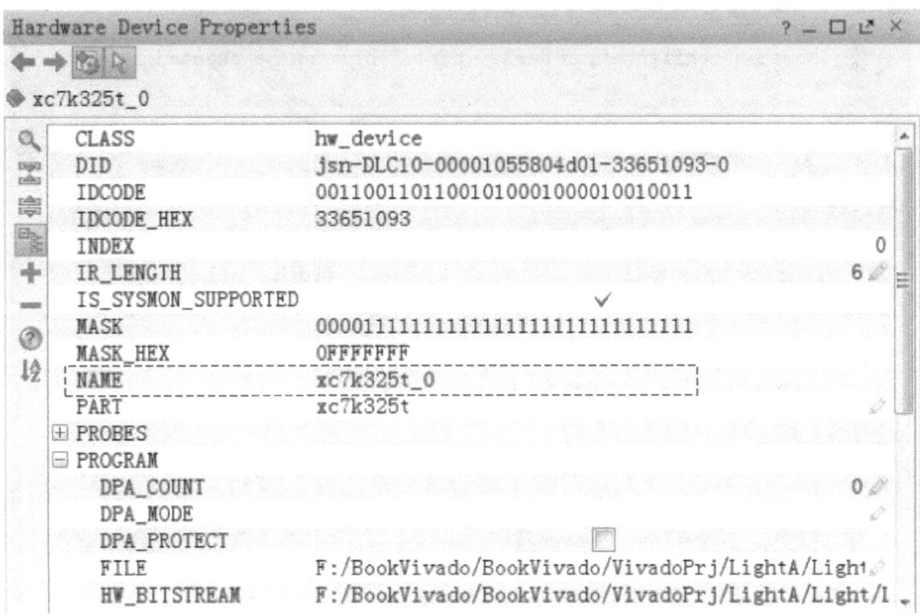

图 3.33 Hardware Target 和 Hardware Device 的属性（续）

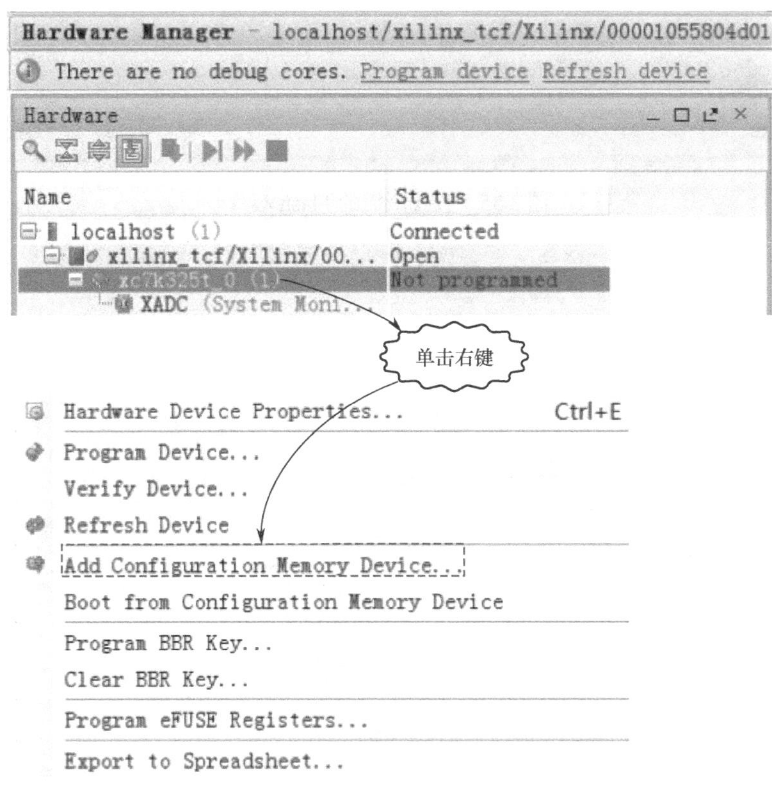

图 3.34 添加外部配置芯片

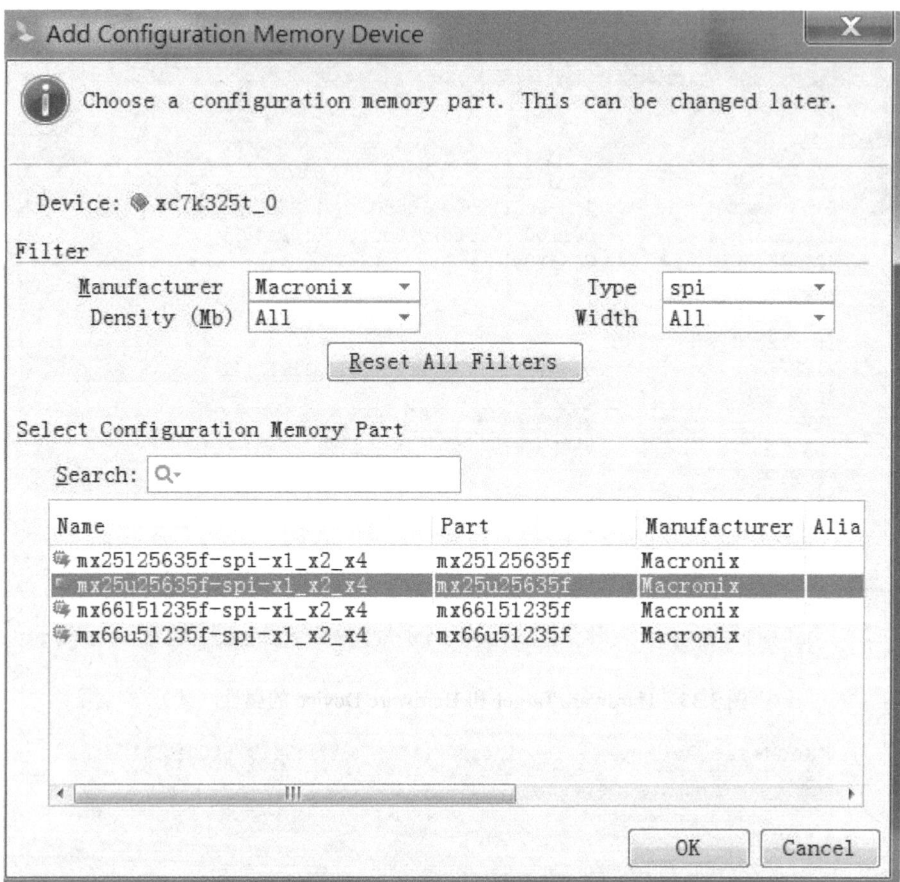

图 3.35　查找所需的 Flash 芯片

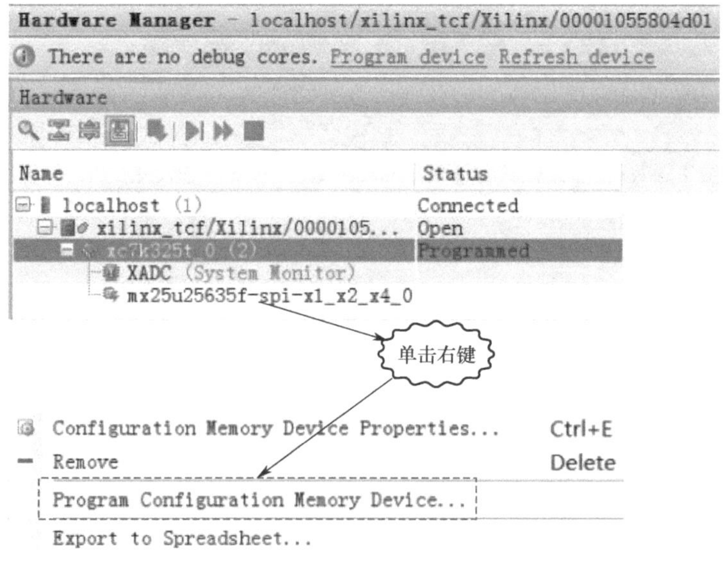

图 3.36　对 Flash 芯片进行配置

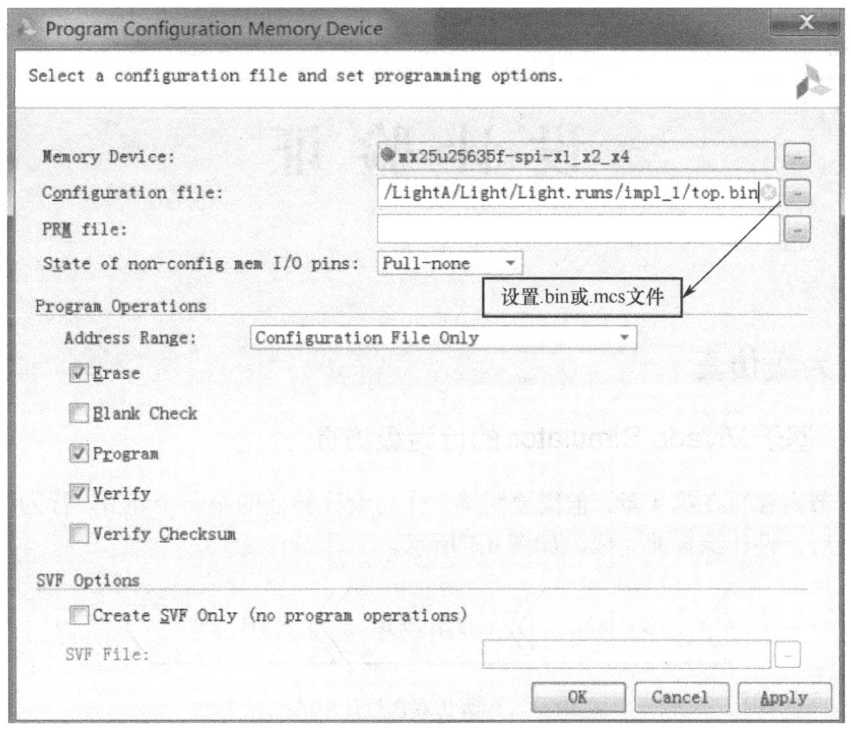

图 3.36 对 Flash 芯片进行配置（续）

参 考 文 献

[1] Xilinx, "Vivado Design Suite User Guide Implementation", ug904(v2015.4), 2015

第 4 章

设 计 验 证

4.1 行为级仿真

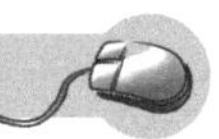

4.1.1 基于 Vivado Simulator 的行为级仿真

尽管本节内容写在第 4 章，但需要明确，作为设计验证的第一个环节，行为级仿真需要在设计输入后、设计综合前完成，如图 4.1 所示。

图 4.1 行为级仿真在设计中的位置

借助 Vivado 自带的仿真工具 Vivado Simulator 可方便地完成行为级仿真。为便于说明，这里以图 4.2 所示的彩灯电路为例，其中模块 clk_gen 输入为 200MHz 差分时钟，输出为 5MHz 时钟；模块 pulse_gen 用于产生周期为 1s 的脉冲信号 pulse，如 VHDL 代码 4.1 所示；模块 light_gen 用于控制彩灯，如 VHDL 代码 4.2 所示。同时，为 pulse_gen 提供了测试文件，如 VHDL 代码 4.3 所示；顶层测试文件如 VHDL 代码 4.4 所示。

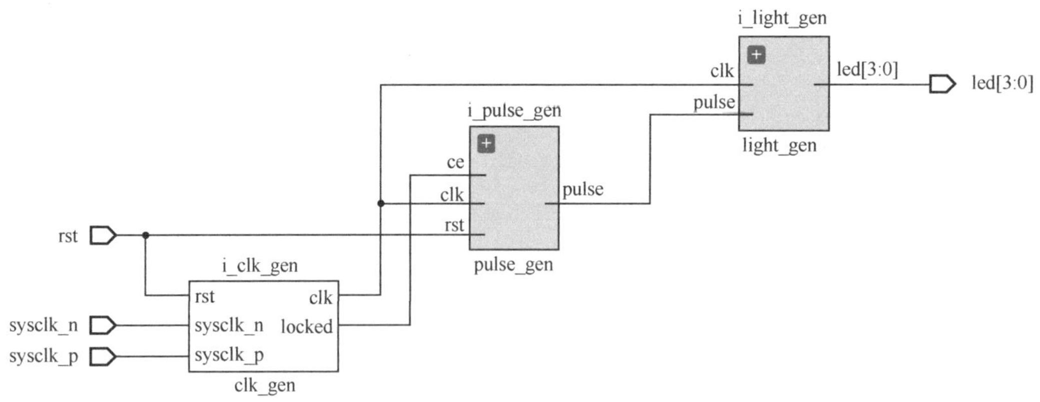

图 4.2 彩灯电路图

VHDL 代码 4.1 pulse_gen 模块

```
library ieee;
use ieee.std_logic_1164.all;
use ieee.numeric_std.all;
```

```
entity pulse_gen is
  generic (
            CNT_MAX   : natural := 4999999; -- for implementation
            CNT_WIDTH : natural := 23
           );
  port (
        clk   : in std_logic;
        rst   : in std_logic;
        ce    : in std_logic;
        pulse : out std_logic
       );
end pulse_gen;

architecture archi of pulse_gen is
  constant CNT_MAX_I : unsigned := to_unsigned(CNT_MAX,CNT_WIDTH);
  signal cnt : unsigned(CNT_WIDTH-1 downto 0) := (others => '0');
begin
  process(clk)
  begin
    if rising_edge(clk) then
      if rst = '1' then
        cnt <= (others => '0');
        pulse <= '0';
      elsif ce = '1' then
        if cnt = CNT_MAX_I then
          cnt <= (others => '0');
          pulse <= '1';
        else
          cnt <= cnt + 1;
          pulse <= '0';
        end if;
      end if;
    end if;
  end process;
end archi;
```

VHDL 代码 4.2 light_gen 模块

```
library ieee;
use ieee.std_logic_1164.all;
use ieee.numeric_std.all;

entity light_gen is
  port (
        clk   : in std_logic;
        pulse : in std_logic;
        led   : out std_logic_vector(3 downto 0)
       );
end light_gen;

architecture archi of light_gen is
  signal cnt : unsigned(1 downto 0) := (others => '0');
begin
  process(clk)
  begin
```

```
    if rising_edge(clk) then
      if pulse = '1' then
        cnt <= cnt + 1;
      end if;
    end if;
  end process;

  process(clk)
  begin
    if rising_edge(clk) then
      case cnt is
        when "00" => led <= "1000";
        when "01" => led <= "0100";
        when "10" => led <= "0010";
        when others => led <= "1000";
      end case;
    end if;
  end process;
end archi;
```

VHDL 代码 4.3　pulse_gen 的测试文件

```
library ieee;
use ieee.std_logic_1164.all;

entity pulse_gen_tb is
end pulse_gen_tb;

architecture archi of pulse_gen_tb is
  constant CNT_MAX    : natural := 15;
  constant CNT_WIDTH  : natural := 4;
  constant CLK_PERIOD : time    := 5 ns;
  signal clk   : std_logic := '0';
  signal rst   : std_logic;
  signal ce    : std_logic;
  signal pulse : std_logic;
  component pulse_gen
    generic
    (
      CNT_MAX   : NATURAL := 15;
      CNT_WIDTH : NATURAL := 23
    );
       port
    (
      clk   : in std_logic;
      rst   : in std_logic;
      ce    : in std_logic;
      pulse : out std_logic
    );
     end component;

begin
  clk <= not clk after CLK_PERIOD / 2;
  rst <= '1', '0' after 4 * CLK_PERIOD;
  ce  <= '0', '1' after 8 * CLK_PERIOD;
  i_pulse_gen : pulse_gen
  generic map
```

```
  (
    CNT_MAX => CNT_MAX,
    CNT_WIDTH => CNT_WIDTH
  )
  port map
  (
    clk   => clk,
    rst   => rst,
    ce    => ce,
    pulse => pulse
  );
end archi;
```

VHDL 代码 4.4 顶层测试文件

```
library ieee;
use ieee.std_logic_1164.all;

entity top_tb is
end top_tb;

architecture archi of top_tb is
  constant CNT_MAX    : natural := 15;
  constant CNT_WIDTH  : natural := 4;
  constant CLK_PERIOD : time    := 5 ns;
  signal sysclk_p : std_logic := '0';
  signal sysclk_n : std_logic;
  signal rst      : std_logic;
  signal led      : std_logic_vector(3 downto 0);
  component top
  generic (
            CNT_MAX   : natural := 4999999; -- for implementation
            CNT_WIDTH : natural := 23
          );
  port (
        sysclk_p : in std_logic;
        sysclk_n : in std_logic;
        rst      : in std_logic;
        led      : out std_logic_vector(3 downto 0)
      );
  end component;
begin
  sysclk_p <= not sysclk_p after CLK_PERIOD/2;
  sysclk_n <= not sysclk_p;
  rst <= '1', '0' after 4*CLK_PERIOD;

  i_top : top
  generic map
  (
    CNT_MAX => CNT_MAX,
    CNT_WIDTH => CNT_WIDTH
  )
  port map
  (
    sysclk_p => sysclk_p,
    sysclk_n => sysclk_n,
    rst      => rst,
    led      => led
  );
end archi;
```

创建 Vivado 工程，添加设计文件和测试激励，分别如图 4.3 和图 4.4 所示。注意：图 4.4 所示方框中的内容需要勾选上。与之等效的 Tcl 脚本如 Tcl 脚本 4.1 所示。创建后的 Vivado 工程目录如图 4.5 所示。

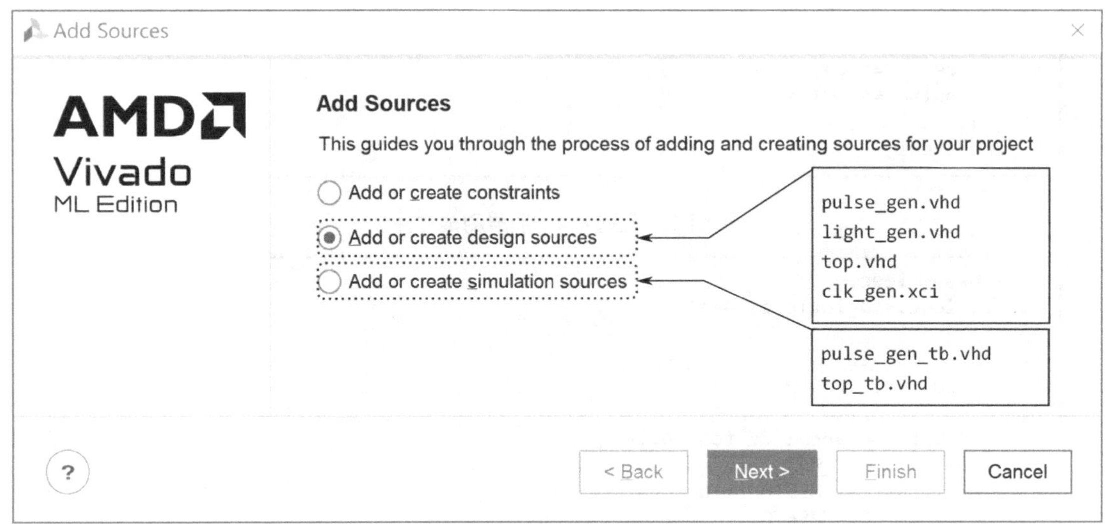

图 4.3　添加设计文件

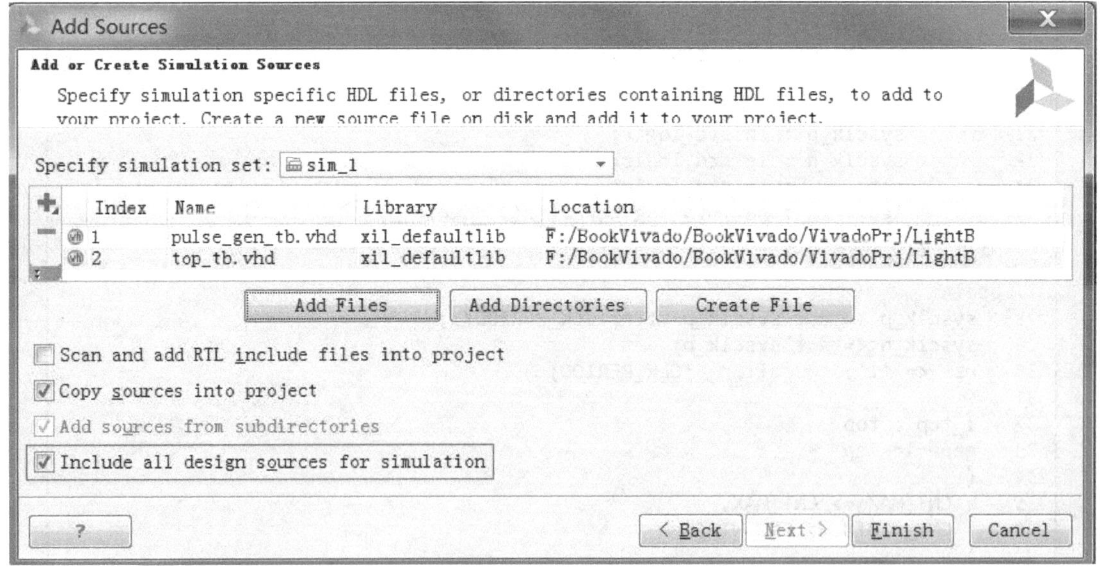

图 4.4　添加测试激励

添加测试激励文件后即可执行行为级仿真，具体步骤如图 4.6 所示，依次执行标记①~标记④。与之等效的 Tcl 脚本如 Tcl 脚本 4.2 所示。

Tcl 脚本 4.1　添加设计文件

```
import_files -norecurse \
{F:/BookVivado/VivadoPrj/Light/pulse_gen.vhd
F:/BookVivado/VivadoPrj/Light/light_gen.vhd
F:/BookVivado/VivadoPrj/Light/top.vhd}

import_files -fileset sim_1 -norecurse \
{F:/BookVivado/VivadoPrj/Light/pulse_gen_tb.vhd
F:/BookVivado/VivadoPrj/Light/top_tb.vhd}

import_files  F:/BookVivado/VivadoPrj/IP/clk_gen.xcix
```

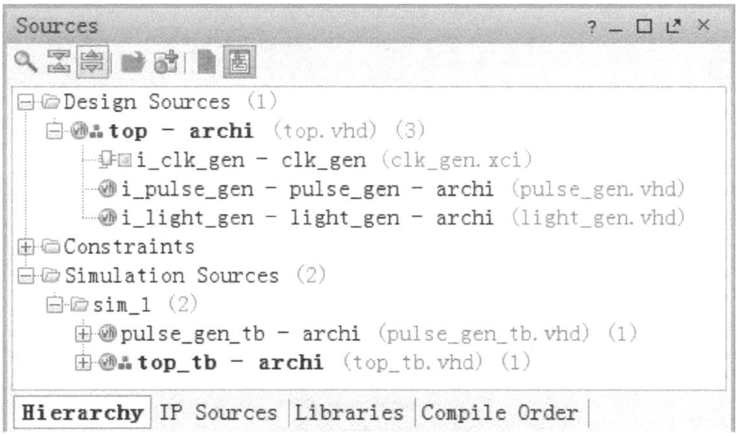

图 4.5　工程目录

添加测试激励文件后即可执行行为级仿真，具体步骤如图 4.6 所示，依次执行标记①～标记④。与之等效的 Tcl 脚本如 Tcl 脚本 4.2 所示。

Tcl 脚本 4.2　设置仿真顶层文件并运行仿真

```
set_property top top_tb [get_filesets sim_1]
set_property top_lib xil_defaultlib [get_filesets sim_1]
update_compile_order -fileset sim_1
launch_simulation
```

Vivado 执行行为级仿真时会显示如图 4.7 所示的界面，该界面由 3 个窗口构成：Scopes 窗口、Objects 窗口和波形窗口。在默认情况下，波形窗口中只包含顶层仿真文件 architecture 内所声明的信号，仿真会运行 1μs。实际上，可将仿真时间设置为 0ns，如图 4.8 所示（对应图 4.6 中椭圆虚线框所示的选项卡），进入仿真界面后再添加其他需要观测的信号。

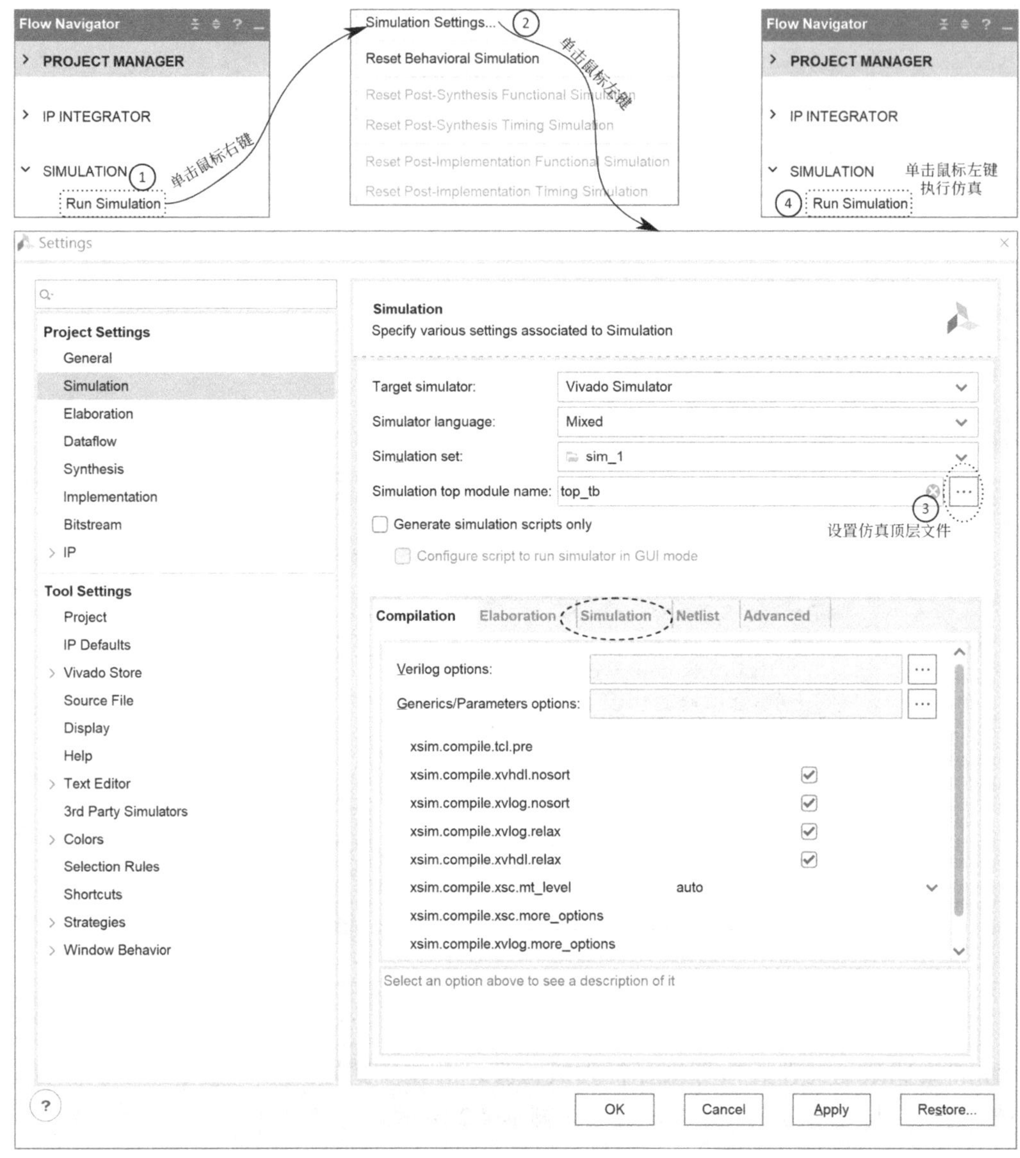

图 4.6　设置仿真顶层文件并运行仿真

技巧

- 可将仿真时间设置为 0ns，进入仿真界面后再添加其他需要观测的信号。

Scopes 窗口与 Objects 窗口是紧密相关的，如将 Scope 切换至 i_pulse_gen，则 Objects 窗口中会显示相应的 Object，如图 4.9 所示。由此也可理解，Scope 是指仿真文件所包含的待测 HDL 模块及仿真文件本身；Object 则是指 VHDL 中的 signal、variable 和 constant，或者 Verilog 中的 wire、reg、parameter 和 localparam。显然，通过切换 Scope 可方便地找到待测信号。也可通过 Tcl 脚本 4.3 所示方式添加待测信号。其中第 1 行 Tcl 脚本是添加顶层仿真文件所声明的信号，对应 VHDL 代码 4.4 第 8 行至第 14 行；第 3 行 Tcl 脚本是添加 i_pulsc_gen 模块中的 cnt，并将其设置为无符号整数。

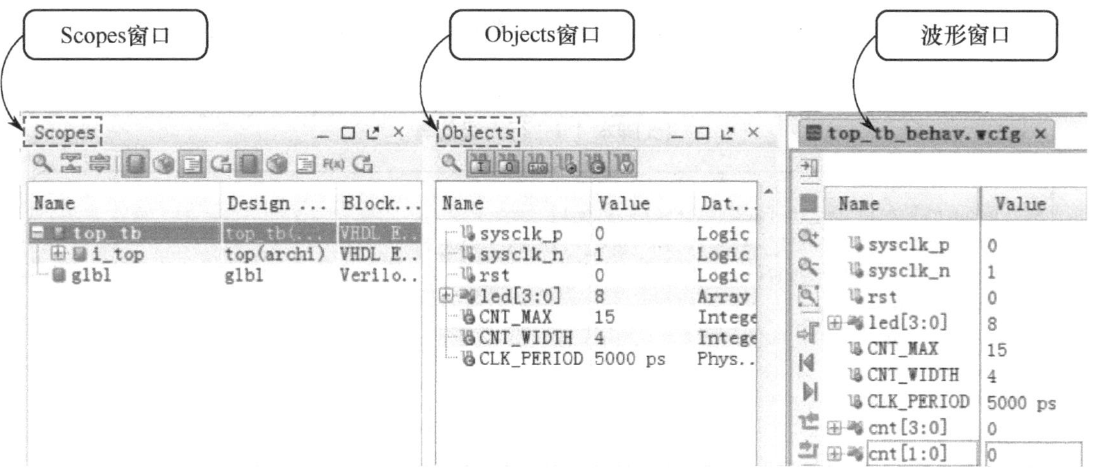

图 4.7　Vivado 仿真界面

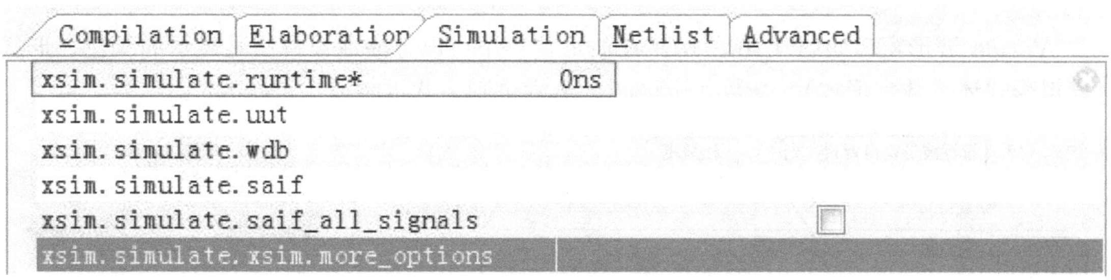

Compilation | Elaboration | Simulation | Netlist | Advanced

xsim.simulate.runtime*　　0ns
xsim.simulate.uut
xsim.simulate.wdb
xsim.simulate.saif
xsim.simulate.saif_all_signals
xsim.simulate.xsim.more_options

图 4.8　设置仿真时间

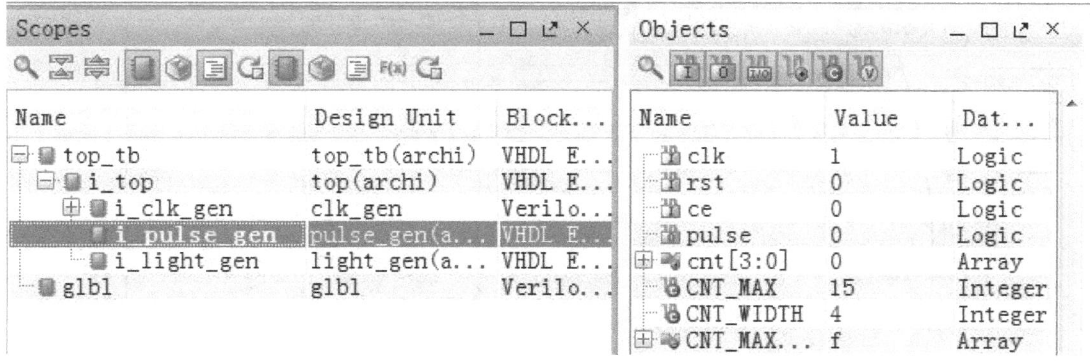

图 4.9　切换 Scope

Tcl 脚本 4.3　添加待测信号

```
add_wave /
add_wave [get_objects {/top_tb/i_top/i_clk_gen/locked}]
add_wave [get_objects -r -filter {NAME =~ /*pulse_gen/cnt}] -radix unsigned
add_wave [get_objects -r -filter {NAME =~ /*light_gen/cnt}] -radix unsigned
```

至此，可以看到，除采用图形界面方式外，整个仿真过程可以通过 Tcl 脚本自动完成，如 Tcl 脚本 4.4 所示。

Tcl 脚本 4.4　行为级仿真

```
set_property top top_tb [get_filesets sim_1]
set_property top_lib xil_defaultlib [get_filesets sim_1]
update_compile_order -fileset sim_1
launch_simulation
create_wave_config top_tb_behav
add_wave /
add_wave [get_objects {/top_tb/i_top/i_clk_gen/locked}]
add_wave [get_objects -r -filter {NAME =~ /*pulse_gen/cnt}] -radix unsigned
add_wave [get_objects -r -filter {NAME =~ /*light_gen/cnt}] -radix unsigned
run 10 us
```

Vivado 波形窗口如图 4.10 所示。在波形窗口中可以方便地设置信号显示的颜色、形式（模拟形式还是数字形式）、基数（十进制、十六进制、八进制或二进制）。

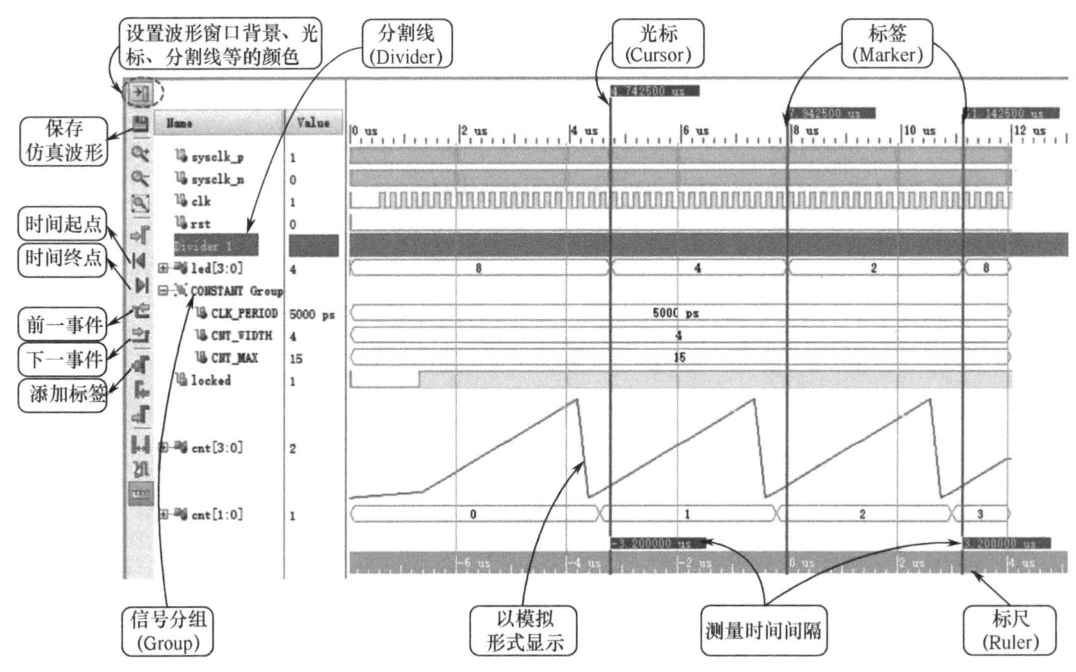

图 4.10　Vivado 波形窗口

在仿真界面的顶端提供了几个常用的快捷键，如图 4.11 所示。需要注意的是，当代码有所改动时，需要重新调用仿真。

由于 Vivado 波形界面有限，有时需要观测很多的信号，若同时将这些信号显示在波形窗口中将不便于观测，此时可将这些信号的仿真数据存储起来（仿真数据存储在~\sim_1\behav 下），需要观测时再将该信号拖曳到波形窗口中即可。该功能通过 log_wave 命令执行而无法通过图形界面方式操作，如 Tcl 脚本 4.5 所示。该脚本将 pulse_gen 和 light_gen 中的信号 cnt 的仿真数据存储起来，以便后续观测。

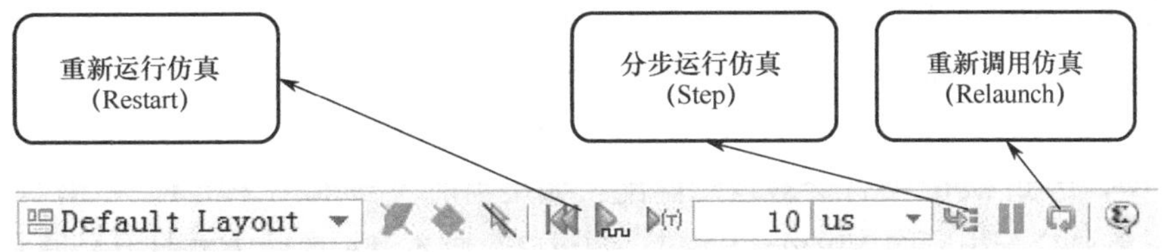

图 4.11 常用快捷键

Tcl 脚本 4.5 存储仿真数据

```
set myobj [get_objects -r -filter {NAME =~ *cnt}]
log_wave $myobj
run 10 us
```

仿真结束后可保存仿真波形，以便日后使用。保存仿真波形时会弹出如图 4.12 所示的对话框，目的是将波形配置文件（.wcfg）添加到当前 Vivado 工程中，从而 Vivado 工程目录更新为如图 4.13 所示的情形。

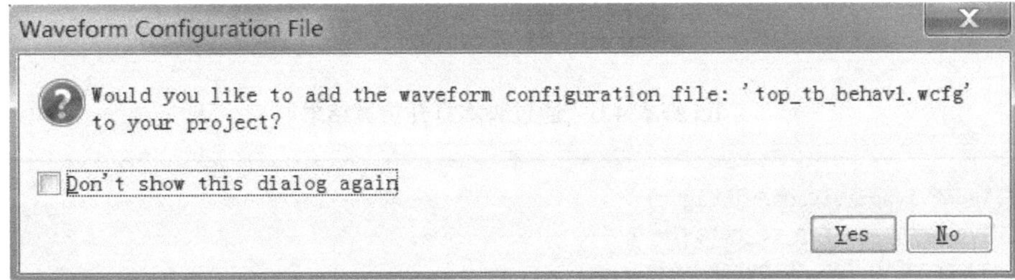

图 4.12 添加波形配置文件到当前 Vivado 工程中

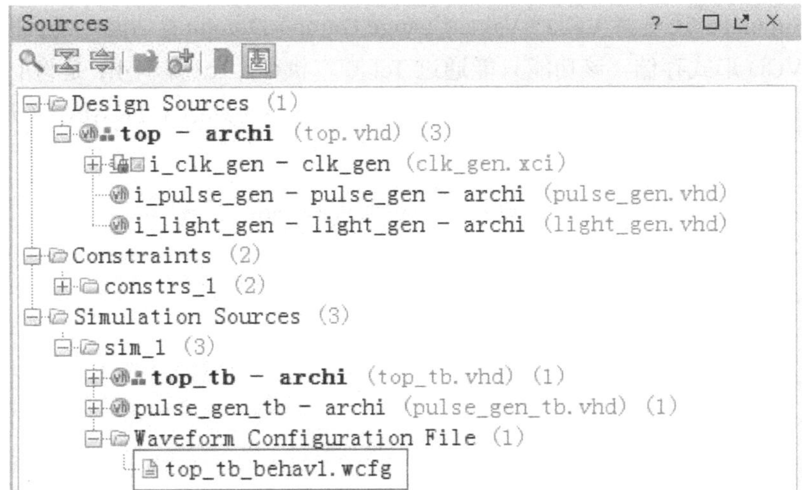

图 4.13 添加波形配置文件后的工程目录

关闭仿真界面（也可通过 Tcl 命令 close_sim 执行），仿真数据会被保存在.wdb 文件中。.wdb 文件位于~\sim_1\behav 下。由此可知，Vivado Simulator 的仿真结果由两部分构成：波形配置文件（.wcfg）和波形数据（.wdb）。前者用于配置波形的显示形式，后者则是仿真数据。若需要在当前 Vivado 工程中重新打开之前的仿真结果，则可在 Flow 菜单下选择 Open Static Simulation 命令（如图 4.14 所示）并指定相应的.wdb 文件，由于已经将.wcfg 文件添加到 Vivado 中，因此.wcfg 文件会被自动匹配。如果当前 Vivado 工程已经关闭，则需要打开 Vivado（不需要打开相应的 Vivado 工程），通过 Tcl 脚本 4.6 所示方式打开仿真结果（方便起见，将.wdb 和.wcfg 放在同一目录下）。

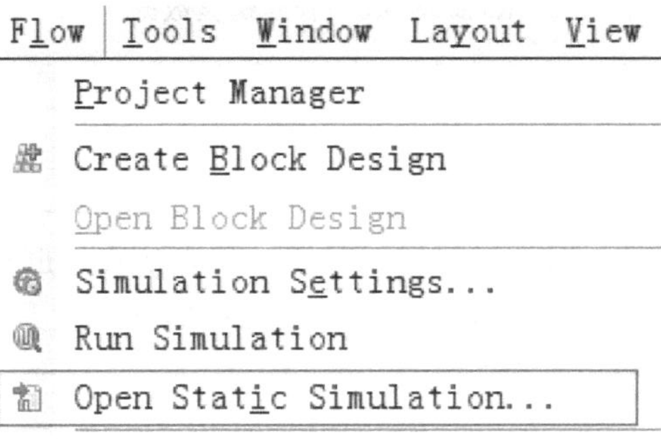

图 4.14　打开仿真波形

Tcl 脚本 4.6　通过脚本打开仿真结果

```
cd {F:\BookVivado\VivadoPrj\Light}
open_wave_database top_tb_behav.wdb
open_wave_config top_tb_behav.wcfg
close_sim
```

Vivado Simulator 还支持 VCD（Value Change Dump）Dumping 功能，其目的是将指定的仿真数据以 VCD 形式存储，该功能只能通过 Tcl 脚本执行。Tcl 脚本 4.7 是将 i_pulse_gen 中的 cnt 和 i_light_gen 中的 cnt 以 VCD 形式存储。.vcd 文件可通过 GTKWave（开源软件）查看，如图 4.15 所示。

Tcl 脚本 4.7　VCD Dumping

```
set dir [get_property DIRECTORY [current_project]]
current_scope /
set myobj [get_objects -r -filter {NAME =~ *cnt}]
log_vcd $myobj
run 10 us
flush_vcd
close_vcd
```

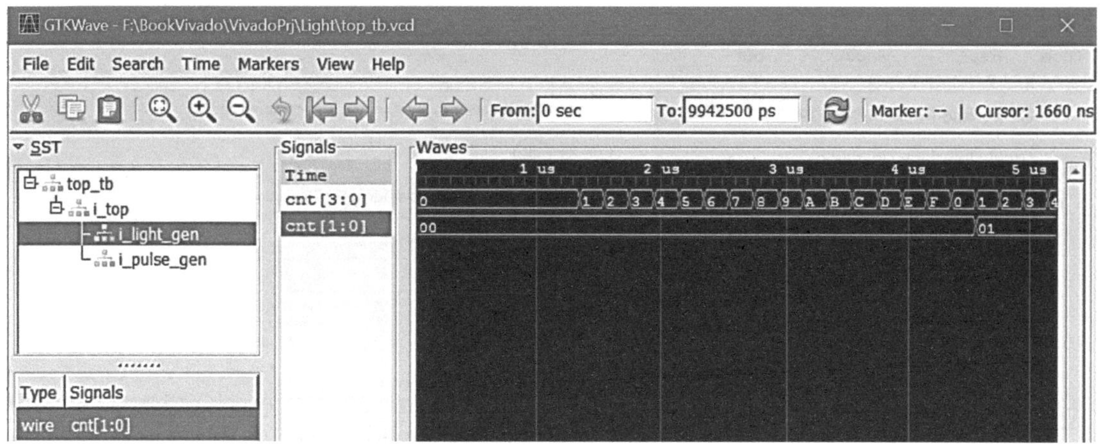

图 4.15　利用 GTKWave 查看.vcd 文件

Vivado Simulator 可支持断点设置[1]，如图 4.16 所示，图中中空的圈表明该行可设置断点，实心的圈表明该行已被设置断点。

除对顶层进行仿真外，还可对子层设计仿真，如需要对 pulse_gen 模块进行仿真，只需将图 4.6 中的 Simulation top module name 切换为 pulse_gen_tb 即可。

```
  process(clk)
  begin
    if rising_edge(clk) then
      if rst = '1' then
        cnt <= (others => '0');
        pulse <= '0';
      elsif ce = '1' then
        if cnt = CNT_MAX_I then
          cnt <= (others => '0');
          pulse <= '1';
        else
          cnt <= cnt + 1;
          pulse <= '0';
        end if;
      end if;
    end if;
  end process;
end archi;
```

图 4.16　设置断点

4.1.2　基于 ModelSim/QuestaSim 的行为级仿真

Vivado 也支持第三方仿真工具，如 ModelSim、QuestaSim。这里以 QuestaSim 为例。首先需要用 QuestaSim 编译 Xilinx 库（Library），以保证当设计中包含 Xilinx IP 时 QuestaSim 能够识别出来。Vivado 提供了非常友好的用户界面用于第三方工具编译 Xilinx 库，如图 4.17 所示，只需要两步即可通过 QuestaSim 编译 Xilinx 库，此过程也可通过 Tcl 脚本 4.8 完成，两者是等效的。

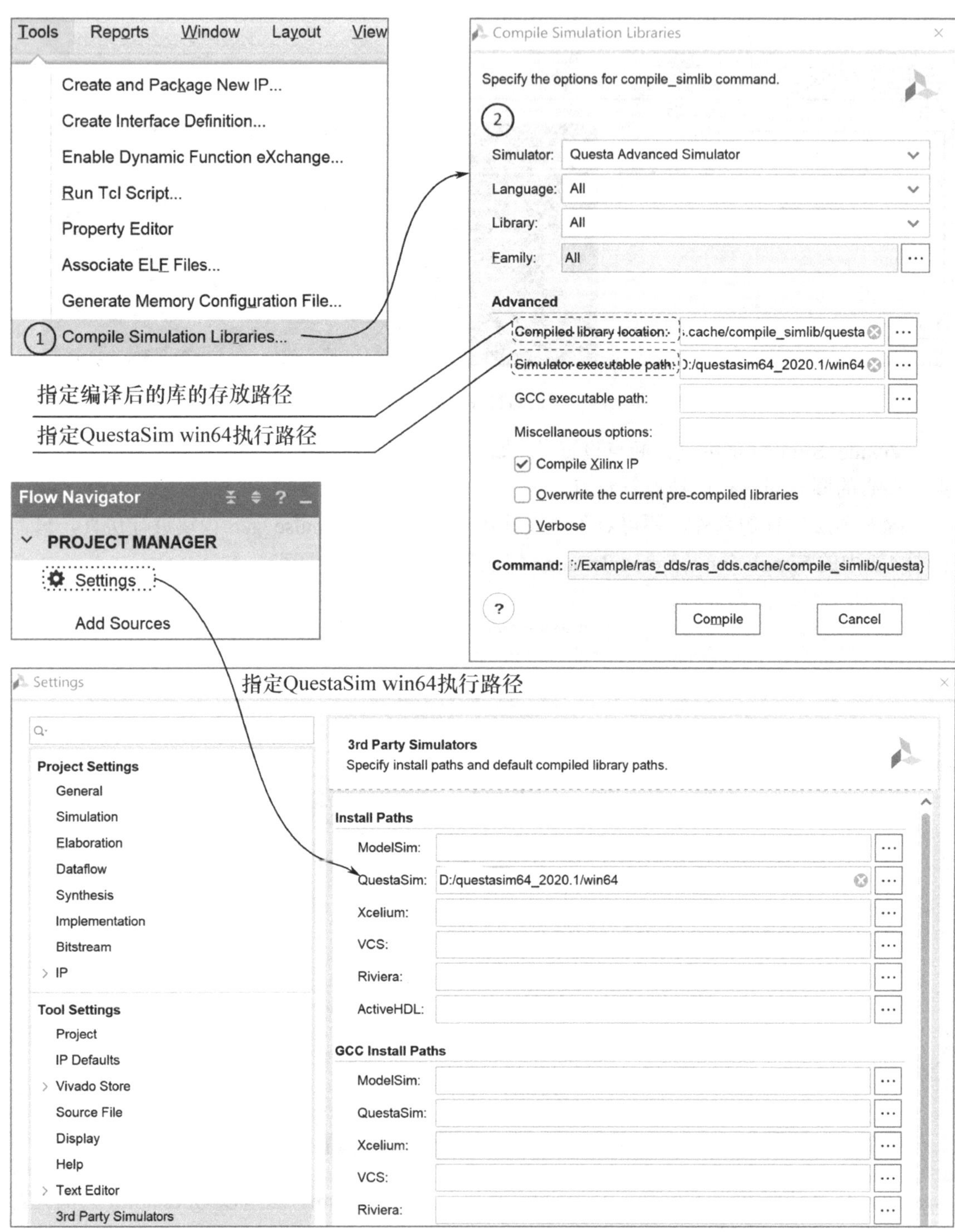

图 4.17　QuestaSim 编译 Xilinx 库

Tcl 脚本 4.8 QuestaSim 编译 Xilinx 库

```
compile_simlib -language all -dir {D:/QuestaSimXilLib} -simulator \
questa -simulator_exec_path {D:/questasim64_10.4a/win64} -library all -family all
```

编译之后生成的报告如图 4.18 所示，可通过 Tcl 脚本 4.9 检查编译信息，生成的编译信息部分内容如图 4.19 所示。

库编译完毕之后即可调用 QuestaSim 仿真，如图 4.20 所示，依次执行标记①～标记⑤。此处需要指定编译库的存放路径。与之等效的 Tcl 脚本如 Tcl 脚本 4.10 所示。

```
*******************************************************************************************
*                                  COMPILATION SUMMARY                                     *
*                                                                                          *
*  Simulator used: questasim                                                               *
*  Compiled on: Mon Jan 25 11:24:53 2016                                                   *
*                                                                                          *
*******************************************************************************************
*  Library                        | Language | Mapped Library Name | Error(s) | Warning(s) *
*------------------------------------------------------------------------------------------*
*  secureip                       | verilog  | secureip            | 0        | 2          *
*------------------------------------------------------------------------------------------*
*  axi_bfm                        | verilog  | secureip            | 0        | 1          *
*------------------------------------------------------------------------------------------*
*  unisim                         | vhdl     | unisim              | 0        | 3          *
*------------------------------------------------------------------------------------------*
*  unimacro                       | vhdl     | unimacro            | 0        | 1          *
*------------------------------------------------------------------------------------------*
*  unifast                        | vhdl     | unifast             | 0        | 1          *
*------------------------------------------------------------------------------------------*
*  unisim                         | verilog  | unisims_ver         | 0        | 3          *
*------------------------------------------------------------------------------------------*
*  unimacro                       | verilog  | unimacro_ver        | 0        | 1          *
*------------------------------------------------------------------------------------------*
*  unifast                        | verilog  | unifast_ver         | 0        | 1          *
*------------------------------------------------------------------------------------------*
*  simprim                        | verilog  | simprims_ver        | 0        | 1          *
*------------------------------------------------------------------------------------------*
```

图 4.18 QuestaSim 编译 Xilinx 库之后生成的报告

Tcl 脚本 4.9 检查编译信息

```
report_simlib_info {D:\QuestaSimXilLib}
```

```
Compiled Library Info :-
------------------------------------------------------------
Xilinx Build          =: 13.0
Xilinx Version        =: 14.7
Source Library        =: secureip
Source Path           =: D:\Xilinx\Vivado\2015.4\data/secureip
Compiled Library      =: secureip
Compiled Path         =: D:\QuestaSimXilLib/secureip
Language              =: verilog
Simulator             =: questasim
Simulator Version     =: 10.4a
Execution Platform    =: nt64
Compiled on           =: = Mon Jan 25 11:24:53 2016
Num Of Errors         =: 0
Num Of Warnings       =: 2
Library Log           =: D:\QuestaSimXilLib/secureip/.cxl.verilog.secureip.secureip.nt64.log
------------------------------------------------------------
```

图 4.19　编译信息部分内容

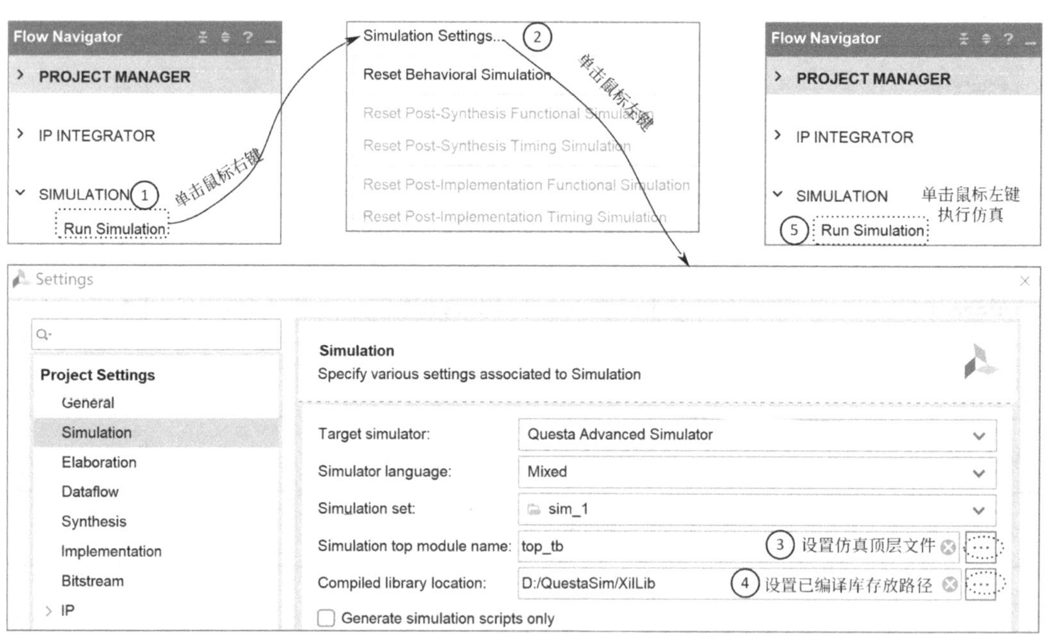

图 4.20　调用 QuestaSim 执行行为级仿真

Tcl 脚本 4.10　指定 QuestaSim 执行行为级仿真

```
set_property target_simulator Questa [current_project]
set_property compxlib.questa_compiled_library_dir D:/QuestaSimXilLib [current_project]
launch_simulation -install_path D:/questasim64_10.4a/win64
```

事实上，编译 Xilinx 库时会在指定目录下生成一个所谓的 modelsim.ini 文件，该文件所指定的库由两部分构成，如图 4.21 所示。第一部分指定到 QuestaSim 自带的 modelsim.ini 中的库；第二部分为编译后生成的库。如果将第二部分添加到原始 QuestaSim 自带的 modelsim.ini 中，如图 4.21 右半部分所示为添加后的 modelsim.ini 文件，则 Xilinx 库也变为 QuestaSim 的全局库，此时打开 QuestaSim 即可看到 Xilinx 库，如图 4.22 所示。这样，在 Vivado 下调用 QuestaSim 时就不用像图 4.20 那样指定 Xilinx 库的位置。

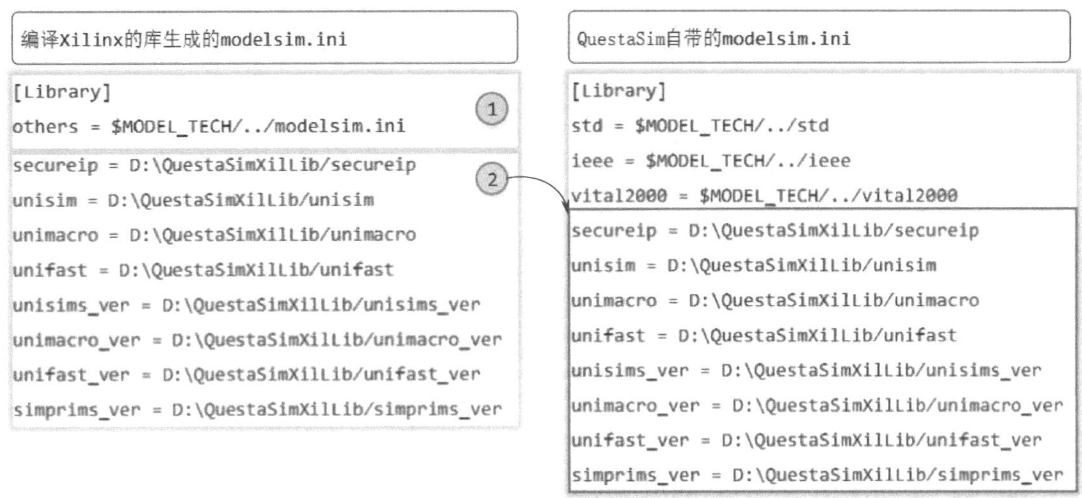

图 4.21　修改 modelsim.ini 文件

Library

Name	Type	Path
mtiPA	Library	$MODEL_TECH/../pa_lib
mtiRnm	Library	$MODEL_TECH/../rnm
mtiUPF	Library	$MODEL_TECH/../upf_lib
mtiUvm	Library	$MODEL_TECH/../uvm-1.1d
osvvm	Library	$MODEL_TECH/../osvvm
secureip	Library	D:\QuestaSimXilLib/secureip
simprims_ver	Library	D:\QuestaSimXilLib/simprims_ver
sv_std	Library	$MODEL_TECH/../sv_std
unifast	Library	D:\QuestaSimXilLib/unifast
unifast_ver	Library	D:\QuestaSimXilLib/unifast_ver
unimacro	Library	D:\QuestaSimXilLib/unimacro
unimacro_ver	Library	D:\QuestaSimXilLib/unimacro_ver
unisim	Library	D:\QuestaSimXilLib/unisim
unisims_ver	Library	D:\QuestaSimXilLib/unisims_ver

图 4.22　Xilinx 库变为全局库

4.2　实现后的时序仿真

实现后的设计提供了精确的布局布线信息，可用于时序仿真。采用 Vivado Simulator 执行时序仿真也非常简单，如图 4.23 所示，依次执行图中标记①～标记④即可。

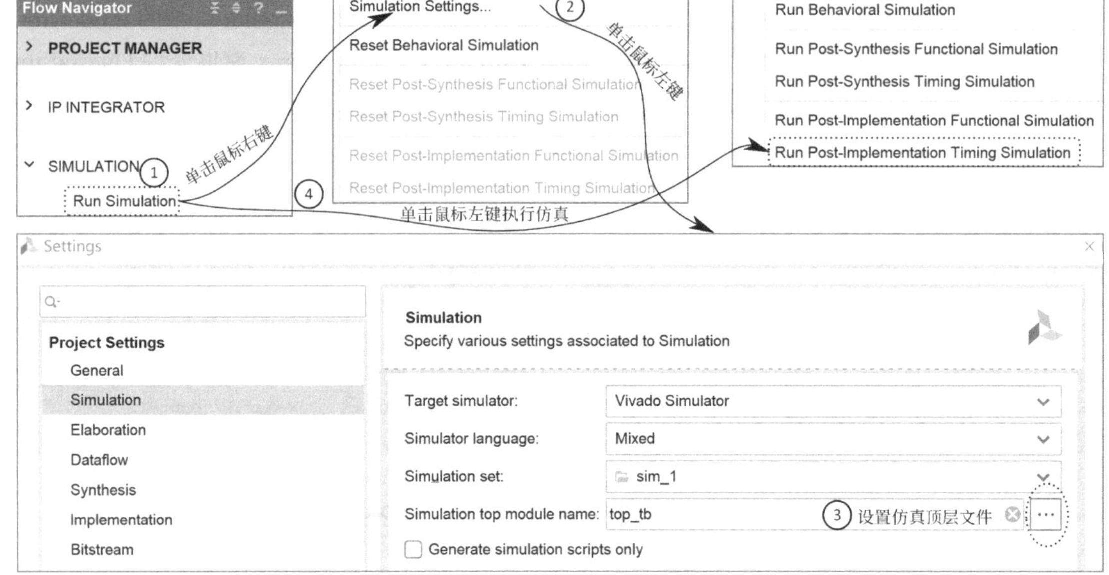

图 4.23 调用 Vivado Simulator 执行实现后的时序仿真

仍以图 4.2 所示工程为例，调用 Vivado Simulator 执行时序仿真，Scopes 和 Objects 窗口如图 4.24 所示。可以看到当 Scope 切换到 i_light_gen 时，Objects 窗口中显示出原始 HDL 代码并没有声明的信号，如图 4.24 中的方框标记所示。实际上，此信号为 VHDL 代码 4.2 第 20 行计数器执行加法操作时占用 LUT 而引入的，如图 4.25 中的椭圆标记所示。

该工程的时序仿真波形如图 4.26 所示，可以清晰地看到延时信息。此外，也可调用第三方仿真工具如 QuestaSim 执行时序仿真。仿真方法与 4.1.1 节所述一致，此处不再赘述。

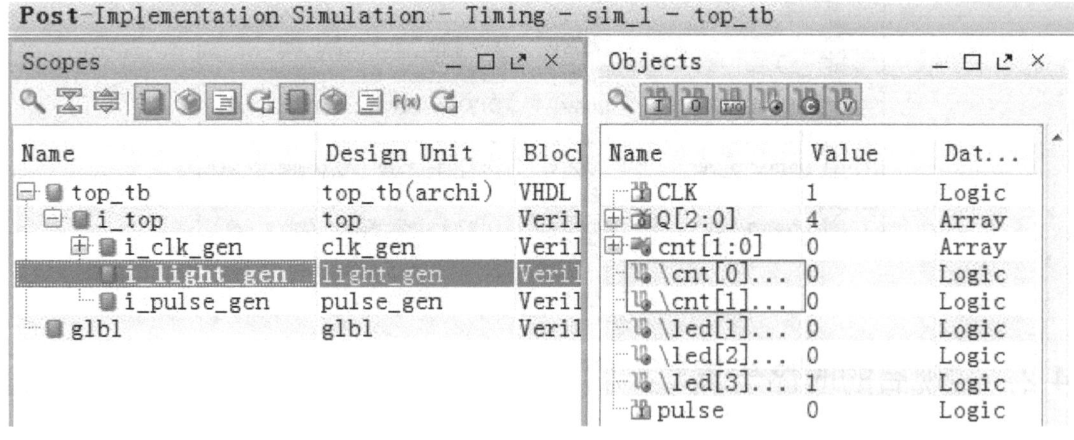

图 4.24 时序仿真时的 Scopes 和 Objects 窗口

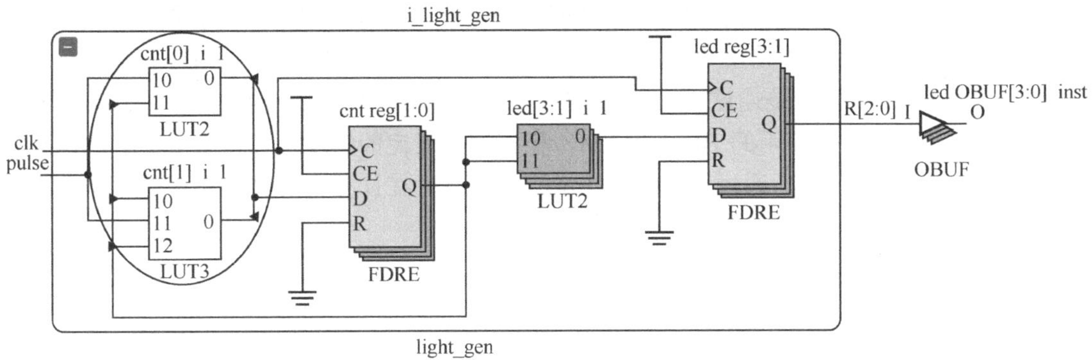

图 4.25 i_light_gen 实现后的 Schematic 视图

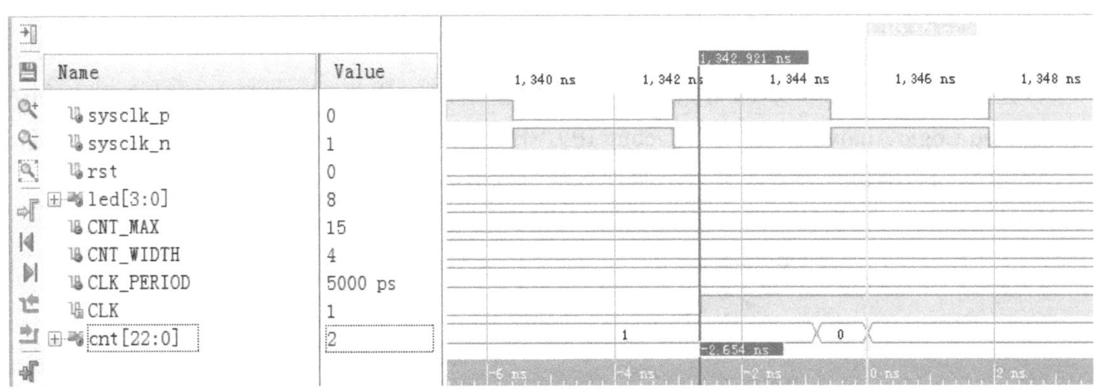

图 4.26 时序仿真波形

实现后的时序仿真作为一种重要的设计验证方法，其弊端是运行时间较长使得迭代周期加长。

4.3 使用 VLA（Vivado Logic Analyzer）

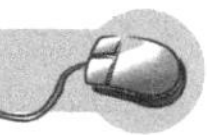

4.3.1 使用 ILA（Integrated Logic Analyzer）

无论是 RTL 行为级仿真还是实现后的时序仿真，都是重要的调试方法，但两者的不足之处是运行时间较长，使得迭代周期加长，而片上逻辑分析仪消除了这一弊端。VLA（Vivado Logic Analyzer）就是所谓的片上逻辑分析仪，或称为嵌入式逻辑分析仪。这种工具可以通过 FPGA 本身的 JTAG 口将需要观察的信号回传到计算机上加以显示。在 FPGA 调试阶段，传统的信号分析手段是用逻辑分析仪分析信号和时序，设计时要求 FPGA 和 PCB 设计人员保留一定数量的 FPGA 引脚作为测试引脚，编写 FPGA 代码时需要将观察的信号作为模块的输出信号，在综合实现时再把这些输出信号锁定到测试引脚上，然后连接逻辑分析仪的探头到这些测试引脚，设定触发条件，进行观测。这个过程比较复杂、灵活性差，PCB 布线后测试引脚的数量就固定了，不能灵活增加，当测试引脚不够用时将影响测试，如果测试引脚太多又影响 PCB 布局布线，而使用 VLA 能较好地解决这些问题。VLA 是 FPGA 的在线片内信号分析工具，其主要功能是通过 JTAG 口，在线、实时地读出 FPGA 的内部信号。其基本原理是：利用 FPGA 中未使用的 Block RAM，根据用户设定的触发条件将信号实时地保存到这些 Block RAM 中，然后通过 JTAG 口传送到计算机并在计算机屏幕上显示出时序波形，如图 4.27 所示。

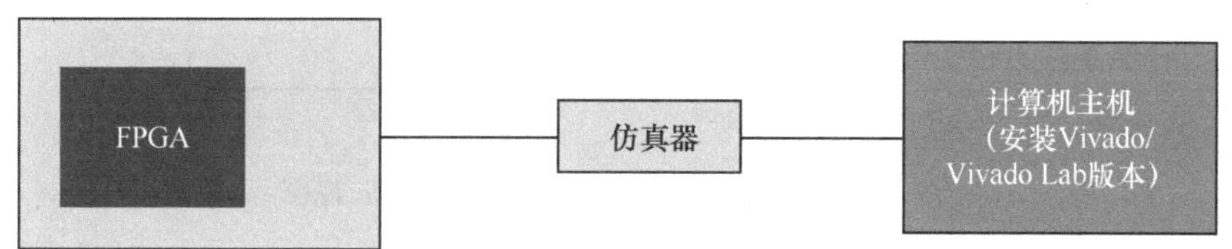

图 4.27　VLA 调试原理

VLA 的使用只需 3 步即可完成，如图 4.28 所示。其中第一步插入探针会引入 ILA（Integrated Logic Analyzer，是一个 Debug IP），ILA 会引出探针（Probe）与待测信号连接，探针的位宽与待测信号一致。有以下两种方法引入 ILA。

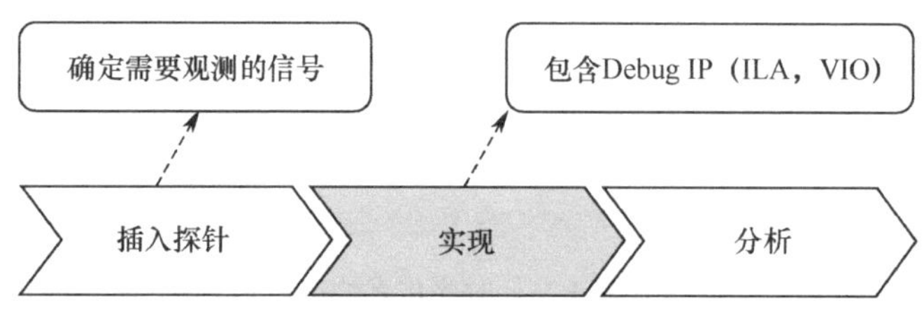

图 4.28　VLA 使用步骤

方法 1：在综合后的网表中引入 ILA

该方法[2]是在综合后的网表中操作，因此首先需要对 RTL 设计完成综合。如图 4.29 所示，打开综合后的设计，并将 Vivado 切换至 Debug，此时在 Vivado 界面的底部会出现 Debug 窗口，但其内容为空。之后，我们需要查找待测信号，这是非常关键的一步。

技巧

- 采用 Vivado 综合时，将-flatten_hierarchy 设置为 rebuilt，一方面可以保证边界优化，另一方面可以保证综合后的设计层次与原始 HDL 代码层次尽可能地一致，从而便于查找待测信号。

可以在 Netlist 窗口或 Schematic 视图中查找待测信号。仍以图 4.2 所示工程为例，需要将 pulse_gen 的输出信号 pulse 设置为待测信号。在 Netlist 窗口中找到 i_pulse_gen 模块，在 Nets 目录下找到 pulse 信号，选中之后单击右键，在弹出的快捷菜单中选择 Mark Debug，即将该信号标记为待测信号；或者选中 i_pulse_gen 模块，按 F4 键，在 Schematic 视图中找到网线 pulse，将其标记为待测信号，如图 4.30 所示，被标记为待测信号的网线会出现 bug 图标。

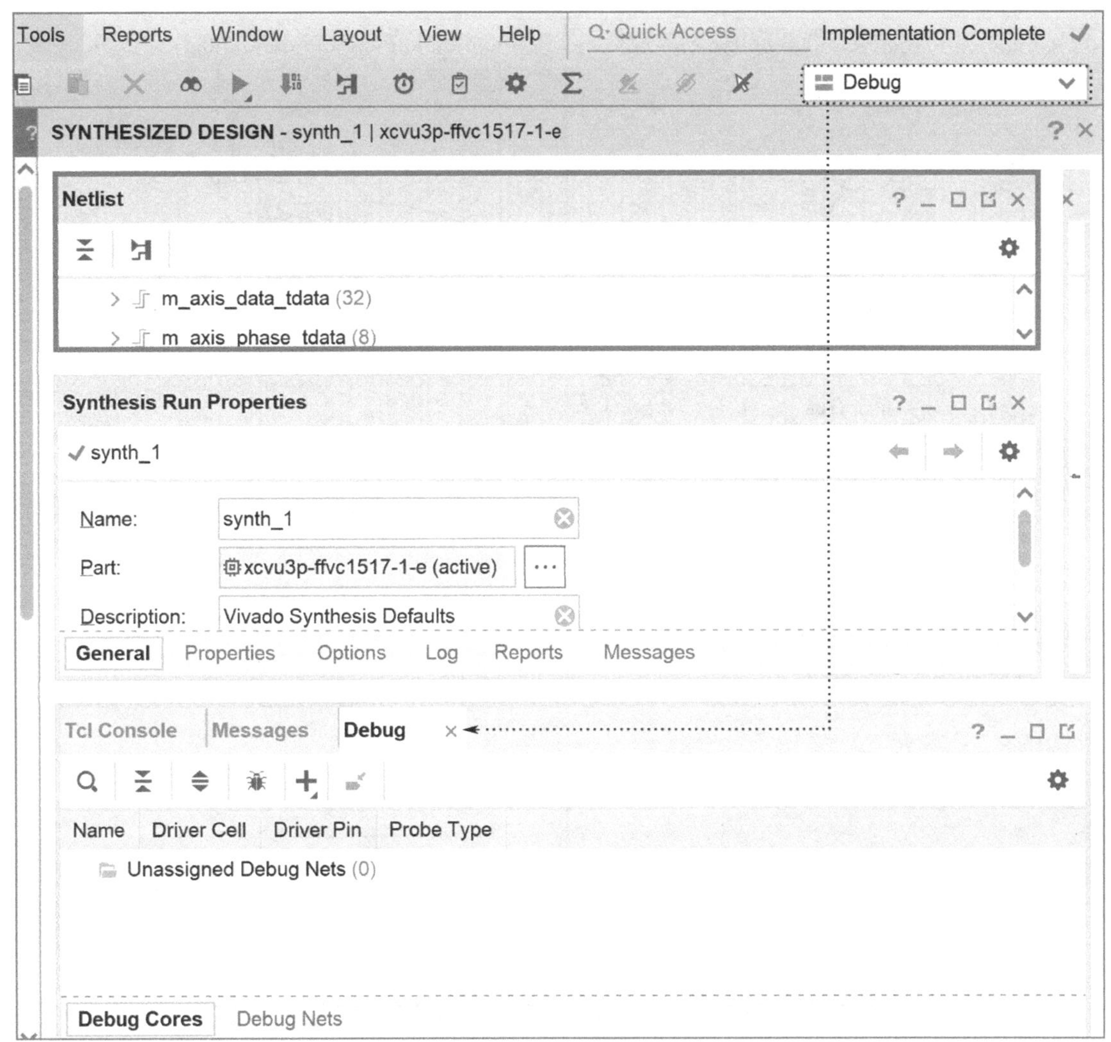

图 4.29 切换 Vivado 至 Debug

此外，还可以借助 Tcl 脚本查找待测信号，如图 4.31 所示。第 1 行 Tcl 脚本的返回值有 4 个，如第 2 行所示。通过第 3 行 Tcl 脚本选中目标网线，按 F4 键即可在 Schematic 视图中查看该网线，以核实是否为待测信号。如果已知信号名称或其附属引脚名、模块名，则可通过 Tcl 脚本 4.11 查找相应的网线。

查找到所有待测信号后，相应的网线会出现在 Debug 窗口中的 Unassigned Debug Nets 列表下，如图 4.32 标记①所示；之后即可创建 ILA 并设置 ILA 相关属性，如图 4.32 标记②、③所示。通常情况下，Vivado 会自动推断出捕获时钟。

引入 ILA 之后，Debug 窗口变为如图 4.33 所示情形。其中标记①显示了 Debug Cores，可以看到除了 ILA 之外，还有 dbg_hub，该模块取代了 ChipScope 中的 ICON，同时 Unassigned Debug Nets 个数变为 0，表明所有待测信号已连接到 ILA 上；标记②显示了 Debug Nets。

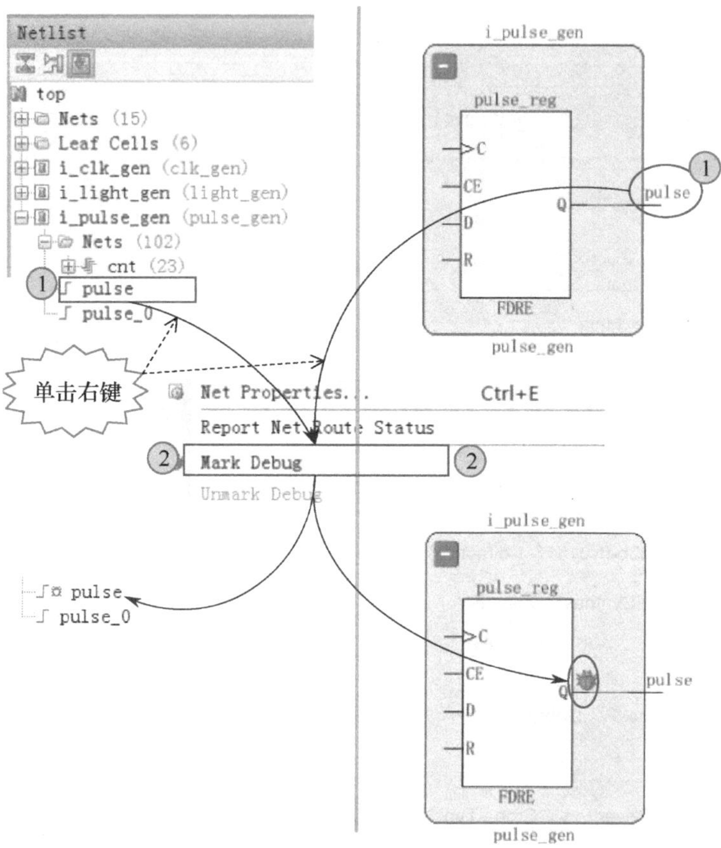

图 4.30　在 Netlist 窗口或 Schematic 视图中查找待测信号

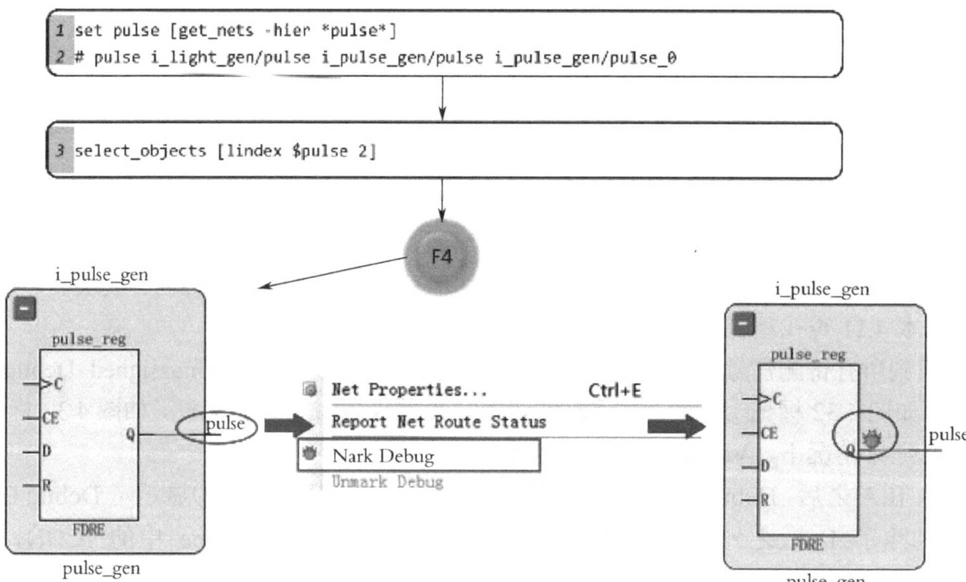

图 4.31　借助 Tcl 脚本查找待测信号

Tcl 脚本 4.11 借助 Tcl 脚本查找待测信号

```
set pulse [get_nets i_pulse_gen/*pulse*]
set pulse [get_nets -of [get_pins i_pulse_gen/pulse]]
set pulse [get_nets -of [get_cells i_pulse_gen] -filter {NAME =~ *pulse*}]
```

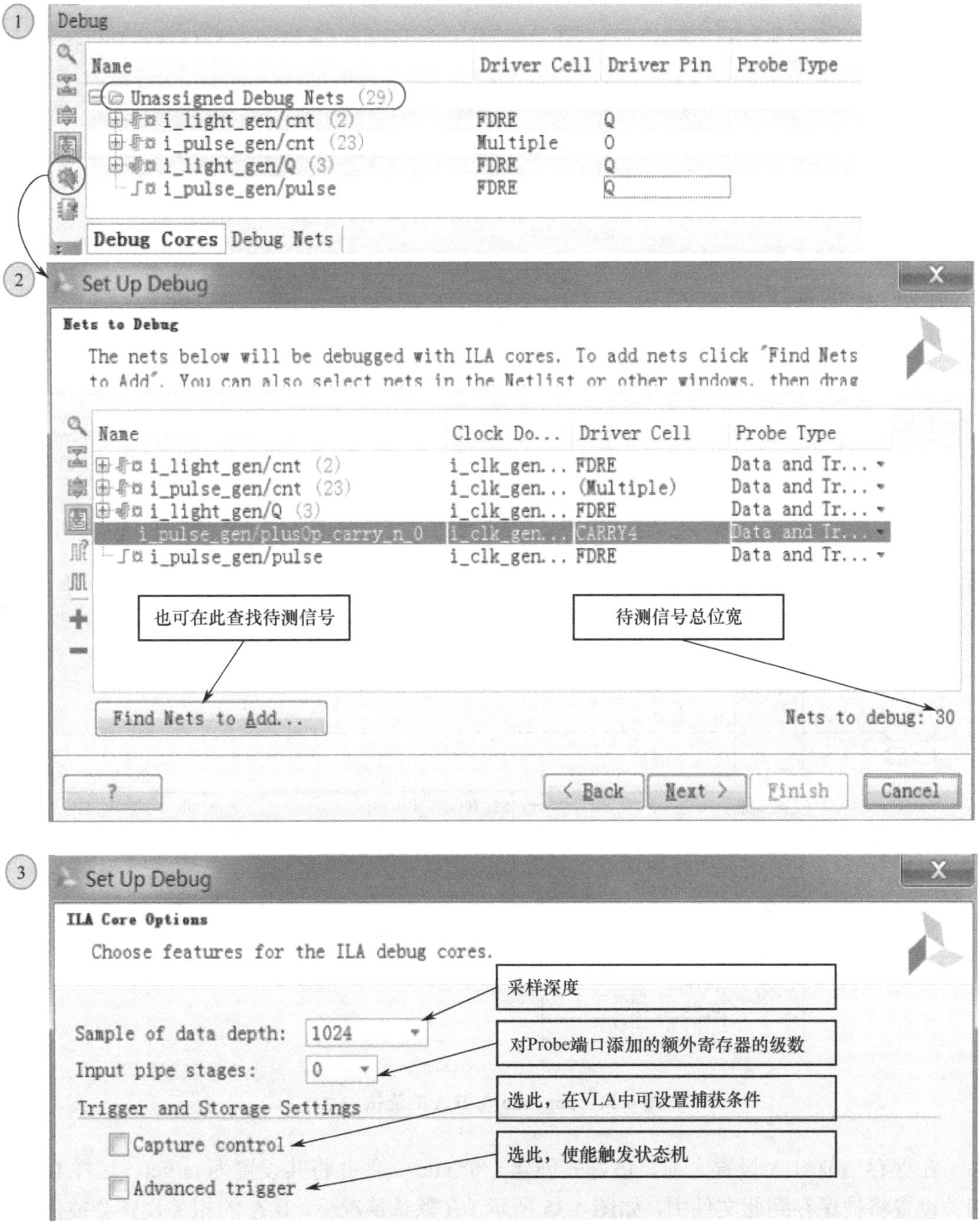

1
Debug
Name
Driver Cell
Driver Pin
Probe Type
Unassigned Debug Nets (29)
i_light_gen/cnt (2)
FDRE
Q
i_pulse_gen/cnt (23)
Multiple
0
i_light_gen/Q (3)
FDRE
Q
i_pulse_gen/pulse
FDRE
Q
Debug Cores
Debug Nets
2
Set Up Debug
Nets to Debug
The nets below will be debugged with ILA cores. To add nets click "Find Nets to Add". You can also select nets in the Netlist or other windows, then drag
Name
Clock Do...
Driver Cell
Probe Type
i_light_gen/cnt (2)
i_clk_gen...
FDRE
Data and Tr...
i_pulse_gen/cnt (23)
i_clk_gen...
(Multiple)
Data and Tr...
i_light_gen/Q (3)
i_clk_gen...
FDRE
Data and Tr...
i_pulse_gen/plusOp_carry_n_0
i_clk_gen...
CARRY4
Data and Tr...
i_pulse_gen/pulse
i_clk_gen...
FDRE
Data and Tr...
也可在此查找待测信号
待测信号总位宽
Find Nets to Add...
Nets to debug: 30
?
< Back
Next >
Finish
Cancel
3
Set Up Debug
ILA Core Options
Choose features for the ILA debug cores.
采样深度
Sample of data depth: 1024
对Probe端口添加的额外寄存器的级数
Input pipe stages: 0
选此，在VLA中可设置捕获条件
Trigger and Storage Settings
Capture control
选此，使能触发状态机
Advanced trigger

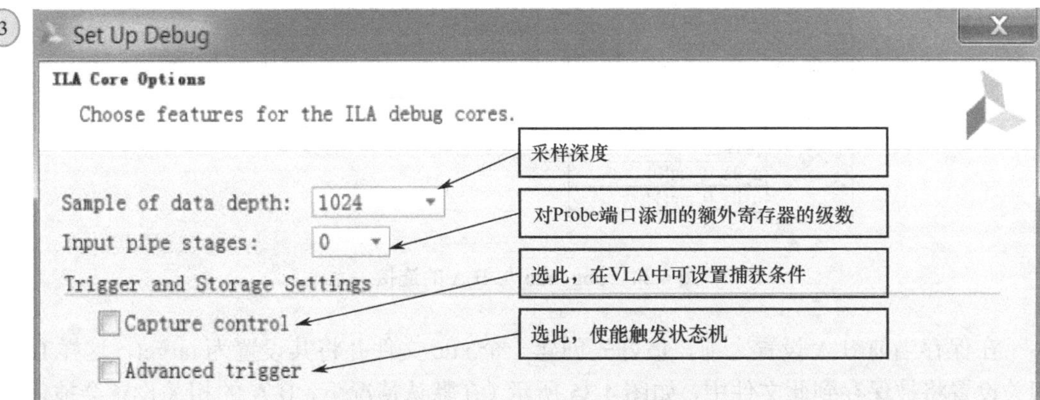

图 4.32 引入并设置 ILA

①

Debug

Name	Driver Cell	Driver Pin	Probe Type
dbg_hub (labtools_xsdbm_v1)			
u_ila_0 (labtools_ila_v6)			
clk (1)			
probe0 (23)			Data and Trigger
probe1 (2)			Data and Trigger
probe2 (3)			Data and Trigger
probe3 (1)			Data and Trigger
probe4 (1)			Data and Trigger
Unassigned Debug Nets (0)			

②

Debug

Name	Debug Core Instance	Debug Core Type	Debug Port
Assigned Debug Nets			
cnt	u_ila_0	labtools_ila_v6	probe1
i_light_gen/cnt[0]	u_ila_0	labtools_ila_v6	probe1
i_light_gen/cnt[1]	u_ila_0	labtools_ila_v6	probe1
cnt	u_ila_0	labtools_ila_v6	probe0
i_pulse_gen/cnt[0]	u_ila_0	labtools_ila_v6	probe0
i_pulse_gen/cnt[1]	u_ila_0	labtools_ila_v6	probe0
i_pulse_gen/cnt[2]	u_ila_0	labtools_ila_v6	probe0
i_pulse_gen/cnt[3]	u_ila_0	labtools_ila_v6	probe0
i_pulse_gen/cnt[4]	u_ila_0	labtools_ila_v6	probe0

图 4.33　引入 ILA 之后的 Debug 窗口

dbg_hub 与 ILA 的连接关系如图 4.34 所示。通常一个设计中可以有多个 ILA，每个 ILA 有自己的时钟，但只有一个 dbg_hub 与所有的 ILA 连接。

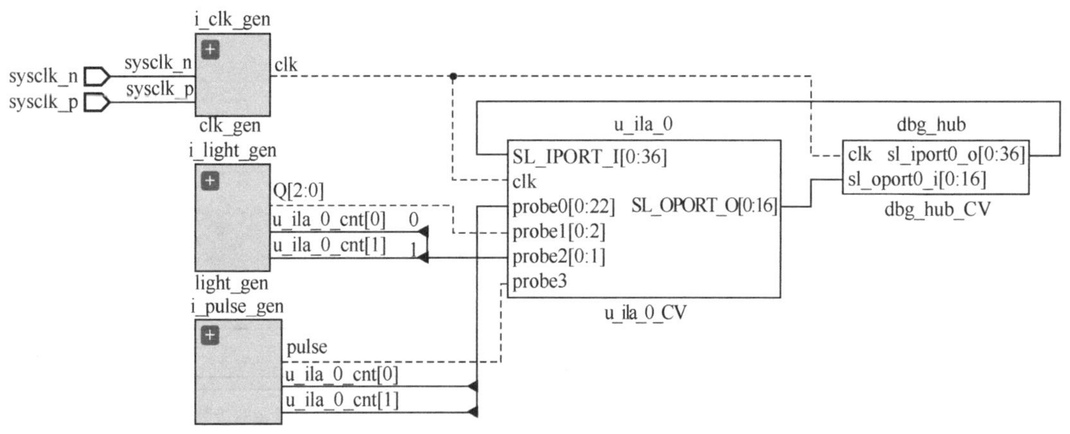

图 4.34　dbg_hub 与 ILA 的连接关系

在保存当前 ILA 设置之前，最好先创建一个.xdc 文件并将其设置为 target，这样 ILA 的相关设置将被保存到此文件中，如图 4.35 所示（在默认情况下，ILA 的相关设置会被保存到当前为 target 的约束文件中）。

图 4.35　创建.xdc 文件保存 ILA 相关设置

debug.xdc 的属性窗口如图 4.36 所示，可以看到，如果未勾选 IS_ENABLED，该约束文件将无效。此外，该约束文件也只有在实现时需要，因此将 USED_IN 设置为 implementation。

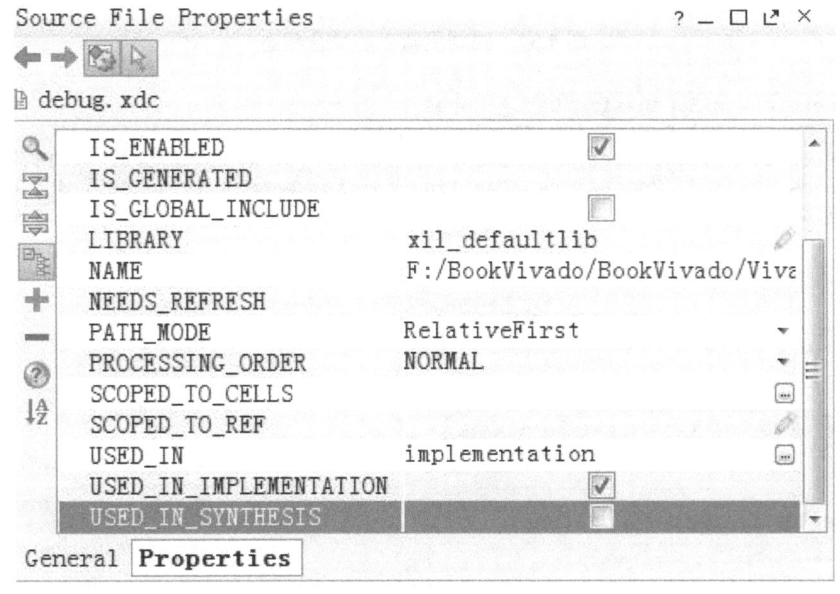

图 4.36　debug.xdc 的属性窗口

技巧

- 将 ILA 的相关设置单独保存在一个.xdc 文件中，一方面有利于约束的管理；另一方面也便于通过 Tcl 方式对 ILA 相关设置进行修改，同时便于将 ILA 从设计中移除。

保存好 ILA 设置之后，Vivado 会显示当前综合失效。由于 ILA 的相关设置只在实现时起作用，因此强制更新当前综合状态即可，如图 4.37 所示。实际上，在实现时会首先生成 Debug Cores，包括 dbg_hub 和 ILA，如图 4.38 所示。

实现之后会生成 debug_nets.ltx 文件，该文件内部反映了待测信号的信息，可理解为 ChipScope 下的.cdc 文件。

在网表中引入 ILA 常会碰到因综合导致网线名字改变而很难甚至无法找到待测信号的情况，此时可尝试在 RTL Analysis 阶段即将待测信号设置为 Debug 或将综合选项 -flatten_hierarchy 设置为 none，也可直接在 HDL 代码中使用 MARK_DEBUG 综合属性，如图 4.39 所示。

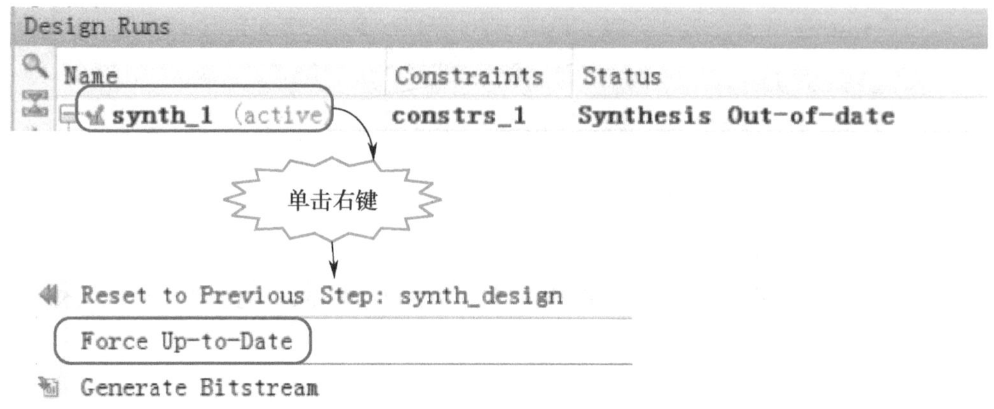

图 4.37 强制更新当前综合状态

```
Phase 1 Generate And Synthesize Debug Cores
INFO: [IP_Flow 19-234] Refreshing IP repositories
INFO: [IP_Flow 19-2313] Loaded Vivado IP repository 'D:/Xilinx/Vivado/2016.2/data/ip'.
INFO: [IP_Flow 19-3806] Processing IP xilinx.com:ip:xsdbm:1.1 for cell dbg_hub_CV.
INFO: [IP_Flow 19-3806] Processing IP xilinx.com:ip:ila:6.1 for cell u_ila_0_CV.
```

图 4.38 生成 Debug Cores

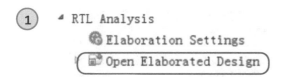

①

RTL Analysis
Elaboration Settings
Open Elaborated Design

②

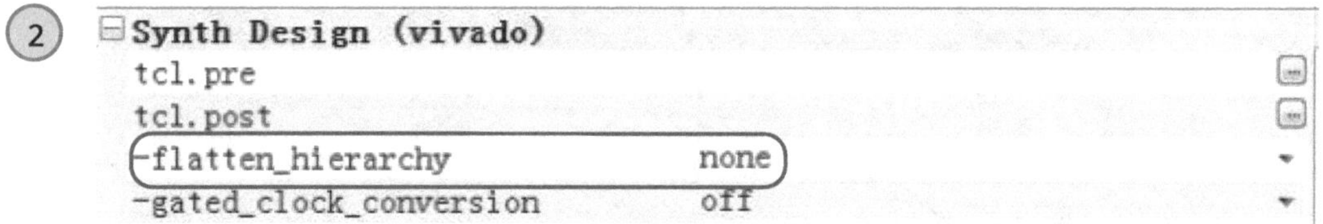

③

```
architecture archi of pulse_gen is
  constant CNT_MAX_I : unsigned := to_unsigned(CNT_MAX,CNT_WIDTH);
  signal cnt : unsigned(CNT_WIDTH-1 downto 0) := (others => '0');
  attribute MARK_DEBUG : string;
  attribute MARK_DEBUG of cnt : signal is "TRUE";
```

图 4.39 两种方法避免待测信号无法找到

方法 2：在 HDL 代码中实例化 ILA

在 HDL 代码中直接实例化 ILA 只需两步：第一步定制 ILA；第二步实例化 ILA。定制 ILA 即在 Vivado IP Catalog 中设置 ILA 的相关参数。ILA 在 IP Catalog 中的位置如图 4.40 所示。仍以图 4.2 所示工程为例，需要观测 pulse_gen 模块中的信号 cnt 和 pulse，故相应的 ILA 设置如图 4.41 所示。可以看到该图中的一些参数与图 4.32 标记③是一致的。第二步实例化

ILA，如图 4.42 所示。

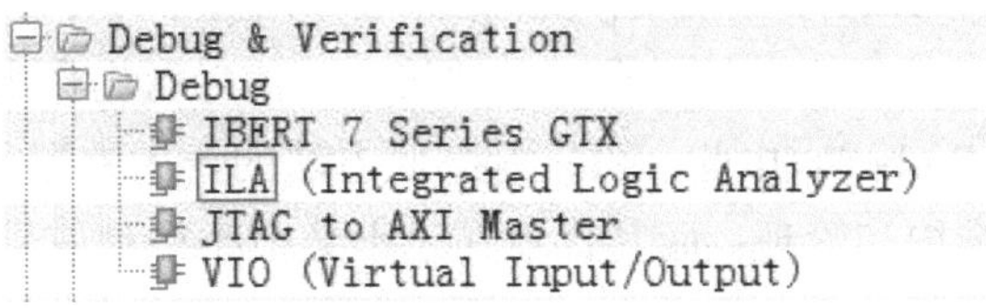

图 4.40 ILA 在 IP Catalog 中的位置

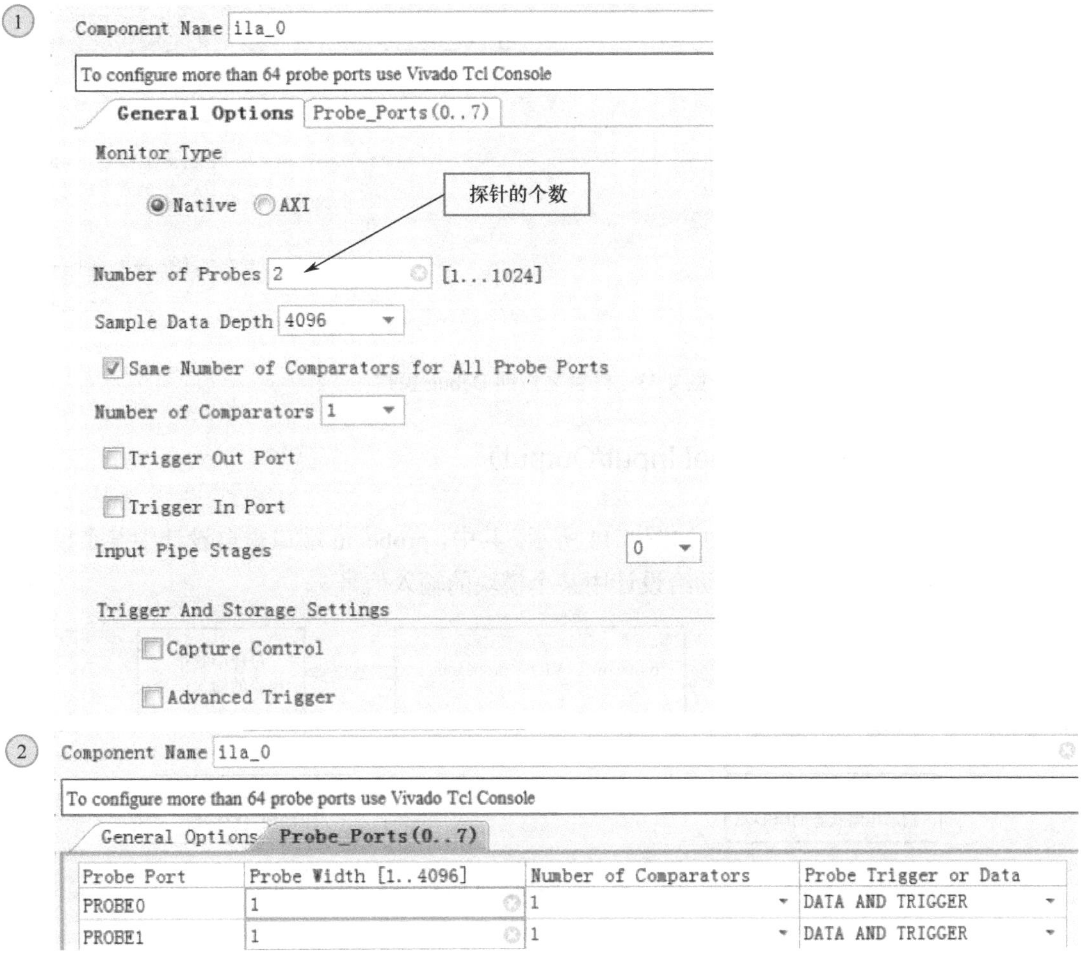

①

Component Name ila_0

To configure more than 64 probe ports use Vivado Tcl Console

General Options | Probe_Ports(0..7)

Monitor Type

Native AXI

探针的个数

Number of Probes 2 [1...1024]

Sample Data Depth 4096

Same Number of Comparators for All Probe Ports

Number of Comparators 1

Trigger Out Port

Trigger In Port

Input Pipe Stages 0

Trigger And Storage Settings

Capture Control

Advanced Trigger

②

Component Name ila_0

To configure more than 64 probe ports use Vivado Tcl Console

General Options | Probe_Ports(0..7)

Probe Port	Probe Width [1..4096]	Number of Comparators	Probe Trigger or Data
PROBE0	1	1	DATA AND TRIGGER
PROBE1	1	1	DATA AND TRIGGER

图 4.41 定制 ILA

①

```
architecture archi of pulse_gen is
  COMPONENT ila_pulse_gen
  PORT (
    clk : IN STD_LOGIC;
    probe0 : IN STD_LOGIC_VECTOR(22 DOWNTO 0);
    probe1 : IN STD_LOGIC_VECTOR(0 DOWNTO 0)
  );
  END COMPONENT  ;
```

②

```
i_ila_pulse_gen : ila_pulse_gen
PORT MAP (
    clk => clk,
    probe0 => std_logic_vector(cnt),
    probe1 => pulse_i
);
```

图 4.42 实例化 ILA

综合之后可以看到此时的 Debug 窗口如图 4.43 所示，包含两个 ILA，与方法 1 的结果不同（方法 1 中只有一个 ILA），这是因为待测信号分别位于两个不同的模块内部，导致很难在顶层使用一个 ILA 连接所有待测信号（必须将内部信号引出作为模块的输出端口，才可以在顶层连接到 ILA 的 Probe）。由此，可以看到此方法的一大弊端是会造成原始 HDL 代码的改动，不利于代码的维护和管理；而其优点在于不必担心待测信号无法找到。在此窗口无须执行其他操作，可直接进入实现环节。

Debug

Name	Driver Cell	Driver Pin	Probe Type
dbg_hub (labtools_xsdbm_v1)			
i_light_gen (labtools_ila_v6)			
clk (1)			
probe0 (2)			Data and Trigger
probe1 (4)			Data and Trigger
i_ila_pulse_gen (labtools_ila_v6)			
clk (1)			
probe0 (23)			Data and Trigger
probe1 (1)			Data and Trigger
Unassigned Debug Nets (0)			

图 4.43 综合之后的 Debug 窗口

4.3.2 使用 VIO（Virtual Input/Output）

VIO 在 FPGA 设计中的角色如图 4.44 所示。其中，probe_in 端口来自设计中某个模块的输出信号，probe_out 则提供驱动给设计中某个模块的输入信号。

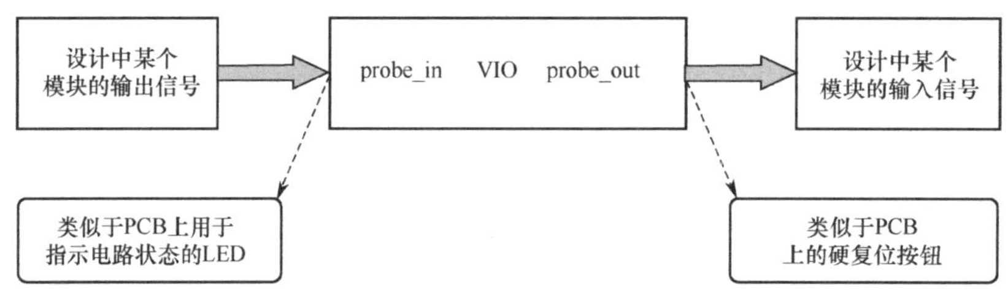

图 4.44 VIO 在 FPGA 设计中的角色

不同于 ILA，目前 VIO 只能通过实例化的方式引入设计中。因此，首先需要在 Vivado IP Catalog 中定制 VIO。VIO 在 Vivado IP Catalog 中的位置如图 4.45 所示。

- Debug & Verification
  - Debug
    - IBERT 7 Series GTX
    - ILA (Integrated Logic Analyzer)
    - JTAG to AXI Master
    - VIO (Virtual Input/Output)

图 4.45 VIO 在 Vivado IP Catalog 中的位置

仍以图 4.2 所示工程为例，这里需要观测 led(3)，故将其连接到 probe_in 端口；驱动复位信号，故将 probe_out 与系统复位信号取“或”之后连接到 clk_gen 模块的复位端。VIO 的参数设置如图 4.46 至图 4.48 所示，实例化如图 4.49 所示。

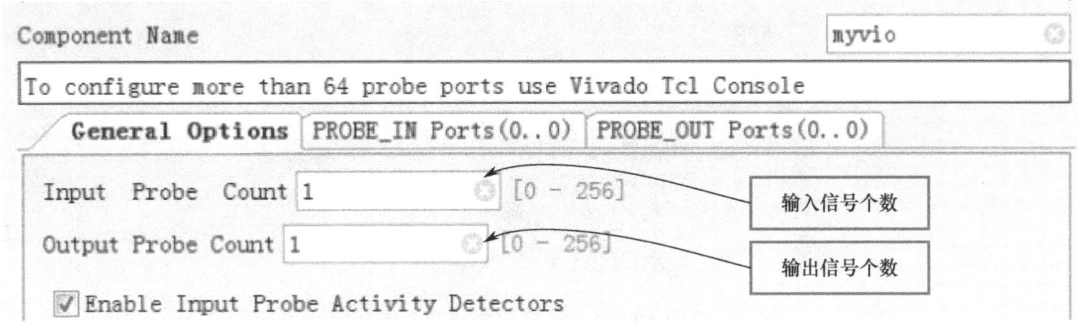

图 4.46　设置 probe_in 和 probe_out 个数

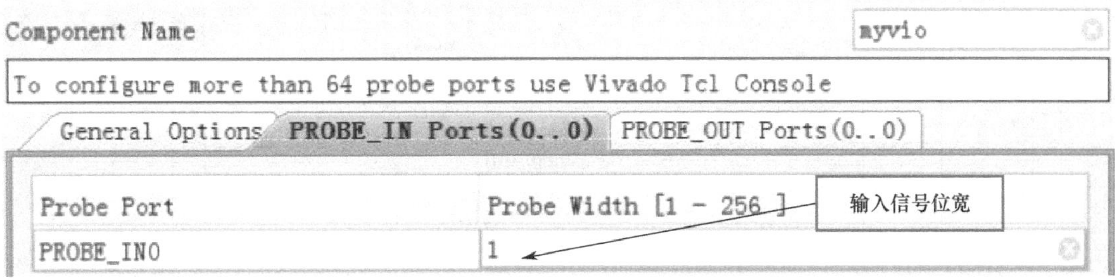

图 4.47　设置 probe_in 位宽

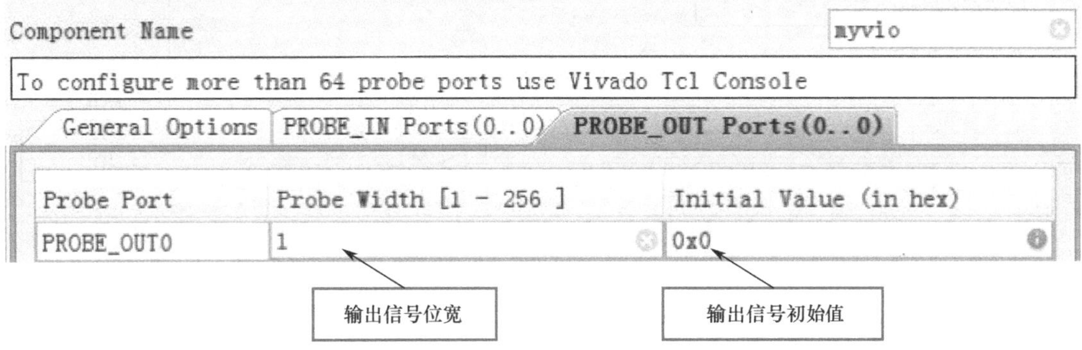

图 4.48　设置 probe_out 位宽和初始值

①

```
COMPONENT myvio
  PORT (
    clk : IN STD_LOGIC;
    probe_in0 : IN STD_LOGIC_VECTOR(0 DOWNTO 0);
    probe_out0 : OUT STD_LOGIC_VECTOR(0 DOWNTO 0)
  );
END COMPONENT;
```

②

```
i_myvio : myvio
  PORT MAP (
    clk => clk,
    probe_in0 => led_vio,
    probe_out0 => rst_vio
  );
```

图 4.49　在 HDL 代码中实例化 VIO

综合之后可以看到在 Debug 窗口中已经显示出 VIO，如图 4.50 所示；同时在 Schematic 视图中也可以看到 VIO 与 dbg_hub 的连接方式，如图 4.51 所示。

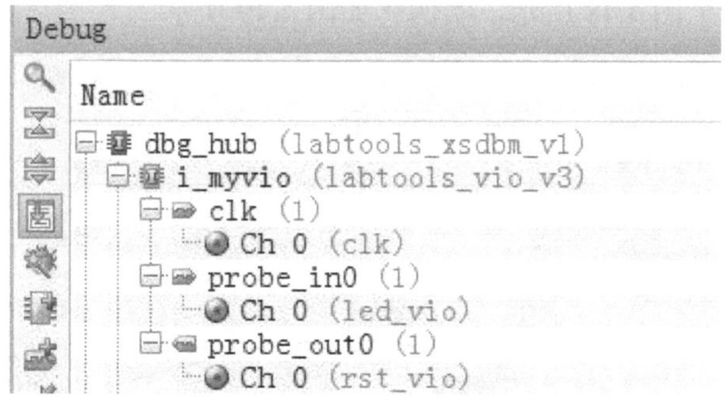

图 4.50 Debug 窗口中显示 VIO

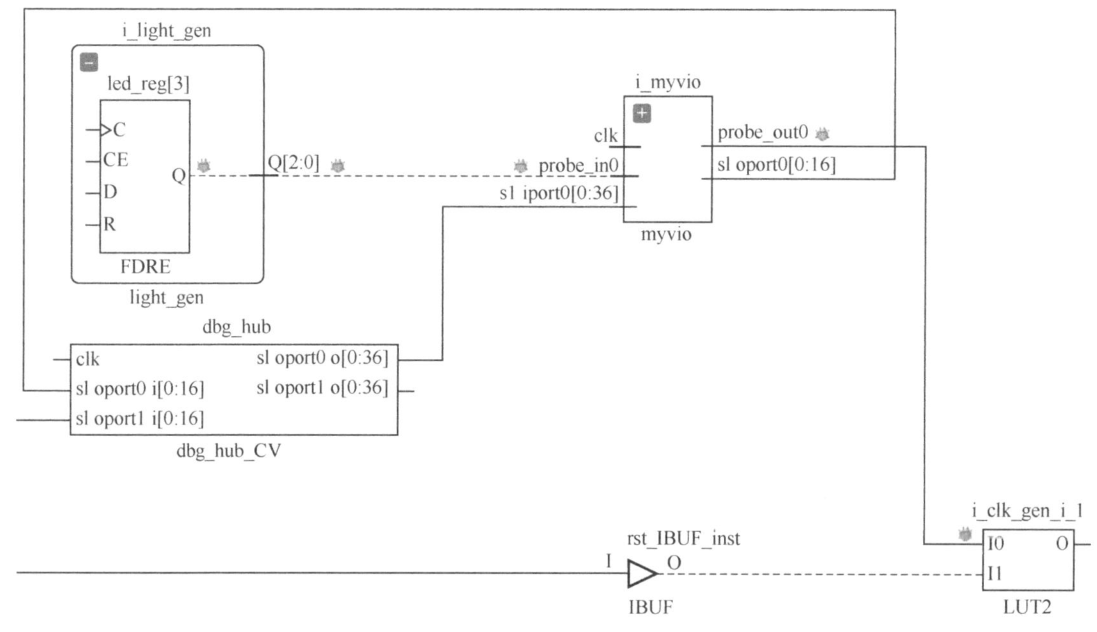

图 4.51 VIO 与 debug_hub 的连接关系

4.3.3 VLA 中的数据分析

创建 ILA 并布局布线、生成.bit 文件，即可通过 VLA 捕获数据。打开 Hardware Manager，按图 4.52 所示操作，会弹出图 4.53 所示菜单，需要设置.bit 文件和.ltx 文件（熟悉 ISE 的用户可把.ltx 文件理解为 ChipScope 的.cdc 文件），与之等效的 Tcl 脚本如 Tcl 脚本 4.12 所示。

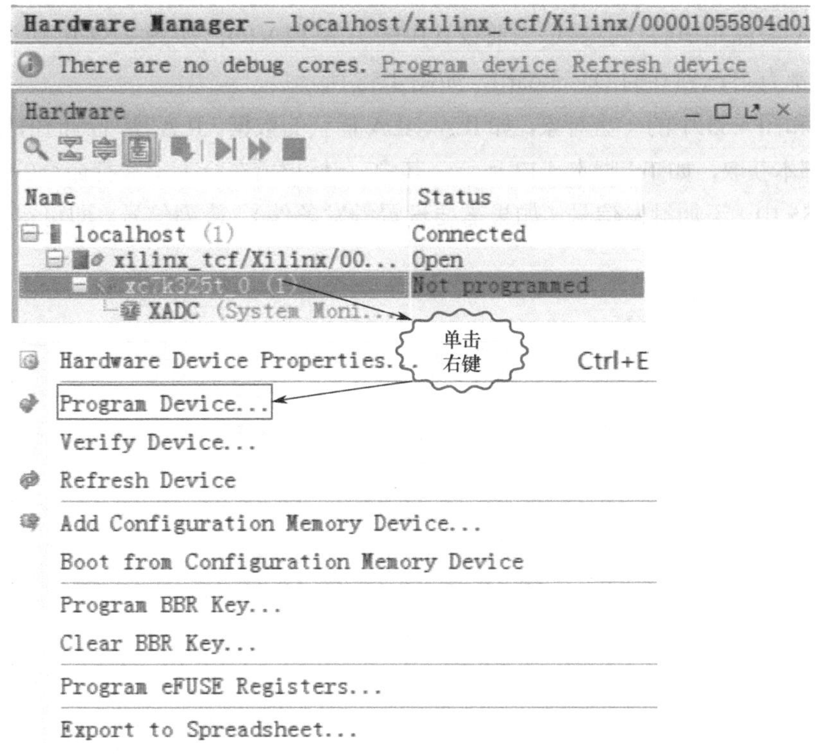

图 4.52　下载程序到 FPGA

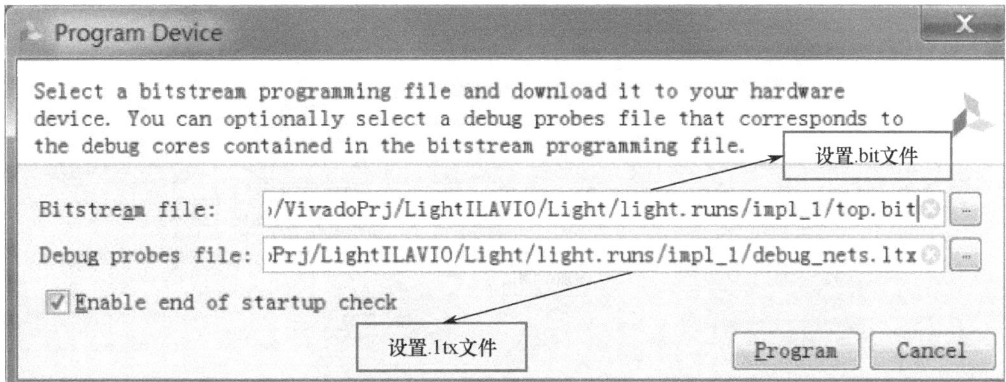

图 4.53　设置.bit 文件和.ltx 文件

Tcl 脚本 4.12　设置.bit 文件和.ltx 文件

```
set_property PROBES.FILE \
{F:/BookVivado/VivadoPrj/LightILAVIO/Light/light.runs/impl_1/debug_nets.ltx}\
[lindex [get_hw_devices] 0]
set_property PROGRAM.FILE \
{F:/BookVivado/VivadoPrj/LightILAVIO/Light/light.runs/impl_1/top.bit} \
[lindex [get_hw_devices] 0]
program_hw_devices [lindex [get_hw_devices] 0]
```

对 FPGA 编程完毕后，会显示当前设计中的 ILA 和 VIO，如图 4.54 所示。同时，每个 ILA 或 VIO 都有自己独立的 Dashboard，如图 4.55 所示。

图 4.54 和图 4.55 中的一些对象，如 ILA、ILA 捕获的数据、ILA 所观测的信号，都可通过相应的 Tcl 脚本获取，如 Tcl 脚本 4.13 所示。其中，#标记所在行为上一行命令的返回结果。

在图 4.55 中，添加触发信号（如果需要设置触发条件）、待测信号，即可实时捕获数据，如图 4.56 所示。

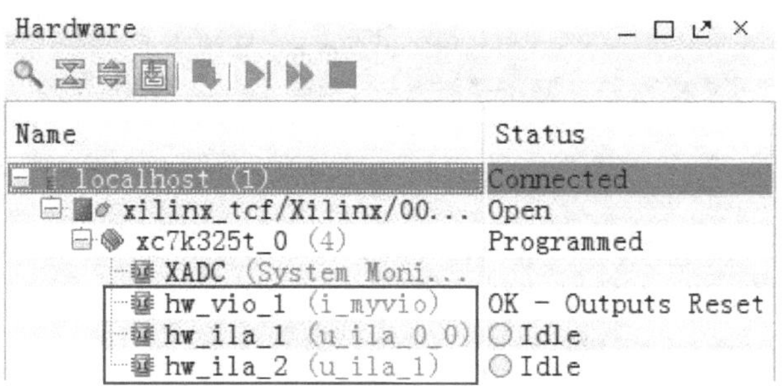

图 4.54 显示当前设计中的 ILA 和 VIO

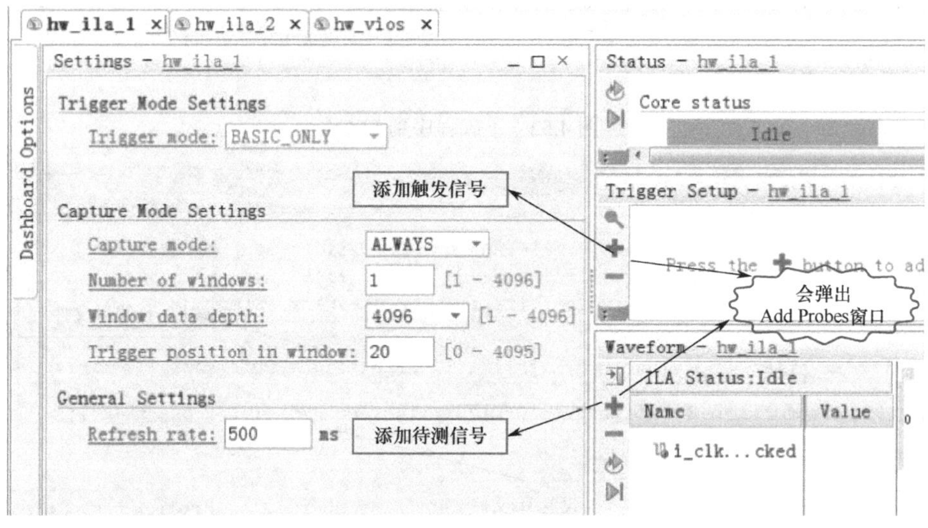

图 4.55 ILA 的 Dashboard

Tcl 脚本 4.13 获取 VLA 中的对象

```
get_hw_ilas
#hw_ila_1 hw_ila_2
get_hw_ila_datas
#hw_ila_data_1 hw_ila_data_2
get_hw_probes -of [get_hw_ilas hw_ila_1]
#i_clk_gen/inst/locked
get_hw_probes -of [get_hw_ilas hw_ila_2]
#i_light_gen/Q i_light_gen/cnt i_pulse_gen/cnt i_pulse_gen/pulse
```

如图 4.56 所示的捕获数据的过程实际上是由 3 个步骤完成的，这 3 个步骤对应 3 个 Tcl 命令，如 Tcl 脚本 4.14 所示。

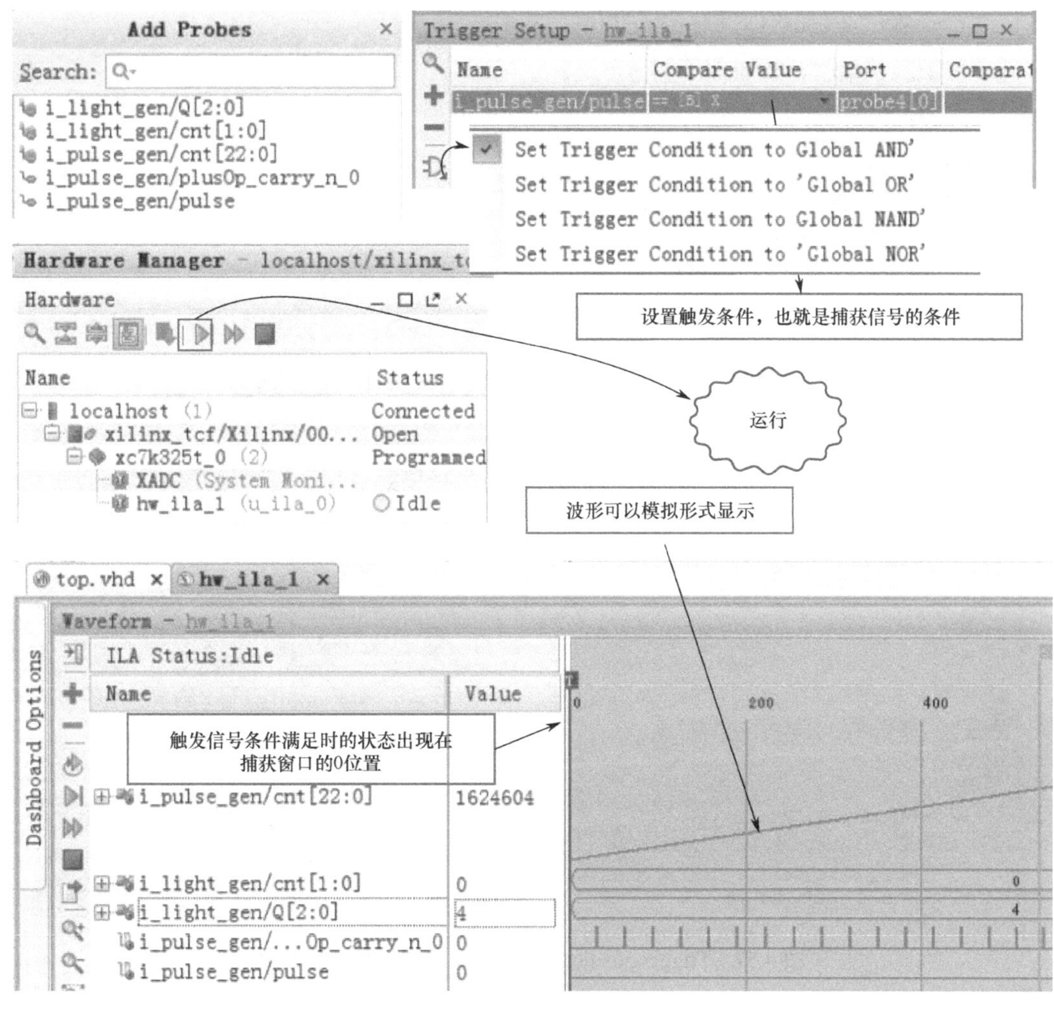

图 4.56　捕获数据

Tcl 脚本 4.14　捕获数据的 3 个 Tcl 命令

```
run_hw_ila [get_hw_ilas -of_objects [get_hw_devices xc7k325t_0]\
-filter {CELL_NAME=~"u_ila_1"}]
wait_on_hw_ila [get_hw_ilas -of_objects [get_hw_devices xc7k325t_0]\
-filter {CELL_NAME=~"u_ila_1"}]
display_hw_ila_data\
[upload_hw_ila_data [get_hw_ilas -of_objects [get_hw_devices xc7k325t_0]\
-filter {CELL_NAME=~"u_ila_1"}]]
```

图 4.56 中是以 pulse 信号为 1 作为触发条件，可以看到波形窗口中显示 pulse 信号为 1 的位置位于捕获窗口的左端，这是因为此时的 Trigger position in window 值为 0。如果将其改

为 512，则可以看到 pulse 信号为 1 的位置位于捕获窗口的中间，如图 4.57 所示。

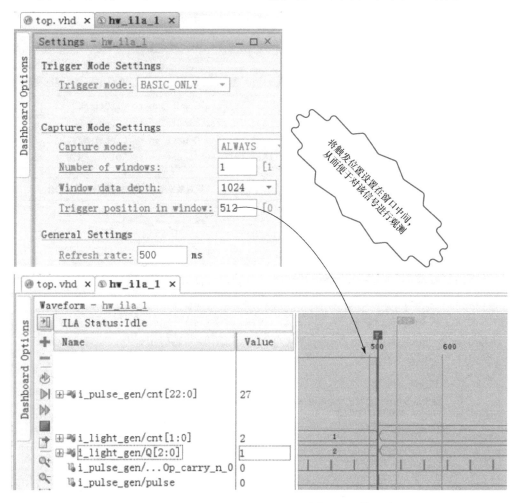

图 4.57　Trigger position in window 对波形观测的影响

对于捕获的数据可以存储或回放。Vivado 支持 3 种存储模式，需借助 Tcl 脚本完成，如 Tcl 脚本 4.15 所示。当数据存储为.ila 格式时，可通过 Tcl 脚本 4.16 在 Vivado Hardware Manager 中回放，此时只需选择 Vivado 开启界面，在 Tasks 下选择 Open Hardware Manager，如图 4.58 所示，然后执行 Tcl 脚本 4.16 即可回放数据。当存储为.csv 或.vcd 格式时，可借助第三方工具访问数据，并进一步分析。

Tcl 脚本 4.15　存储 VLA 的捕获数据

```
write_hw_ila_data -force hw_ila_2 [current_hw_ila_data]
#F:/BookVivado/VivadoPrj/LightILAVIO/Light/hw_ila_2.ila
write_hw_ila_data -csv_file hw_ila_csv [current_hw_ila_data]
#F:/BookVivado/VivadoPrj/LightILAVIO/Light/hw_ila_csv.csv
write_hw_ila_data -vcd_file hw_ila_vcd [current_hw_ila_data]
#F:/BookVivado/VivadoPrj/LightILAVIO/Light/hw_ila_vcd.vcd
```

Tcl 脚本 4.16 回放存储数据

```
display_hw_ila_data \
[read_hw_ila_data F:/BookVivado/VivadoPrj/LightILAVIO/Light/hw_ila_2.ila]
```

Tasks

图 4.58 选择 Open Hardware Manger 回放数据

4.4 使用 add_probe

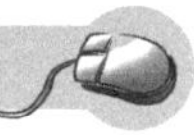

在 PCB 设计阶段，通常会预留一些 FPGA 引脚用于测试，在 PCB 上也会预留焊孔以便于探针插入，如图 4.59 所示。

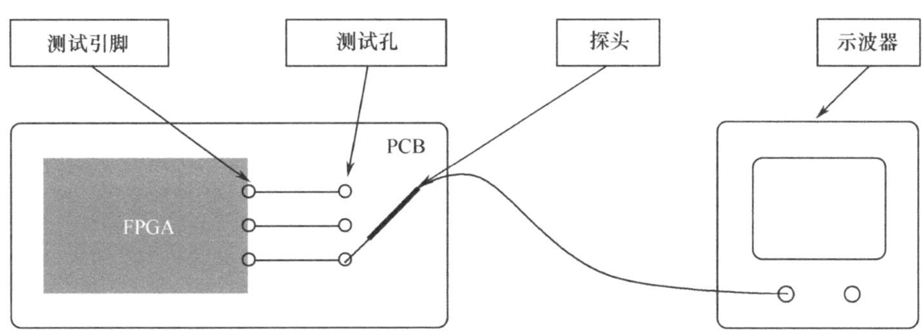

图 4.59 传统调试手段

这种调试方法应用非常广泛，几乎是不可避免的。传统的流程是如果需要观测 a 信号，首先需要将其引出到 HDL 设计的顶层并作为输出端口，同时在约束文件中将其分配到指定的测试引脚上，之后执行综合、实现、生成.bit 文件等流程。由于 PCB 的限制，通常预留的测试引脚和焊孔都是有限的，这使得如果需要测试 b 信号，就得将 b 信号引出到 HDL 设计的顶层，在约束文件中将其分配到指定的测试引脚上，可能还得释放 a 信号占用的测试引脚，之后再次执行综合、实现、生成.bit 文件等流程。这一迭代过程很可能需要反复操作，费时费力。

好在 Vivado 中提供了一个非常高效的 Tcl 命令 add_probe。仍以图 4.2 所示工程为例，假如需要将 light_gen 中的 cnt[1]引到测试引脚上，则只需通过 Tcl 脚本 4.17 所示的方式即可完成。该方法的好处是无须修改 HDL 代码，同时也无须重新布局布线，只需对新增设计布线即可。这一点在执行该命令时显示的信息中也可以看出来，如图 4.60 所示。

Tcl 脚本 4.17　add_probe 使用方法

```
::xilinx::debugutils::add_probe -net i_light_gen/cnt[1] -port myprobe \
-iostandard LVCMOS15 -loc A11
```

```
Calling ::tclapp::xilinx::debugutils::add_probe
 Net          : i_light_gen/cnt[1]
 Port         : myprobe
 Package Pin  : A11
 IOStandard   : LVCMOS15
Note: Port doesn't exist, create it first.
Note: Selected signal has already been connected to probe port and is ready to be routed !
Command: route_design -pin [get_pins myprobe_obuf/I]
Attempting to get a license for feature 'Implementation' and/or device 'xc7k325t'
```

图 4.60　执行 add_probe 时显示的信息

参 考 文 献

[1] Xilinx, "Vivado Design Suite User Guide Logic Simulation", ug900(v2015.4), 2015

[2] Xilinx, "Vivado Design Suite User Guide Programming and Debugging", ug908(v2015.4), 2015

第 5 章

IP 的管理

5.1 定制 IP

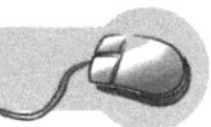

5.1.1 在 Vivado 工程中定制 IP

IP（Intellectual Property）是参数化的、经过验证的设计模块。使用 IP 可有效加速设计进程。Vivado 体现了以 IP 为核心的设计理念，如图 5.1 所示。无论是 Vivado HLS 工程、System Generator 工程，还是用户自己的代码，都可以通过 IP Packager 封装为 IP 并添加到 Vivado IP Catalog 中。IP Catalog 中的 IP 可以直接在 Vivado 工程中使用，也可以通过 Manage IP 创建 IP 工程然后在 Vivado 工程中使用，或直接在 IP Integrator 中使用。

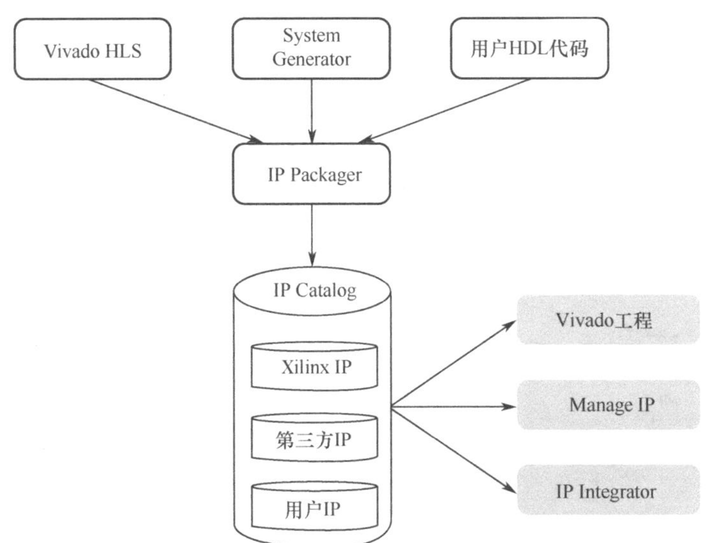

图 5.1　Vivado 以 IP 为核心的设计理念

无论是在 Vivado 工程中直接定制 IP，还是先用 Manage IP 创建 IP 工程再引用，其基本步骤是一致的，如图 5.2 所示。

直接在当前 Vivado 工程中添加所需 IP 是一种常用的方法，首先需要打开 IP Catalog，如图 5.3 所示。

然后找到所需 IP，设置 IP 参数，如图 5.4 所示。默认情况下，IP 会被保存在~/<Vivado_project_name>/<Vivado_project_name>.srcs/sources_1/ip/<IP_name>中。可见，每个 IP 都有自身独立的文件目录。对于已经生成的 IP，可通过 Tcl 脚本 5.1 获取其所在目录。

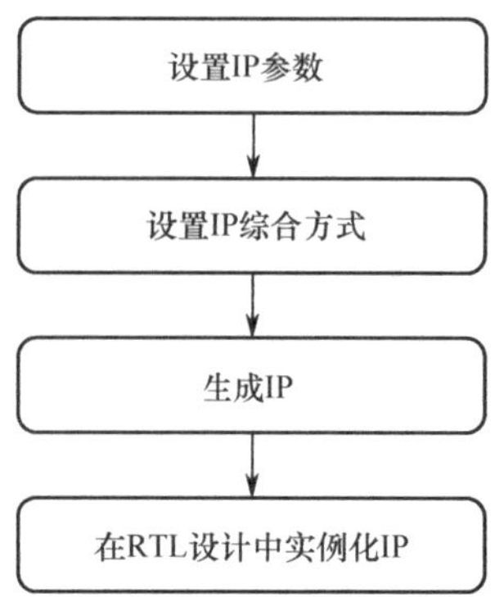

图 5.2　调用 IP 的步骤

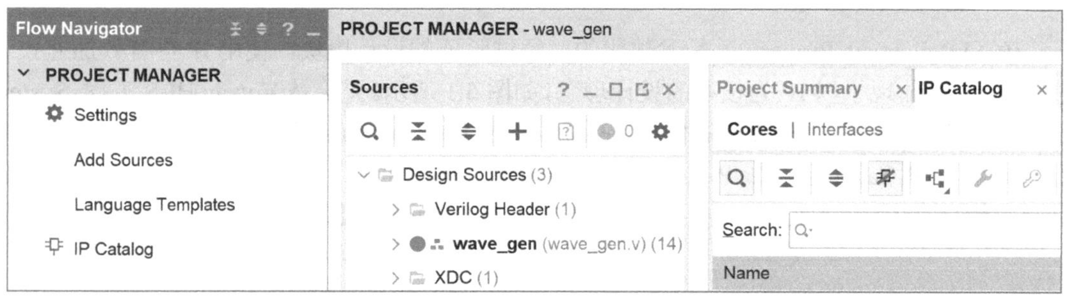

图 5.3　在 Vivado 工程中打开 IP Catalog

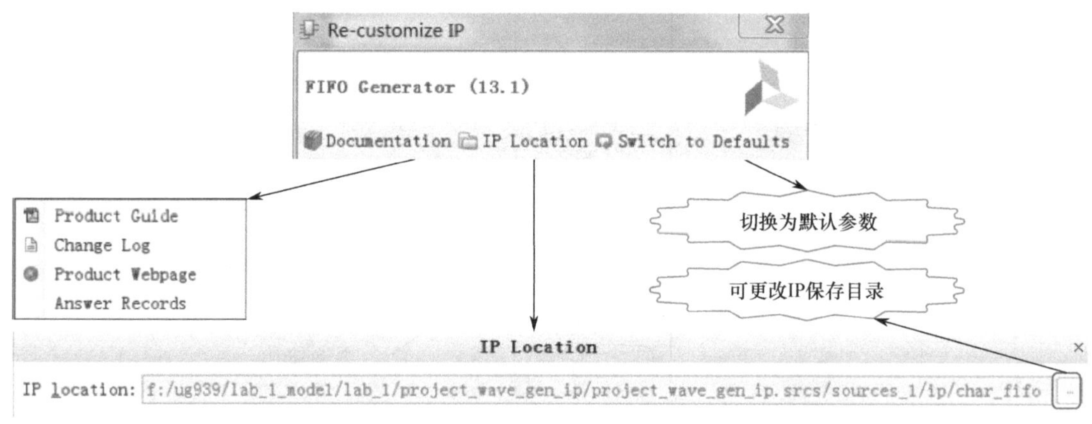

图 5.4　设置 IP 参数

Tcl 脚本 5.1　获取指定 IP 存放目录

```
get_property IP_DIR [get_ips char_fifo]
```

最后一步生成 IP，如图 5.5 所示。这里显示 IP 有两种不同的综合方式。一种是 Global 的综合方式，即将 IP 与 Vivado 工程作为一个整体一起综合；另一种是 Out of context per IP

（OOC），即将该 IP 单独综合，从而生成该 IP 自身的网表文件。默认情况下采用后者。OOC 实质上是一种自底向上（Bottom-up）的综合方式，其优点是只要 IP 没有改动，就不必每次综合时都对该 IP 重新综合，从而节省了运行时间，同时也保证了 IP 自身的完整性。

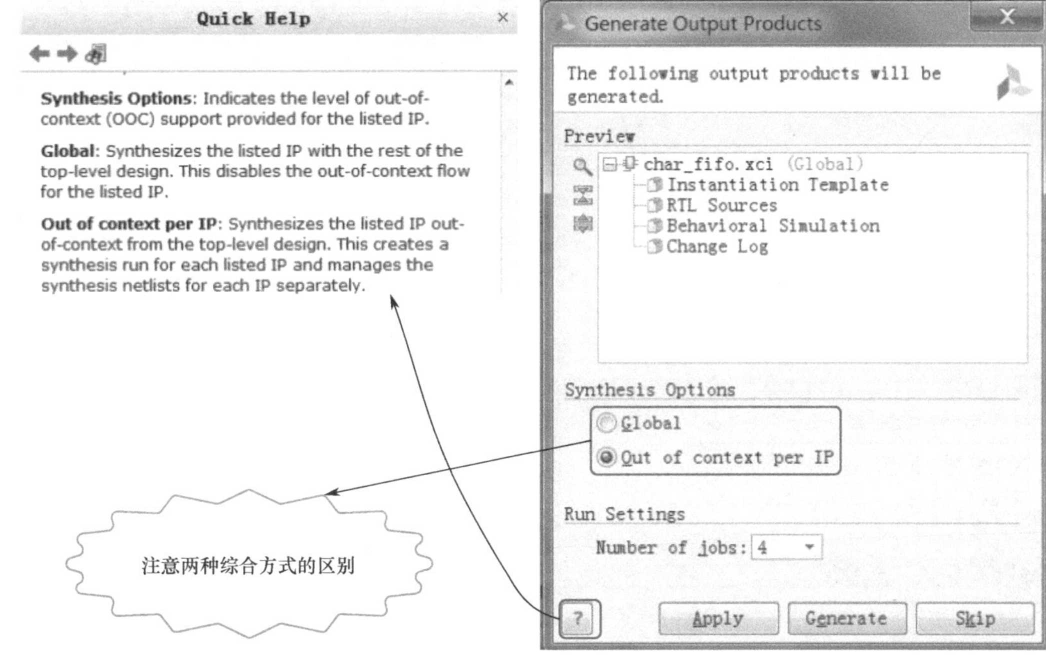

图 5.5 生成 IP

在图 5.5 中，如果选择 Skip，则只会生成实例化文件，如图 5.6 所示；如果选择 Generate，则开始对该 IP 综合。选择 Skip 的好处在于如果设计中同时需要定制多个 IP，可先设置每个 IP 的参数，然后在 IP Sources 窗口中选择这些 IP，同时对其综合，具体流程如图 5.7 所示。

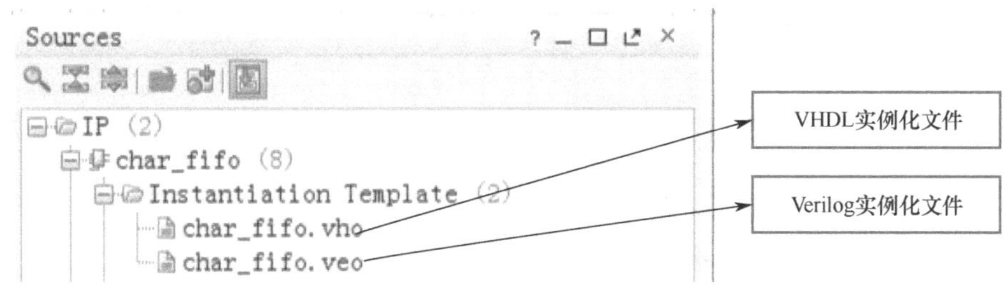

图 5.6 生成实例化文件

技巧

- 在同时需要定制多个 IP 时，可先逐次设置每个 IP 的参数，然后同时对这些 IP 运行 OOC 综合，这样可有效提高工作效率。

与图 5.7 等效的 Tcl 脚本如 Tcl 脚本 5.2 所示。第 2 行使用了 generate_target 命令，其含义如图 5.8 所示。第 5 行 create_ip_run 会创建以 IP 名命名的 Design runs 名称，如 IP 名为 char_fifo，则该 IP 的综合的 Design runs 名称为 char_fifo_synth_1。该命令用于 Vivado 的 Project 模式。

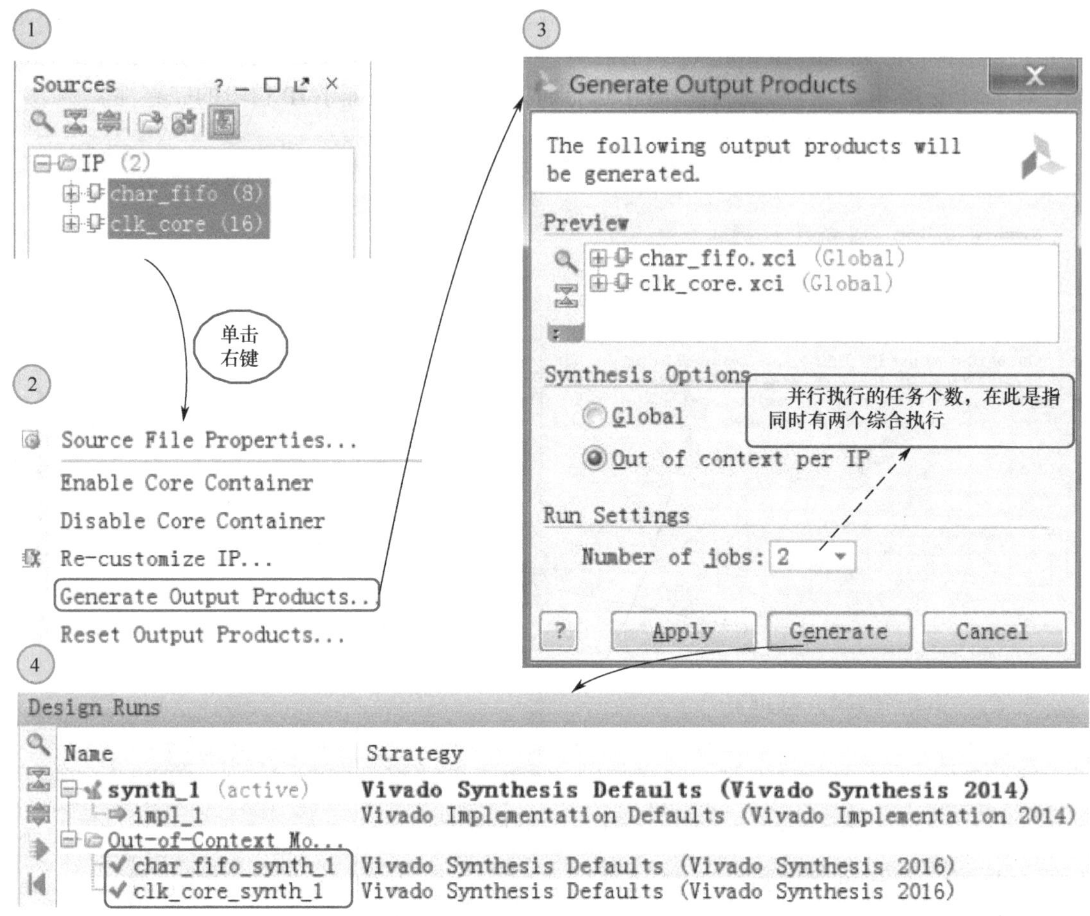

图 5.7　同时综合多个 IP

Tcl 脚本 5.2　同时综合多个 IP

```
set myip [get_ips]
generate_target all $myip
set ip_run [list]
foreach ip $myip {
  create_ip_run $ip
  lappend ip_run ${ip}_synth_1
}
launch_run -jobs 2 $ip_run
```

在图 5.8 中也可以看到 IP 生成的所有文件，包括实例化模板、用于 IP 综合的文件、用于 IP 仿真的文件和变更日志文件。此外，还有最重要的网表文件.dcp。如果需要更改 IP 的某些参数，只需双击 IP 名称即可进入 IP 定制界面。

对 IP 采用 OOC 的综合方式之后，在 Reports 窗口中可查看该 IP 的资源利用率，如图 5.9 所示。

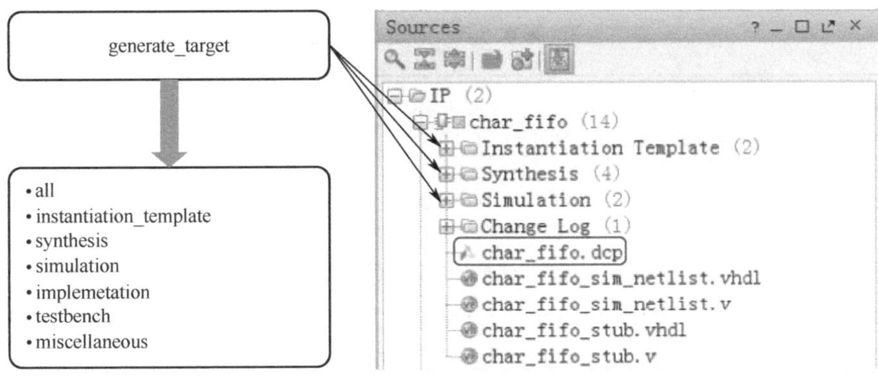

图 5.8　generate_target 的含义

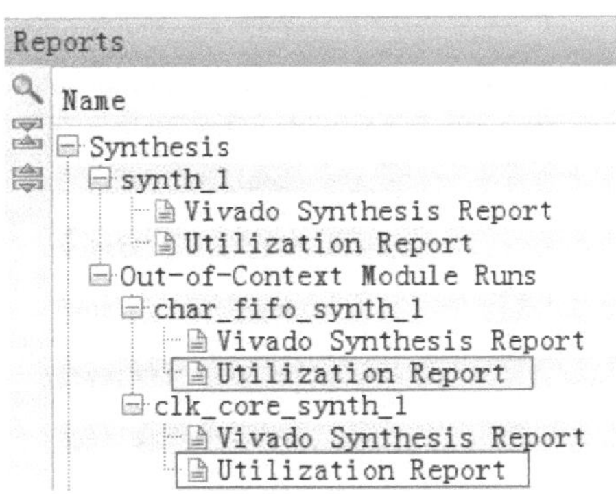

图 5.9　查看 IP 的资源利用率报告

5.1.2　在 Manage IP 中定制 IP

在 Manage IP 中定制 IP 是另一种使用 IP 的方式，其基本设置如图 5.10 所示[1]。事实上这个过程就是创建 IP 工程。与之等效的 Tcl 脚本如 Tcl 脚本 5.3 所示，其中第 1 行，create_project 命令之后紧跟着的为工程名。

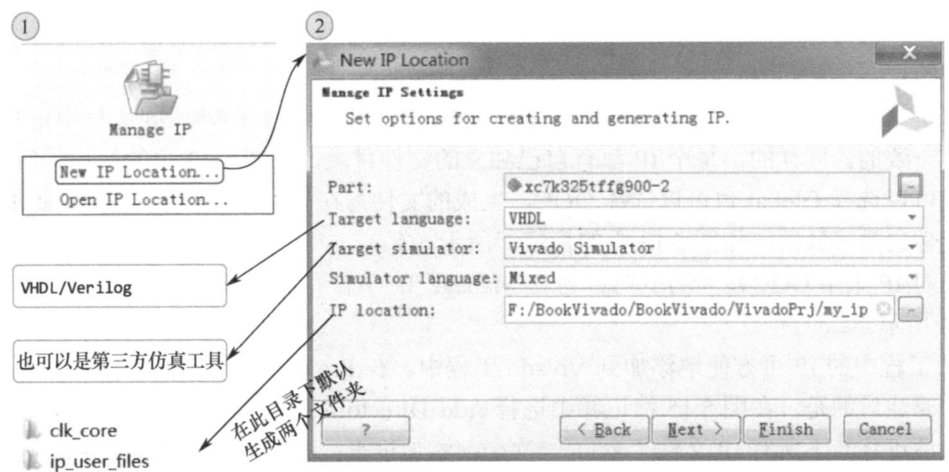

图 5.10　Manage IP 基本设置

Tcl 脚本 5.3　创建 IP 工程

```
create_project managed_ip_project \
F:/BookVivado/VivadoPrj/my_ip/managed_ip_project -part xc7k325tffg900-2 -ip
set_property target_language VHDL [current_project]
set_property target_simulator XSim [current_project]
```

图 5.10 中所设置的信息也可通过 Tcl 脚本 5.4 查看，部分信息如图 5.11 所示。据此，如果需要更改 IP 属性信息，如更换芯片型号或生成 IP 的语言（VHDL/Verilog），可通过 Tcl 脚本 5.5 实现。其中第 3 行脚本可验证更新是否成功。

Tcl 脚本 5.4　获取 IP 工程相关属性

```
report_property [current_project]
```

```
MANAGED_IP                      bool     false    1
NAME                            string   true     managed_ip_project
PART                            part     false    xc7k325tffg676-3
PR_FLOW                         bool     false    0
SIM.IP.AUTO_EXPORT_SCRIPTS      bool     false    1
SIM.USE_IP_COMPILED_LIBS        bool     false    0
SIMULATOR_LANGUAGE              enum     false    Mixed
SOURCE_MGMT_MODE                enum     false    None
TARGET_LANGUAGE                 enum     false    Verilog
TARGET_SIMULATOR                string   false    XSim
```

图 5.11　IP 工程属性信息

Tcl 脚本 5.5　更改 IP 工程属性信息

```
1 set_property PART xc7k70tfbg676-1 [current_project]
2 set_property TARGET_LANGUAGE verilog [current_project]
3 get_property TARGET_LANGUAGE [current_project]
```

此外，也可通过图 5.12 所示的图形界面方式设置芯片型号与目标语言，这与 Tcl 脚本 5.5 是等效的。

有了这些基本设置即可在当前 IP 工程中定制 IP，其流程与在 Vivado 工程中定制 IP 的流程是一致的。同样的，每个 IP 都有自己独立的文件目录，如图 5.13 中的标记①所示；综合方式可以选择 Global 也可以选择 OOC，生成的文件与在 Vivado 工程中直接定制 IP 所生成的文件也是一致的，如图 5.13 中的标记②所示。

当对 IP 采用 OOC 综合方式时，可在 Manage IP 中查看 IP 的资源利用率，具体流程如图 5.14 所示。

IP 工程中的 IP 可方便地添加到 Vivado 工程中。在 Project 模式下，其流程如图 5.15 所示。需要注意的是，在图 5.15 标记③中选择 Add Directories 的好处在于，浏览到 IP 工程所在目录后可将其下所有 IP 文件（.xci）一次全部添加进来；而如果选择 Add Files，则需要浏览到每个 IP 目录下找到.xci 文件逐一添加。若 IP 工程中的 IP 已经在 Manage IP 中采用 OOC 方式完成综合，那么添加到 Vivado 工程之后无须再次综合，从而节省运行时间。

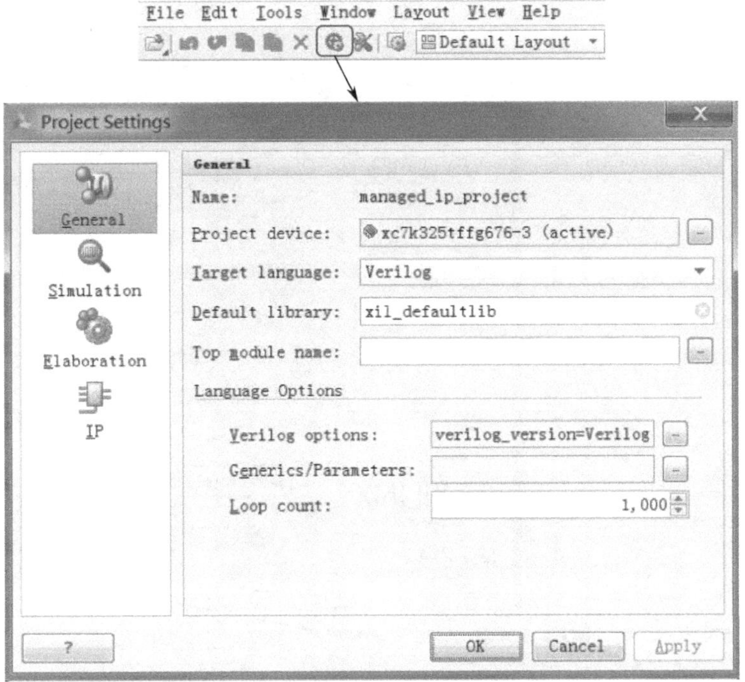

图 5.12　在 Manage IP 中设置芯片型号和目标语言

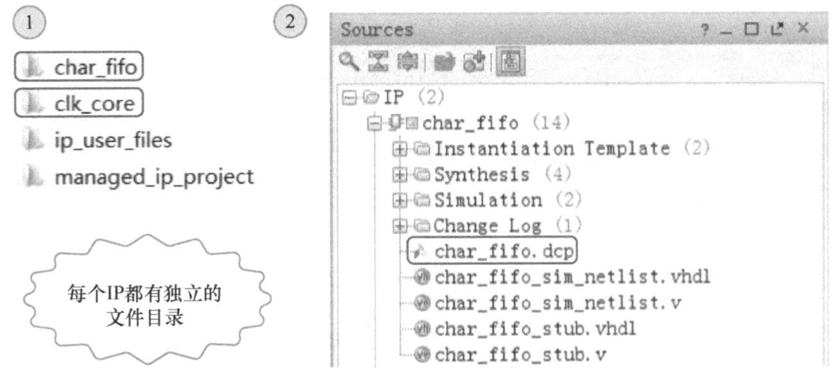

图 5.13　IP 目录与生成文件

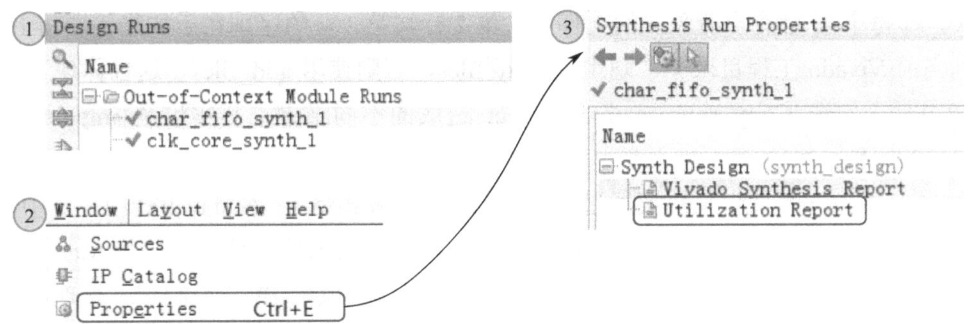

图 5.14　在 Manage IP 中查看 IP 的资源利用率

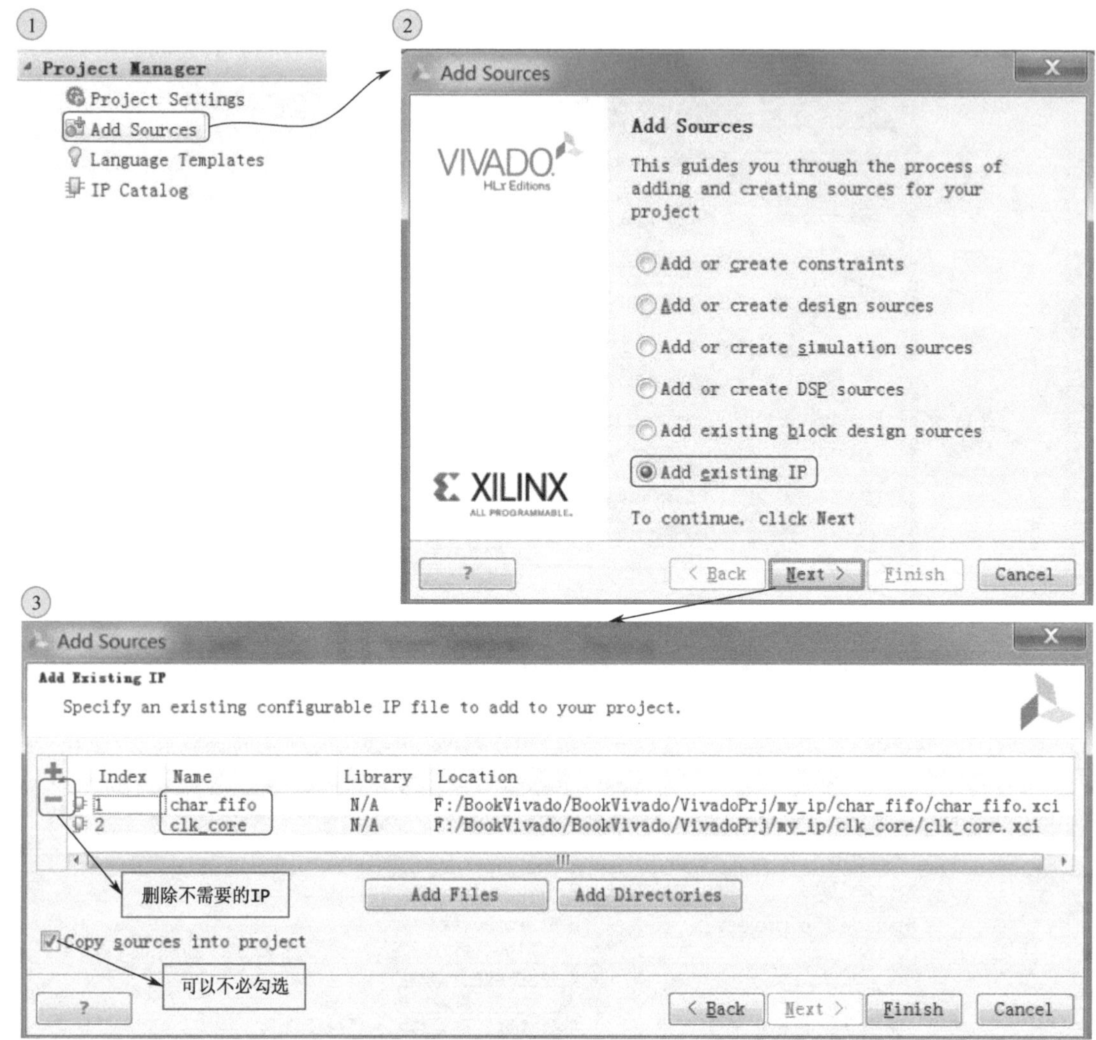

图 5.15　Project 模式下添加 IP 工程中的 IP 到 Vivado 工程中

与图 5.15 所示流程等效的 Tcl 脚本如 Tcl 脚本 5.6 所示。其中，第 1 行巧妙地应用了一个事实，即每个 IP 都有自身独立的文件夹。第 2 行与第 3 行的区别在于如果需要将 IP 目录复制到当前 Vivado 工程目录下，则用 import_files，否则使用 add_files。这也体现了图 5.15 标记③中是否勾选 Copy sources into project 造成的不同结果，其实也是 import_files 和 add_files 的区别。

在 Non-Project 模式下，需要通过 Tcl 脚本 5.7 的方式将 IP 添加到设计中。其中，第 8 行和第 9 行的目的是在当前工作目录下创建一个以 IP 名命名的文件夹，并将 Manage IP 中的 IP（.xci 文件）复制到该目录下。这样做的好处是便于原始 IP 工程的版本管理和维护。正因此，需要对新目录下的 IP 进行综合（因为只复制了.xci 文件），可以通过第 11 行和第 12 行实现。如果没有第 12 行，则会显示图 5.16 所示的 ERROR。

Tcl 脚本 5.6　Project 模式下添加 Manage IP 中的 IP

```
set ip_files [glob F:/BookVivado/VivadoPrj/my_ip/*/*.xci]
add_files $ip_files
#import_files $ip_files
update_compile_order -fileset sources_1
```

Tcl 脚本 5.7　Non-Project 模式下添加 Manage IP 中的 IP

```
cd {F:\ug939\lab_1}
set_part xc7k70tfbg676-1
set ip_prj_dir {F:/BookVivado/VivadoPrj/my_ip}
set ip_xci [glob $ip_prj_dir/*/*.xci]
foreach xci $ip_xci {
  set ip_name_xci [file tail $xci]
  set ip_name [string range $ip_name_xci 0 end-4]
  file mkdir IP/$ip_name
  file copy -force $xci ./IP/$ip_name
  read_ip [glob ./IP/$ip_name/*.xci]
  generate_target all [get_ips $ip_name]
  synth_ip [get_ips $ip_name]
}
```

```
ERROR: [Synth 8-439] module 'clk_core' not found [f:/ug939/lab_1/src/clk_gen.v:81]
ERROR: [Synth 8-285] failed synthesizing module 'clk_gen' [f:/ug939/lab_1/src/clk_gen.v:33]
ERROR: [Synth 8-285] failed synthesizing module 'wave_gen' [f:/ug939/lab_1/src/wave_gen.v:32]
```

图 5.16　没有对 IP 进行综合而显示的提示信息

如果 IP 工程目录就在当前目录下且已通过 OOC 方式完成综合，或者将已综合的 IP 整个目录复制到当前目录下，那么这两行代码是不需要的，如 Tcl 脚本 5.8 所示。这也进一步验证了在 Non-Project 模式下，如果已对 IP 完成综合，那么对整个设计综合时就可以不必再对 IP 单独进行综合，这和 Project 模式下是一致的。

Tcl 脚本 5.8　Non-Project 模式下添加 Manage IP 中的 IP 的另一种方式

```
set ip_prj_dir {F:/BookVivado/VivadoPrj/my_ip}
set ip_xci [glob $ip_prj_dir/*/*.xci]
file mkdir ./IP
foreach xci $ip_xci {
  set ip_dir [file dirname $xci]
  file copy -force $ip_dir ./IP
}
read_ip [glob ./IP/*/*.xci]
```

对于 Manage IP 中的 IP，可以复制，也可以删除，如图 5.17 所示。注意，这里复制 IP 可以将其保存到当前目录下（默认情形），也可以保存到其他目录下，但最终仍在该 IP 工程下，因此复制后的 IP 名称应与原有 IP 名称不同（复制的是.xci 文件）。

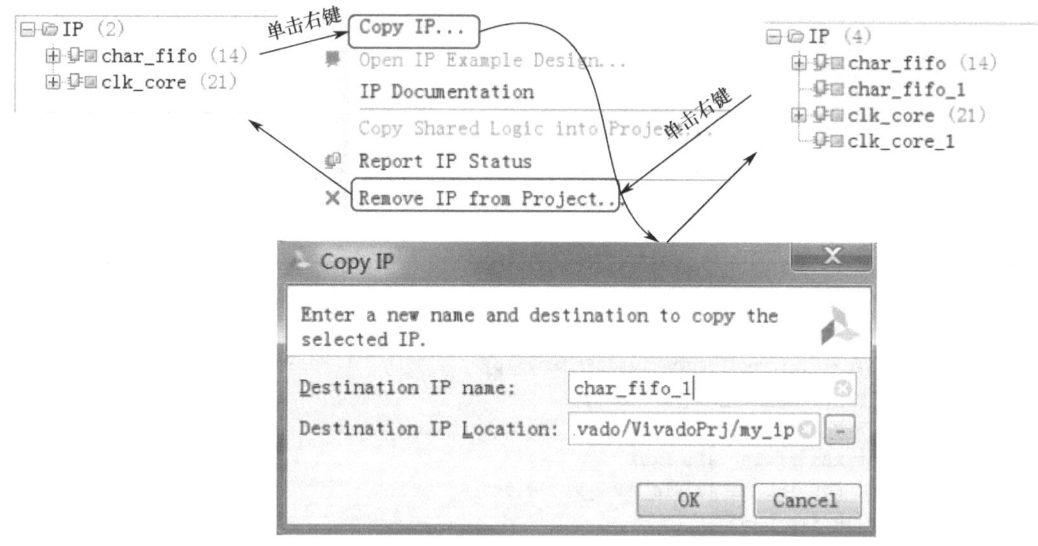

图 5.17　复制或删除 IP

复制 IP 的过程也可以通过 Tcl 脚本 5.9 实现。其中，copy_ip 中的-dir 默认为当前 IP 工程目录，如果需要复制到其他目录，应确保该目录已经创建；#之后的内容为前一行脚本的输出结果。

Tcl 脚本 5.9　复制 IP

```
copy_ip -name new_char_fifo -dir F:/IP [get_ips char_fifo]
# f:/IP/new_char_fifo/new_char_fifo.xci
copy_ip -name new_clk_core [get_ips clk_core]
# f:/BookVivado/VivadoPrj/my_ip/managed_ip_project/managed_ip_project.srcs/sources_1/
# ip/new_clk_core/new_clk_core.xci
copy_ip -name new_char_fifo [get_ips char_fifo]
# ERROR: [Common 17-69] Command failed: IP name 'new_char_fifo' is already in use in
# this project.  Please choose a different name.
```

删除 IP 也可通过 Tcl 脚本 5.10 实现。如果没有第 2 行，则只是将该 IP 从当前 IP 工程中移除，而不会删除相应的已生成文件。

Tcl 脚本 5.10　删除 IP

```
1 remove_files f:/IP/new_char_fifo/new_char_fifo.xci
2 file delete -force f:/IP/new_char_fifo
```

5.2　IP 的两种生成文件形式：xci 和 xcix

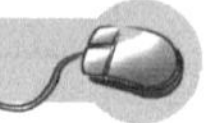

Vivado 中的 IP 有两种生成文件：.xci 和.xcix。在默认情况下，无论是在当前 Vivado 工

程下定制 IP 还是在 Manage IP 中定制 IP，生成文件均为.xcix 文件，如图 5.18 所示。.xcix 文件是一个压缩的二进制文件，IP 的所有输出文件如.dcp、.xdc 等文件均在其中。换言之，.xcix 文件取代了.xci 形式下的 IP 生成目录及目录下的所有输出结果。本质上，.xcix 和.xci 文件是一致的，二者的使用方法也类似（添加 IP 时添加.xci 或.xcix 均可），二者在 Vivado IP Sources 窗口中显示的结果也是一致的，如图 5.19 所示。.xcix 的优点在于方便了 IP 工程与 Vivado 工程的版本管理和维护。

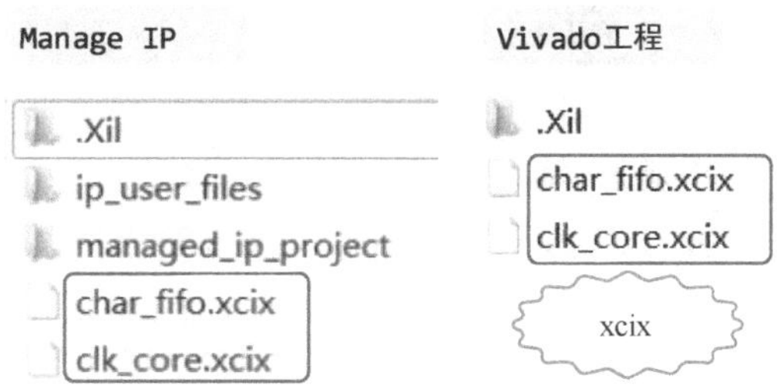

图 5.18　默认情况下的 IP 生成文件

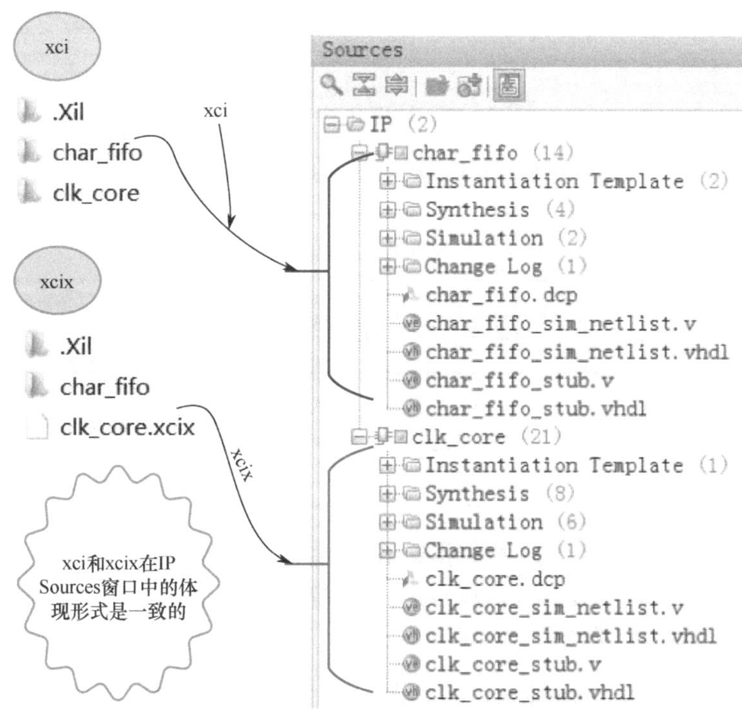

图 5.19　.xcix 和.xci 在 Vivado IP Sources 窗口中的体现形式

有两种方法用于切换 IP 生成文件，如图 5.20 所示。第一种方法也可通过 Tcl 脚本 5.11 实现（在 Manage IP 工程中无法采用图形界面方式，只能通过此脚本切换）；第二种方法对应的 Tcl 命令为 convert_ips。该命令有 3 种使用形式，如 Tcl 脚本 5.12 所示。第 1 行指定 IP 生成形式为.xcix；第 2 行指定 IP 生成形式为.xci；第 3 行则是将所有 IP 切换为另一种形式（若是.xci，则切换为.xcix；反之亦然）。

方法1

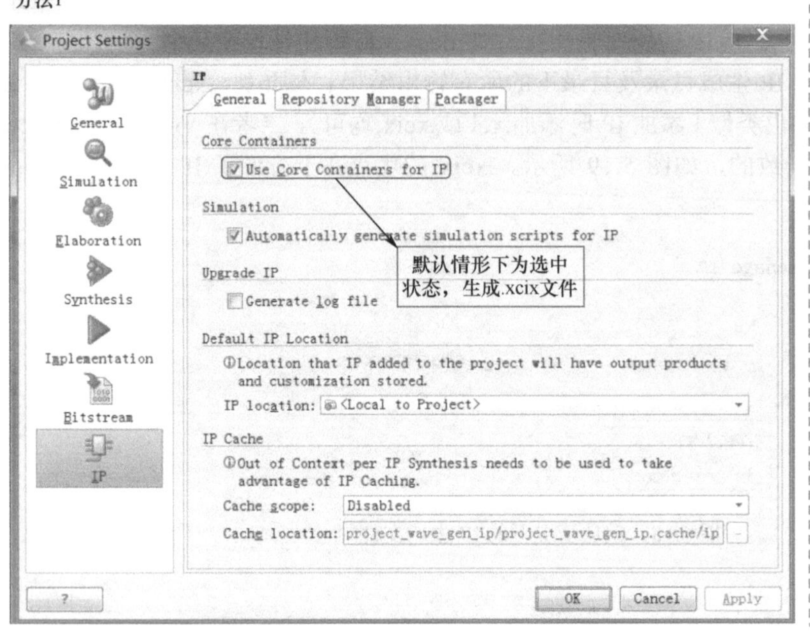

方法2

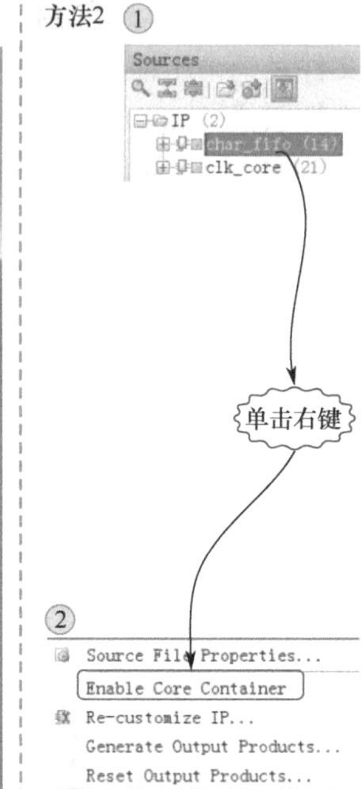

图 5.20　切换 IP 生成文件

Tcl 脚本 5.11　设置 IP 生成文件为.xcix

```
set_property coreContainer.enable 1 [current_project]
```

Tcl 脚本 5.12　切换 IP 生成文件

```
convert_ips -to_core_container [get_ips char_fifo]
convert_ips -from_core_container [get_ips clk_core]
convert_ips [get_ips]
```

此外，还可通过 Tcl 脚本 5.13 检查指定 IP 的生成文件形式。若指定 IP 当前生成文件形式为.xci，如第 1 行脚本所示，则其输出为空；若指定 IP 当前生成文件形式为.xcix，则其输出为相应的.xcix 文件，如第 2 行脚本所示。

Tcl 脚本 5.13　检查指定 IP 的生成文件形式

```
1 get_property IP_CORE_CONTAINER [get_ips char_fifo]
2 get_property IP_CORE_CONTAINER [get_ips clk_core]
3 #f:/lab_1/project_wave_gen_ip/project_wave_gen_ip.srcs/sources_1/ip/clk_core.xcix
```

.xcix 文件是将 IP 的所有生成文件压缩在一起后的结果，如果需要显式地提取出这些文件，可以使用 extract_files 命令，使用方法如 Tcl 脚本 5.14 所示。结合 join 命令，其输出结果如图 5.21 所示。

Tcl 脚本 5.14　提取.xcix 所包含的 IP 生成文件

```
join [extract_files -base_dir F:/IP [get_files clk_core.xcix]] \n
```

```
F:/IP/clk_core/doc/clk_wiz_v5_3_changelog.txt
F:/IP/clk_core/clk_core_board.xdc
F:/IP/clk_core/clk_core.veo
F:/IP/clk_core/clk_wiz_v5_3_1/mmcm_pll_drp_func_7s_mmcm.vh
F:/IP/clk_core/clk_wiz_v5_3_1/mmcm_pll_drp_func_7s_pll.vh
F:/IP/clk_core/clk_wiz_v5_3_1/mmcm_pll_drp_func_us_mmcm.vh
F:/IP/clk_core/clk_wiz_v5_3_1/mmcm_pll_drp_func_us_pll.vh
F:/IP/clk_core/clk_core_clk_wiz.v
F:/IP/clk_core/clk_core.v
F:/IP/clk_core/clk_core.dcp
F:/IP/clk_core/clk_core_stub.v
F:/IP/clk_core/clk_core_stub.vhdl
F:/IP/clk_core/clk_core_sim_netlist.v
F:/IP/clk_core/clk_core_sim_netlist.vhdl
F:/IP/clk_core/clk_core.xdc
F:/IP/clk_core/clk_core_ooc.xdc
F:/IP/clk_core/clk_core.xml
```

图 5.21　extract_files 输出结果

事实上，无论是否使用 Core Container（对应生成.xcix 文件），也无论是在当前 Vivado 工程中调用 IP 还是以 Manage IP 方式定制 IP，默认情况下，Vivado 都会生成一个名为 ip_user_files 的文件夹，如图 5.22 所示，其下文件目录如图 5.23 所示。

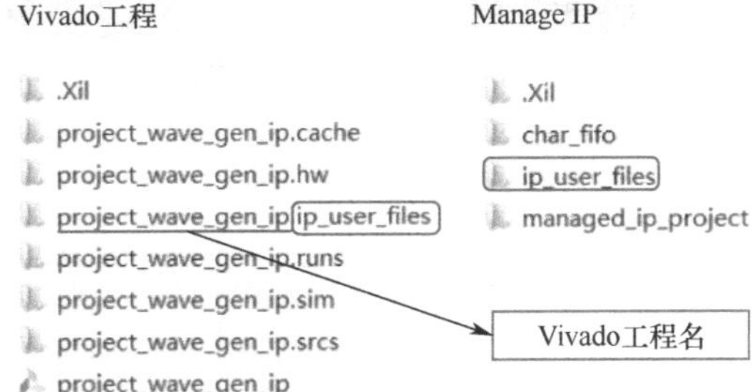

图 5.22　ip_user_files 文件夹

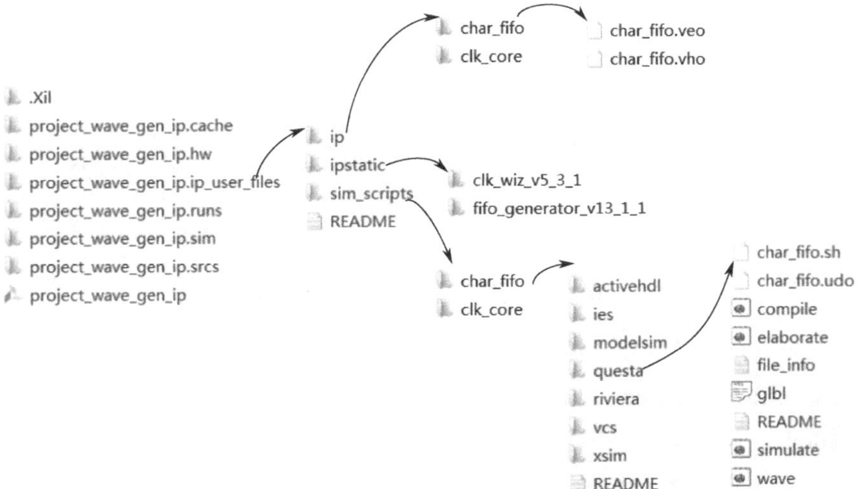

图 5.23　ip_user_files 文件目录

另外，ip_user_files 中的文件也可以通过 export_ip_user_files 命令生成，如 Tcl 脚本 5.15 所示。其中，第 1 行生成指定 IP 的 ip_user_files；第 2 行则生成当前工程下所有 IP 的 ip_user_files。

Tcl 脚本 5.15 手工生成 ip_user_files

```
1 export_ip_user_files -of_objects [get_ips char_fifo]
2 export_ip_user_files -of_objects [get_ips]
```

5.3 对 IP 的几个重要操作

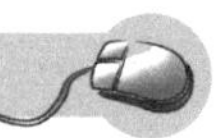

5.3.1 IP 的综合

需要明确的是，Vivado IP Catalog 中的 IP 只能用 Vivado 综合，生成网表文件。对于第三方综合工具，Vivado 在生成 IP 文件时会输出一个<ip_name>_stub.v 或<ip_name>_stub.vhdl 的文件（按个人习惯，选择其一使用即可），如图 5.24 所示。这两个文件的目的是一致的，都是使得第三方综合工具把该 IP 当作黑盒子处理，同时，若该 IP 在顶层且输入或输出端口为 FPGA 系统接口（即需要给其指定引脚位置），则避免综合工具给这类端口插入 IBUF 或 OBUF。这两个功能是通过图 5.24 所示虚线框的内容实现的。尽管文件名为<ip_name>_stub，但 module（对应 VHDL 中的 entity）名仍是<ip_name>。

```
clk_core (21)
  Instantiation Template (1)
  Synthesis (8)
  Simulation (6)
  Change Log (1)
  clk_core.dcp
  clk_core_sim_netlist.v
  clk_core_sim_netlist.vhdl
  clk_core_stub.v
  clk_core_stub.vhdl

architecture stub of clk_core is
attribute syn_black_box : boolean;
attribute black_box_pad_pin : string;
attribute syn_black_box of stub : architecture is true;
attribute black_box_pad_pin of stub : architecture is "clk_pin_p,clk_pin_n,clk_rx,clk_tx,res t,locked";

module clk_core(clk_pin_p, clk_pin_n, clk_rx, clk_tx, reset, locked)
/* synthesis syn_black_box black_box_pad_pin="clk_pin_p,clk_pin_n,clk_rx,clk_tx,reset,locked" */;
```

图 5.24 给第三方综合工具的文件

采用第三方综合工具的设计流程如图 5.25 所示。在 Manage IP 中定制 IP 时，如果生成文件为.xcix，那么<ip_name>_stub.v 和<ip_name>_stub.vhdl 文件在~\ip_user_files\ip\<ip_name>下，如 char_fifo_stub.v 在~\ip_user_files\ip\char_fifo 下；如果生成文件为.xci，那么这两个文件在~\<ip_name>下。此外，创建 Vivado 网表工程添加 IP 时，尽管可以添加.dcp 文件，但最好添加.xci 或.xcix 文件，Vivado 会根据这些文件找到.dcp 文件。

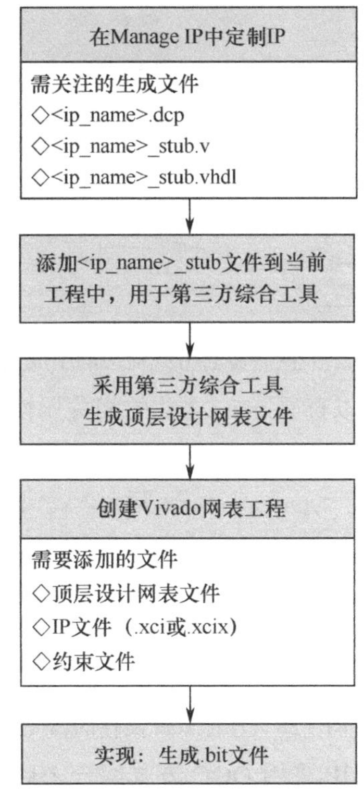

图 5.25　采用第三方综合工具的设计流程

在 Vivado 下创建的 RTL 工程，Project 模式下，IP 有两种综合方式，即 Global 和 OOC（Out of context per IP），如图 5.26 所示。事实上，前者体现的是自顶向下（Top-down）的综合理念，后者体现的是自底向上（Bottom-up）的综合理念。如前所述，OOC 综合方式可以有效缩短运行时间。两种综合方式对应的生成文件也有所不同，如图 5.27 所示。

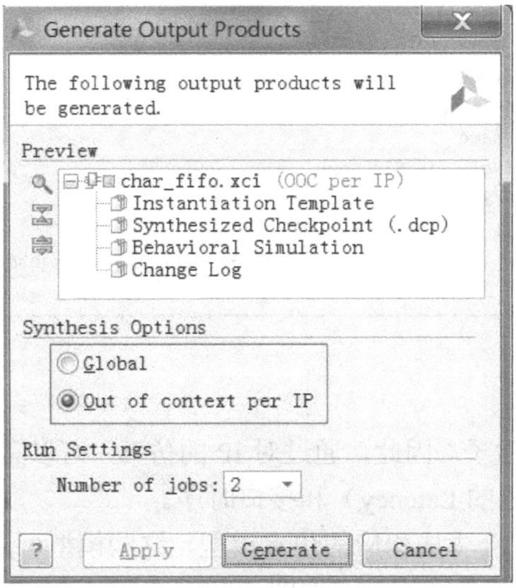

图 5.26　IP 的两种综合方式

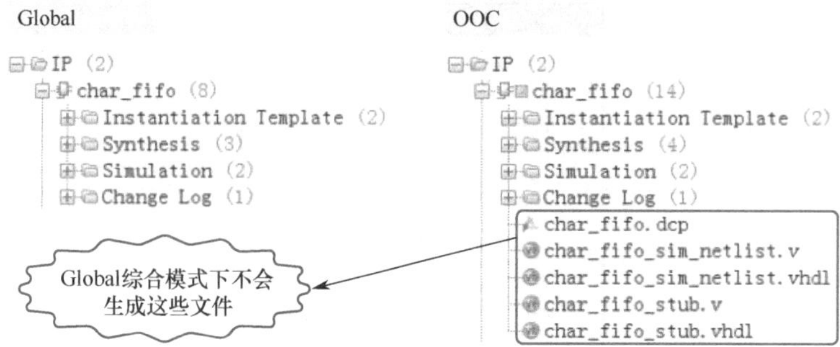

图 5.27　两种综合方式对应的生成文件

通过 report_property 命令可以查看.xcix 文件的相关属性，如果该 IP 采用的是 OOC 综合方式，那么属性 GENERATE_SYNTH_CHECKPOINT 的值为 1，否则为 0，如图 5.28 所示。

Property	Type	Read-only	Value
CLASS	string	true	file
CORE_CONTAINER	string	true	F:/ug939/lab_1_mode1/lab_1/pro
FILE_TYPE	enum	false	IP
GENERATE_SYNTH_CHECKPOINT	bool	false	1
IMPORTED_FROM	file	true	F:/BookVivado/VivadoPrj/my_ip/
IS_AVAILABLE	bool	true	1

图 5.28　查看.xcix 文件的属性

Non-Project 模式下，可以对 IP 采用 OOC 方式综合之后再对整个工程进行综合，具体过程如前述 Tcl 脚本 5.7 所示；也可以对 IP 采用 Global 综合方式，如 Tcl 脚本 5.16 所示。该脚本第 12 行的目的就是不再对 IP 单独综合生成 DCP 文件。

Tcl 脚本 5.16　Non-Project 模式下对 IP 采用 Global 综合方式

```
1  cd {F:\ug939\lab_1}
2  set_part xc7k70tfbg676-1
3  set ip_prj_dir {F:/BookVivado/VivadoPrj/my_ip}
4  set ip_xci [glob $ip_prj_dir/*/*.xci]
5  foreach xci $ip_xci {
6    set ip_name_xci [file tail $xci]
7    set ip_name [string range $ip_name_xci 0 end-4]
8    file mkdir IP/$ip_name
9    file copy -force $xci ./IP/$ip_name
10   read_ip [glob ./IP/$ip_name/*.xci]
11   generate_target all [get_ips $ip_name]
12   set_property GENERATE_SYNTH_CHECKPOINT FALSE [get_files $ip_name.xci]
13 }
```

5.3.2　IP 的仿真

对用户来说，IP 是黑盒子。因此，通过对 IP 的仿真，可以有效地帮助用户了解 IP 的功能、性能（如从输入到输出的 Latency）和接口时序。

Vivado 在生成 IP 时，会生成相应的仿真模型，这些模型可能是行为级仿真模型、加密可综合的 RTL 代码或结构式仿真模型，如图 5.29 所示，有的 IP 还会生成 Testbench。这里需要注意的是，有的 IP 只提供.v 行为级仿真模型，有的则只提供.vhd 行为级仿真模型。若用户的第三方仿真工具只支持 Verilog 语言，而相应的 IP 只能提供.vhd 行为级仿真模型，那么此时可用<ip_name>_sim_netlist.v 的结构式仿真模型（只有对 IP 采用 OOC 综合方式时才会生成这两个文件，如图 5.27 所示）。若用户采用 Vivado Simulator，就不用担心此问题了（Vivado 对 VHDL 和 Verilog 均支持）。

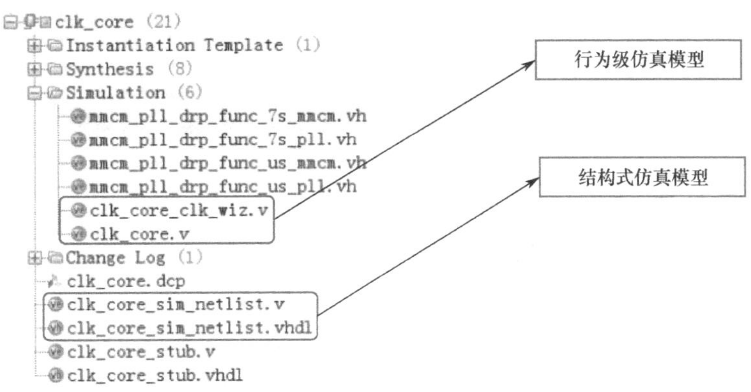

图 5.29　Vivado 生成的 IP 仿真模型

对包含 IP 的整个设计执行仿真时，无论是在 Vivado 中调用第三方仿真工具，还是直接采用 Vivado Simulator，Vivado 都会自动调用 IP 的仿真模型。当然，也可以通过 Tcl 脚本 5.17 获取 IP 仿真文件，其中，第 2 行和第 3 行是第 1 行 Tcl 脚本的输出结果；第 5 行和第 6 行是第 4 行 Tcl 脚本的输出结果。

Tcl 脚本 5.17　获取 IP 仿真文件

```
1 get_files -of [get_files clk_core.xci] -filter {USED_IN =~ simulation*}
2 #f:/BookVivado/VivadoPrj/my_ip/clk_core_1/clk_core_sim_netlist.v
3 #f:/BookVivado/VivadoPrj/my_ip/clk_core_1/clk_core_sim_netlist.vhdl
4 get_files -of [get_files clk_core.xci] -compile_order sources -used_in simulation
5 #f:/BookVivado/VivadoPrj/my_ip/clk_core_1/clk_core_clk_wiz.v
6 #f:/BookVivado/VivadoPrj/my_ip/clk_core_1/clk_core.v
```

如果需要对 IP 单独进行仿真，可采用图 5.30 所示的方式，通过打开 IP 的例子工程对 IP 进行仿真。

此外，有的 IP 如 DDS、FIR 等，会生成 Testbench，如图 5.31 所示，此时可直接借助 Testbench 对该 IP 进行仿真，具体流程如图 5.32 所示。

5.3.3　IP 的更新

每个 IP 在每个 Vivado 版本中只有一个版本与之对应，这意味着如果对原始设计更新 Vivado 版本可能会导致 IP 的更新。更新 IP 的具体流程如图 5.33 所示。这里需要说明的是，如果设计中用到的 IP 在新版本的 Vivado 中也有与之对应的新版本，也可以不必更新，此时 IP 处于锁定状态，设计在后续实现时会用到原始版本 IP 生成的 DCP 文件，因此需要将设计所用到的 IP 在原始 Vivado 版本中采用 OOC 综合方式生成 DCP 文件（原始版本的 IP 在新版本的 Vivado 中不能生成输出文件 DCP，必须先更新才可以生成新版本 IP 对应的文件）。这里会经常用到一个 Tcl 脚本 report_ip_status。

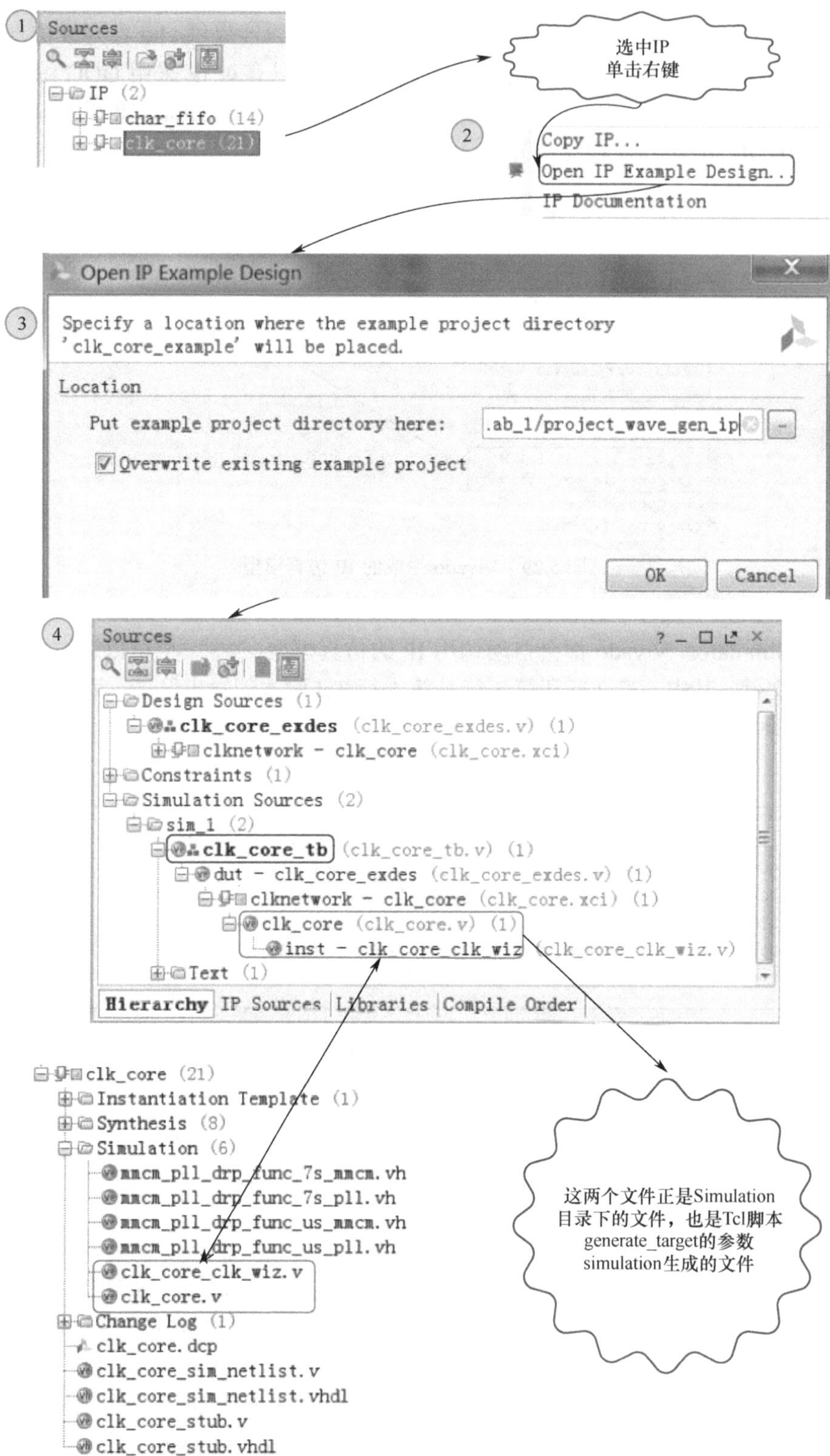

图 5.30 通过 IP 的例子工程对 IP 进行仿真

图 5.31 生成 Testbench

①
Simulation Sources (1)
sim_1 (1)
testbench (testbench.v) (1)
dut - sinegen_demo - Mixed (sinegen_demo.vhd) (4)
U_DEBOUNCE_0 - debounce - Mixed (debounce.vhd)
U_DEBOUNCE_1 - debounce - Mixed (debounce.vhd)
U_SINEGEN - sinegen - kintex (sinegen.vhd) (3)
U_SH - sine_high (sine_high.xci)
U_SM - sine_mid (sine_mid.xci)
U_SL - sine_low (sine_low.xci)
U_FSM - fsm - Mixed (fsm.vhd)

②
Show IP Hierarchy
OK to Show IP Hierarchy?
For large IPs, this may slow down source hierarchy updates.
Don't show this dialog again
OK
Cancel

③
Simulation Sources (1)
sim_1 (1)
testbench (testbench.v) (1)
dut - sinegen_demo - Mixed (sinegen_demo.vhd) (4)
U_DEBOUNCE_0 - debounce - Mixed (debounce.vhd)
U_DEBOUNCE_1 - debounce - Mixed (debounce.vhd)
U_SINEGEN - sinegen - kintex (sinegen.vhd) (3)
U_SH - sine_high (sine_high.xci) (1)
tb_sine_high - tb (tb_sine_high.vhd) (1)
U_SM - sine_mid (sine_mid.xci)
U_SL - sine_low (sine_low.xci)
U_FSM - fsm - Mixed (fsm.vhd)

④
Refresh Hierarchy
IP Hierarchy
Set as Top
单击右键

⑤
Simulation Sources (1)
sim_1 (1)
testbench (testbench.v) (1)
dut - sinegen_demo - Mixed (sinegen_demo.vhd) (4)
U_DEBOUNCE_0 - debounce - Mixed (debounce.vhd)
U_DEBOUNCE_1 - debounce - Mixed (debounce.vhd)
U_SINEGEN - sinegen - kintex (sinegen.vhd) (3)
U_SH - sine_high (sine_high.xci) (1)
tb_sine_high - tb (tb_sine_high.vhd) (1)
U_SM - sine_mid (sine_mid.xci)
U_SL - sine_low (sine_low.xci)
U_FSM - fsm - Mixed (fsm.vhd)

图 5.32 借助 Testbench 对 IP 进行仿真

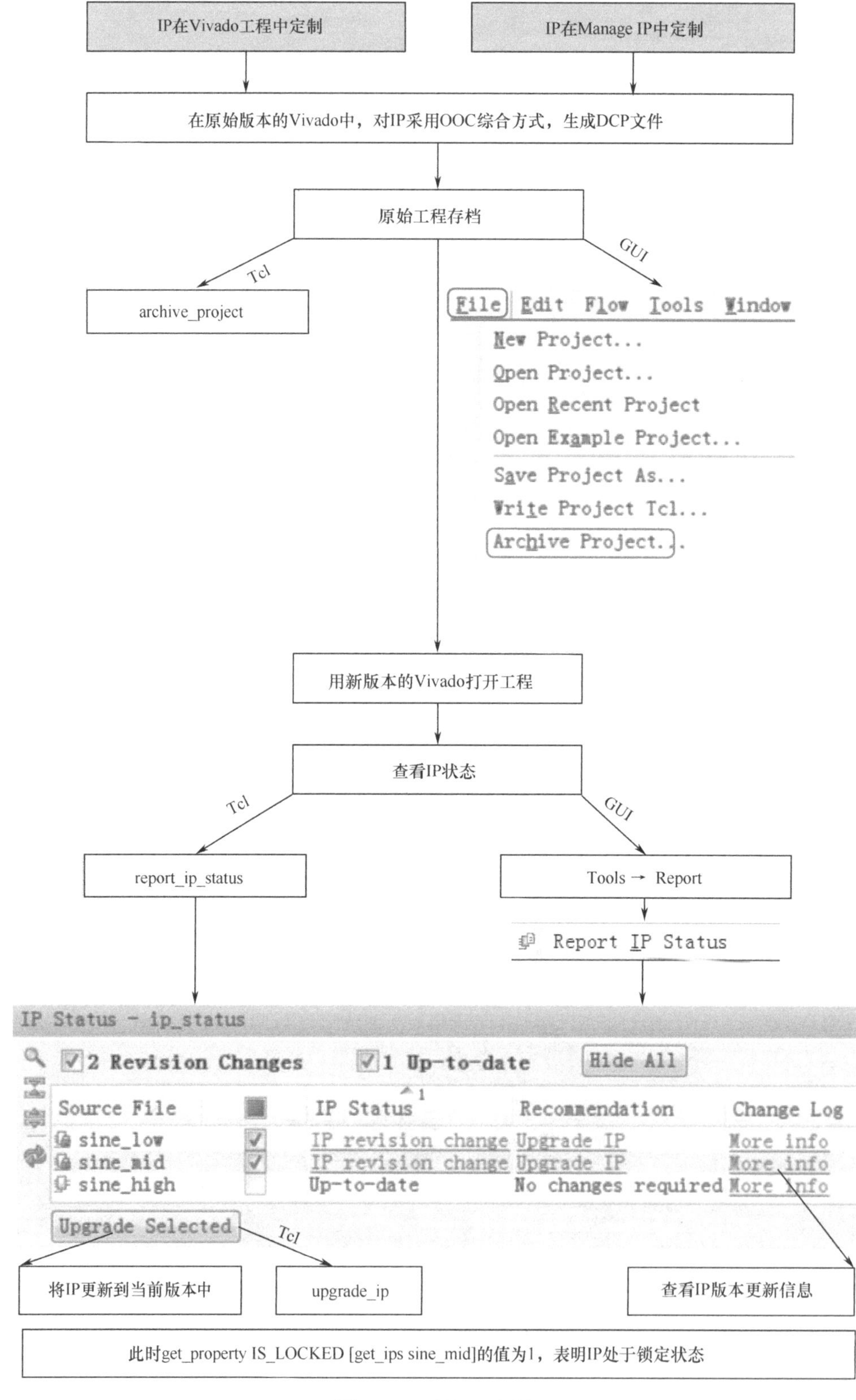
IP在Vivado工程中定制
IP在Manage IP中定制
在原始版本的Vivado中，对IP采用OOC综合方式，生成DCP文件
原始工程存档
Tcl
archive_project
GUI
File Edit Flow Tools Window
New Project...
Open Project...
Open Recent Project
Open Example Project...
Save Project As...
Write Project Tcl...
Archive Project...
用新版本的Vivado打开工程
查看IP状态
Tcl
report_ip_status
GUI
Tools → Report
Report IP Status
IP Status - ip_status
2 Revision Changes
1 Up-to-date
Hide All
Source File
IP Status
Recommendation
Change Log
sine_low
IP revision change
Upgrade IP
More info
sine_mid
IP revision change
Upgrade IP
More info
sine_high
Up-to-date
No changes required
More info
Upgrade Selected
Tcl
将IP更新到当前版本中
upgrade_ip
查看IP版本更新信息
此时get_property IS_LOCKED [get_ips sine_mid]的值为1，表明IP处于锁定状态

图 5.33　更新 IP 流程

通常 IP 有 3 种状态表明该 IP 需要更新，如图 5.34 所示。3 种状态的区别在于更新程度不同，这体现在图中 Current Version 和 Recommended Version 的变化。此外，如果芯片型号有所变化，也需要更新 IP，如图 5.35 所示。

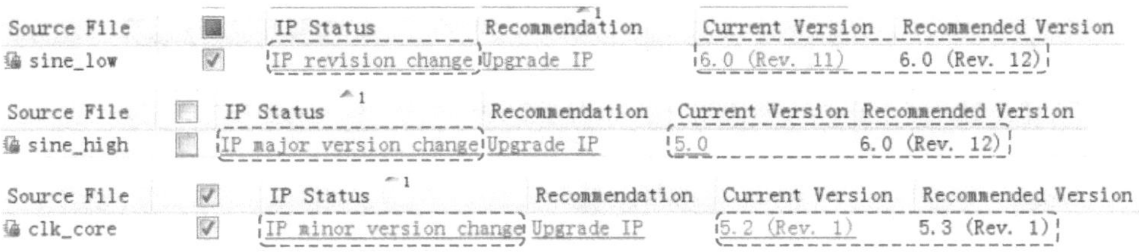

Source File		IP Status	Recommendation	Current Version	Recommended Version
sine_low	☑	IP revision change	Upgrade IP	6.0 (Rev. 11)	6.0 (Rev. 12)

Source File		IP Status	Recommendation	Current Version	Recommended Version
sine_high	☐	IP major version change	Upgrade IP	5.0	6.0 (Rev. 12)

Source File		IP Status	Recommendation	Current Version	Recommended Version
clk_core	☑	IP minor version change	Upgrade IP	5.2 (Rev. 1)	5.3 (Rev. 1)

图 5.34　IP 的 3 种待更新状态

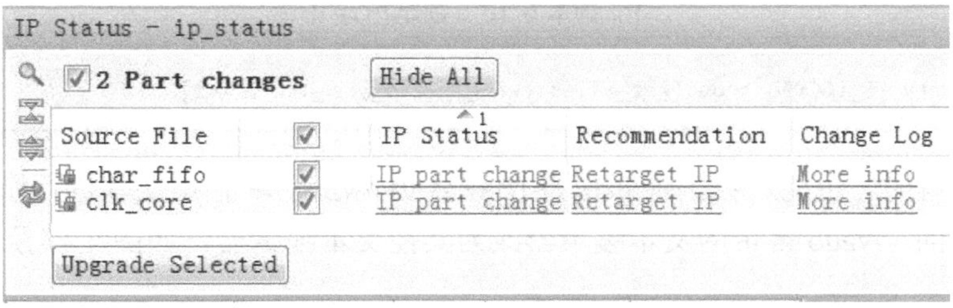

IP Status - ip_status

☑ 2 Part changes　Hide All

Source File		IP Status	Recommendation	Change Log
char_fifo	☑	IP part change	Retarget IP	More info
clk_core	☑	IP part change	Retarget IP	More info

Upgrade Selected

图 5.35　芯片型号变化导致 IP 更新

5.3.4　IP 输出文件的编辑

通常情况下，IP 的输出文件是只读的，而且有的还是加密的，因此并不建议对其进行编辑。但在某些特定情况下，需要对 IP 输出文件中未加密的约束文件、HDL 参数或 IP 引脚进行修改，此时需要遵循图 5.36 所示流程[2]。该流程的第 2 步（标记为②）也可采用 Tcl 脚本 5.18 的方式。

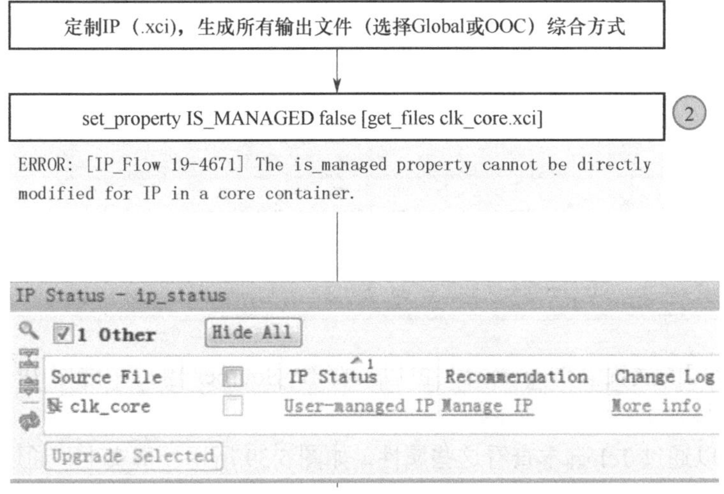

图 5.36　编辑 IP 输出文件

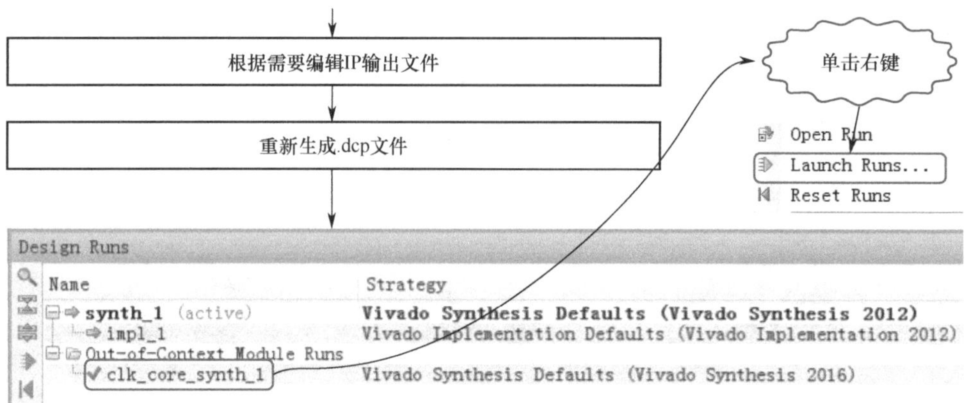

图 5.36　编辑 IP 输出文件（续）

Tcl 脚本 5.18　锁定指定 IP

```
set_property IS_LOCKED true [get_files ten_gig_eth_pcs_pma_0.xci]
```

采用该流程时，可能还会出现即使将 IP 锁定仍无法对 IP 输出文件进行修改的情形，此时需要将默认的 Vivado 自带的文本编辑器改为其他文本编辑器，如图 5.37 所示。

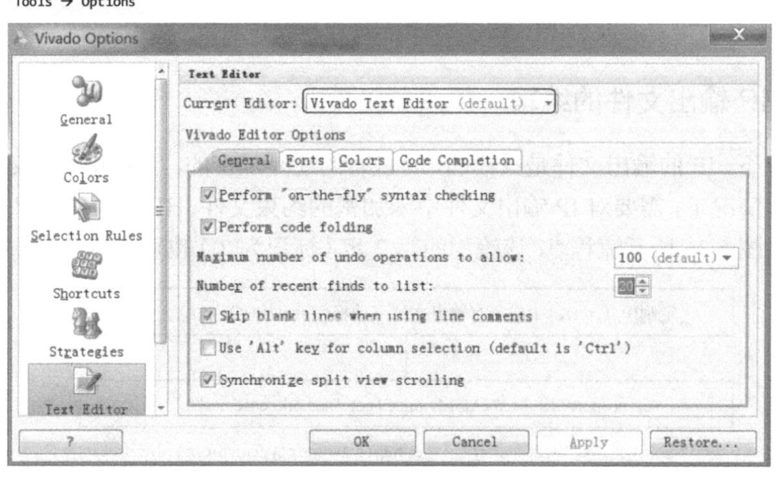

图 5.37　设置 Vivado 文本编辑器

5.4　IP 的属性与状态

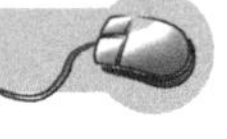

Vivado 有专门的属性（Properties）窗口，在 IP Sources 窗口中选中 IP 即可在其属性窗口中查看相关属性，如图 5.38 所示。

另外，也可以通过 Tcl 脚本查看这些属性，如图 5.39 所示。事实上，通过 Tcl 脚本可获得该 IP 的所有属性，也可获得指定的属性，如其中的第 2 行脚本。在这些属性中，IPDEF 表明了 IP 当前版本，UPGRADE_VERSIONS 表明了 IP 可更新到的版本，KNOWN_TARGETS 为 IP 可生成的输出文件。通过查看 KNOWN_TARGETS 可以确定 IP 是否生成自带的例子工程，如 Tcl 脚本 5.19 所示，若该脚本返回值为−1，则说明 IP 没有自带的例子工程。Tcl 脚本 5.20 则可检查 IP Catalog 中所有 IP 中的哪些 IP 可以生成自带的例子工程，其中 get_ipdefs 返回 IP Catalog 中的所有 IP。

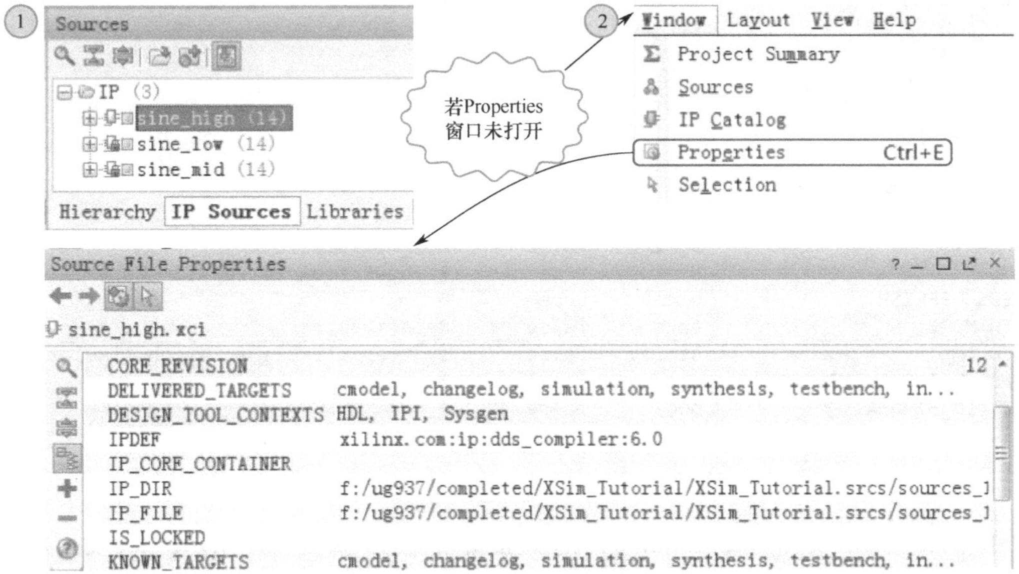

图 5.38　查看 IP 属性

```
DELIVERED_TARGETS        string*  true    synthesis instantiation_template simulation
IPDEF                    string   true    xilinx.com:ip:dds_compiler:5.0
IP_CORE_CONTAINER        string   true
IP_DIR                   string   true    f:/ug937_v12.3/completed/XSim_Tutorial/XSim_
IP_FILE                  string   true    f:/ug937_v12.3/completed/XSim_Tutorial/XSim_
IS_LOCKED                bool     true    1
KNOWN_TARGETS            string*  true    synthesis instantiation_template simulation
NAME                     string   true    sine_low
SELECTED_SIM_MODEL       string   false
STALE_TARGETS            string*  true
SUPPORTED_TARGETS        string*  true
SW_VERSION               string   true
UPGRADE_VERSIONS         string*  true    xilinx.com:ip:dds_compiler:6.0
```

图 5.39　通过 Tcl 脚本查看 IP 属性

Tcl 脚本 5.19　确定 IP 是否生成自带的例子工程

```
lsearch [get_property KNOWN_TARGETS [get_ips char_fifo]] example
```

Tcl 脚本 5.20　确定 IP Catalog 中的哪些 IP 可生成自带的例子工程

```
set ipd [get_ipdefs]
foreach ip $ipd {
  set known_targets [get_property KNOWN_TARGETS $ip]
  if { [lsearch $known_targets example] != -1 } {
  puts "$ip\n"
  }
}
```

IP 的属性和 IP 文件（.xci 或.xcix）的属性是不同的，如图 5.40 所示是 IP 文件.xci 的相关属性，可以看到 IS_MANAGED 属性是作用于.xci 文件的，而非 get_ips 指向的 IP 对象。

```
Property                   Type      Read-only  Value
CLASS                      string    true       file
CORE_CONTAINER             string    true
FILE_TYPE                  enum      false      IP
GENERATE_SYNTH_CHECKPOINT  bool      true       1
IS_AVAILABLE               bool      true       1
IS_ENABLED                 bool      false      1
IS_GENERATED               bool      true       0
IS_GLOBAL_INCLUDE          bool      false      0
IS_MANAGED                 bool      false      1
LIBRARY                    string    false      xil_defaultlib
NAME                       string    true       F:/ug937/completed/XSim_Tutorial/XSim_
NEEDS_REFRESH              bool      true       0
PATH_MODE                  enum      false      RelativeFirst
USED_IN                    string*   false      synthesis implementation simulation
USED_IN_IMPLEMENTATION     bool      false      1
USED_IN_SIMULATION         bool      false      1
USED_IN_SYNTHESIS          bool      false      1
```

图 5.40 通过 Tcl 脚本查看 IP 文件的属性

IP 的属性、IP 文件的属性和 IP 的状态是紧密相关的，如图 5.41 所示。换言之，根据 IP 的状态可判断 IP 某些属性的值，而根据 IP 或 IP 文件的属性可推断 IP 的状态。

sine_high (8)

- 采用Global综合方式
- get_property GENERATE_SYNTH_CHECKPOINT [get_files sine_high.xci]该脚本返回值为0，表明未单独生成IP的DCP文件

sine_mid (14)

- 采用OOC综合方式
- get_property GENERATE_SYNTH_CHECKPOINT [get_files sine_mid.xci]该脚本返回值为1，表明生成了IP的DCP文件

sine_low (16)

- 采用OOC综合方式
- get_property IS_LOCKED [get_ips sine_low]该脚本返回值为1，表明IP处于锁定状态
- get_property UPGRADE_VERSIONS [get_ips sine_low]该脚本返回值为xilinx.com:ip:dds_compiler:6.0，表明IP可更新到此版本
- get_property GENERATE_SYNTH_CHECKPOINT [get_files sine_low.xci]该脚本返回值为1，表明生成了IP的DCP文件
- 此时IP可更新到最新版本，也可使用原始版本生成的DCP

图 5.41 IP 属性、IP 文件的属性与 IP 状态的关系

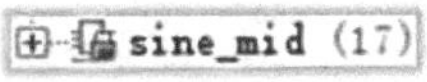

sine_mid (17)

- get_property IS_LOCKED [get_ips sine_mid]该脚本返回值为1，表明IP处于锁定状态
- get_property GENERATE_SYNTH_CHECKPOINT [get_files sine_mid.xci]该脚本返回值为0，表明未单独生成IP的DCP文件
- 此时IP无法重新定制，必须先升级到最新版本或者提供原始版本的DCP文件

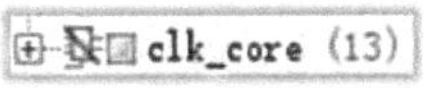

clk_core (13)

- 采用OOC综合方式
- get_property IS_MANAGED [get_files clk_core.xci]该脚本返回值为0，表明IP不受Vivado的管理，处于用户编辑状态
- get_property GENERATE_SYNTH_CHECKPOINT [get_files clk_core.xci]该脚本返回值为1，表明生成了IP的DCP文件

图 5.41 IP 属性、IP 文件的属性与 IP 状态的关系（续）

5.5 IP 的约束

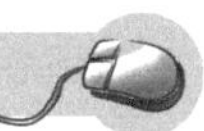

在生成 IP 时会输出一些约束文件，如图 5.42 所示。其中典型的 IP 约束文件包括<ip_name>.xdc、<ip_name>_clocks.xdc 和<ip_name>_ooc.xdc。IP 在不同的综合方式下生成的约束文件也有所不同，其中<ip_name>_ooc.xdc 只有当 IP 为 OOC 综合方式时才会生成。

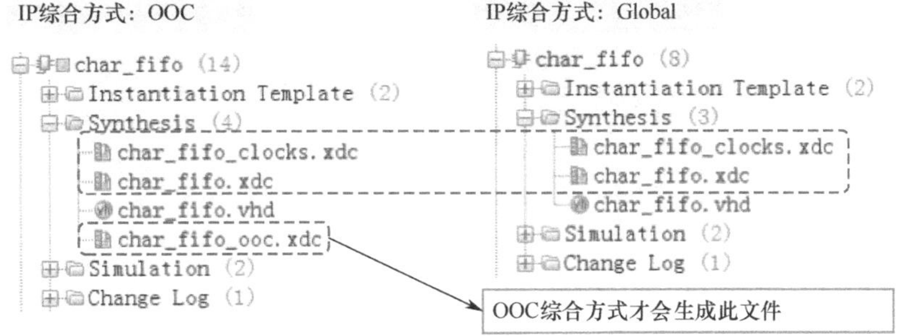

图 5.42 IP 输出的约束文件

这些 IP 约束文件在具体工程中会有一定的编译顺序，这可通过 Tcl 脚本 5.21 查看。以 ug939 的实验 1 为例，当 IP 为 OOC 综合方式时，Tcl 脚本 5.21 的输出结果如图 5.43 至图 5.45 所示。图中 Processing_Order 若为 EARLY，表明该约束在用户约束之前编译；若为 LATE，则表明该约束在用户约束之后编译。

Tcl 脚本 5.21 查看约束文件的编译顺序

```
report_compile_order -constraints
```

```
Constraint evaluation order for 'synthesis' with fileset 'sources_1' & with fileset 'constrs_1':
Index  File Name            Used_In        Scoped_To_Ref  Scoped_To_Cells  Processing_Order  Out_Of_Context
-----  -------------------  -------------  -------------  ---------------  ----------------  --------------
1      wave_gen_timing.xdc  Synth & Impl                                    NORMAL


Constraint evaluation order for 'implementation' with fileset 'sources_1' & with fileset 'constrs_1':
Index  File Name            Used_In        Scoped_To_Ref  Scoped_To_Cells  Processing_Order  Out_Of_Context
-----  -------------------  -------------  -------------  ---------------  ----------------  --------------
1      char_fifo.xdc        Synth & Impl   char_fifo      U0               EARLY
2      clk_core_board.xdc   Synth & Impl   clk_core       inst             EARLY
3      clk_core.xdc         Synth & Impl   clk_core       inst             EARLY
4      wave_gen_timing.xdc  Synth & Impl                                   NORMAL
5      wave_gen_pins.xdc    Impl                                           NORMAL
6      char_fifo_clocks.xdc Synth & Impl   char_fifo      U0               LATE
```

图 5.43 顶层设计综合和实现时约束文件的编译顺序（IP 为 OOC 综合方式）

```
---------------------------------------------------------
| Compile Order for Out-of-Context BlockSet: 'char_fifo'
| Top Module:                                'char_fifo'
---------------------------------------------------------

Constraint evaluation order for 'synthesis' with fileset 'char_fifo':
Index  File Name            Used_In        Scoped_To_Ref  Scoped_To_Cells  Processing_Order  Out_Of_Context
-----  -------------------  -------------  -------------  ---------------  ----------------  --------------
1      char_fifo_ooc.xdc    Synth & Impl   char_fifo      U0               EARLY             yes
2      char_fifo.xdc        Synth & Impl   char_fifo      U0               EARLY
3      char_fifo_clocks.xdc Synth & Impl   char_fifo      U0               LATE


Constraint evaluation order for 'implementation' with fileset 'char_fifo':
Index  File Name            Used_In        Scoped_To_Ref  Scoped_To_Cells  Processing_Order  Out_Of_Context
-----  -------------------  -------------  -------------  ---------------  ----------------  --------------
1      char_fifo_ooc.xdc    Synth & Impl   char_fifo      U0               EARLY             yes
2      char_fifo.xdc        Synth & Impl   char_fifo      U0               EARLY
3      char_fifo_clocks.xdc Synth & Impl   char_fifo      U0               LATE
```

图 5.44 IP char_fifo 综合和实现时约束文件的编译顺序

```
---------------------------------------------------------
| Compile Order for Out-of-Context BlockSet: 'clk_core'
| Top Module:                                'clk_core'
---------------------------------------------------------

Constraint evaluation order for 'synthesis' with fileset 'clk_core':
Index  File Name            Used_In        Scoped_To_Ref  Scoped_To_Cells  Processing_Order  Out_Of_Context
-----  -------------------  -------------  -------------  ---------------  ----------------  --------------
1      clk_core_ooc.xdc     Synth & Impl   clk_core       inst             EARLY             yes
2      clk_core_board.xdc   Synth & Impl   clk_core       inst             EARLY
3      clk_core.xdc         Synth & Impl   clk_core       inst             EARLY


Constraint evaluation order for 'implementation' with fileset 'clk_core':
Index  File Name            Used_In        Scoped_To_Ref  Scoped_To_Cells  Processing_Order  Out_Of_Context
-----  -------------------  -------------  -------------  ---------------  ----------------  --------------
1      clk_core_ooc.xdc     Synth & Impl   clk_core       inst             EARLY             yes
2      clk_core_board.xdc   Synth & Impl   clk_core       inst             EARLY
3      clk_core.xdc         Synth & Impl   clk_core       inst             EARLY
```

图 5.45 IP clk_core 综合和实现时约束文件的编译顺序

通过 Tcl 脚本 5.22 可以看到，char_fifo_ooc.xdc 的属性 USED_IN 的值中包含 out_of_context，这也进一步证明了<ip_name>_ooc.xdc 只有在 IP 为 OOC 综合方式时才会被使用。

Tcl 脚本 5.22　char_fifo_ooc.xdc 的属性 USED_IN

```
get_property USED_IN [get_files char_fifo_ooc.xdc]
# synthesis implementation out_of_context
```

当 IP 为 Global 综合方式时，Tcl 脚本 5.21 的输出结果如图 5.46 所示，可以看到此时不会用到<ip_name>_ooc.xdc 文件。

进一步对比约束文件的内容，其中 clk_core.xdc 内容如图 5.47 所示，第 55 行显示创建了时钟周期约束，且无论该 IP 为 OOC 综合方式还是 Global 综合方式，clk_core.xdc 都是在用户约束之前编译，这意味着如果用户约束中未再创建同一时钟，那么这里的约束将生效，否则用户约束将生效。

IP char_fifo 的相关约束文件内容如图 5.48 所示，不难看出，char_fifo_ooc.xdc 中创建了时钟周期约束，而 char_fifo_clocks.xdc 中的约束依赖于外部时钟。

```
Constraint evaluation order for 'synthesis' with fileset 'sources_1' & with fileset 'constrs_1':
Index  File Name           Used_In       Scoped_To_Ref  Scoped_To_Cells  Processing_Order  Out_Of_Context
-----  ------------------- ------------  -------------  ---------------  ----------------  --------------
1      wave_gen_timing.xdc Synth & Impl                                  NORMAL

Constraint evaluation order for 'implementation' with fileset 'sources_1' & with fileset 'constrs_1':
Index  File Name            Used_In       Scoped_To_Ref  Scoped_To_Cells  Processing_Order  Out_Of_Context
-----  -------------------- ------------  -------------  ---------------  ----------------  --------------
1      clk_core_board.xdc   Synth & Impl  clk_core       inst             EARLY
2      clk_core.xdc         Synth & Impl  clk_core       inst             EARLY
3      char_fifo.xdc        Synth & Impl  char_fifo      U0               EARLY
4      wave_gen_timing.xdc  Synth & Impl                                  NORMAL
5      wave_gen_pins.xdc    Impl                                          NORMAL
6      char_fifo_clocks.xdc Synth & Impl  char_fifo      U0               LATE
```

图 5.46　顶层设计综合和实现时约束文件的编译顺序（IP 为 Global 综合方式）

```
55 # Differential clock only needs one constraint
56 create_clock -period 5.0 [get_ports clk_pin_p]
57 set_input_jitter [get_clocks -of_objects [get_ports clk_pin_p]] 0.05
```

图 5.47　clk_core.xdc 文件内容

图 5.48　IP char_fifo 的相关约束文件内容

根据上述分析，不难得出图 5.49 所示的结论。此外，通常情况下，用户也无须对 IP 生成的约束文件进行编辑，Vivado 会自动管理并调用这些约束。

图 5.49　IP 约束文件的含义

结论

对于 IP 的约束文件：

- 默认情况下<ip_name>.xdc 会在用户约束文件之前编译，其属性 Processing_Order 的值为 EARLY。

- 默认情况下用户约束文件属性 Processing_Order 的值为 NORMAL。
- 默认情况下<ip_name>_clocks.xdc 会在用户约束文件之后编译，其属性 Processing_Order 的值为 LATE。
- <ip_name>_ooc.xdc 只有对 IP 采用 OOC 综合方式时才会使用。

此外，利用 Tcl 脚本 5.23 可查看 IP 的 XDC 文件属性。其中，第 1 行返回如图 5.50 所示内容，这些内容也可以在 Properties 窗口中查看；第 3 行可获取指定 IP 的所有 XDC 文件；第 4 行则是将这些 XDC 文件设置为无效，结果如图 5.51 所示。

Tcl 脚本 5.23　查看 IP 的 XDC 文件属性

```
1 report_property [get_files -of_objects [get_files char_fifo.xci]\
2  -filter {NAME =~ *_clocks.xdc}]
3 set char_fifo_xdc [get_files -of_objects [get_files char_fifo.xci]\
4  -filter {FILE_TYPE == XDC}]
5 set_property IS_ENABLED false $char_fifo_xdc
```

Property	Type	Read-only	Value
CLASS	string	true	file
CORE_CONTAINER	string	true	
FILE_TYPE	enum	false	XDC
IMPORTED_FROM	file	true	F:/BookVivado/VivadoPrj/my
IS_AVAILABLE	bool	true	1
IS_ENABLED	bool	false	1
IS_GENERATED	bool	true	1
IS_GLOBAL_INCLUDE	bool	false	0
LIBRARY	string	false	xil_defaultlib
NAME	string	true	f:/ug939/lab_1_mode1/lab_1
NEEDS_REFRESH	bool	true	0
PARENT_COMPOSITE_FILE	file	true	F:/ug939/lab_1_mode1/lab_1
PATH_MODE	enum	false	RelativeFirst
PROCESSING_ORDER	enum	false	EARLY
SCOPED_TO_CELLS	string*	false	U0
SCOPED_TO_REF	string	false	char_fifo
USED_IN	string*	false	synthesis implementation
USED_IN_IMPLEMENTATION	bool	false	1
USED_IN_SYNTHESIS	bool	false	1

图 5.50　IP 的 XDC 文件属性

使IP的XDC无效	使IP的XDC有效
char_fifo (8)	char_fifo (8)
Instantiation Template (2)	Instantiation Template (2)
Synthesis (3)	Synthesis (3)
char_fifo_clocks.xdc	char_fifo_clocks.xdc
char_fifo.xdc	char_fifo.xdc
char_fifo.vhd	char_fifo.vhd
Simulation (2)	Simulation (2)
Change Log (1)	Change Log (1)

图 5.51　设置 IP 的 XDC 无效

5.6 封装 IP

Vivado 提出了一种以 IP 为核心的设计理念，Vivado HLS 工程和 SysGen 工程都可以 IP 的形式添加到 IP Catlog 中，如图 5.52 所示。对于用户的 RTL 代码，Vivado 提供了一个非常易用的工具 IP Packager，它可以将用户代码封装为 IP。这样做的好处是用户代码以 IP 的形式穿梭于不同的项目中，同时其他用户只需关注该 IP 的功能和一些参数指标，而无须关注具体实现方式，使得设计参数化，从而有效提高了代码的可复用性和可移植性。

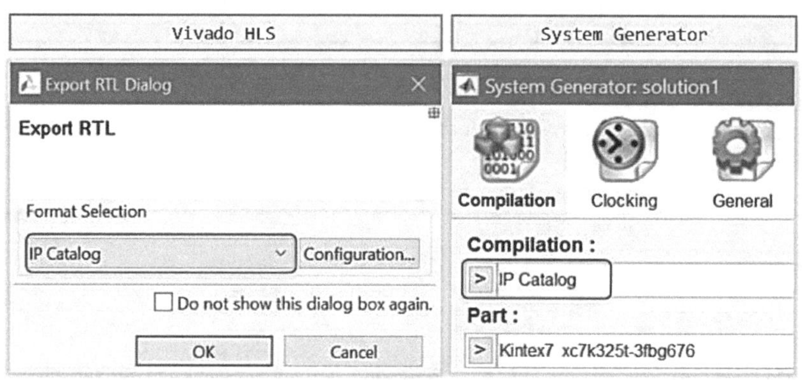

图 5.52 Vivado HLS 工程、SysGen 工程封装为 IP

对于用户的 RTL 代码，Vivado 提供了两种封装形式[3]：一种是通过 Vivado 工程封装；一种是通过指定目录封装。下面将分别介绍。

5.6.1 通过 Vivado 工程封装用户代码

准备工作：RTL 代码、测试文件和约束文件，其中 RTL 代码是必需的，其他两类文件可以不提供，但建议最好都具备。

为便于说明，这里以一个简单的工程为例。该工程的 RTL 代码包括一个计数器（VHDL 代码 5.1）、一个加法器（VHDL 代码 5.2），以及二者构成的顶层（VHDL 代码 5.3），顶层结构如图 5.53 所示。

VHDL 代码 5.1 计数器

```
library ieee;
use ieee.std_logic_1164.all;
use ieee.numeric_std.all;

entity mycnt is
  generic (CNT_WIDTH : natural := 4);
  port (
        clk   : in std_logic;
        rst   : in std_logic;
        ce    : in std_logic;
        pulse : out std_logic
     );
```

```
end mycnt;

architecture archi of mycnt is
  constant CNT_MAX : natural := 2**CNT_WIDTH-1;
  signal cnt : unsigned(CNT_WIDTH-1 downto 0) := (others => '0');
  signal pulse_i : std_logic;
begin
  pulse_i <= '1' when cnt = to_unsigned(CNT_MAX,CNT_WIDTH) else '0';
  process(clk)
  begin
    if rising_edge(clk) then
      if rst = '1' then
        cnt <= (others => '0');
      elsif ce = '1' then
        cnt <= cnt + 1;
      end if;
       pulse <= pulse_i;
    end if;
  end process;
end archi;
```

VHDL 代码 5.2　加法器

```
library ieee;
use ieee.std_logic_1164.all;
use ieee.numeric_std.all;

entity myadder is
  generic (DATA_WIDTH : natural := 8);
  port (
        clk : in std_logic;
        ce  : in std_logic;
        opa : in std_logic_vector(DATA_WIDTH-1 downto 0);
        opb : in std_logic_vector(DATA_WIDTH-1 downto 0);
        res : out std_logic_vector(DATA_WIDTH downto 0)
      );
end myadder;

architecture archi of myadder is
  signal opa_i : unsigned(opa'range) := (others => '0');
  signal opb_i : unsigned(opb'range) := (others => '0');
  signal res_i : unsigned(res'range) := (others => '0');
begin
  res <= std_logic_vector(res_i);
  process(clk)
  begin
    if rising_edge(clk) then
      if ce = '1' then
        opa_i <= unsigned(opa);
        opb_i <= unsigned(opb);
        res_i <= ('0'&opa_i) + ('0'&opb_i);
      end if;
    end if;
  end process;
end archi;
```

VHDL 代码 5.3　设计顶层端口描述

```
library ieee;
use ieee.std_logic_1164.all;

entity ctrl_adder is
  generic (
           CNT_WIDTH  : natural := 4;
           DATA_WIDTH : natural := 8
           );
  port (
         clk : in std_logic;
         rst : in std_logic;
         ce  : in std_logic;
         opa : in std_logic_vector(DATA_WIDTH-1 downto 0);
         opb : in std_logic_vector(DATA_WIDTH-1 downto 0);
         res : out std_logic_vector(DATA_WIDTH downto 0)
       );
end ctrl_adder;
```

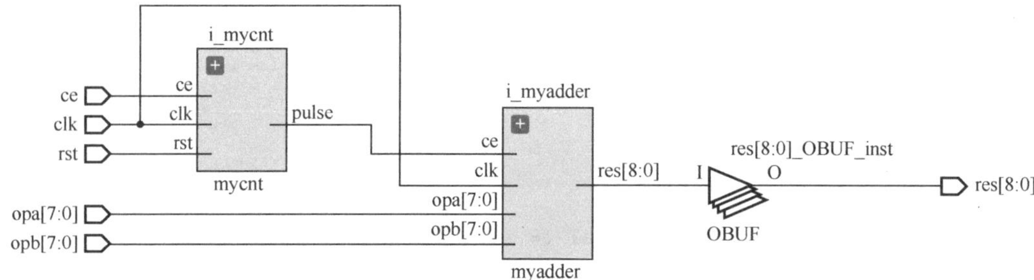

图 5.53　设计顶层结构

结论

对于需要封装为 IP 的 RTL 代码：

- 对于顶层，必须是 VHDL 或 Verilog 描述，Vivado 当前版本（2016.2）不支持顶层为 SystemVerilog 描述。
- 需要在 IP 界面中显示的参数必须在顶层声明（VHDL 通过 Generic 声明，Verilog 通过 Parameter 声明）。
- 顶层若用 VHDL 描述，数据类型必须是 std_logic 或 std_logic_vector。
- VHDL 的 Package 中声明的参数无法提取到 IP 界面中。

测试文件为 SystemVerilog 描述，如 SystemVerilog 代码 5.1 所示。这里需要注意的是，一定要提供顶层设计的测试文件，因为底层模块的测试文件不会被提取出来封装到 IP 内部。

SystemVerilog 代码 5.1　顶层 RTL 代码的测试文件

```
timeunit 1ns;
timeprecision 1ps;

module ctrl_adder_tb;
parameter CLK_PERIOD = 10;
```

```
parameter CNT_WIDTH  = 2;
parameter DATA_WIDTH = 4;
bit clk = 'b0;
bit rst;
bit ce;
logic [DATA_WIDTH-1:0] opa;
logic [DATA_WIDTH-1:0] opb;
logic [DATA_WIDTH:0] res;

ctrl_adder #(.CNT_WIDTH(CNT_WIDTH), .DATA_WIDTH(DATA_WIDTH))
i_ctrl_adder (.clk, .rst, .ce, .opa, .opb, .res);

always #(CLK_PERIOD/2) clk = ~clk;

initial
begin
  rst = 'b1;
  ce = 'b0;
  #(1.5*CLK_PERIOD) rst = 'b0;
  #(2*CLK_PERIOD) ce = 'b1;
end

always @(posedge clk)
begin
  opa <= $urandom_range(0, 2**DATA_WIDTH-1);
  opb <= $urandom_range(0, 2**DATA_WIDTH-1);
end

endmodule
```

创建 Vivado 工程，并创建约束文件。约束文件如图 5.54 所示，包括对 IP 综合和实现时用到的 ctrl_adder.xdc 文件，以及对 IP 采用 OOC 综合方式时用到的 ctrl_adder_ooc.xdc 文件（通常只包含时钟周期约束）。在此基础上的 Vivado 工程文件目录如图 5.55 所示。

ctrl_adder_ooc.xdc

```

create_clock -period 5.000 [get_ports clk]

```

ctrl_adder.xdc

```
set width [get_property BUS_WIDTH [get_nets {i_mycnt/cnt[0]}]]
set cycle_s [expr 2**$width]
set cycle_h [expr $cycle_s-1]
set_multicycle_path -from [get_cells {i_myadder/opa_i_reg[*]}] \
  -to [get_cells {i_myadder/res_i_reg[*]}] -setup $cycle_s
set_multicycle_path -from [get_cells {i_myadder/opa_i_reg[*]}] \
  -to [get_cells {i_myadder/res_i_reg[*]}] -hold $cycle_h
set_multicycle_path -from [get_cells {i_myadder/opb_i_reg[*]}] \
  -to [get_cells {i_myadder/res_i_reg[*]}] -setup $cycle_s
set_multicycle_path -from [get_cells {i_myadder/opb_i_reg[*]}] \
  -to [get_cells {i_myadder/res_i_reg[*]}] -hold $cycle_h
```

图 5.54　约束文件

对于约束文件，需要做进一步的处理。其中，ctrl_adder_ooc.xdc 文件由于只在 OOC 综合方式下才会使用，因此应设置其属性 USED_IN 的值包含 out_of_context，如图 5.56 所示。与之等效的 Tcl 脚本如 Tcl 脚本 5.24 所示。这里需要注意，USED_IN 的值 synthesis 和

implementation 必须保留。对于 ctrl_adder.xdc 文件，由于其中的 set_multicycle_path 与时钟周期有关，换言之，该约束依赖于外部时钟，因此应将 ctrl_adder.xdc 文件的 PROCESSING_ORDER 设置为 LATE，如图 5.57 所示，相应的 Tcl 脚本如 Tcl 脚本 5.25 所示。

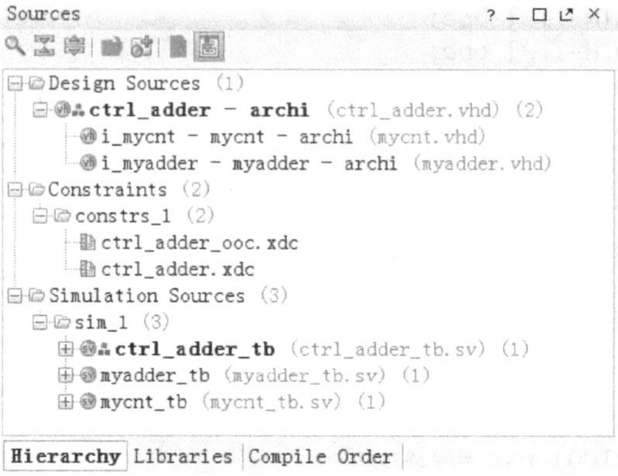

图 5.55 Vivado 工程文件目录

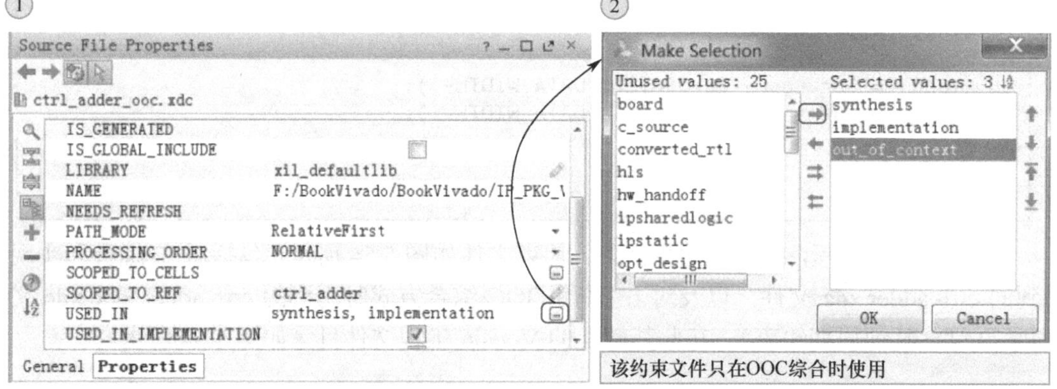

图 5.56 设置 ctrl_adder_ooc.xdc 文件的属性 USED_IN

Tcl 脚本 5.24 设置 ctrl_adder_ooc.xdc 文件的属性 USED_IN

```
set_property USED_IN {synthesis implementation out_of_context}\
 [get_files ctrl_adder_ooc.xdc]
```

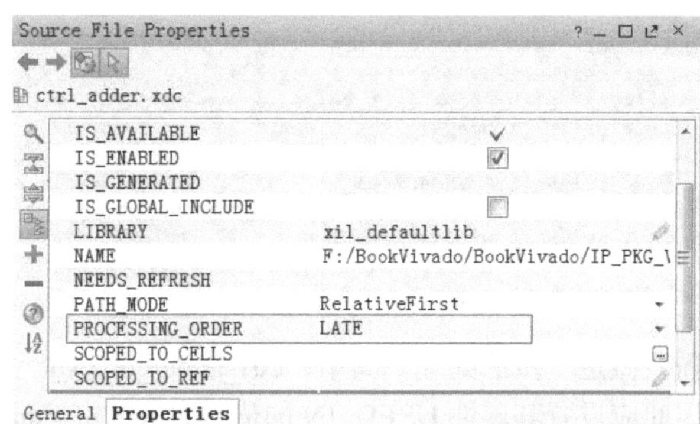

图 5.57 设置 ctrl_adder.xdc 文件的属性 PROCESSING_ORDER

Tcl 脚本 5.25　设置 ctrl_adder.xdc 文件的属性 PROCESSING_ORDER

```
set_property PROCESSING_ORDER LATE [get_files ctrl_adder.xdc]
```

结论

对于需要封装为 IP 的 Vivado 工程：

- 应包含一个用于 OOC 综合时的约束文件，此文件通常只包含时钟周期约束，需要设定该文件的 USED_IN 属性值。
- 应包含 IP 综合和实现时用到的约束文件，此文件通常不包含时钟周期约束，需要设定该文件的 PROCESSING_ORDER 属性值。

在封装 IP 之前，需要设置 IP Packager 基本信息，如图 5.58 所示。部分信息可在后续过程中设置。

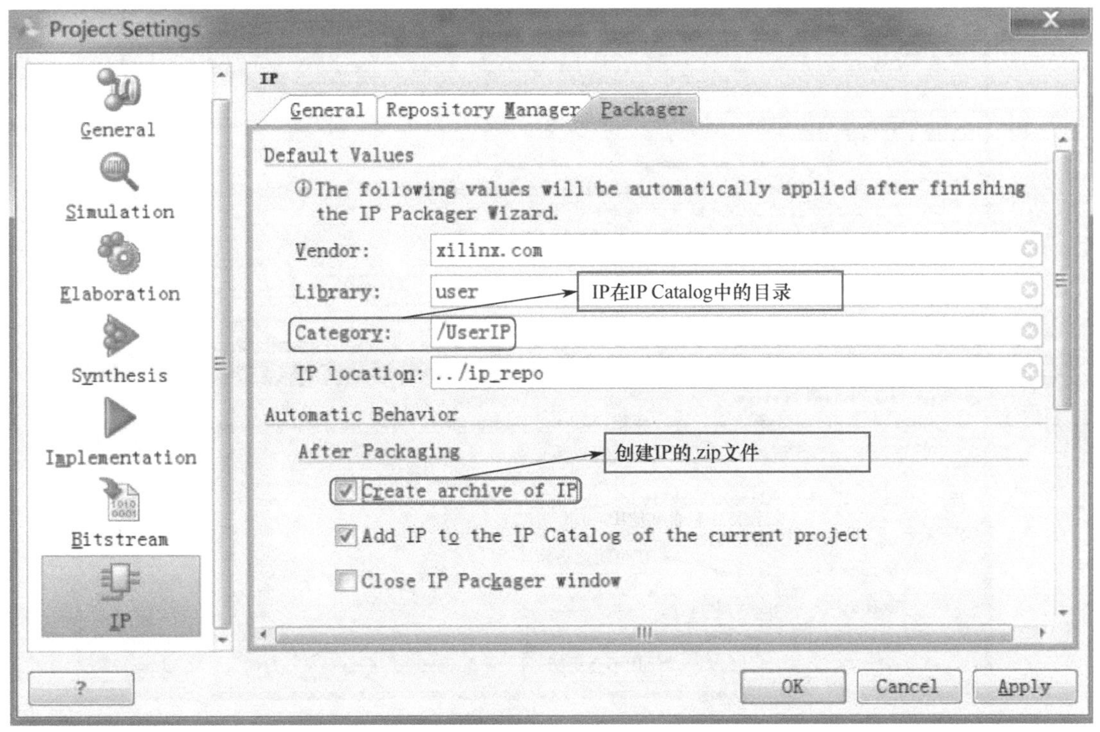

图 5.58　设置 IP Packager 基本信息

根据图 5.59 所示的流程，可打开 IP Packager 界面。Vivado 允许用户的设计包含 Xilinx 的 IP，如果封装 IP 时只包含该 IP 的.xci 文件，那么该 IP 若有新版本则会随之更新；若只包含其他输出文件，则不会更新。打开后的 IP Packager 界面如图 5.60 所示。

在 Compatibility 界面中，可设定 IP 的目标芯片，即该 IP 可适用于哪些芯片，如图 5.61 所示。

在 File Groups 中可查看 IP 的文件构成，同时还可以添加其他文件，如 Product Guide，如图 5.62 所示。

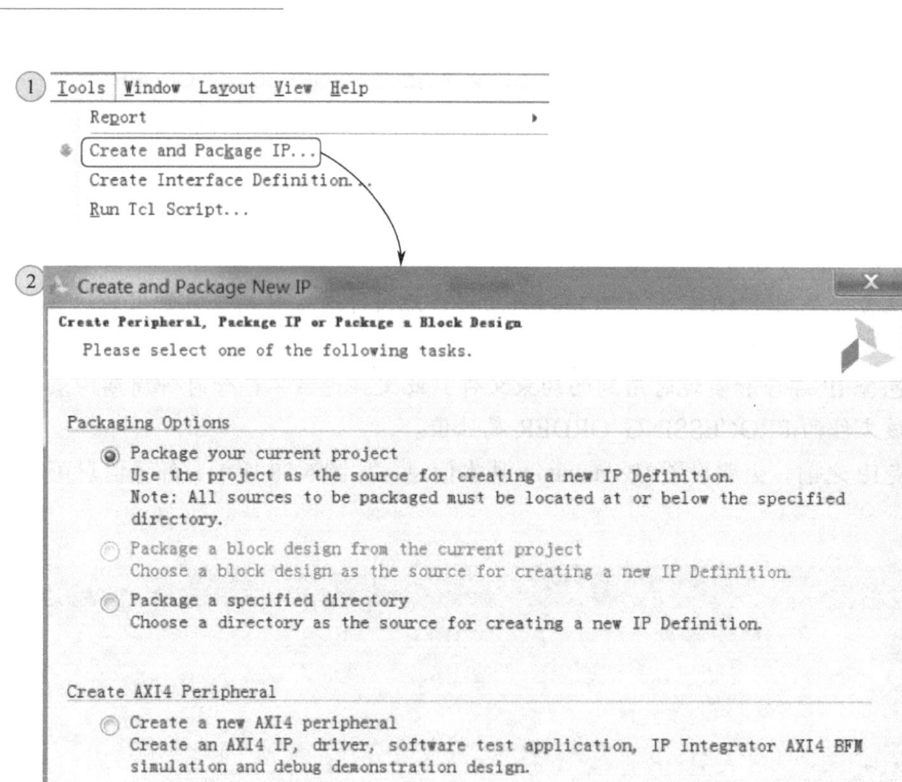

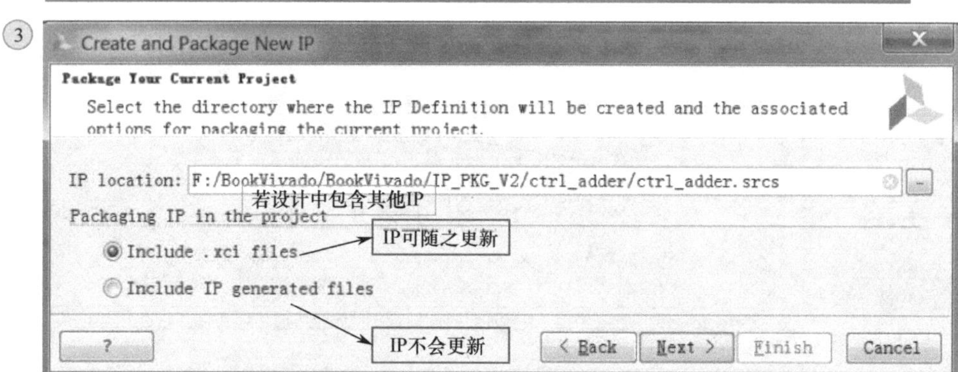

图 5.59　打开 IP Packager 界面

在 Customization Parameters 界面中，IP Packager 可自动提取出顶层设计中声明的参数，用户可对这些参数进行编辑，如设定参数的数据类型和取值范围。此外，用户还可以添加其他参数，这里添加了两个参数 USE_RST 和 USE_CE，用于控制 rst 和 ce 端口，如图 5.63 所示。

在 Ports and Interfaces 界面中，用户可对设计中的端口进行编辑，如设定当参数 USE_RST 为 1 时，rst 可见，否则此端口恒接地，如图 5.64 所示。

在 Customization GUI 界面中，可看到定制后的 IP 图形界面，如图 5.65 所示，显示了用户可编辑的参数。

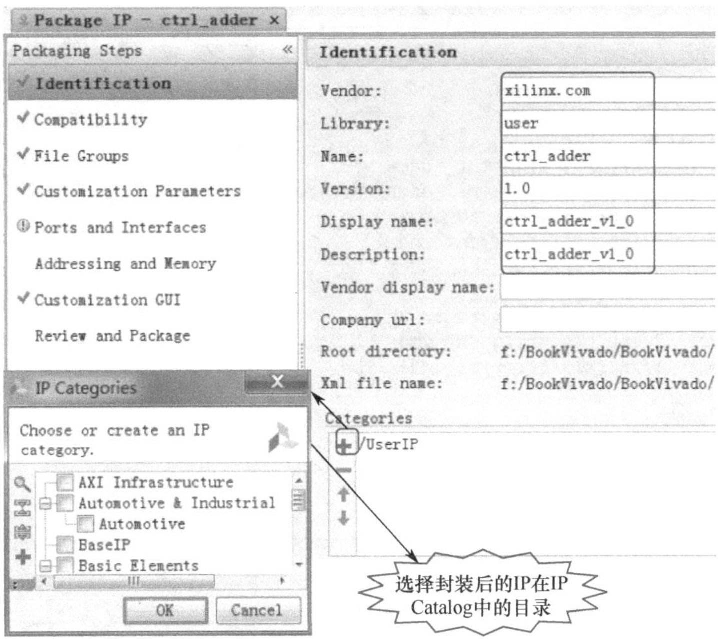

图 5.60　IP Packager 界面

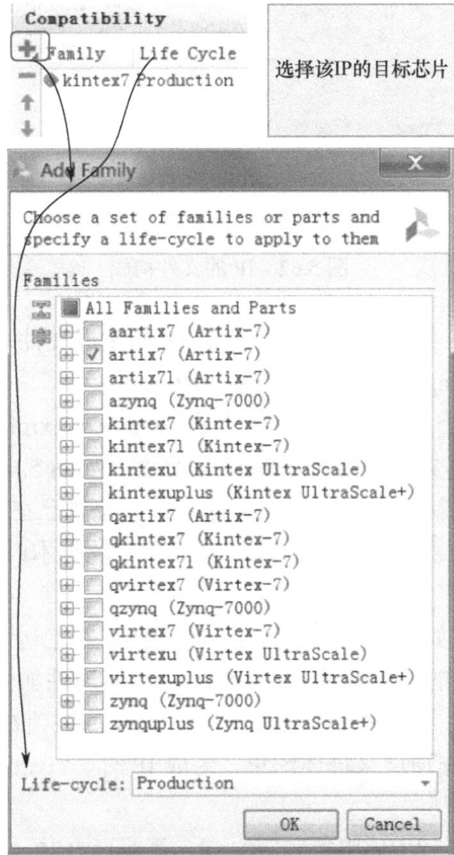

图 5.61　设定 IP 的目标芯片

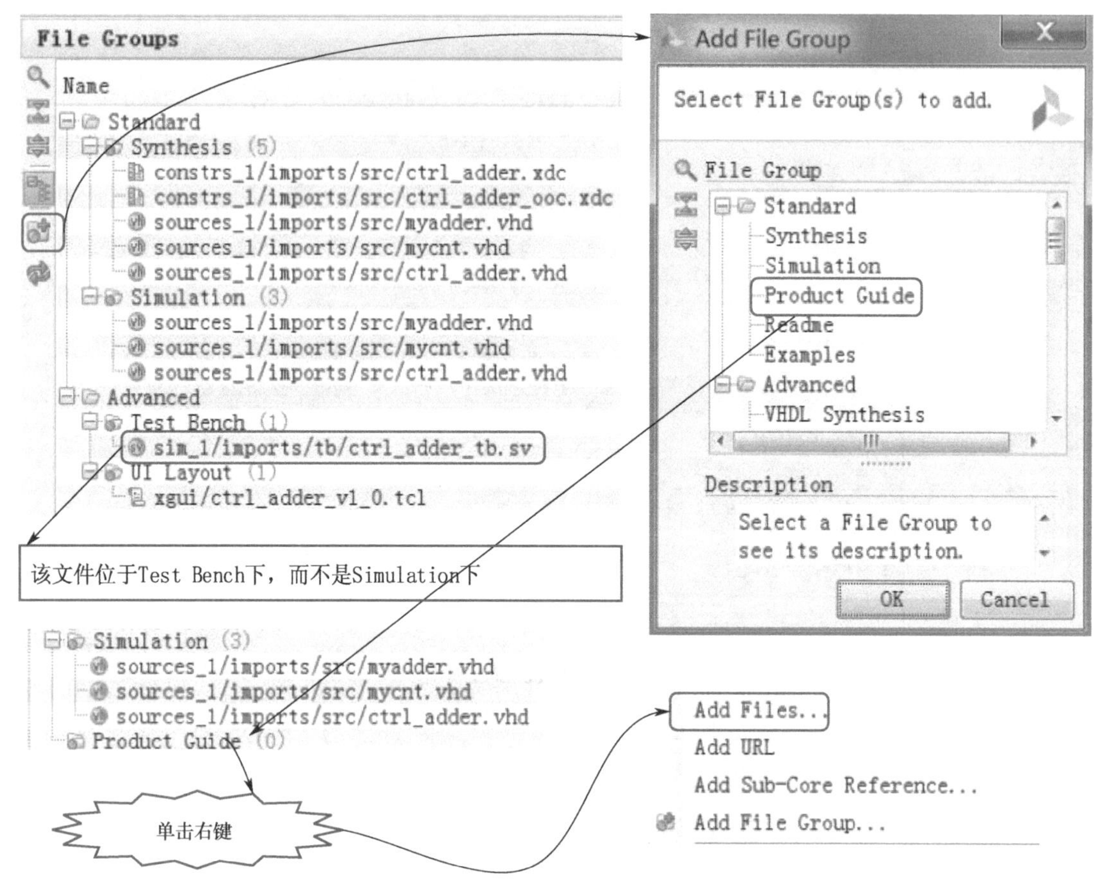

图 5.62 IP 的文件构成

在 Review and Package 界面中，显示了封装 IP 的生成文件及 IP Repository 的位置，如图 5.66 所示，单击 Re-Package IP 按钮即可完成 IP 的封装。

封装 IP 之后会生成两个重要的文件：一个是 component.xml，用于管理 IP 的基本信息；一个是 xgui 文件夹下的 Tcl 文件，用于管理 IP 的界面，如图 5.67 所示。

完成 IP 封装后，该 IP 就会出现在 IP Catalog 中（位置已在图 5.60 中设定），如图 5.68 所示，这是因为 IP Packager 会执行如 Tcl 脚本 5.26 所示的脚本，该脚本设定了 IP Repository 的位置。

此时，对于该用户 IP 可如同其他 Xilinx IP 一样使用，如定制该 IP，生成 my_ctrl_adder.xci 及相关文件，可以看到其中的约束文件 ctrl_adder.xdc，其属性如图 5.69 所示。这里尤其要注意属性 SCOPED_TO_REF，其值为 ctrl_adder_0，而这个属性值在封装 IP 时并未设定，这意味着封装 IP 时可把设计当作顶层来描述约束。生成 IP 时，Vivado 会自动将该约束文件限定至对应的 IP。

若在本地其他 Vivado 工程中使用封装后的 IP，需要设定 IP Repository 的位置，如图 5.70 所示。与之等效的Tcl脚本如Tcl脚本5.27所示，注意这里是current_fileset，而不是current_ project。

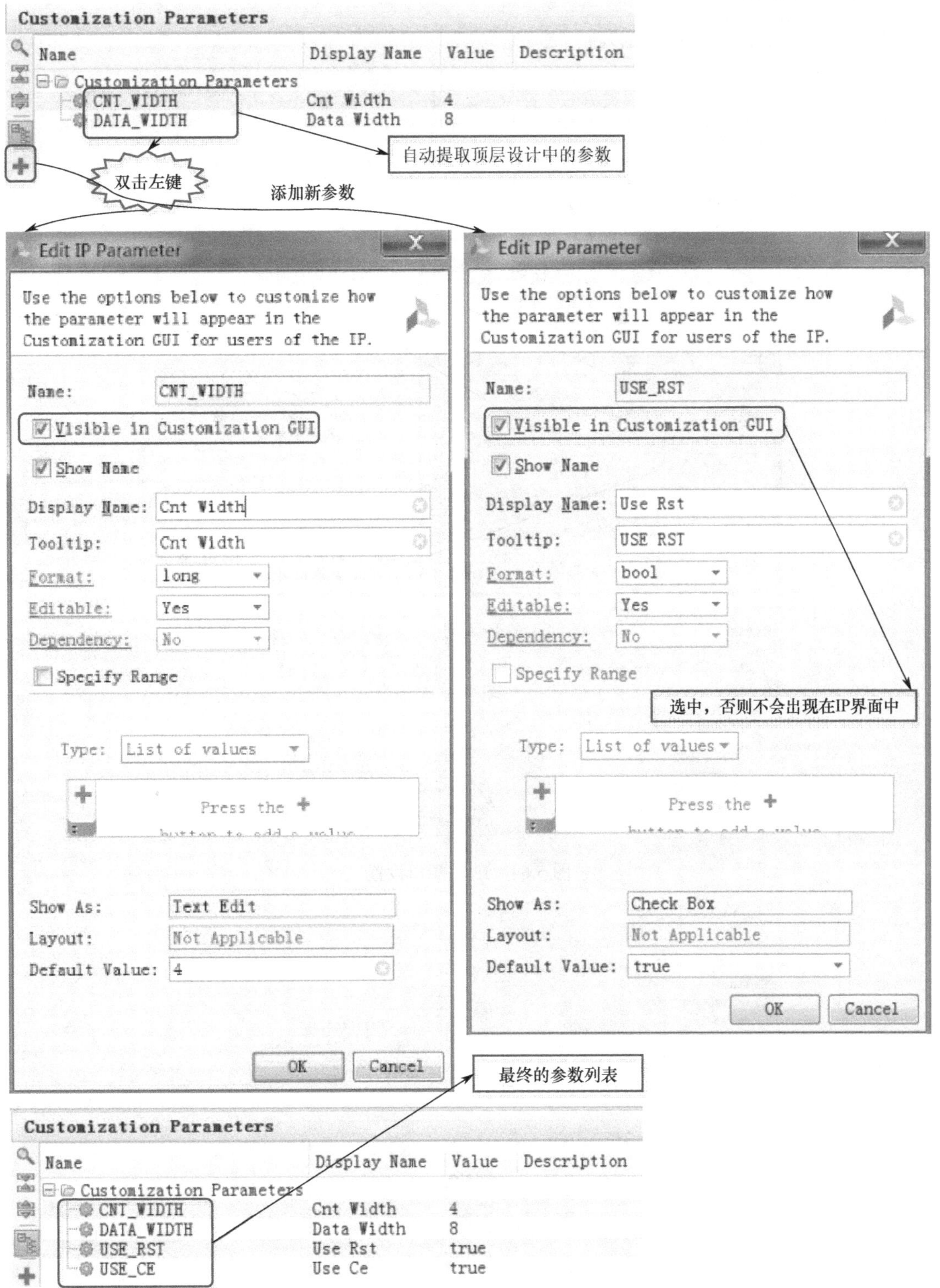

Customization Parameters
Name
Display Name
Value
Description
Customization Parameters
CNT_WIDTH
Cnt Width
4
DATA_WIDTH
Data Width
8
自动提取顶层设计中的参数
双击左键
添加新参数
Edit IP Parameter
Use the options below to customize how the parameter will appear in the Customization GUI for users of the IP.
Name:
CNT_WIDTH
Visible in Customization GUI
Show Name
Display Name:
Cnt Width
Tooltip:
Cnt Width
Format:
long
Editable:
Yes
Dependency:
No
Specify Range
Type:
List of values
Press the
Show As:
Text Edit
Layout:
Not Applicable
Default Value:
4
OK
Cancel
Edit IP Parameter
Use the options below to customize how the parameter will appear in the Customization GUI for users of the IP.
Name:
USE_RST
Visible in Customization GUI
Show Name
Display Name:
Use Rst
Tooltip:
USE RST
Format:
bool
Editable:
Yes
Dependency:
No
Specify Range
选中，否则不会出现在IP界面中
Type:
List of values
Press the
Show As:
Check Box
Layout:
Not Applicable
Default Value:
true
OK
Cancel
最终的参数列表
Customization Parameters
Name
Display Name
Value
Description
Customization Parameters
CNT_WIDTH
Cnt Width
4
DATA_WIDTH
Data Width
8
USE_RST
Use Rst
true
USE_CE
Use Ce
true

图 5.63　编辑 IP 参数

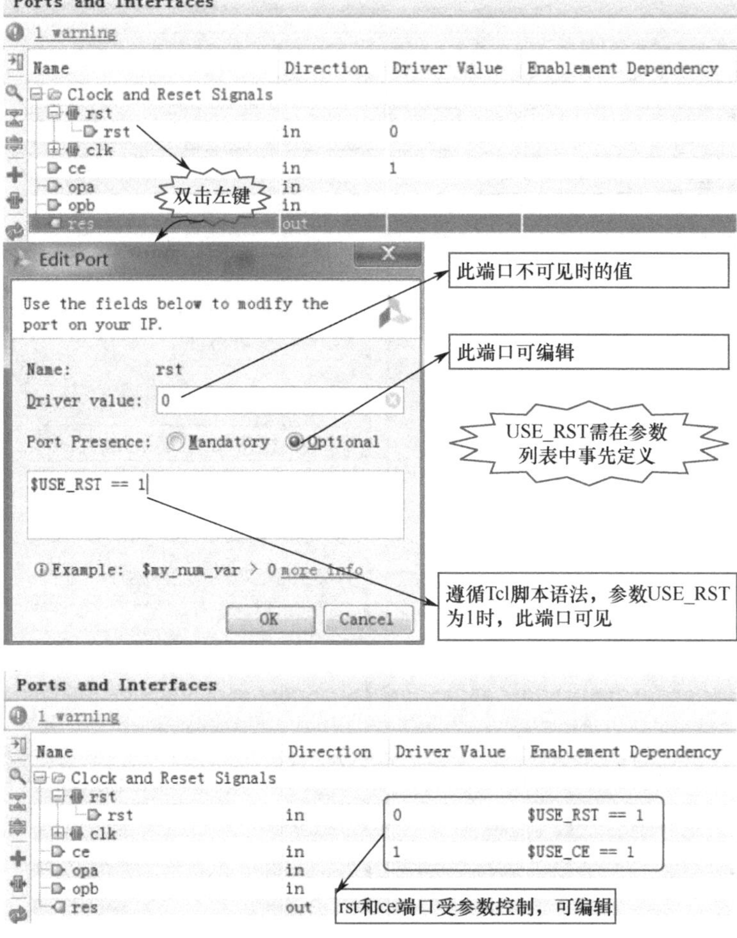

图 5.64　IP 的端口设置

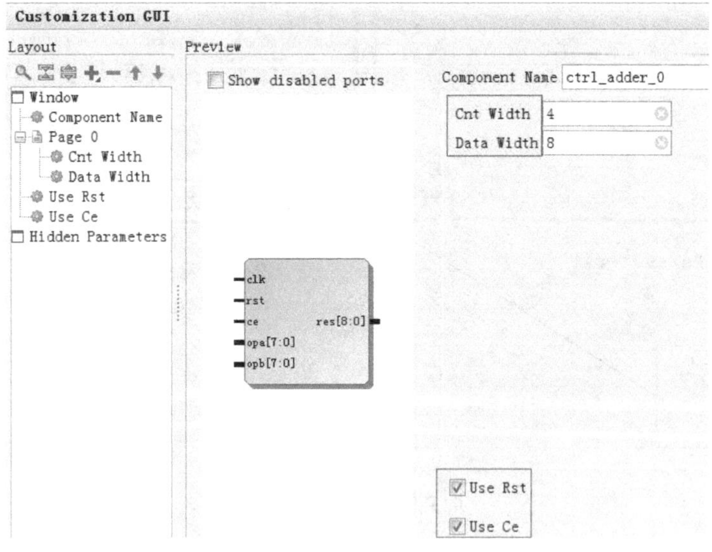

图 5.65　定制后的 IP 图形界面

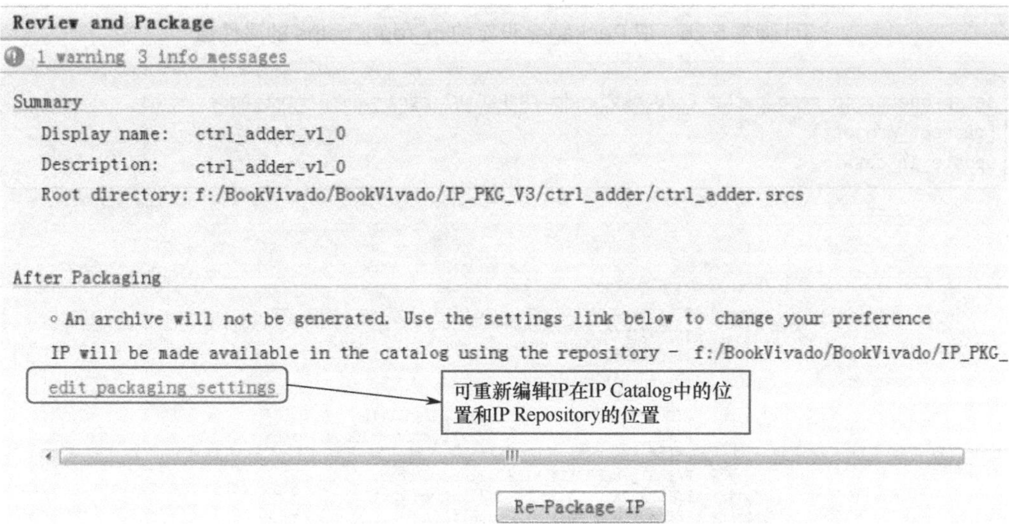

图 5.66 封装 IP 的生成文件和 IP Repository 的位置

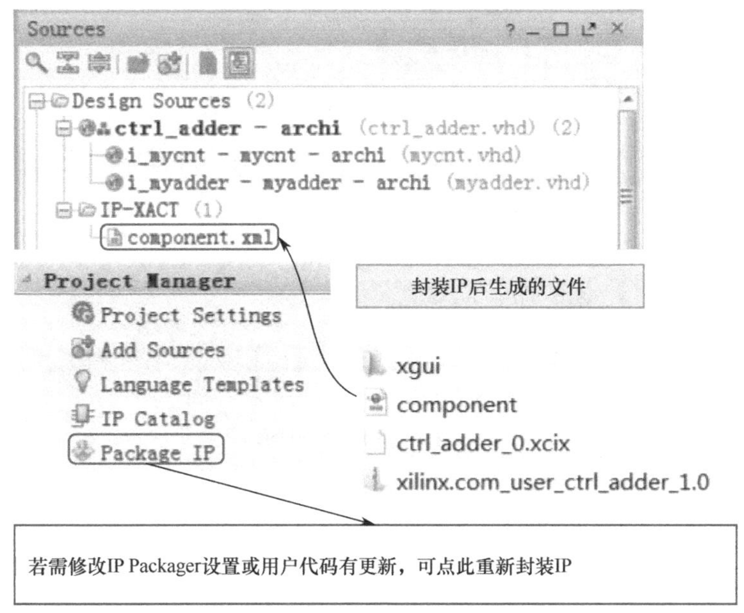

图 5.67 封装 IP 生成的文件

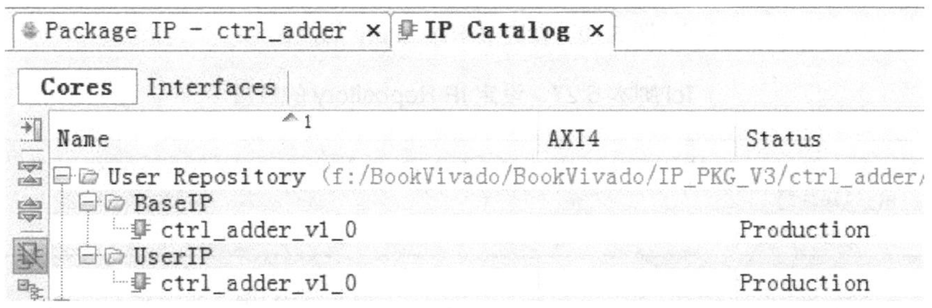

图 5.68 用户 IP 显示在 IP Catalog 中

Tcl 脚本 5.26　IP Packager 设定的 ip_repo_paths 的属性值

```
set_property ip_repo_paths f:/BookVivado/IP_PKG_V3/ctrl_adder/ctrl_adder.srcs\
[current_project]
update_ip_catalog
```

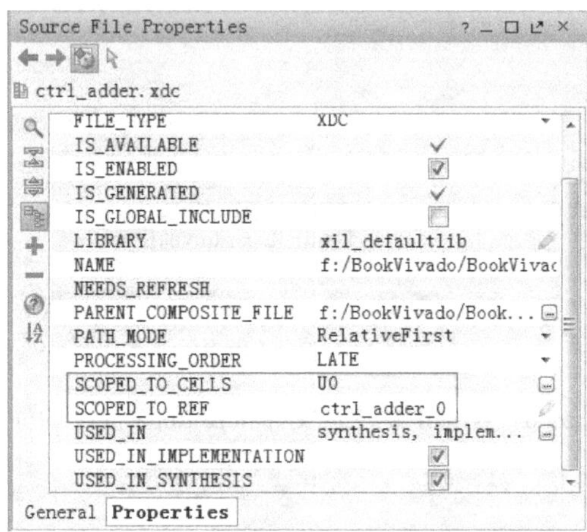

图 5.69　ctrl_adder.xdc 的属性列表

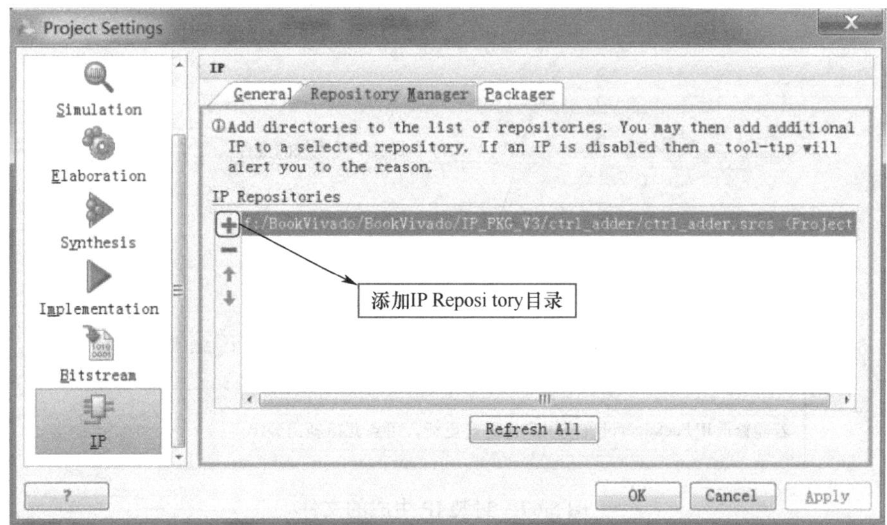

图 5.70　设定 IP Repository 的位置

Tcl 脚本 5.27　设定 IP Repository 的位置

```
set_property ip_repo_paths f:/BookVivado/IP_PKG_V3/ctrl_adder/ctrl_adder.srcs\
[current_fileset]
update_ip_catalog
```

若在远程使用用户封装的 IP，可使用.zip 文件，其内容在图 5.67 中有所显示，解压后指定所在位置（设定 IP Repository 的目录）即可使用。

5.6.2 通过指定目录封装用户代码

Vivado 也支持通过指定目录封装用户代码，仍以 ctrl_adder 设计为例，其文件目录如图 5.71 所示。注意，.xdc 约束文件需放在 src 目录下。

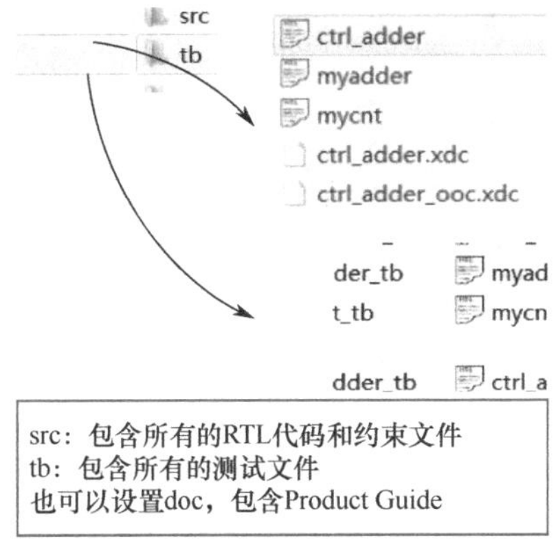

图 5.71 原始设计文件目录

创建 Vivado 工程，此时不用添加任何文件，是一个空的工程。然后通过图 5.72 所示的流程，即可打开 IP Packager 界面，与图 5.60 所示一致。后续操作与通过 Vivado 工程封装 IP 的模式一致，此处不再赘述。

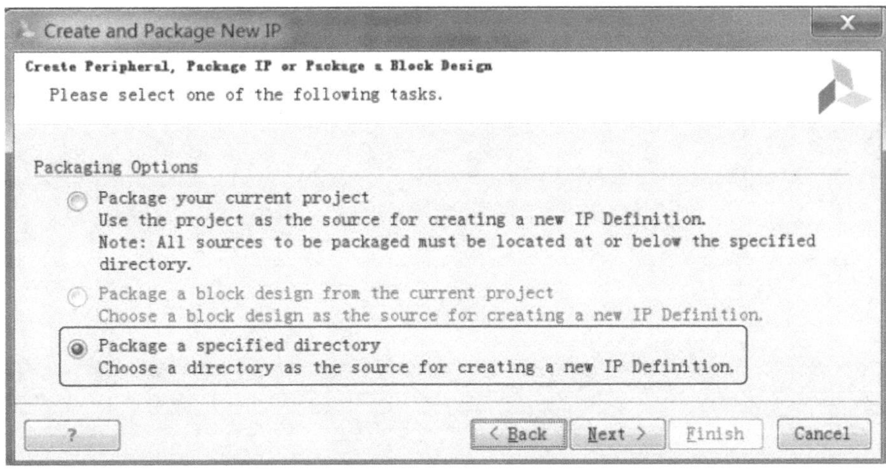

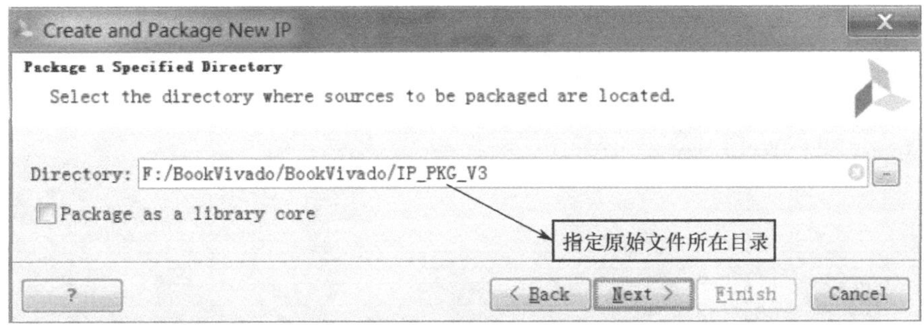

图 5.72 通过指定目录封装 IP

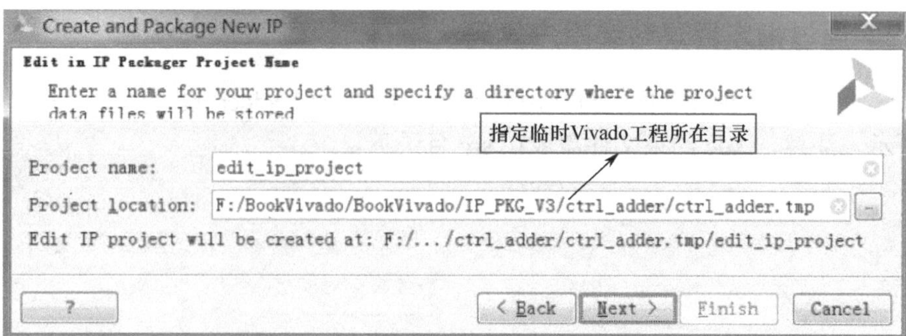

图 5.72　通过指定目录封装 IP（续）

参 考 文 献

[1] Xilinx, "Vivado Design Suite User Guide Designing with IP", ug896(v2015.4), 2015

[2] Xilinx, AR#57546, http://www.xilinx.com/support/answers/57546.html

[3] Xilinx, "Vivado Design Suite User Guide Creating and Packaging Custom IP", ug1118(v2015.4), 2015

第 6 章

约束的管理

6.1 基本时序理论

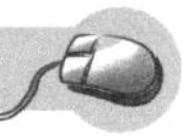

时序分析是建立在时序约束的基础之上的，因此，合理的时序约束对时序分析起着关键性作用。时序约束的对象是时序路径，典型的时序路径有 4 类[1]，如图 6.1 所示。这 4 类路径可分为片间路径（标记①和标记③）与片内路径（标记②和标记④）。

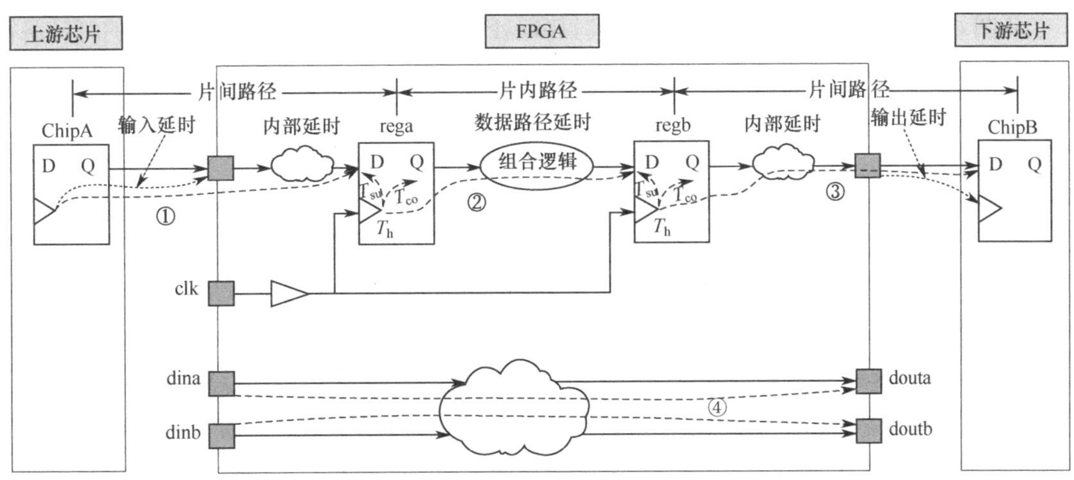

图 6.1 典型的时序路径

在约束这些路径时，需明确路径的起点和终点，在图 6.1 中已有所显示。进一步总结如表 6.1 所示。Vivado 采用 XDC（Xilinx Design Constraints）取代 UCF（User Constraints File）描述约束。其中，XDC 是建立在业界标准 SDC（Synopsys Design Constraints）之上的。表 6.1 也显示了描述这些路径所用到的 XDC。

表 6.1 4 类时序路径的起点和终点

时序路径	起点	终点	应用约束
① 输入端口到 FPGA 内部第一级触发器的路径	ChipA/clk	rega/D	set_input_delay
② FPGA 内部触发器之间的路径	rega/clk	regb/D	create_clock
③ FPGA 内部末级触发器到输出端口的路径	regb/clk	ChipB/D	set_output_delay
④ FPGA 输入端口到输出端口的路径	输入端口	输出端口	set_max_delay

在这 4 类路径中，最为核心的是标记②的同步时序路径。这类路径起点模块和终点模块均为同一时钟驱动的时序逻辑（通常为寄存器，寄存器可以是 SLICE 中的，也可以是 BRAM

或 DSP48 内部的)。事实上，如果把 PCB 看作一个大的系统，标记①、②、③所示路径可归结为一个统一模型：触发器+组合逻辑+触发器，如图 6.2 所示。

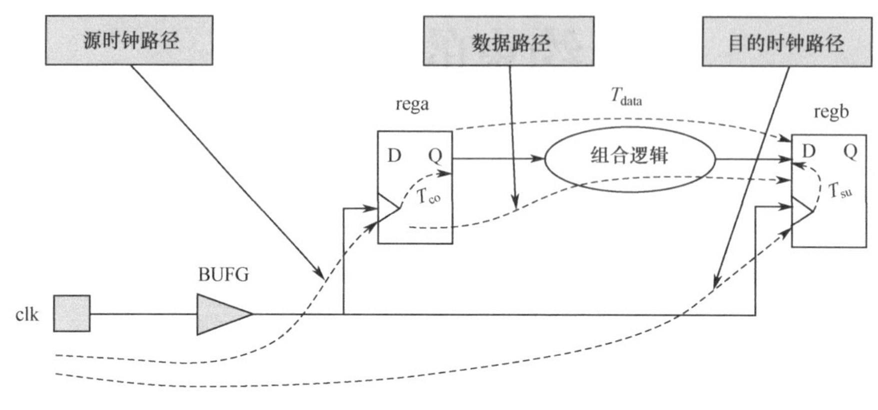

图 6.2　经典时序模型

从图 6.2 中也可以看到，一个完整的时序路径由源时钟路径、数据路径和目的时钟路径三部分构成。约束的目的是为了验证式（6.1）是否成立，从这个角度而言，静态时序分析是设计验证的另一种手段。

$$T_{clk} \geqslant T_{co} + T_{logic} + T_{routing} + T_{su} - T_{skew} \tag{6.1}$$

式中，T_{co} 为发端寄存器时钟到输出时间；T_{logic} 为组合逻辑延迟；$T_{routing}$ 为两级寄存器之间的布线延迟；T_{su} 为收端寄存器建立时间；T_{skew} 为两级寄存器的时钟歪斜，其值等于时钟同一边沿到达两个寄存器时钟端口的时间差；T_{clk} 为系统所能达到的最小时钟周期。在 FPGA 中，对于同步设计 T_{skew} 可忽略（认为其值为 0）。由于 T_{co} 和 T_{su} 取决于芯片工艺，因此，一旦芯片型号选定就只能通过 T_{logic} 和 $T_{routing}$ 来改善 T_{clk} 了。其中，T_{logic} 和代码风格有很大关系，$T_{routing}$ 和布局布线的策略有很大关系。借助式（6.1）也可理解时序收敛的目的，即通过各种方法改善 T_{logic} 和 $T_{routing}$，使系统在期望的 T_{clk} 下运行。

6.2　两类基本约束

6.2.1　时钟周期约束

同步时序路径是最为重要的路径。时钟周期约束可覆盖同一时钟驱动的所有同步逻辑单元并约束相应的路径，如图 6.3 所示。

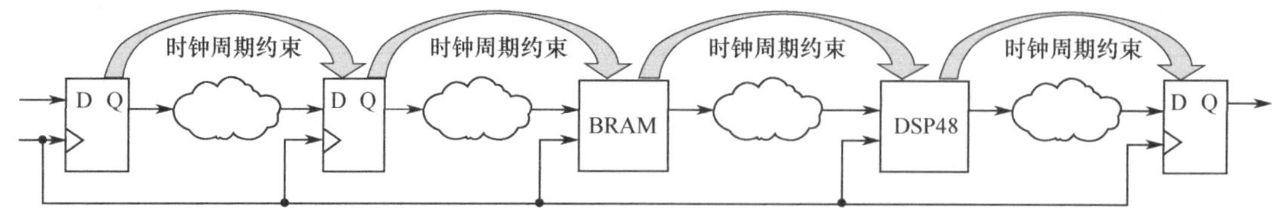

图 6.3　时钟周期约束所覆盖的时序路径

在 Vivado 中，通过 create_clock 可轻松创建时钟周期约束。该命令有几个重要参数，如

表 6.2 所示。其中，-waveform 不仅确定了时钟的占空比，还确定了时钟之间的相位关系。

表 6.2　create_clock 的几个重要参数

参　数	含　义
-period	时钟周期，单位为 ns
-name	时钟名称
-waveform	波形参数，第一个参数为时钟的第一个上升沿时刻，第二个参数为时钟的第一个下降沿时刻
-add	在同一时钟源上定义多个不同时钟时使用

用作图 6.3 所示的时钟周期约束时，create_clock 的对象必须为主时钟（Primary Clock）。主时钟通常有两种情形：一种是时钟由外部时钟源提供，通过时钟引脚进入 FPGA，该时钟引脚绑定的时钟为主时钟，如图 6.4 所示；另一种是高速收发器（GT）的时钟 RXOUTCLK 或 TXOUTCLK。对于 7 系列 FPGA，需要对 GT 的这两个时钟手工进行约束；对于 UltraScale FPGA，只需对 GT 的输入时钟采取约束即可，Vivado 会自动对这两个时钟进行约束。

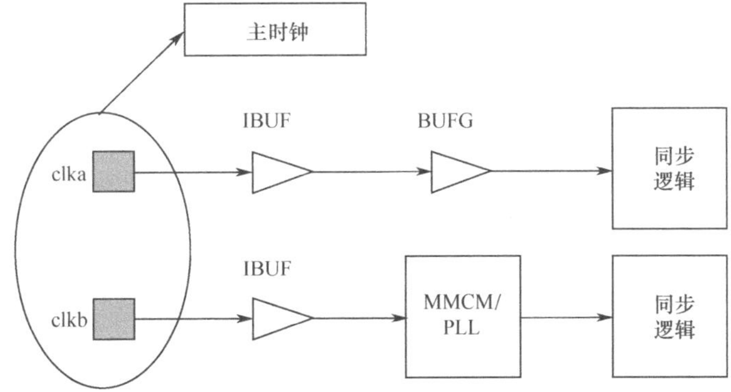

图 6.4　典型的时钟网络

如何确定主时钟是时钟周期约束的关键，除了根据主时钟的两种情形判断之外，还可以借助 Tcl 脚本判断。在 Vivado 中，通过 Tcl 脚本 6.1（这两行脚本任选其一即可）可以快速确定主时钟。其中，第 1 行脚本输出结果如图 6.5 所示，第 2 行脚本输出结果如图 6.6 所示。两者都可显示出未约束的主时钟。

Tcl 脚本 6.1　确定主时钟

```
1 report_clock_networks -name mynetwork
2 check_timing -override_defaults no_clock
```

```
Clock Networks - network_1
Unconstrained (16013 loads)
  sysClk (0.00 MHz) (drives 15405 loads)
  TXOUTCLK (0.00 MHz) (drives 152 loads)
  TXOUTCLK (0.00 MHz) (drives 152 loads)
  TXOUTCLK (0.00 MHz) (drives 152 loads)
  TXOUTCLK (0.00 MHz) (drives 152 loads)
```

图 6.5　时钟网络报告

```
check_timing report

Table of Contents
-----------------
1. checking no_clock

1. checking no_clock
--------------------
 There are 15396 register/latch pins with no clock driven by root clock pin: sysClk (HIGH)

 There are 148 register/latch pins with no clock driven by root clock pin: mgtEngine/ROCKETIO_WRAPPER_TILE_i/gt0_ROCKETIO_WRAPPER_TILE_i/gtxe2_i/TXOUTCLK (HIGH)

 There are 148 register/latch pins with no clock driven by root clock pin: mgtEngine/ROCKETIO_WRAPPER_TILE_i/gt2_ROCKETIO_WRAPPER_TILE_i/gtxe2_i/TXOUTCLK (HIGH)

 There are 148 register/latch pins with no clock driven by root clock pin: mgtEngine/ROCKETIO_WRAPPER_TILE_i/gt4_ROCKETIO_WRAPPER_TILE_i/gtxe2_i/TXOUTCLK (HIGH)

 There are 148 register/latch pins with no clock driven by root clock pin: mgtEngine/ROCKETIO_WRAPPER_TILE_i/gt6_ROCKETIO_WRAPPER_TILE_i/gtxe2_i/TXOUTCLK (HIGH)
```

图 6.6 check_timing 显示的未约束的主时钟

一旦确定了主时钟，即可对其创建时钟周期约束。这里分几种情形讨论。

情形 1：主时钟之间有明确的相位关系

如表 6.2 所示，-waveform 不仅确定了时钟的占空比，也确定了时钟之间的相位关系。下面以图 6.7 所示情形为例。3 个时钟的特性和关系可描述为：

（1）clka 频率为 200MHz，等占空比。

（2）clkb 频率为 100MHz，占空比为 40∶60。

（3）clkc 频率为 200MHz，等占空比，时钟抖动为 120ps。

（4）clka 的下降沿与 clkb、clkc 的上升沿对齐。

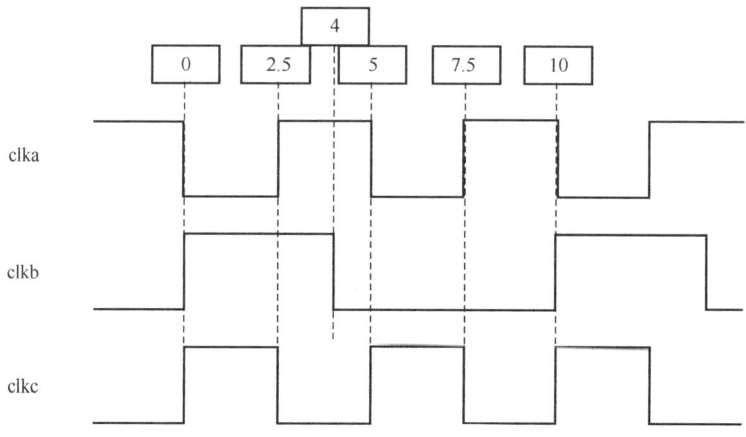

图 6.7 主时钟之间有明确的相位关系

根据时钟特征，结合图 6.7 可确定如 Tcl 脚本 6.2 所示的时钟周期约束。这里需要说明的是，该脚本中的数字默认以 ns 为单位。当时钟为等占空比且第一个上升沿出现在 0 时刻时，-waveform 可省略，如该脚本第 3 行所示。需要明确的是，不同于 UCF，XDC 在默认情况下认为时钟之间是同步关系而非异步。

对于已创建的时钟周期约束，可通过 report_clocks 命令查看约束是否生效、是否正确。也可借助 Tcl 脚本 6.3 查看时钟属性。其中，第 1 行返回时钟的所有属性，以 Vivado 自带的例子工程 CPU（Synthesized）为例，其返回值如图 6.8 所示；第 2 行脚本返回指定的时钟属性的值，此处为 10.000。

Tcl 脚本 6.2　主时钟之间有明确相位关系时的时钟周期约束

```
create_clock -name clka -period 5.0 -waveform {2.5 5.0} [get_ports clka]
create_clock -name clkb -period 10.0 -waveform {0.0 4.0} [get_ports clkb]
create_clock -name clkc -period 5.0 [get_ports clkc]
set_input_jitter clkc 0.12
```

Tcl 脚本 6.3　查看时钟属性

```
report_property [get_clocks sysClk]
get_property PERIOD [get_clocks sysClk]
```

```
Property            Type     Read-only  Value
CLASS               string   true       clock
INPUT_JITTER        double   true       0.000
IS_GENERATED        bool     true       0
IS_PROPAGATED       bool     true       1
IS_USER_GENERATED   bool     true       0
IS_VIRTUAL          bool     true       0
NAME                string   true       sysClk
PERIOD              double   true       7.000
SOURCE_PINS         string*  true       sysClk
SYSTEM_JITTER       double   true       0.050
WAVEFORM            double*  true       0.000 3.500
```

图 6.8　时钟属性

情形 2：主时钟之间为异步关系

主时钟之间如果是异步关系，则需要通过 set_clock_groups 命令明确指定。如图 6.9 所示的两个主时钟，各自通过 IBUF+BUFG 驱动逻辑，则可通过 Tcl 脚本 6.4 所示方式指定两者为异步。

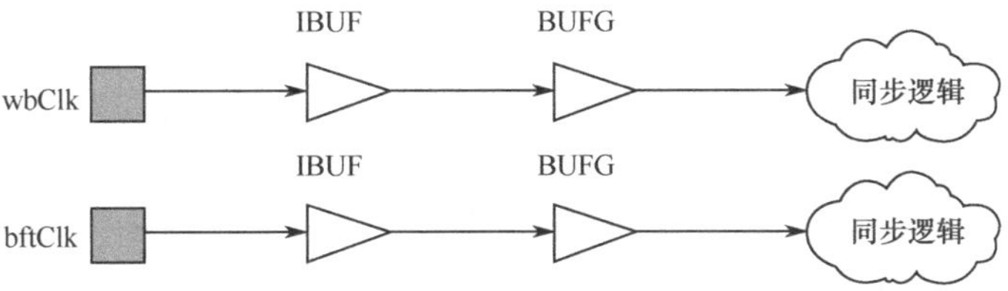

图 6.9　无生成时钟的两个主时钟

Tcl 脚本 6.4　无生成时钟时的异步主时钟

```
create_clock -period 10 -name wbClk [get_ports wbClk]
create_clock -period 5 -name bftClk [get_ports bftClk]
set_clock_groups -asynchronous -group wbClk -group bftClk
```

如图 6.9 所示为 Vivado 自带例子工程 BFT 中的情形。对于异步时钟，可通过 report_clock_interaction 查看约束是否生效，其返回结果如图 6.10 所示，可以看到 bftClk 和 wbClk 被标记为 Asynchronous Groups。

From Clock	To Clock	WNS Clock Edges	WNS(ns)	TNS(ns)	TNS Failing Endpoints	TNS Total Endpoints	WNS Path Requirement(ns)	Common Primary Clock	Inter-Clock Constraints
bftClk	bftClk	rise - rise	2.24	0.00	0	6009	5.00	Yes	Timed
bftClk	wbClk				0	33		No	Asynchronous Groups
wbClk	bftClk				0	360		No	Asynchronous Groups
wbClk	wbClk	rise - rise	7.23	0.00	0	1643	10.00	Yes	Timed

图 6.10　set_clock_groups 命令的返回结果

如果两个主时钟还通过 MMCM 或 PLL 生成了其他时钟，若这两个主时钟为异步关系，则它们的生成时钟也为异步关系，如图 6.11 所示。此时需要通过 Tcl 脚本 6.5 所示的方式指定时钟关系。

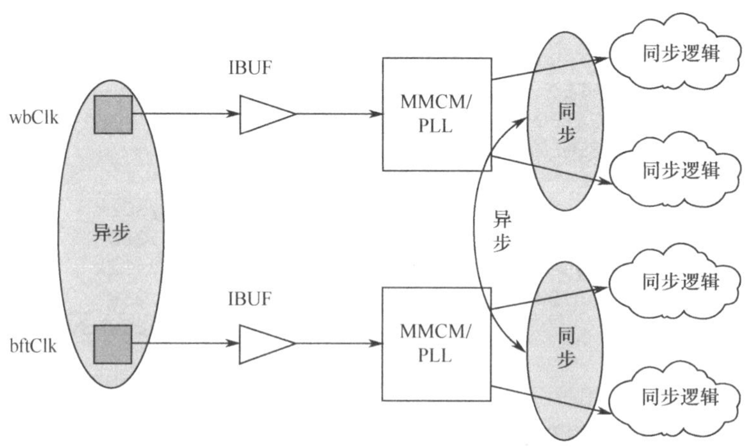

图 6.11　有生成时钟的两个主时钟

Tcl 脚本 6.5　有生成时钟的异步主时钟

```
create_clock -period 10 -name wbClk [get_ports wbClk]
create_clock -period 5 -name bftClk [get_ports bftClk]
set_clock_groups -asynchronous -group [get_clocks wbClk -include_generated_clocks]\
-group [get_clocks bftClk -include_generated_clocks]
```

情形 3：差分时钟的约束

对于差分时钟，只用约束 P 端口即可。如图 6.12 所示情形，对应的约束如 Tcl 脚本 6.6 所示。

如果既对 P 端口约束又对 N 端口约束，如 Tcl 脚本 6.7 所示。此时，通过 report_clocks 命令，则会生成如图 6.13 所示的结果，显示在同一端口同时生成两个时钟，如图中的 clk_rx_clk_core 和 clk_rx_clk_core_1 均来自于 MMCM 的 CLKOUT0 端口。通过 report_clock_interaction 命令，则会生成如图 6.14 所示报告，显示 clk_rx_clk_core 和 clk_rx_clk_core_1 之间的路径不安全（unsafe）。这些结果与实际情形并不相符，一方面会增加内存的开销，另一方面也会延长编译时间。

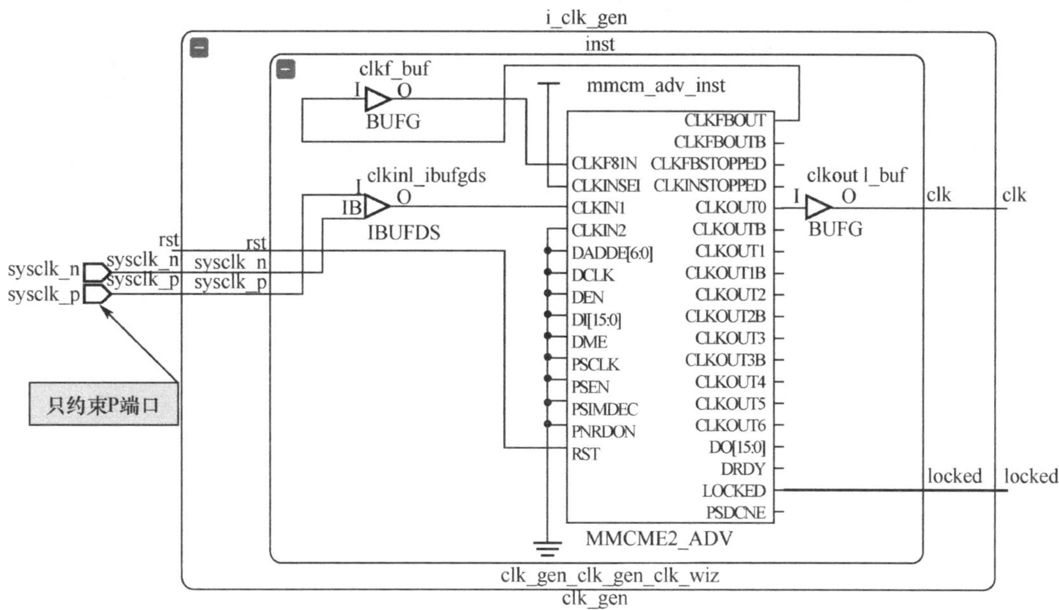

图 6.12　差分时钟的约束

Tcl 脚本 6.6　差分时钟的约束

```
create_clock -name sysclk -period 5.0 [get_ports sysclk_p]
```

Tcl 脚本 6.7　同时对 P 端口和 N 端口约束

```
#这是错误的约束方式
create_clock -name sysclk_p -period 5.0 -waveform {0 2.5} [get_ports sysclk_p]
create_clock -name sysclk_n -period 5.0 -waveform {2.5 5.0} [get_ports sysclk_n]
```

Clock	Period(ns)	Waveform(ns)	Attributes	Sources
clk_pin_n	3.330	{0.000 1.665}	P	{clk_pin_n}
clk_pin_p	3.330	{0.000 1.665}	P	{clk_pin_p}
clkfbout_clk_core	3.330	{0.000 1.665}	P,G	{clk_gen_i0/clk_core_i0/inst/mmcm_adv_inst/CLKFBOUT}
clk_rx_clk_core	3.330	{0.000 1.665}	P,G	{clk_gen_i0/clk_core_i0/inst/mmcm_adv_inst/CLKOUT0}
clk_tx_clk_core	3.996	{0.000 1.998}	P,G	{clk_gen_i0/clk_core_i0/inst/mmcm_adv_inst/CLKOUT1}
clkfbout_clk_core_1	3.330	{1.665 3.330}	P,G	{clk_gen_i0/clk_core_i0/inst/mmcm_adv_inst/CLKFBOUT}
clk_rx_clk_core_1	3.330	{1.665 3.330}	P,G	{clk_gen_i0/clk_core_i0/inst/mmcm_adv_inst/CLKOUT0}
clk_tx_clk_core_1	3.996	{1.665 3.663}	P,G	{clk_gen_i0/clk_core_i0/inst/mmcm_adv_inst/CLKOUT1}

图 6.13　同时对 P 端口和 N 端口约束时 report_clocks 返回结果

From Clock	To Clock	WNS Clock Edges	WNS(ns)	TNS(ns)	TNS Failing Endpoints	TNS Total Endpoints	WNS Path Requirement(ns)	Common Primary Clock	Inter-Clock Constraints
clk_rx_clk_core	clk_rx_clk_core	rise - rise	-5.79	-98.52	94	914	3.33	Yes	Partial False Path
clk_rx_clk_core	clk_rx_clk_core_1	rise - rise	-6.86	-242.89	208	914	1.66	No	Partial False Path (unsafe)
clk_rx_clk_core	clk_tx_clk_core	rise - rise	-0.62	-28.55	48	58	0.67	Yes	Timed
clk_rx_clk_core	clk_tx_clk_core_1	rise - rise	-0.35	-16.03	48	58	0.33	No	Timed (unsafe)
clk_rx_clk_core_1	clk_rx_clk_core	rise - rise	-6.86	-242.89	208	914	1.66	No	Partial False Path (unsafe)

图 6.14　同时对 P 端口和 N 端口约束时 report_clock_interaction 返回结果

情形 4：在同一端口创建多个时钟

在同一端口创建多个时钟的目的在于验证同一设计能否在不同时钟周期约束下获得时序收敛。例如，同一设计需要在不同的 PCB 上以不同的时钟频率运行，为了便于版本管理，并不需要针对不同的 PCB 分别创建 Vivado 工程；或者为了验证设计能否在更高的时钟频率下运行，此时也不需要重新创建 Vivado 工程。这两种情形都只需在同一端口创建多个时钟即可。以 Vivado 自带的例子工程 BFT 为例，该设计中有两个时钟 wbClk 和 bftClk，如果需要验证下述 3 个条件下时序能否收敛，只需通过 Tcl 脚本 6.8 所示方式即可实现。

（1）wbClk 为 100MHz，bftClk 为 200MHz。

（2）wbClk 为 150MHz，bftClk 为 200MHz。

（3）wbClk 为 200MHz，bftClk 为 200MHz。

Tcl 脚本 6.8 同一端口创建多个时钟

```
1 create_clock -name wbClk_A -period 10.0 [get_ports wbClk]
2 create_clock -name wbClk_B -period 6.667 [get_ports wbClk] -add
3 create_clock -name wbClk_C -period 5.0 [get_ports wbClk] -add
4 create_clock -name bftClk -period 5.0 [get_ports bftClk]
5 set_clock_groups -physically_exclusive -group wbClk_A -group wbClk_B -group wbClk_C
6 set_clock_groups -asynchronous -group "wbClk_A wbClk_B wbClk_C" -group bftClk
```

在 Tcl 脚本 6.8 中，需要注意第 2 行和第 3 行，相比第 1 行多了一个-add，如果没有该参数，则会显示如图 6.15 所示的警告信息，该信息表明前述约束被覆盖。如果用 report_ clocks 命令，则只会显示 wbClk_B。在第 5 行，set_clock_groups 命令旨在明确 wbClk_A、wbClk_B 和 wbClk_C 三者物理上不是同时存在的。如果没有该行脚本，Vivado 也会对这三者之间的路径进行分析，这与实际情形并不相符。

```
create_clock -period 10.000 -name wbClk_B [get_ports wbClk]
CRITICAL WARNING: [Constraints 18-1056] Clock 'wbClk_B' completely overrides clock 'wbClk_A'.
```

图 6.15 无-add 时显示的警告信息

分别采用 Tcl 脚本 6.4 和 Tcl 脚本 6.8 之后，相应的时序报告如图 6.16 所示，可以看到与该图左边相比，右边分别显示了 wbClk_A、wbClk_B 和 wbClk_C 的时序路径分析结果。

此外，针对 Tcl 脚本 6.8，通过 report_clock_interaction 命令，可以查看时钟之间的关系，如图 6.17 所示。可以看到，wbClk_A、wbClk_B 和 wbClk_C 两两之间均构成 Exclusive Groups，而与 bftClk 均构成 Asynchronous Groups。

情形 5：对高速收发器的时钟约束

对于高速收发器的时钟，若芯片为 7 系列 FPGA，则主时钟为收发器的 TXOUTCLK 和 RXOUTCLK，如图 6.18 所示。

以 Vivado 自带的例子工程 CPU（Synthesized）为例，其中的高速收发器时钟约束如 Tcl 脚本 6.9 所示，可以看到其主时钟是通过 get_pins 获得的。

Tcl 脚本 6.9 略显烦琐，尤其是当收发器个数较多时，事实上可以通过 foreach 语句进行优化，结果如 Tcl 脚本 6.10 所示。

图 6.16　不同情形下的时序报告

From Clock	To Clock	WNS Clock Edges	WNS(ns)	TNS(ns)	TNS Failing Endpoints	TNS Total Endpoints	WNS Path Requirement(ns)	Common Primary Clock	Inter-Clock Constraints
bftClk	bftClk	rise - rise	2.24	0.00	0	6009	5.00	Yes	Timed
bftClk	wbClk_A				0	33		No	Asynchronous Groups
bftClk	wbClk_B				0	33		No	Asynchronous Groups
bftClk	wbClk_C				0	33		No	Asynchronous Groups
wbClk_A	bftClk				0	360		No	Asynchronous Groups
wbClk_A	wbClk_A	rise - rise	7.23	0.00	0	1643	10.00	Yes	Timed
wbClk_A	wbClk_B				0	1643		No	Exclusive Groups
wbClk_A	wbClk_C				0	1643		No	Exclusive Groups
wbClk_B	bftClk				0	360		No	Asynchronous Groups
wbClk_B	wbClk_A				0	1643		No	Exclusive Groups
wbClk_B	wbClk_B	rise - rise	3.90	0.00	0	1643	6.67	Yes	Timed
wbClk_B	wbClk_C				0	1643		No	Exclusive Groups
wbClk_C	bftClk				0	360		No	Asynchronous Groups
wbClk_C	wbClk_A				0	1643		No	Exclusive Groups
wbClk_C	wbClk_B				0	1643		No	Exclusive Groups
wbClk_C	wbClk_C	rise - rise	2.23	0.00	0	1643	5.00	Yes	Timed

图 6.17　时钟关系

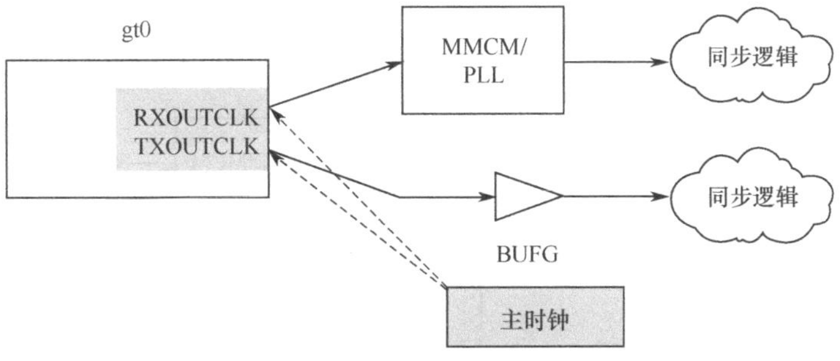

图 6.18　7 系列 FPGA 高速收发器的主时钟

Tcl 脚本 6.9　高速收发器时钟约束

```
create_clock -name gt0_txusrclk_i -period 12.8 [get_pins \
mgtEngine/ROCKETIO_WRAPPER_TILE_i/gt0_ROCKETIO_WRAPPER_TILE_i/gtxe2_i/TXOUTCLK]
create_clock -name gt2_txusrclk_i -period 12.8 [get_pins \
mgtEngine/ROCKETIO_WRAPPER_TILE_i/gt2_ROCKETIO_WRAPPER_TILE_i/gtxe2_i/TXOUTCLK]
create_clock -name gt4_txusrclk_i -period 12.8 [get_pins \
mgtEngine/ROCKETIO_WRAPPER_TILE_i/gt4_ROCKETIO_WRAPPER_TILE_i/gtxe2_i/TXOUTCLK]
create_clock -name gt6_txusrclk_i -period 12.8 [get_pins \
mgtEngine/ROCKETIO_WRAPPER_TILE_i/gt6_ROCKETIO_WRAPPER_TILE_i/gtxe2_i/TXOUTCLK]
```

Tcl 脚本 6.10　优化后的高速收发器时钟约束

```
set serdes [get_cells -hier -filter {NAME =~ *gtxe2_i}]
set i 0
set period 12.8
foreach myserdes $serdes {
  if {[expr $i%2] == 0} {
    create_clock -name gt${i}_txusrclk_i -period $period [get_pins $myserdes/TXOUTCLK]
  }
  incr i
}
```

情形 6：创建虚拟时钟

只有在创建输入或输出延迟约束时才会使用虚拟时钟。顾名思义，虚拟时钟并没有与之绑定的物理引脚。之所以创建虚拟时钟，是因为传输给 FPGA 的数据所用到的捕获时钟是由 FPGA 内部生成的，与主时钟频率不同；或者 PCB 上有 Clock Buffer 导致时钟延迟不同。

如图 6.19 所示，din 的发送时钟为 200MHz，而 FPGA 的主时钟 clkin 为 100MHz，捕获时钟由该主时钟通过 MMCM 生成。此时，应采用 Tcl 脚本 6.11 所示的方式创建虚拟时钟，作为输入延迟约束的参考时钟。

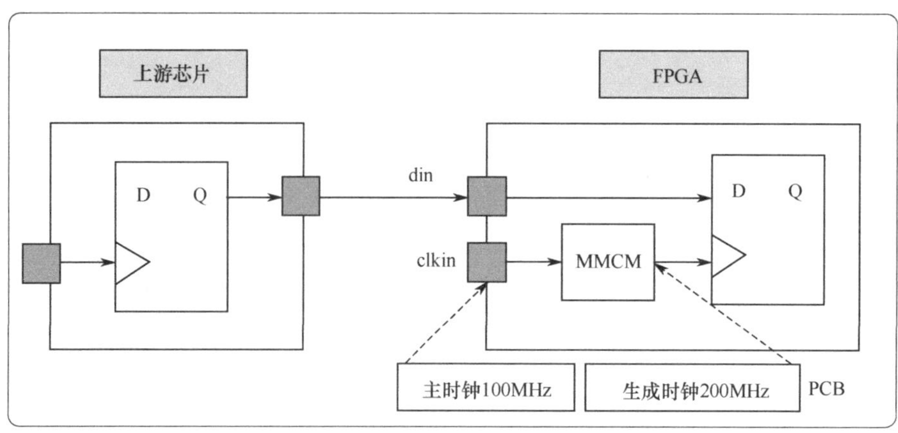

图 6.19　捕获时钟由 FPGA 内部生成

Tcl 脚本 6.11 捕获时钟由 FPGA 内部生成

```
create_clock -name sysclk -period 10 [get_ports clkin]
create_clock -name vclk -period 5
set_input_delay 2 -clock vclk [get_ports din]
```

如图 6.20 所示为 Clock Buffer 导致时钟延迟不同，此时应采用 Tcl 脚本 6.12 所示的方式创建虚拟时钟，并声明其时钟延迟。

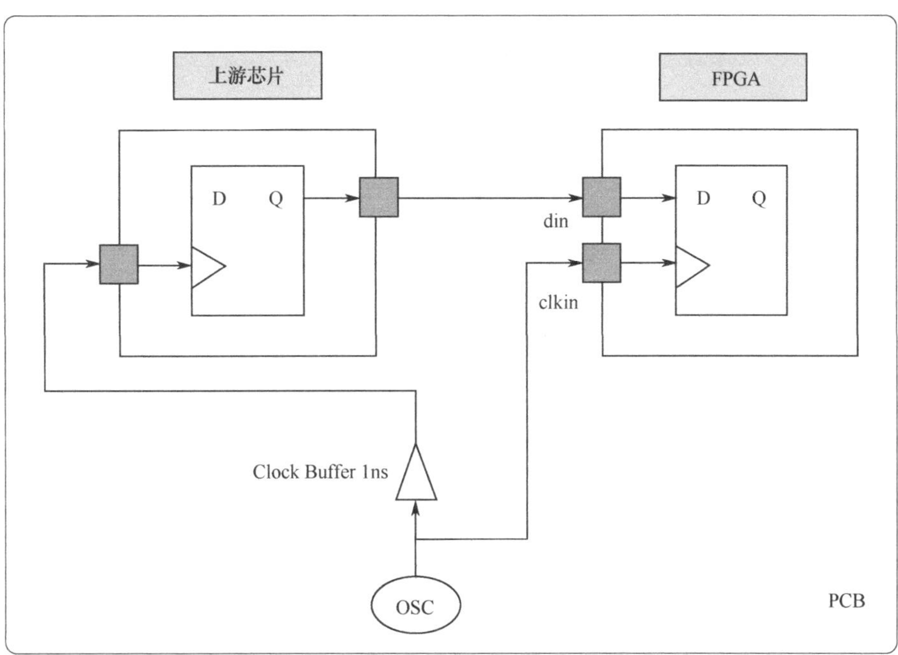

图 6.20 Clock Buffer 导致时钟延迟不同

Tcl 脚本 6.12 Clock Buffer 导致时钟延迟不同

```
create_clock -name sysclk -period 10 [get_ports clkin]
create_clock -name virclk -period 10
set_clock_latency -source 1 [get_clocks virclk]
set_input_delay -clock virclk -max 4 [get_ports din]
set_input_delay -clock virclk -min 2 [get_ports din]
```

除了主时钟还有生成时钟。生成时钟可以分为两大类，一类是自动生成时钟，它是指由 CMB（Clock Modifying Blocks）生成的时钟。其中 CMB 可以是 MMCM、PLL、BUFMR（7 系列 FPGA）或 BUFGCE_DIV（UltraScale 系列 FPGA）。一旦创建主时钟周期约束，Vivado 会自动据此推断生成时钟周期而无须人工干预。另一类是用户定义的生成时钟，一个典型案例如图 6.21 所示。此时可通过 Tcl 脚本 6.13 所示的方式定义生成时钟，需要用到 create_generated_clock 而非 create_clock，其中-source 的值只能是 pin（通过 get_pins 获得）或 port（通过 get_ports 获得），而不能是 clock（通过 get_clocks 获得）。特别提醒，在实际工程中并不建议采用该方式生成时钟并驱动逻辑，而是把该信号作为使能信号使用，这里只是为了说明 create_generated_clock 的用法。

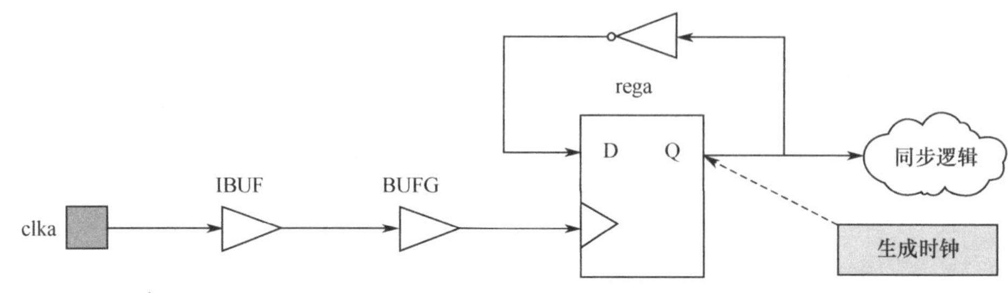

图 6.21 用户定义的生成时钟

Tcl 脚本 6.13 用户定义的生成时钟

```
#通过get_ports获得主时钟
create_generated_clock -name clkdiv2 -source [get_ports clka] -divide_by 2 \
[get_pins rega/Q]
#通过get_pins获得主时钟
create_generated_clock -name clkdiv2 -source [get_pins rega/C] -divide_by 2 \
[get_pins rega/Q]
```

如图 6.21 所示电路生成的时钟与主时钟的关系如图 6.22 所示，根据这种关系，可通过另一种方式描述生成时钟，如 Tcl 脚本 6.14 所示。

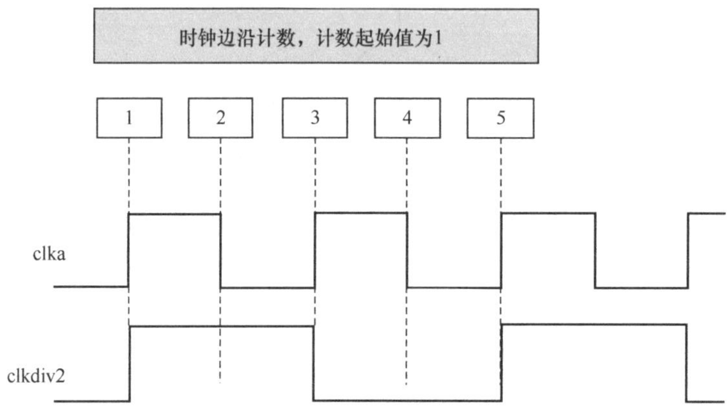

图 6.22 生成时钟与主时钟的关系

Tcl 脚本 6.14 通过-edges 明确时钟关系

```
create_generated_clock -name clkdiv2 -source [get_pins rega/C] \
-edges {1 3 5} [get_pins rega/Q]
```

通过 report_clocks 可查看创建的所有时钟，其中在 Attributes 列里带有 G 标记的即为生成时钟，如图 6.23 所示。

```
Clock                Period(ns)  Waveform(ns)   Attributes
clk_pin_p            3.330       {0.000 1.665}  P
clkfbout_clk_core    3.330       {0.000 1.665}  P,G
clk_rx_clk_core      3.330       {0.000 1.665}  P,G
clk_tx_clk_core      3.996       {0.000 1.998}  P,G
clk_pin_n            3.330       {0.000 1.665}  P
clkfbout_clk_core_1  3.330       {1.665 3.330}  P,G
clk_rx_clk_core_1    3.330       {1.665 3.330}  P,G
clk_tx_clk_core_1    3.996       {1.665 3.663}  P,G
```

图 6.23　查看生成时钟

也可通过 report_property 命令查看指定时钟的相关属性，如图 6.24 所示。在这些属性中，IS_GENERATED 可用来判断是否为生成时钟，IS_USER_GENERATED 可用来判断是否为用户定义的生成时钟。结合这两个属性，借助 Tcl 脚本可查看相对应的生成时钟，如 Tcl 脚本 6.15 所示。

```
Property           Type     Read-only  Value
CLASS              string   true       clock
INPUT_JITTER       double   true       0.000
IS_GENERATED       bool     true       1
IS_INVERTED        bool     true       0
IS_PROPAGATED      bool     true       1
IS_USER_GENERATED  bool     true       0
IS_VIRTUAL         bool     true       0
MASTER_CLOCK       clock    true       clk_pin_p
MULTIPLY_BY        int      true       1
NAME               string   true       clk_rx_clk_core
PERIOD             double   true       3.330
SOURCE             pin      true       clk_gen_i0/clk_core_i0/inst/mmcm_adv_inst/CLKIN1
SOURCE_PINS        string*  true       clk_gen_i0/clk_core_i0/inst/mmcm_adv_inst/CLKOUT0
SYSTEM_JITTER      double   true       0.050
WAVEFORM           double*  true       0.000 1.665
```

图 6.24　查看指定时钟的属性

Tcl 脚本 6.15　查看生成时钟

```
#获取所有生成时钟
get_clocks -filter {IS_GENERATED}
#只获取用户定义的生成时钟
get_clocks -filter {IS_USER_GENERATED}
#只获取自动生成的时钟
get_clocks -filter {IS_GENERATED == 1 && IS_USER_GENERATED != 1}
```

create_generated_clock 除了创建用户定义的生成时钟外，还有其他应用场景[2]。

场景 1：重命名自动生成时钟

对自动生成的时钟重新命名，其意义在于便于后续约束的引用，同时便于设计分析时快速锁定时钟源。以图 6.25 为例，采用 Tcl 脚本 6.16 所示的方式对 MMCM 端口 CLKOUT0 对应的时钟重新命名，通过 report_clocks 可以看到命名生效，如图 6.26 所示。

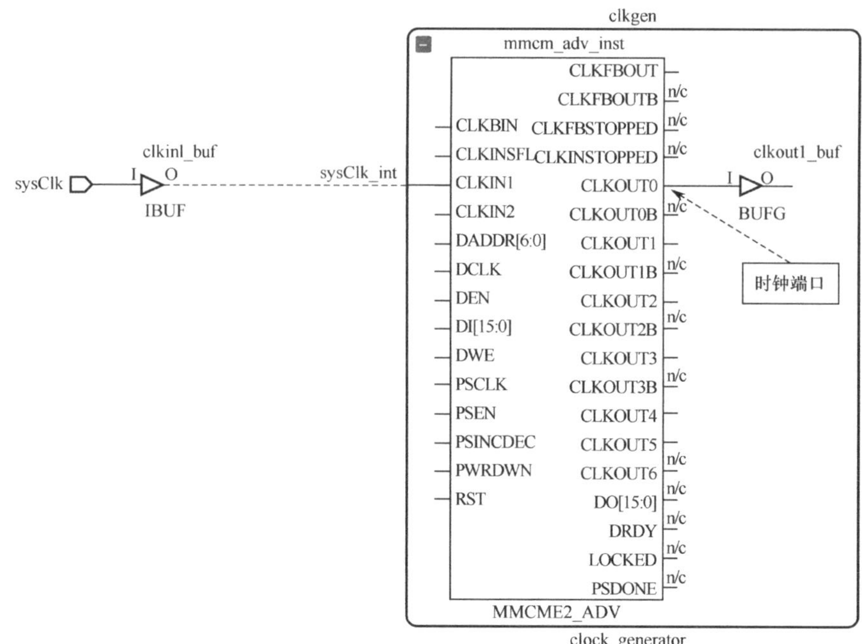

图 6.25　由 MMCM 生成的时钟

Tcl 脚本 6.16　重命名自动生成时钟

```
create_generated_clock -name cpuclk [get_pins clkgen/mmcm_adv_inst/CLKOUT0]
```

```
Clock             Period(ns)   Waveform(ns)     Attributes
sysClk            7.000        {0.000 3.500}    P
gt0_txusrclk_i    12.800       {0.000 6.400}    P
gt2_txusrclk_i    12.800       {0.000 6.400}    P
gt4_txusrclk_i    12.800       {0.000 6.400}    P
gt6_txusrclk_i    12.800       {0.000 6.400}    P
clkfbout          7.000        {0.000 3.500}    P,G
cpuclk            14.000       {0.000 7.000}    P,G
```

图 6.26　重命名后的结果

对时钟重新命名后，可方便地使用，如 Tcl 脚本 6.17 所示。同时，可快速获取该时钟所在端口及与该时钟端口相连的网线，通过 report_property 命令可查看该时钟的相关属性。

Tcl 脚本 6.17　使用重新命名后的时钟

```
get_pins -of [get_clocks cpuclk]
# clkgen/mmcm_adv_inst/CLKOUT0
get_nets -of [get_clocks cpuclk]
# clkgen/cpuClk_5
report_property [get_clocks cpuclk]
```

通过 Clocking Wizard IP 调用 MMCM 时，也可对输出引脚重新命名，如图 6.27 所示。与之对应的电路图如图 6.28 所示。两者中的标记①、②、③相互对应，可以看到 Clocking Wizard 中重新命名的是 BUFG 的输出端口，而非 MMCM 的输出引脚。

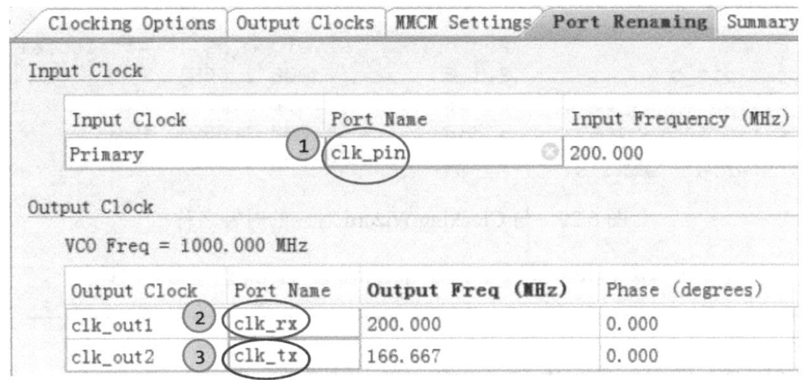

图 6.27　在 Clocking Wizard 中对时钟输出引脚重新命名

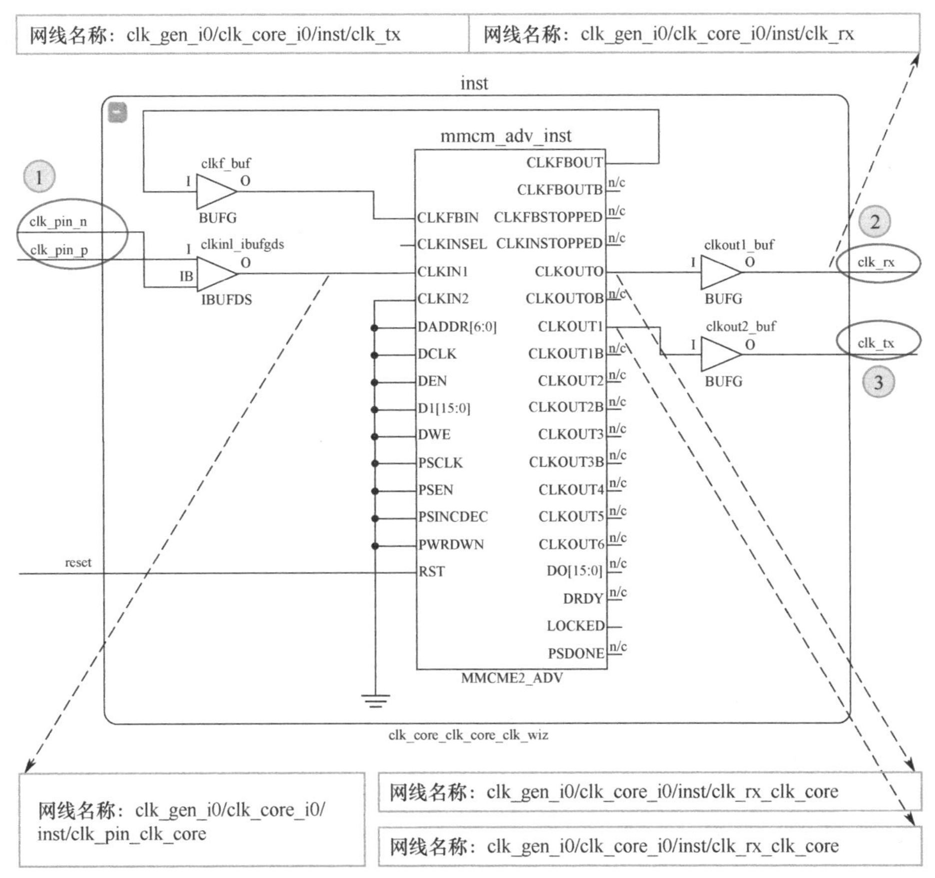

图 6.28　与 Clocking Wizard 对应的电路图

进一步通过 report_clocks 查看时钟，结果如图 6.29 所示，可以看到时钟名称并非 Clocking Wizard 中的 clk_rx 或 clk_tx，但名称比较相似。这是因为 Clocking Wizard 中的命名改变了与 BUFG 相连的网线名称，进而影响了时钟名称。

即使在 Clocking Wizard 中完成对时钟的重新命名，还是可以通过 create_generated_clock 重新命名的，如 Tcl 脚本 6.18 所示。使用 report_clocks 命令可验证命名是否生效，如图 6.30 所示。

```
Clock                Period(ns)  Waveform(ns)     Attributes
clk_pin_p            3.330       {0.000 1.665}    P
clkfbout_clk_core    3.330       {0.000 1.665}    P,G
clk_rx_clk_core      3.330       {0.000 1.665}    P,G
clk_tx_clk_core      3.996       {0.000 1.998}    P,G
```

图 6.29 与 Clocking Wizard 对应的时钟名称

Tcl 脚本 6.18 通过 create_generated_clock 重新命名时钟

```
create_generated_clock -name myclk_rx \
[get_pins clk_gen_i0/clk_core_i0/inst/mmcm_adv_inst/CLKOUT0]
create_generated_clock -name myclk_tx \
[get_pins clk_gen_i0/clk_core_i0/inst/mmcm_adv_inst/CLKOUT1]
```

```
Clock                Period(ns)  Waveform(ns)     Attributes
clk_pin_p            3.330       {0.000 1.665}    P
clkfbout_clk_core    3.330       {0.000 1.665}    P,G
myclk_rx             3.330       {0.000 1.665}    P,G
myclk_tx             3.996       {0.000 1.998}    P,G
```

图 6.30 重新命名后的结果

需要说明的是，如果自动生成时钟已被重新命名，且后续约束采用了该名称，那么此时更改该时钟名称则会报错，如图 6.31 所示。因此，为了保持约束的独立性，使时钟不受命名的干扰，可以采用 Tcl 脚本 6.19 所示的方式，但显然这样略显烦琐，不便于书写。

```
ERROR: [Constraints 18-871] Cannot rename clock 'clk_tx_clk_core' to 'myclk_tx' because it is referenced by other constraints.
```

图 6.31 重新命名时钟时报错

Tcl 脚本 6.19 通过 net 或 pin 获取目标时钟

```
get_clocks -of [get_nets clk_gen_i0/clk_core_i0/inst/clk_rx_clk_core]
get_clocks -of [get_pins clk_gen_i0/clk_core_i0/inst/mmcm_adv_inst/CLKOUT0]
```

场景 2：创建通过 ODDR 生成的随路时钟

在源同步应用中，时钟由源端（发送数据端）重新生成，并随同数据传送给目的端（捕获数据端）。这个时钟称为随路时钟，通常由 ODDR 或 OSERDES 生成。需要通过 create_generated_clock 对该时钟进行约束，以便在创建输出延迟约束（set_output_delay）时将其作为参考时钟使用。

以图 6.32 为例，图中 FPGA 作为发送数据端，通过 ODDR 生成随路时钟，时钟输出端口为 clkout，此时应采用 Tcl 脚本 6.20 所示的方式对该时钟进行约束。

在源同步输出设计中，还有一种情形也较为常见，即输出时钟与发送数据时钟反相，而这种反相也是通过 ODDR 实现的，如图 6.33 所示。与图 6.32 相比，此时 ODDR 的 D1 端口为 0，而 D2 端口为 1。

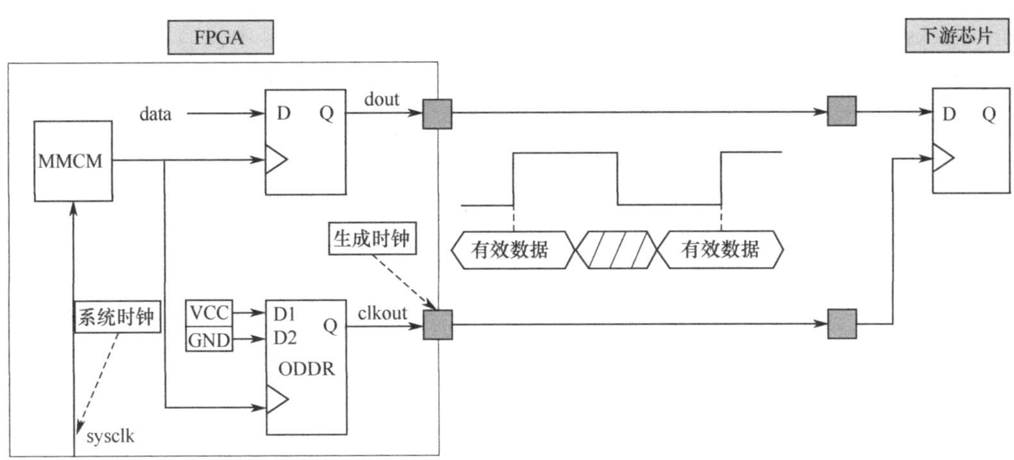

图 6.32　源同步设计

Tcl 脚本 6.20　随路时钟约束

```
create_generated_clock -name fwd_clk -multiply_by 1 -source [get_pins ODDR_inst/C] \
[get_ports clkout]
```

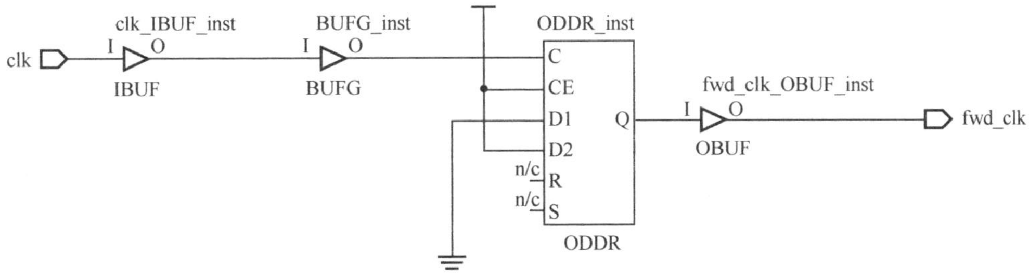

图 6.33　输出时钟与发送数据时钟反相

对于 ODDR 的输出时钟，可通过 create_generated_clock 创建，如 Tcl 脚本 6.21 所示。此时，-invert 表明了输出时钟与源时钟（-source 对应的对象）反相。report_clocks 命令可显示该脚本是否生效，如图 6.34 所示，可以看到 fwd_clk 的 Waveform 为{5,10}；Attributes 为 P、G、I，其中 G（Generated）表明该时钟为生成时钟，I（Inverted）表明该时钟为源时钟的反相时钟。

Tcl 脚本 6.21　通过-invert 确定时钟相位

```
create_clock -name clk -period 10 [get_ports clk]
create_generated_clock -name fwd_clk -invert -divide_by 1 -source [get_ports clk]\
[get_ports fwd_clk]
```

与 Tcl 脚本 6.20 相比，Tcl 脚本 6.21 中使用了-divide_by 而非-multiply_by，意在说明两者的默认值为 1，-divide_by、-multiply_by 和-edges 三者必须存在其一。通过-edges 参数创建该时钟也是可行的，如 Tcl 脚本 6.22 所示（-edges 不能和-invert 联合使用）。此时，

report_clocks 的返回结果如图 6.35 所示。尽管 fwd_clk 的 Attributes 中没有 I，但从 Waveform 来看与图 6.34 是一致的，这也表明 Tcl 脚本 6.21 与 Tcl 脚本 6.22 是等效的。

```
Clock     Period(ns)  Waveform(ns)     Attributes  Sources
clk       10.000      {0.000 5.000}    P           {clk}
fwd_clk   10.000      {5.000 10.000}   P,G,I       {fwd_clk}
```

图 6.34 report_clocks 的返回结果（使用参数-invert）

Tcl 脚本 6.22 通过-edges 确定时钟相位

```
create_clock -name clk -period 10 [get_ports clk]
create_generated_clock -name fwd_clk  -edges {2 3 4} -source [get_ports clk]\
[get_ports fwd_clk]
```

```
Clock     Period(ns)  Waveform(ns)     Attributes  Sources
clk       10.000      {0.000 5.000}    P           {clk}
fwd_clk   10.000      {5.000 10.000}   P,G         {fwd_clk}
```

图 6.35 report_clocks 的返回结果（使用参数-edges）

create_generated_clock 还可以和 set_clock_groups 联合使用（案例 3），这里先结合案例介绍一下 set_clock_groups 的使用方法。

在 XDC 中，默认情形下所有时钟都是同步的，对于非同步情形，需要通过 set_clock_groups 予以声明。set_clock_groups 有 3 种使用情形，对应其 3 个参数-asynchronous、-physically_exclusive 和-logically_exclusive（这 3 个参数是互斥的）。其中，-asynchronous 和 -physically_exclusive 在 Tcl 脚本 6.5 和 Tcl 脚本 6.8 中已有使用。这里再列举一些其他案例。

案例 1：发送时钟为用户生成时钟的跨时钟域路径

如图 6.36 所示，主时钟 clka 通过 MMCM 生成时钟 clk_out1_clk_core，此时钟又通过二分频电路生成时钟 clk_div2；另一主时钟 clkb 与 clk_div2 有数据交互，设定二者为异步时钟。

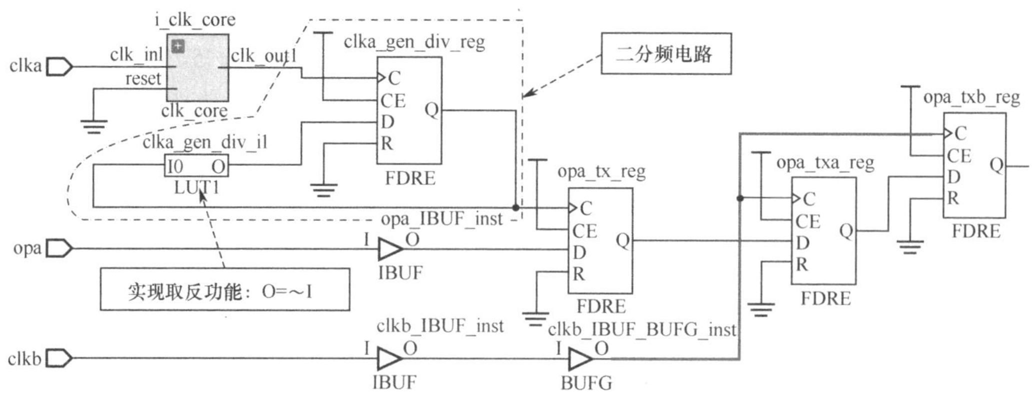

图 6.36 发送时钟为用户生成时钟的跨时钟域路径

此时，应采用 Tcl 脚本 6.23 所示方式约束。其中，create_generated_clock 用于创建用户生成时钟 clk_div2，set_clock_groups 用于明确 clkb 与 clk_div2 之间的关系。其中，-asynchronous 可简写为-async。

Tcl 脚本 6.23　-asynchronous 使用情形

```
create_clock -period 5.0 -name clka [get_ports clka]
create_clock -period 10.0 -name clkb [get_ports clkb]
create_generated_clock -name clka_div2 -source [get_pins clka_gen_div_reg/C]\
-divide_by 2 [get_pins clka_gen_div_reg/Q]
set_clock_groups -async -group [get_clocks clka -include_generated_clocks] \
 -group [get_clocks clkb]
```

通过 report_clock_interaction 可查看时钟关系，并确认 set_clock_groups 命令是否生效，如图 6.37 所示。

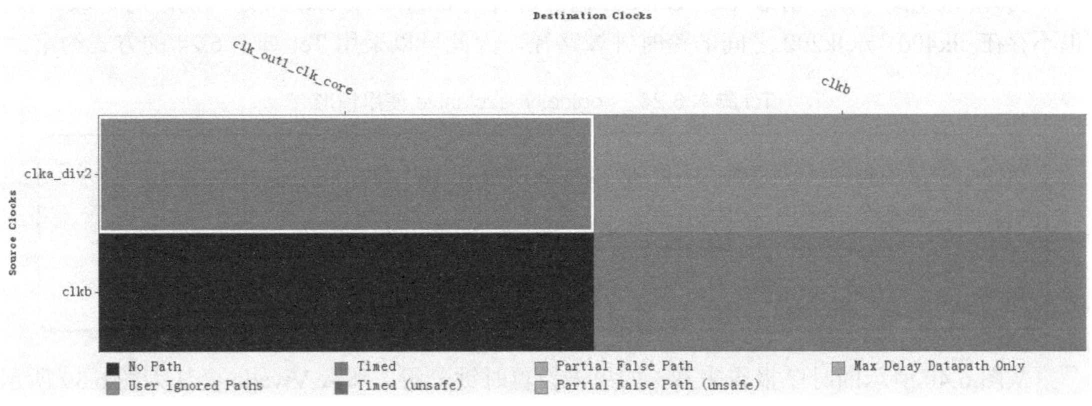

图 6.37　时钟交互关系报告

从时序报告中可以看出，clk_div2 到 clkb 的路径建立时间裕量和保持时间裕量均为∞，建立时间需求为∞，保持时间需求为 $-\infty$，如图 6.38 所示。

Name	Path 5
Slack	∞ns
Source	opa_tx_reg/C
Destination	opa_rxa_reg/D
Path Group	(none)
Path Type	Setup (Max at Fas
Requirement	∞ns

Name	Path 6
Slack (Hold)	∞ns
Source	opa_tx_reg/C
Destination	opa_rxa_reg/D
Path Group	(none)
Path Type	Hold (Min at Slo
Requirement	-∞ns

图 6.38　时序报告

案例 2：通过 BUFGMUX 输出时钟（无其他时钟交互情形）

如图 6.39 所示电路中，主时钟 clk 通过 MMCM 生成两个时钟 clk400 和 clk200，这两个时钟作为 BUFGMUX 的输入端在 sel 信号的控制下选择输出。显然，这两个时钟不可能同时出现在 BUFGMUX 的输出端，这意味着由 BUFGMUX 驱动的逻辑电路或者工作在 400MHz，或者工作在 200MHz。从 BUFGMUX 的输入端来看，clk400 和 clk200 是同时存在于电路中的，但从 BUFGMUX 的输出端来看，clk400 和 clk200 不可能同时存在于后续电路中。这其实就是 set_clock_groups 命令中-logically_exclusive 的含义。

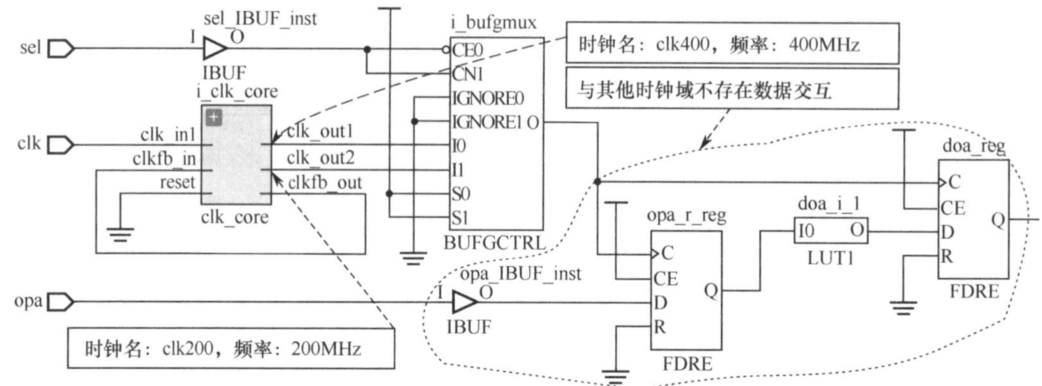

图 6.39 通过 BUFGMUX 输出时钟且无其他时钟交互的情形

另外，该电路中既不存在 BUFGMUX 输出时钟与 clk400 或 clk200 之间的跨时钟域路径，也不存在 clk400 与 clk200 之间的跨时钟域路径，因此可以采用 Tcl 脚本 6.24 的方式约束。

Tcl 脚本 6.24 -logically_exclusive 使用情形

```
create_clock -name clk -period 5.0 [get_ports clk]
set_clock_groups -logically_exclusive \
-group [get_clocks -of [get_pins i_clk_core/inst/mmcm_adv_inst/CLKOUT0]] \
-group [get_clocks -of [get_pins i_clk_core/inst/mmcm_adv_inst/CLKOUT1]]
```

从图 6.40 所示的时序报告来看，如果未设置时钟分组，那么 Vivado 会认为图 6.39 所示中 opa_r_reg 到 doa_reg 为跨时钟域路径，显然这是不合理的。设置时钟分组后，Vivado 会报告出 BUFGMUX 所驱动的逻辑电路分别在 clk400 和 clk200 时的时序分析结果。

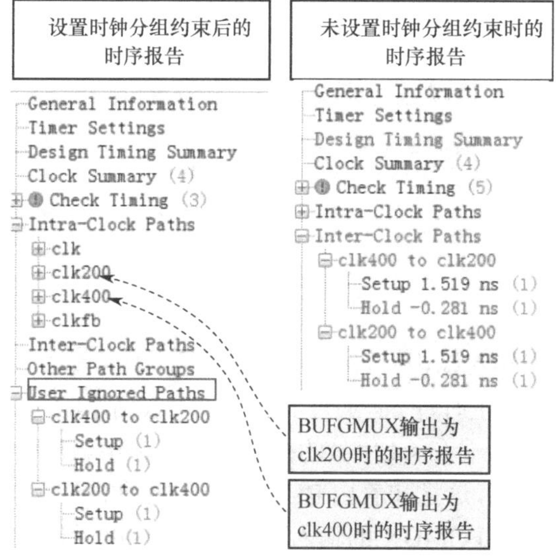

图 6.40 时序报告

案例 3：通过 BUFGMUX 输出时钟（有其他时钟交互情形）

如图 6.41 所示电路，与图 6.39 所示电路略有不同的是 BUFGMUX 输出时钟与其他时钟存在数据交互。

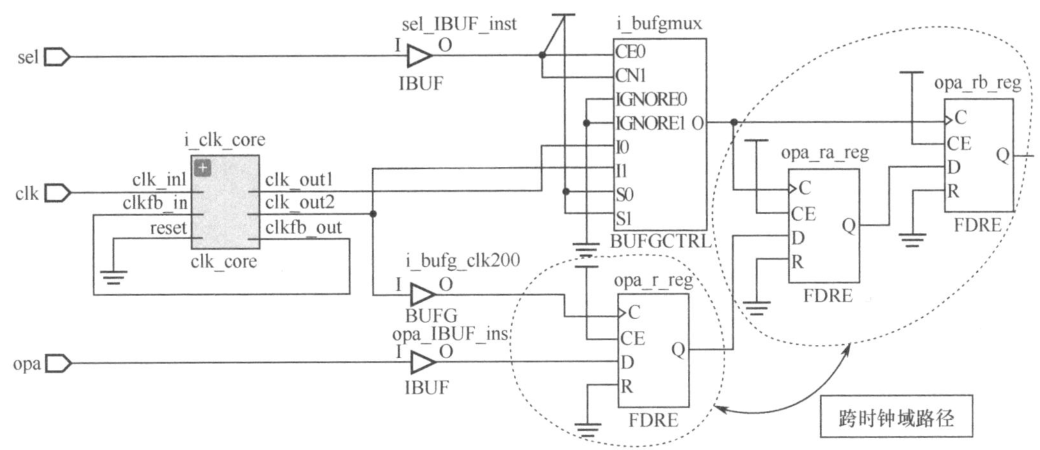

图 6.41　通过 BUFGMUX 输出时钟且存在其他时钟交互的情形

此时应采用 Tcl 脚本 6.25 所示的方式约束。其中，第 2 行和第 3 行脚本通过 create_generated_clock 命令重命名自动生成时钟，第 4 行和第 6 行脚本则是通过 create_generated_clock 创建生成时钟。在图 6.42 所示的时钟交互报告中可以看到该约束生效。

Tcl 脚本 6.25　create_generated_clock 与 set_clock_groups 结合使用

```
1 create_clock -period 5.000 -name clk [get_ports clk]
2 create_generated_clock -name clk1 [get_pins i_clk_core/inst/mmcm_adv_inst/CLKOUT0]
3 create_generated_clock -name clk2 [get_pins i_clk_core/inst/mmcm_adv_inst/CLKOUT1]
4 create_generated_clock -name clk1mux -source [get_pins i_bufgmux/I0] -divide_by 1\
5 -add -master_clock clk1 [get_pins i_bufgmux/O]
6 create_generated_clock -name clk2mux -source [get_pins i_bufgmux/I1] -divide_by 1\
7 -add -master_clock clk2 [get_pins i_bufgmux/O]
8 set_clock_groups -logically_exclusive -group clk1mux -group clk2mux
9 set_false_path -from [get_clocks clk2] -to [get_clocks {clk1mux clk2mux}]
```

案例 4：set_clock_groups 的特殊使用方法

当 set_clock_groups 参数为-asynchronous 时，若只有一个-group，则表明该组内的时钟是同步的，与其他所有时钟均是异步的。假定设计中通过 create_clock 或 create_generated_clock 创建了 4 个时钟 clk1、clk2、clk3 和 clk4。若 clk1 和 clk2 同步，两者与其他时钟均为异步，则可采用 Tcl 脚本 6.26 所示的方式；若 clk1 和 clk2 同步，clk3 和 clk4 同步，而 clk1 和 clk2 均与 clk3、clk4 异步，则可采用 Tcl 脚本 6.27 所示的方式。

对于时钟周期约束，UltraFast 设计方法学[3]推荐的创建流程如图 6.43 所示。该流程分两种情形：综合前创建和综合后创建。两者使用到的 Tcl 命令都是一致的，且都可以在 Vivado

Tcl Console 中直接完成。需要说明的是，对于综合后的设计直接创建约束，可直接生成时序报告而无须重新综合。

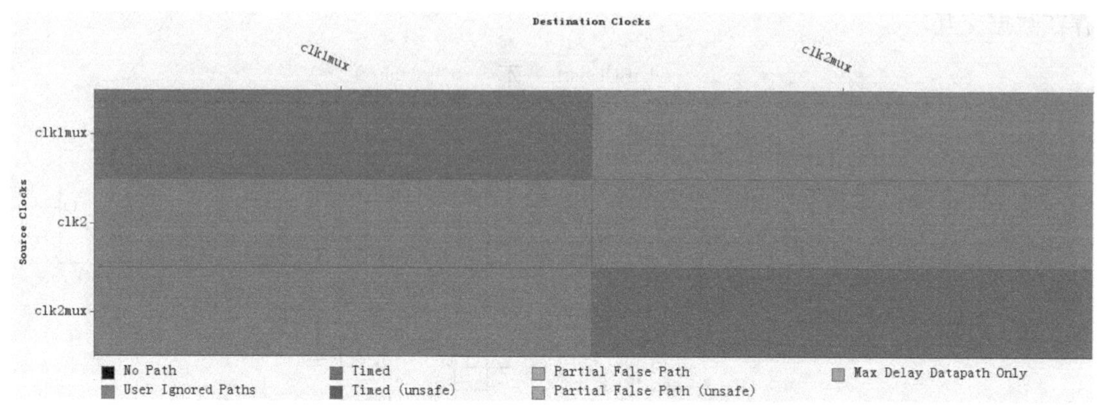

图 6.42　时钟交互报告

Tcl 脚本 6.26　只有一个-group 的情形

```
set_clock_groups -async -group {clk1 clk2}
```

Tcl 脚本 6.27　有两个-group 的情形

```
set_clock_groups -async -group {clk1 clk2} -group {clk3 clk4}
```

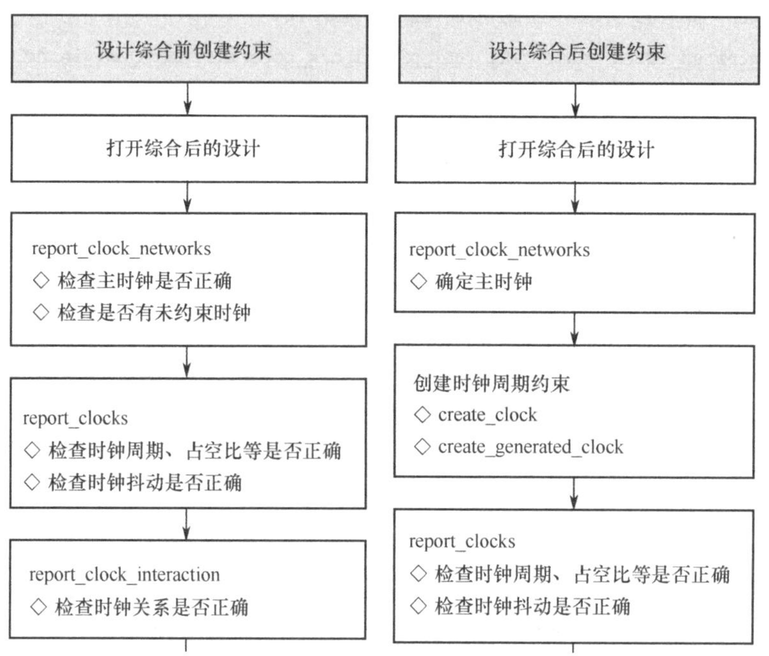

图 6.43　UltraFast 设计方法学推荐的创建时钟周期约束的流程

图 6.43 UltraFast 设计方法学推荐的创建时钟周期约束的流程（续）

6.2.2 引脚分配

引脚分配是指将 FPGA 设计顶层的输入端口、输出端口和双向端口分配到指定的芯片引脚上。从这个角度而言，引脚分配是一种位置约束，属于物理约束的范畴。就 Xilinx FPGA 而言，引脚分配必须指定引脚的 PACKAGE_PIN 和 IOSTANDARD 两个属性的值，前者指定了引脚的位置，后者指定了引脚对应的电平标准。

Vivado 既支持综合前引脚分配也支持综合后引脚分配，通常建议选用后者。综合前引脚分配是通过创建 I/O 规划工程实现的[4]，如图 6.44 所示。

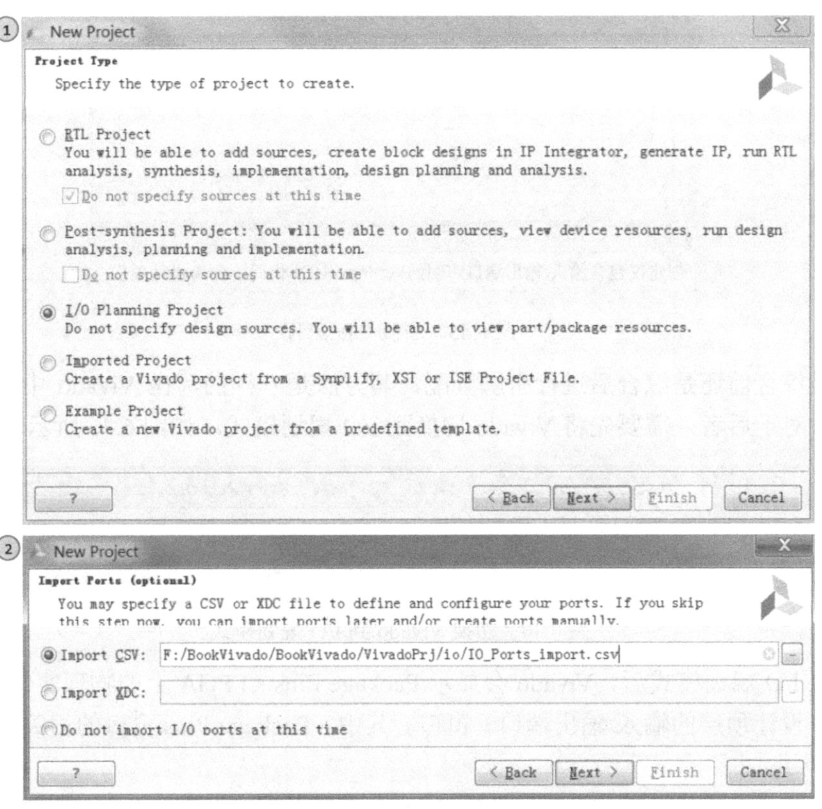

图 6.44 创建 I/O 规划工程

创建 I/O 规划工程后即可进行引脚分配，具体流程如图 6.45 所示，图中虚线框为可选步骤。

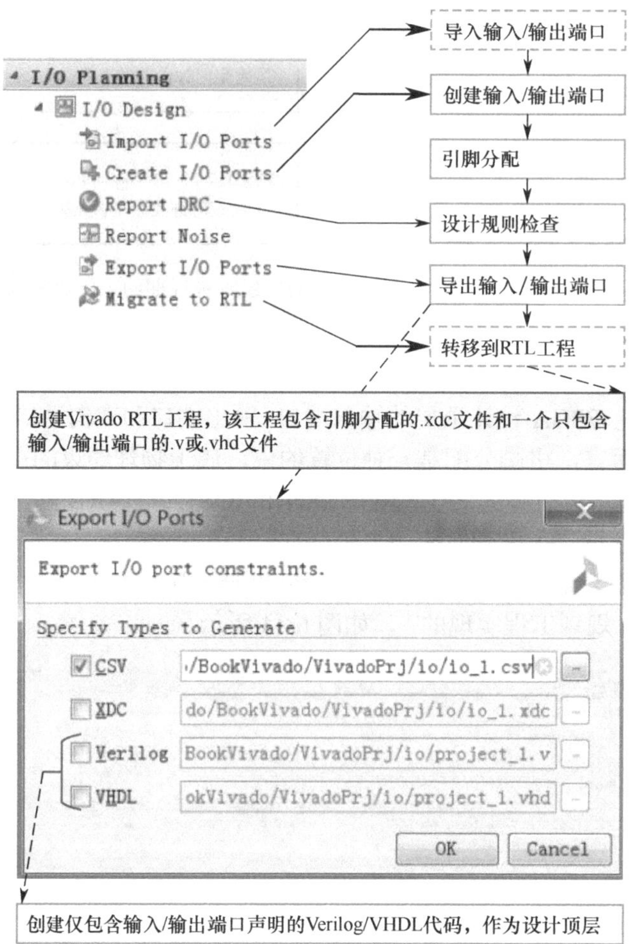

图 6.45　引脚分配流程

无论是综合前还是综合后进行引脚分配，其方法是一样的，在 Vivado 中的图形界面也是一致的。对于后者，需要先将 Vivado 切换到 I/O 规划模式，如图 6.46 所示。

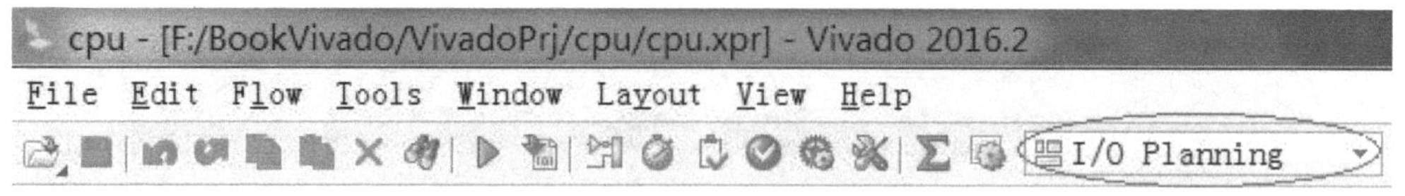

图 6.46　切换 Vivado 到 I/O 规划模式

切换至 I/O 规划模式后，Vivado 会显示 Package Pins（FPGA 上的物理实体）窗口和 I/O Ports（RTL 设计顶层的输入/输出端口）窗口。其中，Package Pins 窗口的相关信息如图 6.47 和图 6.48 所示。

此外，也可借助一些 Tcl 脚本获取与 Bank 相关的信息。以 Vivado 自带的例子工程 CPU（Synthesized）为例，其芯片型号为 XC70TFBG676-2，打开综合后的设计，通过 Tcl 脚本 6.28 可获取该芯片所拥有的 Bank，还可查看 Bank 33 的属性，如图 6.49 所示。

Package Pins

Name	Available	Bank Type	Prohibit	Ports
All Pins (676)				
I/O Bank 0 (23)	0	Dedicated	☐	
I/O Bank 12 (7)	0	Dedicated		
I/O Bank 13 (56)	50	High Range	☐	
I/O Bank 14 (56)	7	High Range	☐	
I/O Bank 15 (56)	7	High Range	☐	
I/O Bank 16 (57)	50	High Range	☐	
I/O Bank 32 (6)	0	Dedicated		
I/O Bank 33 (56)	41	High Performance	☐	
I/O Bank 34 (56)	50	High Performance	☐	
I/O Bank 115 (22)	0	MGT	☐	
I/O Bank 116 (20)	0	MGT	☐	
Bankless Pins (261)				
N13	0			
R13	0			
T12	0			

图 6.47　Package Pins 窗口中显示的与 Bank 相关的信息

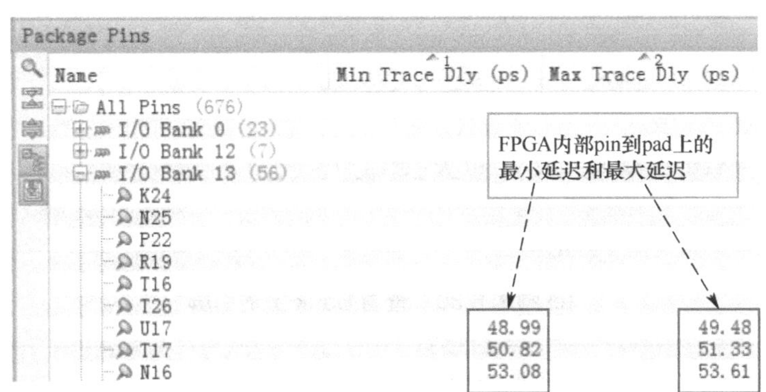

图 6.48　Package Pins 窗口中显示的引脚延迟信息

Tcl 脚本 6.28　获取芯片 Bank 及指定 Bank 的属性

```
get_iobanks
#0 12 13 14 15 16 32 33 34 115 116
report_property [get_iobanks 33]
```

在 Bank 属性中，BANK_TYPE 非常有用，可借此过滤出感兴趣的 Bank，如 Tcl 脚本 6.29 所示，其中以#开头的行为上一行脚本的输出值（后续脚本均采用这种方式标记输出值）。对用户而言，尤其要关注 HIGH PERFORMANCE 和 HIGH RANGE 这两类 Bank，因为通用输入/输出引脚就在这两类 Bank 上。

通过 get_package_pins 命令可以查看指定 Bank 上的引脚，如 Tcl 脚本 6.30 所示。结合 llength 命令，可以看到 Bank 33 上有 56 个引脚，这与图 6.47 所示是一致的。

通过 report_property 命令可以查看引脚的属性，如图 6.50 所示。这里显示了两类不同引脚，一类不属于任何 Bank，一类隶属于某个 Bank。两者最明显的区别体现在图中虚线框标记的几个属性。

Property	Type	Read-only	Value
BANK_TYPE	string	true	BT_HIGH_PERFORMANCE
CLASS	string	true	iobank
DCI_CASCADE	string*	false	
IS_MASTER	bool	true	0
IS_SLAVE	bool	true	0
MASTER_BANK	string	true	
NAME	string	true	33
SLR_INDEX	int	true	0

图 6.49 Bank 33 的属性

Tcl 脚本 6.29 借助 BANK_TYPE 过滤出感兴趣的 Bank

```
get_iobanks -filter {BANK_TYPE == BT_MGT}
#115 116
get_iobanks -filter {BANK_TYPE == BT_HIGH_PERFORMANCE}
#33 34
get_iobanks -filter {BANK_TYPE == BT_HIGH_RANGE}
#13 14 15 16
get_iobanks -filter {BANK_TYPE == BT_NO_USER_IO}
#0 12 32
```

Tcl 脚本 6.30 查看 Bank 上的引脚

```
get_package_pins -of [get_iobanks 33]
llength [get_package_pins -of [get_iobanks 33]]
#56
```

Package Pin不属于任何Bank

Property	Type	Read-only	Value
BANK	string	true	
BUFIO_2_REGION	string	true	
CLASS	string	true	package_pin
DIFF_PAIR_PIN	string	true	
IS_BONDED	bool	true	0
IS_CLK_CAPABLE	bool	true	0
IS_DIFFERENTIAL	bool	true	0
IS_GENERAL_PURPOSE	bool	true	0
IS_GLOBAL_CLK	bool	true	0
IS_LOW_CAP	bool	true	0
IS_MASTER	bool	true	0
IS_VREF	bool	true	0
IS_VRN	bool	true	0
IS_VRP	bool	true	0
NAME	string	true	N13
PIN_FUNC	enum	true	VCCBRAM
PIN_FUNC_COUNT	int	true	1
PKGPIN_BYTEGROUP_INDEX	int	true	0
PKGPIN_NIBBLE_INDEX	int	true	0

Package Pin隶属于某个Bank

Property	Type	Read-only	Value
BANK	string	true	34
BUFIO_2_REGION	string	true	
CLASS	string	true	package_pin
DIFF_PAIR_PIN	string	true	
IS_BONDED	bool	true	0
IS_CLK_CAPABLE	bool	true	0
IS_DIFFERENTIAL	bool	true	0
IS_GENERAL_PURPOSE	bool	true	0
IS_GLOBAL_CLK	bool	true	0
IS_LOW_CAP	bool	true	0
IS_MASTER	bool	true	0
IS_VREF	bool	true	0
IS_VRN	bool	true	0
IS_VRP	bool	true	0
NAME	string	true	AA1
PIN_FUNC	enum	true	VCCO_34
PIN_FUNC_COUNT	int	true	1
PKGPIN_BYTEGROUP_INDEX	int	true	0
PKGPIN_NIBBLE_INDEX	int	true	0

图 6.50 引脚属性

类似地，通过对引脚属性的过滤，可筛选出感兴趣的引脚，如 Tcl 脚本 6.31 所示。第 1 行脚本可过滤出该芯片上的所有通用引脚，第 4 行脚本可过滤出 Bank 33 上的通用引脚，第 7 行脚本可过滤出该芯片上的所有时钟引脚。

Tcl 脚本 6.31 根据引脚属性过滤出感兴趣的引脚

```
1 set general_io [get_package_pins -filter {IS_GENERAL_PURPOSE}]
2 llength $general_io
3 #300
4 set io [get_package_pins -of [get_iobanks 33] -filter {IS_GENERAL_PURPOSE}]
5 llength $io
6 #50
7 get_package_pins -filter {IS_CLK_CAPABLE}
```

结合 Bank 类型，还可确定某类 Bank 上的通用引脚，如 Tcl 脚本 6.32 所示。第 1、2 行脚本可获得 HIGH PERFORMANCE Bank 上的通用引脚，第 5、6 行脚本可获得 HIGH RANGE Bank 上的通用引脚。

Tcl 脚本 6.32 不同类型 Bank 上的通用引脚

```
1 set hpio [get_package_pins -filter {IS_GENERAL_PURPOSE} -of \
2 [get_iobanks -filter {BANK_TYPE == BT_HIGH_PERFORMANCE}]]
3 llength $hpio
4 #100
5 set hrio [get_package_pins -filter {IS_GENERAL_PURPOSE} -of \
6 [get_iobanks -filter {BANK_TYPE == BT_HIGH_RANGE}]]
7 llength $hrio
8 #200
```

反过来，若已知引脚或时钟域名称，也可以查找其所在 Bank，如 Tcl 脚本 6.33 所示。

Tcl 脚本 6.33 通过引脚或时钟域名称获取 Bank 信息

```
get_iobanks -of [get_package_pins P18]
#13
get_iobanks -of [get_clock_regions X1Y3]
#116
get_clock_regions -of [get_iobanks 33]
#X1Y0
```

与引脚、Bank 紧密相关的另一个参数是电平标准，通过 Tcl 脚本 6.34 所示的方式可查看指定引脚或 Bank 所支持的电平标准。

Tcl 脚本 6.34　获取指定引脚或 Bank 所支持的电平标准

```
get_io_standards -of [get_package_pins P18]
get_io_standards -of [get_iobanks 33]
```

图 6.48 中的引脚延迟信息也可以通过 Tcl 脚本 6.35 所示的方式获取。

Tcl 脚本 6.35　获取引脚延迟信息

```
write_csv F:/pinList.csv
```

尽管 Bank、引脚及电平标准等相关信息可以从数据手册上获取，但实际上 Vivado 都已提供，只需通过一些 Tcl 脚本即可查看，由此可见 Tcl 脚本的强大之处。

结合前述 Tcl 脚本可确定 Bank、引脚、电平标准和时钟域之间的关系，如图 6.51 所示。图中箭头指向表明了“包含”的关系，如 io_bank 指向 io_standard，表明 Bank 包含电平标准，即若已知 Bank 信息，可以查看该 Bank 所支持的电平标准。预先了解 Bank、引脚、电平标准和物理时钟区域等信息是 PCB 设计中的重要一环。

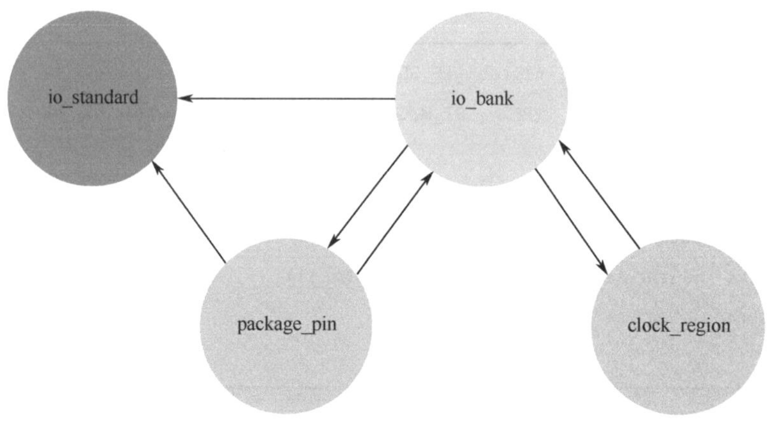

图 6.51　Bank、引脚、电平标准和时钟域之间的关系

I/O Ports 窗口如图 6.52 所示，正是在此窗口完成引脚分配的。选中待分配引脚的端口，在 Package 视图中单击图 6.53 中的标记①，即可弹出 3 种引脚分配方式。进行引脚分配时，既要指定引脚的位置，也要指定引脚的电平标准。

引脚分配的过程也可以借助 Tcl 脚本完成，如 Tcl 脚本 6.36 所示。可以看到只使用了 get_ports 和 set_property 两个命令，同时也可体会到分配引脚的过程就是给指定端口的两个属性 PACKAGE_PIN 和 IOSTANDARD 设定目标值的过程。

选中已分配引脚的端口，在 Tools 菜单下选择 I/O Planning，如图 6.54 所示，在弹出的菜单中选择图中的标记①，或者直接在图 6.52 中勾选 Fixed 所在列，即将该端口与已分配的引脚绑定，此时端口颜色由灰色变为金黄色。这个过程也可以借助 Tcl 脚本 6.37 所示的方式完成。

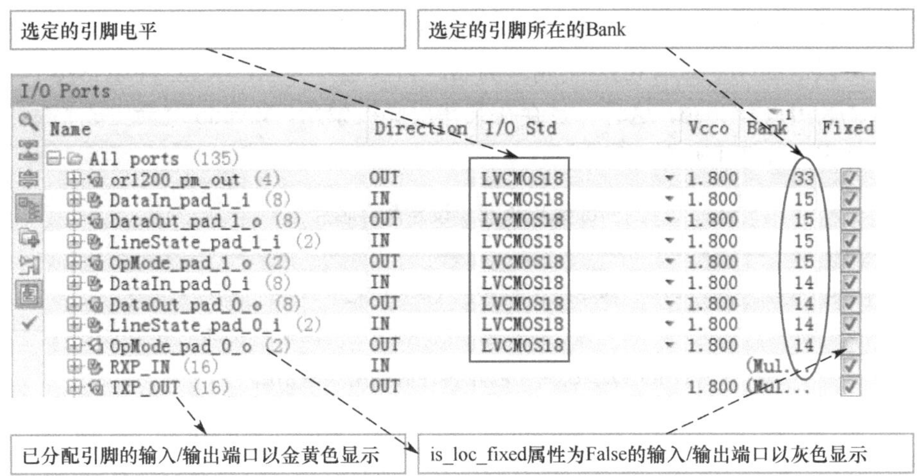

图 6.52　I/O Ports 窗口

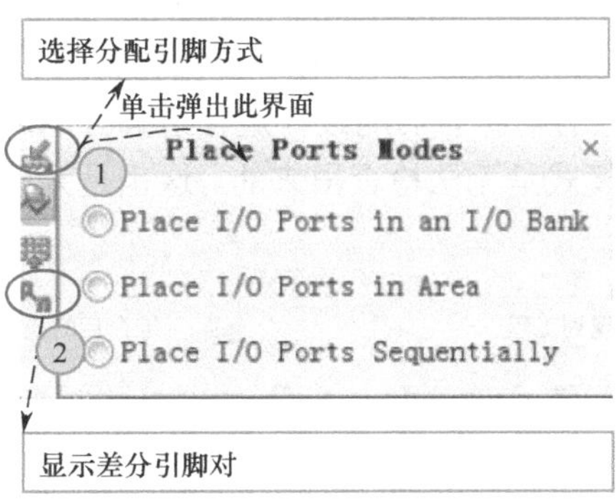

图 6.53　3 种引脚分配方式

Tcl 脚本 6.36　引脚分配

```
set_property IOSTANDARD LVCMOS18 [get_ports {VControl_pad_0_o[0]}]
set_property IOSTANDARD LVCMOS18 [get_ports {VControl_pad_0_o[1]}]
set_property PACKAGE_PIN A23 [get_ports {VControl_pad_0_o[0]}]
set_property PACKAGE_PIN A24 [get_ports {VControl_pad_0_o[1]}]
```

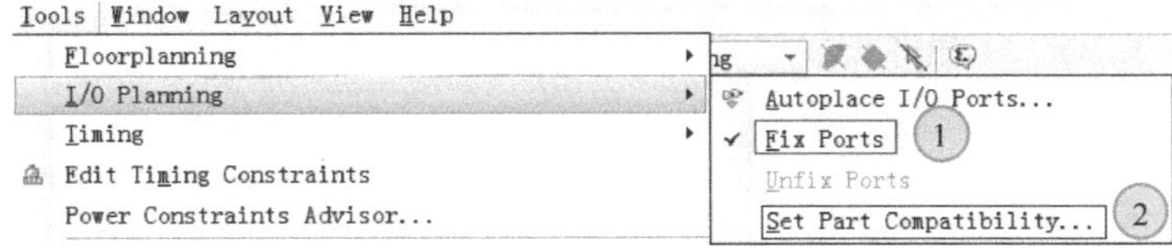

图 6.54　固定端口位置

Tcl 脚本 6.37　固定端口位置

```
set_property is_loc_fixed true [get_ports *]
```

为便于 PCB 兼容性设计，Vivado 也提供了与当前芯片兼容的芯片，如图 6.54 中的标记②所示，也可以借助 Tcl 脚本 6.38 完成。例如，当前芯片为 XC7K325TFBG676，与之兼容的芯片有 XC7K70TFBG676，这时一旦存在某些引脚被禁用，Vivado 就会生成相应的约束反映在约束文件中，如 Tcl 脚本 6.39 所示。

Tcl 脚本 6.38　设定兼容芯片

```
set_property keep_compatible {xc7k70tfbg676}  [current_design]
```

Tcl 脚本 6.39　因兼容性而禁用某些引脚

```
set_property PROHIBIT true [get_sites Y26]
```

引脚分配之后，需要进行设计规则检查，如图 6.55 所示。这一步是至关重要的，可以检查出引脚分配存在的问题。例如，如果没有将时钟端口分配到时钟引脚上，则会显示如图 6.56 所示的报告。但只有对综合后的设计进行引脚分配时，才会检查出此类问题，采用直接创建 I/O 规划工程的模式是无法检查出来的。这也是为什么建议引脚分配最好在设计综合后完成而非综合前。

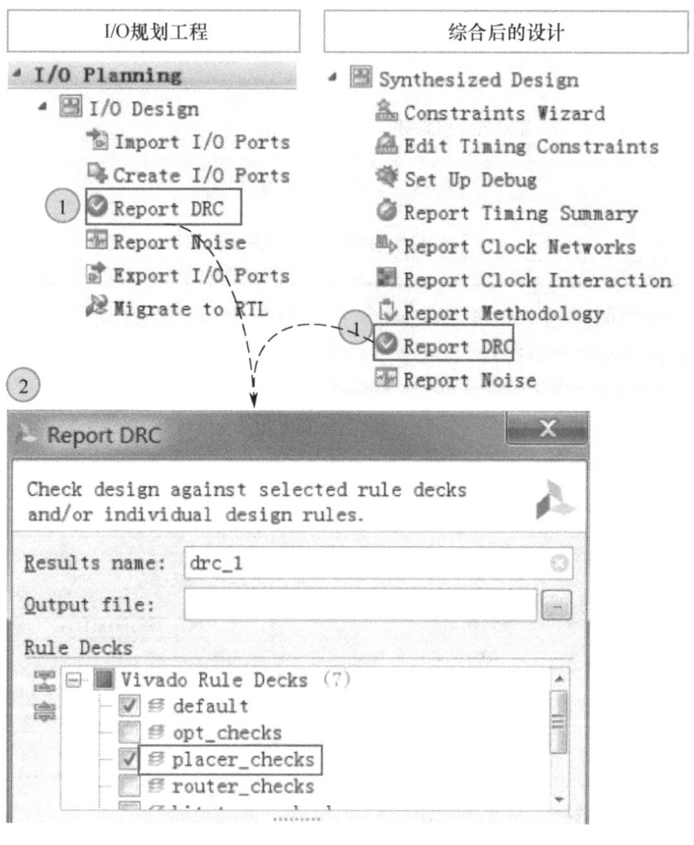

图 6.55　引脚分配设计规则检查

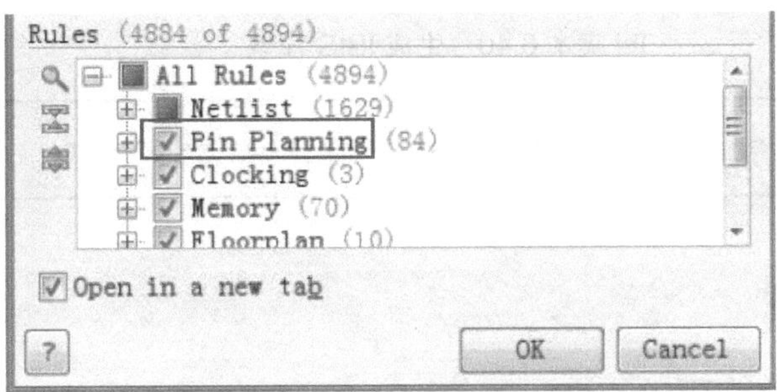

图 6.55　引脚分配设计规则检查（续）

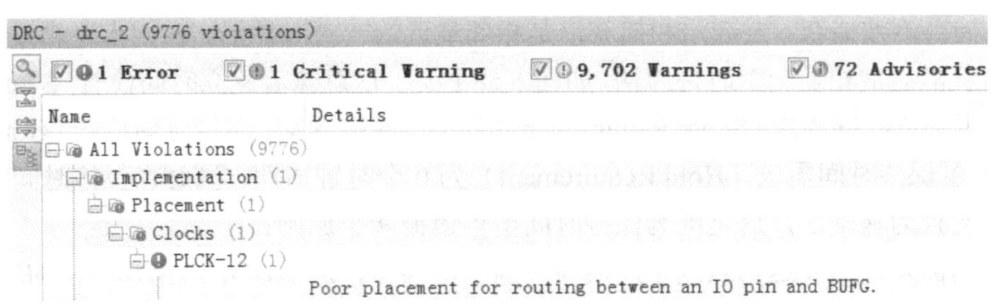

图 6.56　引脚分配设计规则检查报告

PCB 设计有时需要 IBIS（Input/Output Buffer Information Specification）模型以验证系统的信号完整性，在 Vivado 下可方便地生成该模型，如图 6.57 所示。此过程也可以借助 Tcl 脚本 6.40 完成。

File → Export → Export IBIS Model

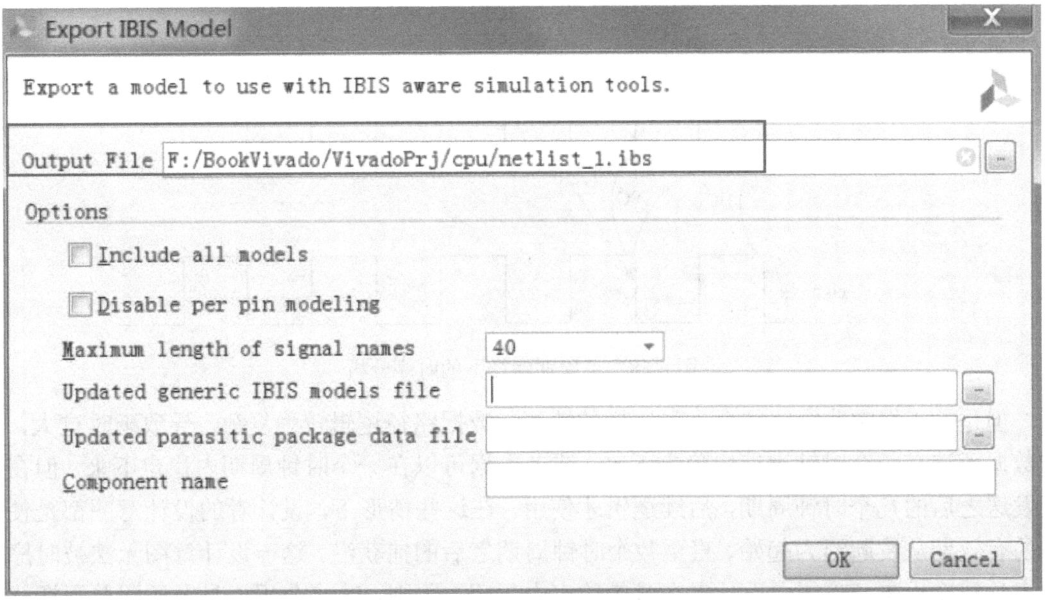

Export IBIS Model

Export a model to use with IBIS aware simulation tools.

Output File F:/BookVivado/VivadoPrj/cpu/netlist_1.ibs

Options

Include all models

Disable per pin modeling

Maximum length of signal names 40

Updated generic IBIS models file

Updated parasitic package data file

Component name

OK　Cancel

图 6.57　生成 IBIS 模型

Tcl 脚本 6.40 生成 IBIS 模型

```
write_ibis F:/Vivado/Example/cpunetlist/netlist_1.ibs -truncate 40 -force
```

6.3 两种时序例外

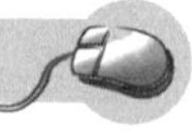

6.3.1 多周期路径约束

在默认情况下，Vivado 时序引擎是按照单周期关系分析数据路径的，即数据在发起沿被发送，在捕获沿被捕获。发起沿和捕获沿是相邻最近的一对时钟沿。在同步逻辑设计中，发起沿与捕获沿通常相差一个时钟周期，如图 6.58 所示。这意味着建立时间检查（Setup Check，SC）决定了建立时间需求（Setup Requirement）为 1 个时钟周期，保持时间检查（Hold Check，HC）决定了保持时间需求（Hold Requirement）为 0 个时钟周期。同时，保持时间检查是以建立时间检查为基础的，这是因为保持时间检查遵循两个原则：

（1）当前发起沿发送的数据不能被前一捕获沿捕获，对应图 6.58 所示中的 HC1。

（2）下一发起沿发送的数据不能被当前捕获沿捕获，对应图 6.58 所示中的 HC2。

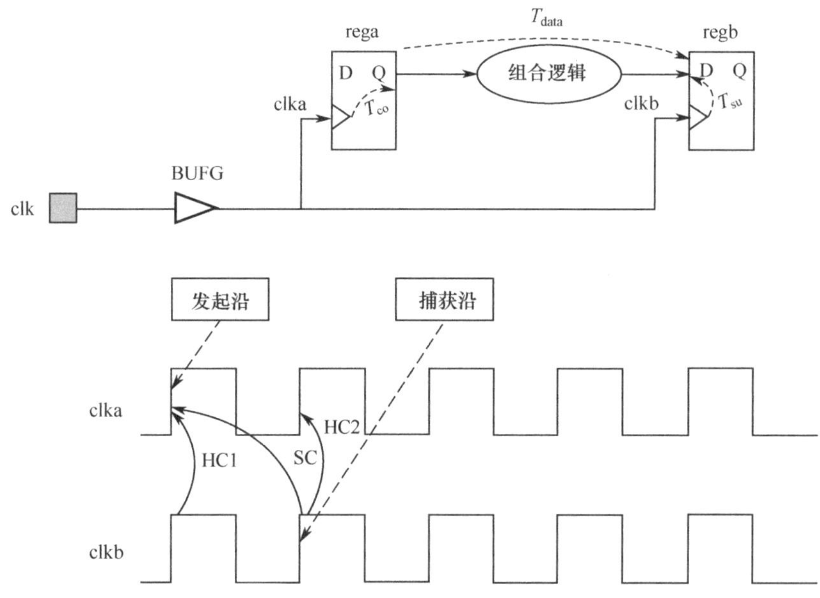

图 6.58 单周期路径下的时序分析

但是，工程实践中往往会出现这样的情形：数据路径逻辑较为复杂，导致延时过大，使得数据无法在一个时钟周期内稳定下来；或者数据可以在一个时钟周期内稳定下来，但在数据发送之后的几个时钟周期，后续逻辑才使用。在这些情形下，设计者的设计意图都是使数据的有效期从发起沿为起始、直至数个时钟周期之后的捕获沿。这一设计意图无法被时序分析工具猜度出来，必须由设计者在时序约束中指明。否则，时序分析工具会按照单周期路径检查的方式执行，往往会误报出时序违规。

情形 1：使能信号导致的数据路径多周期

这是一种非常典型的情形，如图 6.59 所示。其中，使能信号 ce 的周期是时钟周期的整数倍，且有效期（假定为高有效）为一个时钟周期。

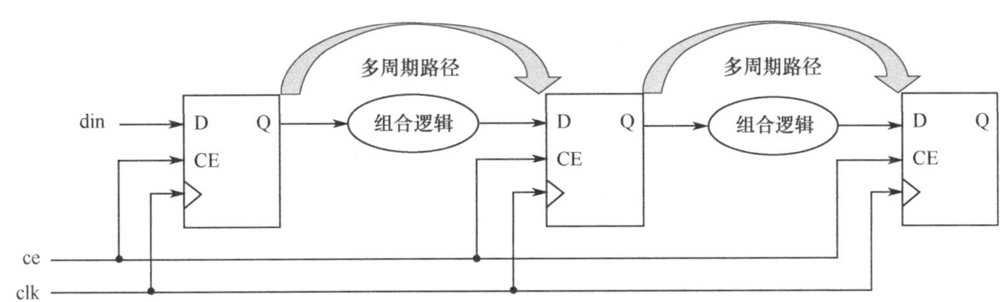

图 6.59　使能信号导致多周期路径

为便于分析，这里假定 ce 的周期为时钟周期的 3 倍，相应的时序如图 6.60 所示。显然，此时建立时间检查应为图中的标记④，基于此获得的保持时间检查为图中的标记⑤和标记⑥。为便于理解，虚拟出一个与 ce 等速率的时钟（也可把 ce 当作时钟），这样就变为在该时钟下的单周期情形。相应的，建立时间检查为图中的标记①，保持时间检查为图中的标记②和标记③。从而可以确定把标记⑤和标记⑥作为保持时间检查是不合理的，真正的保持时间检查应为标记⑦和标记⑧。基于上述分析，可确定建立时间需求应为 3 个时钟周期，保持时间需求应为 0 个时钟周期，因此，应把标记⑤和标记⑥回调两个时钟周期，至标记⑦和标记⑧。从而，相应的多周期路径约束如 Tcl 脚本 6.41 所示。

结合 Tcl 脚本 6.41，对 set_multicycle_path 做进一步的说明，如表 6.3 所示。这里尤其要注意 -hold 的含义。此外，该命令中的数字表示时钟周期个数而非时钟周期本身。

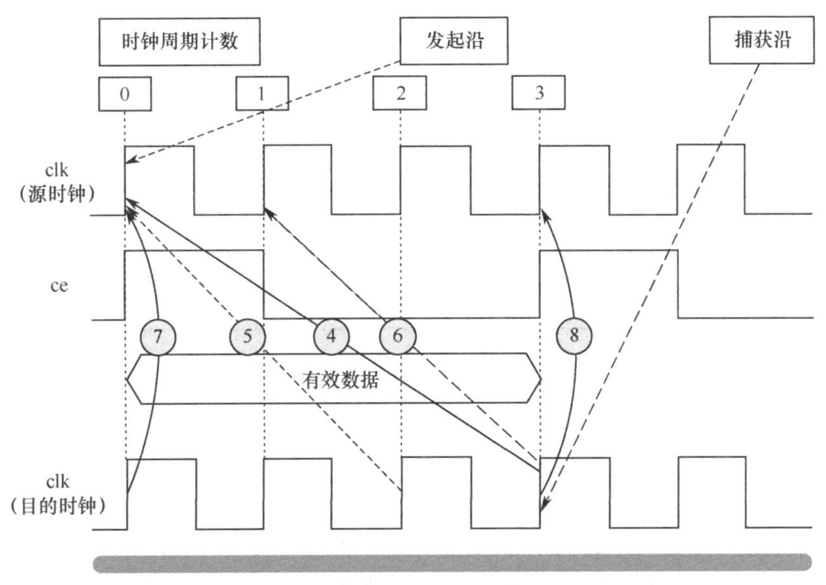

图 6.60　建立时间和保持时间检查分析

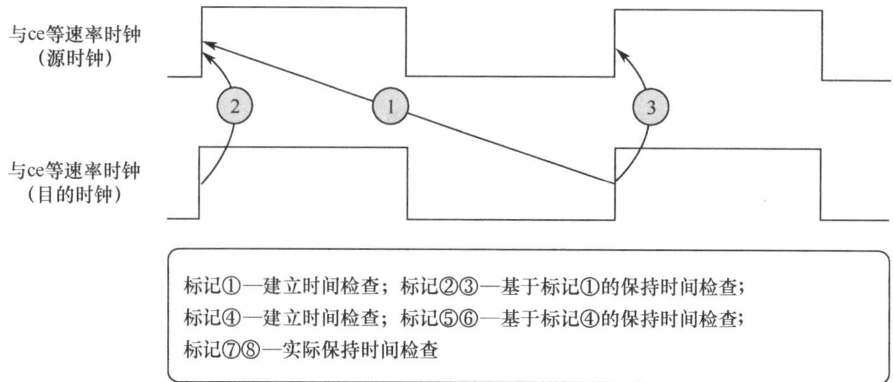

图 6.60 建立时间和保持时间检查分析（续）

Tcl 脚本 6.41 使能信号导致多周期情形的约束

```
set myce_cell [get_cells -of [get_pins -of [get_nets ce] -leaf -filter {IS_ENABLE}]]
set_multicycle_path -from $myce_cell -to $myce_cell -setup 2
set_multicycle_path -from $myce_cell -to $myce_cell -hold 1
```

表 6.3 set_multicycle_path 参数含义

参数名称	含　义
-setup	表示建立时间所需要的时钟周期个数
-hold	表示分析保持时间时，相对于默认的捕获沿实际捕获沿应回调的时钟周期个数
-end	表示以目的端时钟作为时钟周期计数基准
-start	表示以源端时钟作为时钟周期计数基准

结论

默认情况下，set_multicycle_path：

- 对建立时间的分析是设置目的时钟为多周期。
- 对保持时间的分析是设置源时钟为多周期。

根据这个结论，对于 Tcl 脚本 6.42，第 1 行和第 2 行是等效的，第 3 行和第 4 行是等效的。建议在使用时明确指定是-end 还是-start。

Tcl 脚本 6.42 理解 set_multicycle_path 命令中的源时钟与目的时钟

```
1 set_multicycle_path -from [get_clocks clk1] -to [get_clocks clk2] -setup 2
2 set_multicycle_path -from [get_clocks clk1] -to [get_clocks clk2] -setup -end 2
3 set_multicycle_path -from [get_clocks clk1] -to [get_clocks clk2] -hold 1
4 set_multicycle_path -from [get_clocks clk1] -to [get_clocks clk2] -hold -start 1
```

情形 2：同步时钟之同频正向偏移的两个时钟之间的跨时钟域路径[5]

这里的同步时钟是指由同一个 MMCM/PLL 生成的时钟，时钟之间的相位是明确的。具体时序如图 6.61 所示。在只有时钟周期约束的情况下，时序分析工具会认为建立时间检查和保持时间检查为图中的虚线所示，但实际上应该是图中的实线所示。此时应通过多周期路径约束进行调整，如 Tcl 脚本 6.43 所示。这里只需对建立时间检查进行调整即可，因为建立时间检查调整之后，基于此的保持时间检查正好就是真实的保持时间检查。

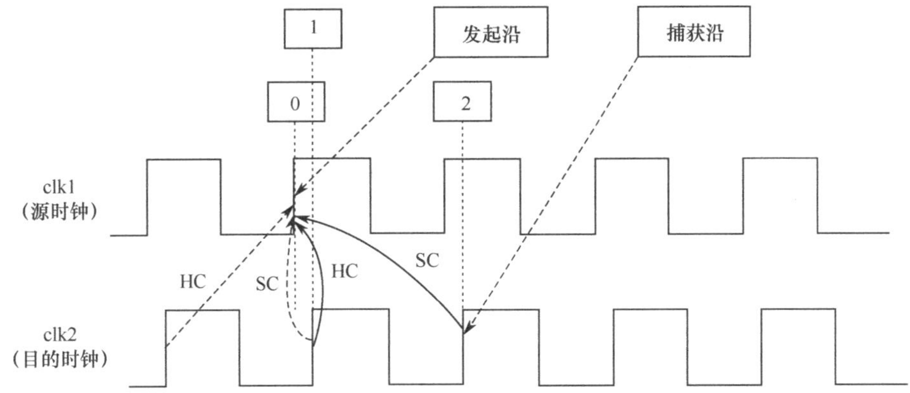

图 6.61 同步时钟之同频正向偏移的两个时钟之间的跨时钟域时序

Tcl 脚本 6.43 同步时钟之同频正向偏移的两个时钟之间的跨时钟域路径约束

```
set_multicycle_path -from [get_clocks clk1] -to [get_clocks clk2] -setup -end 2
```

对于同步时钟之同频负向偏移的两个时钟之间的跨时钟域路径约束，读者可据此案例自行分析。

情形 3：同步时钟之慢时钟到快时钟的跨时钟域路径

同步时钟之慢时钟到快时钟的跨时钟域路径时序如图 6.62 所示。真实的建立时间检查和保持时间检查应为图中的实线所示。但在只有时钟周期约束时，建立时间需求为单个时钟周期，这就需要通过多周期路径约束调整为图中的 SC，基于 SC 所获得的 HC 为图中的虚线所示，显然这与实际情况不符，应将其回调两个时钟周期。故此情形下的多周期路径约束如 Tcl 脚本 6.44 所示。

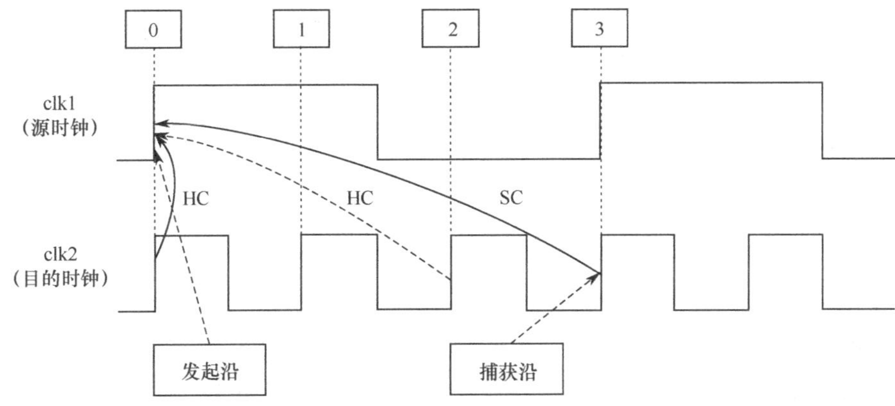

图 6.62 同步时钟之慢时钟到快时钟的跨时钟域路径时序

Tcl 脚本 6.44　同步时钟之慢时钟到快时钟的跨时钟域路径约束

```
set_multicycle_path -from [get_clocks clk1] -to [get_clocks clk2] -setup -end 3
set_multicycle_path -from [get_clocks clk1] -to [get_clocks clk2] -hold -end 2
```

情形 4：同步时钟之快时钟到慢时钟的跨时钟域路径

对于此情形，这里不做过多解释，读者可根据图 6.63 所示的时序结合情形 3 自行分析。这里直接给出相应的约束，如 Tcl 脚本 6.45 所示，注意此时使用的是-start 而非-end。

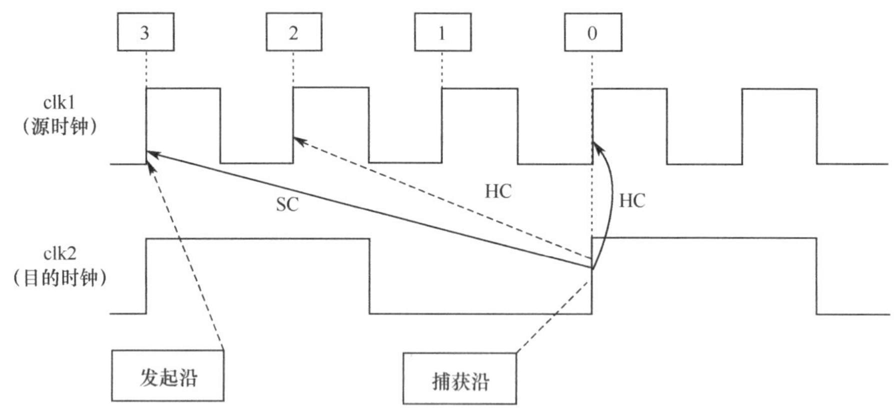

图 6.63　同步时钟之快时钟到慢时钟的跨时钟域路径时序

Tcl 脚本 6.45　同步时钟之快时钟到慢时钟的跨时钟域路径约束

```
set_multicycle_path -from [get_clocks clk1] -to [get_clocks clk2] -setup -start 3
set_multicycle_path -from [get_clocks clk1] -to [get_clocks clk2] -hold -start 2
```

如果不设置多周期路径约束会有怎样的后果呢？首先，时序分析工具依然会按照单周期路径处理多周期路径，因此有可能虚报时序违例。其次，布局布线工具依然按照单周期路径的方式执行，有可能满足时序规范，但过分优化了本应该多个周期完成的操作，实际上造成了对多周期路径的过约束，从而侵占了本应该让位于其他逻辑的布局布线资源，有可能造成其他关键路径的时序违例或时序裕量变小，这在资源利用率很高时尤其突出。反言之，多周期路径约束的好处在于使布局布线工具优先考虑其他关键路径。

6.3.2　伪路径约束

伪路径并不表示该路径不存在，而是指基于该路径的电路功能不会发生或该路径无须时序约束。

如图 6.64 所示是一个典型的因某路径的电路功能不会发生而被当作伪路径处理的案例。图中，当 sel 为 0 时，对应标记①路径；当 sel 为 1 时，对应标记②路径。这两条路径是存在且功能会发生的。标记为③的路径尽管存在但功能永远不会发生，故被判为伪路径，相应的约束如 Tcl 脚本 6.46 所示。

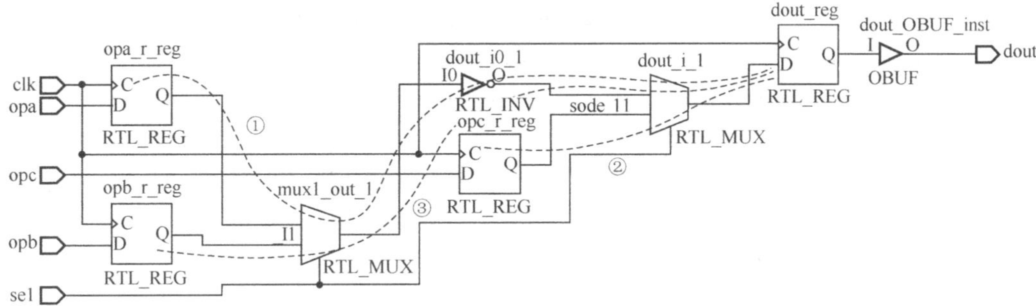

图 6.64　基于该路径的电路功能不会发生

Tcl 脚本 6.46　图 6.64 对应的约束

```
set_false_path -from [get_cells {opb_r_reg}] -to [get_cells {dout_reg}]
```

通常情况下，设计者很难发现该伪路径。但事实上，从 Vivado 综合后的结果（无论是否添加伪路径约束）图 6.65 来看，该路径已被优化掉。

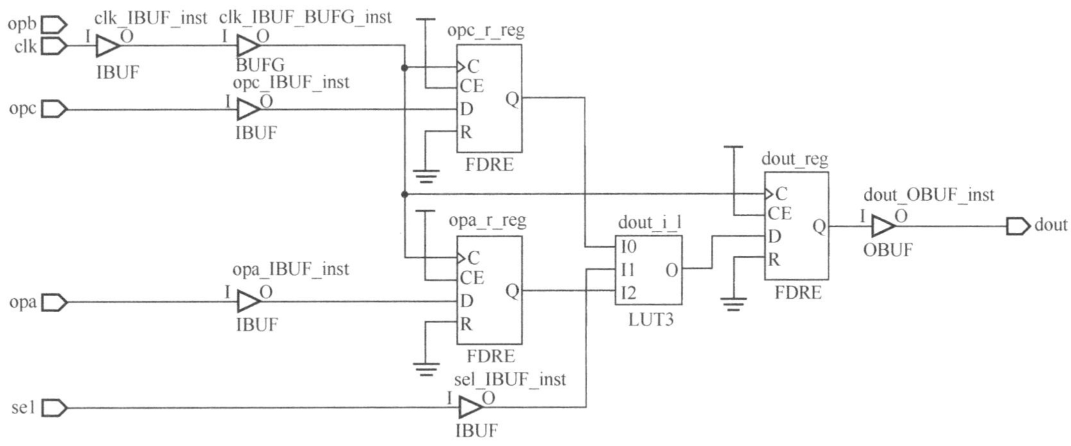

图 6.65　图 6.64 所示电路综合后的结果

对于异步时钟的跨时钟域路径，要从设计上保证跨时钟域路径的安全性，从约束角度而言可以将其设置为伪路径，如图 6.66 所示，其中的虚线标记为跨时钟域路径。通过 Tcl 脚本 6.47 可将其设置为伪路径。

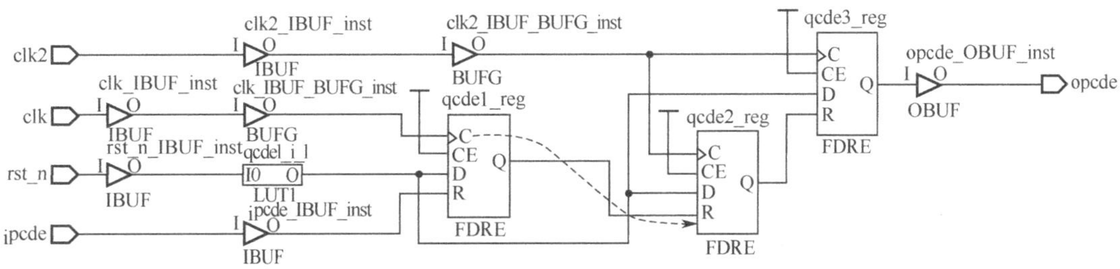

图 6.66　异步时钟的跨时钟域路径

Tcl 脚本 6.47　异步时钟的跨时钟域路径约束

```
set_false_path -from [get_clocks clk] -to [get_clocks clk2]
```

如果同时存在两个时钟域间相互的数据传输，如既有数据从 clk 域到 clk2 域，也有数据从 clk2 域到 clk 域，此时应将这两个方向均设置为伪路径，如 Tcl 脚本 6.48 所示。但可采用更为简捷的方式，也是推荐的方式，如 Tcl 脚本 6.49 所示。

Tcl 脚本 6.48　两个方向均设置为伪路径

```
set_false_path -from [get_clocks clk] -to [get_clocks clk2]
set_false_path -from [get_clocks clk2] -to [get_clocks clk]
```

Tcl 脚本 6.49　与 Tcl 脚本 6.48 等效的方式

```
set_clock_groups -async -group [get_clocks clk] -to [get_clocks clk2]
```

伪路径约束的另一种常用情形是针对异步复位信号。通常异步复位信号需要采用图 6.67（基于 7 系列的 MIG IP 中的电路）所示方式进行同步化处理，以保证释放的同步复位信号可以被稳定地捕获到。因此，可以将这里的异步复位信号所覆盖的路径设置为伪路径，如 Tcl 脚本 6.50 所示。

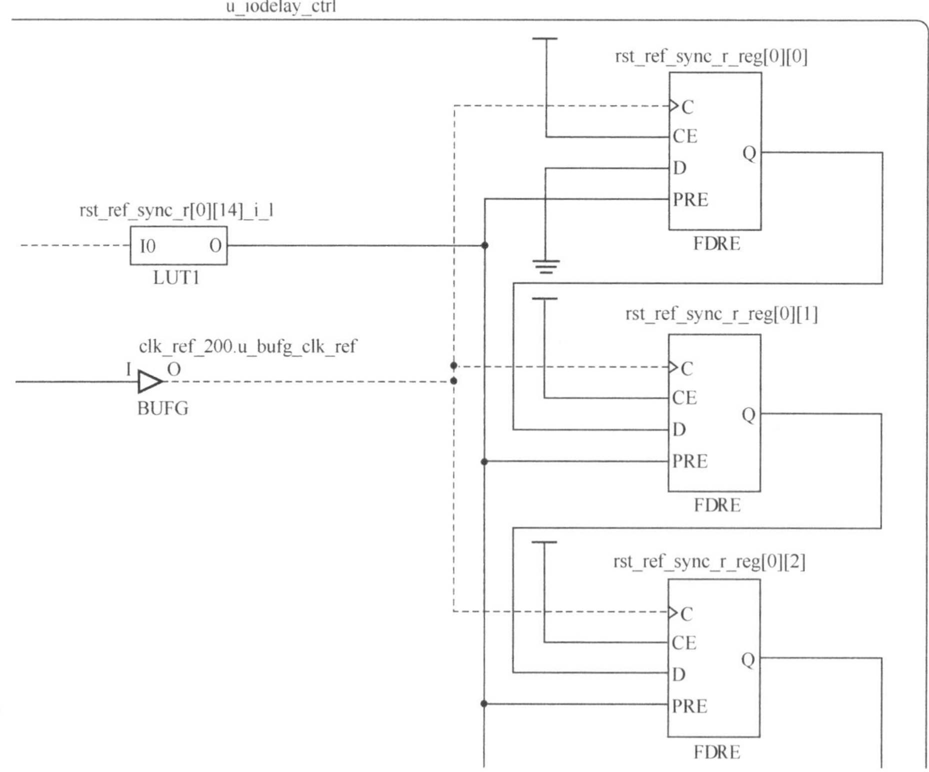

图 6.67　异步复位同步释放

Tcl 脚本 6.50　异步复位信号覆盖路径设置为伪路径

```
set_false_path -to [get_pins -hier -filter {NAME =~ */u_iodelay_ctrl/rst_ref_sync*/PRE}]
```

设置伪路径约束的一个重要目的是允许布局布线工具优先考虑关键路径，使布局布线资源让位于关键路径，从而对时序收敛起到有益的作用。

6.4　从 UCF 到 XDC

6.4.1　UCF 与 XDC 的基本对应关系

如果需要把 ISE 或 PlanAhead 工程移植到 Vivado 中，就需要将 UCF 转换为 XDC。首先需要了解 UCF 和 XDC 的主要区别[6]。

结论

UCF 与 XDC 的主要区别：

- UCF 是基于时序组（TNM，TNM_NET，TIMEGRP）的，而 XDC 是基于模块（cell）、网线（net）、引脚（pin）和端口（port）的。
- UCF 中只能指定路径的建立时间需求，而 XDC 中既可以指定建立时间需求也可以指定保持时间需求。
- 在只有时钟周期约束的情形下，UCF 中认为时钟之间为异步关系，而 XDC 中认为时钟之间为同步关系。

对于物理约束，如引脚约束，可基于图 6.68 所示的对应关系完成转换；对于位置约束，可基于图 6.69 所示的对应关系完成转换。这种转换较为简单，可直接在 PlanAhead 下通过 write_xdc 命令完成。

图 6.68　引脚约束的转换

图 6.69　位置约束的转换

对于时序约束，Xilinx 建议依据表 6.4 所示的对应关系人工完成转换。具体转换案例可参考 ug911 第 3 章（可从 Xilinx 官网搜索下载或在 Xilinx Documentation Navigator 上查找）。这里重点解释一下 FROM:TO 约束的转换[7]。

对于图 6.70 所示的 FROM:TO 约束，如果该约束为多周期路径约束（假定为 2 倍时钟周期），则可转换为 Tcl 脚本 6.51 所示方式。这里用到了 all_fanout 命令，其中-flat 选项的作用是忽略模块的层次关系，所有扇出无论是否在同一层次均被选中；-endpoints_only 的作用是只选中时序终点模块。

表 6.4　UCF 与 XDC 时序约束对应关系

UCF	XDC
TIMESPEC PERIOD	create_clock
OFFSET IN	set_input_delay
OFFSET OUT	set_output_delay
TIG	set_false_path
FROM/THRU/TO	set_multicycle_path
MAXDELAY	set_max_delay

```
NET "clk_rx" TNM_NET = "TNM_clk_rx";
NET "clk_tx" TNM_NET = "TNM_clk_tx";
TIMESPEC TS_clk_rx_to_clk_tx = FROM "TNM_clk_rx" TO "TNM_clk_tx" 5 ns;
TIMESPEC TS_clk_tx_to_clk_rx = FROM "TNM_clk_tx" TO "TNM_clk_rx" 5 ns;
```

图 6.70　UCF 中的 FROM:TO 约束

Tcl 脚本 6.51　FROM:TO 转换为 XDC 中的多周期路径约束

```
set_multicycle_path -from [all_fanout -from [get_nets clk_rx] -flat -endpoints_only]\
-to [all_fanout -from [get_nets clk_tx] -flat -endpoints_only] -setup 2
set_multicycle_path -from [all_fanout -from [get_nets clk_rx] -flat -endpoints_only]\
-to [all_fanout -from [get_nets clk_tx] -flat -endpoints_only] -hold 1
set_multicycle_path -from [all_fanout -from [get_nets clk_tx] -flat -endpoints_only]\
-to [all_fanout -from [get_nets clk_rx] -flat -endpoints_only] -setup 2
set_multicycle_path -from [all_fanout -from [get_nets clk_rx] -flat -endpoints_only]\
-to [all_fanout -from [get_nets clk_tx] -flat -endpoints_only] -hold 1
```

如果时钟 clk_tx 和 clk_rx 已通过 create_clock 或 create_generated_clock 创建，那么可转换为 Tcl 脚本 6.52 所示形式。

Tcl 脚本 6.52　FROM:TO 转换为 XDC 中的多周期路径约束（已创建时钟周期约束）

```
set_multicycle_path -from [get_clocks clk_rx] -to [get_clocks clk_tx] -setup 2
set_multicycle_path -from [get_clocks clk_rx] -to [get_clocks clk_tx] -hold 1
set_multicycle_path -from [get_clocks clk_tx] -to [get_clocks clk_rx] -setup 2
set_multicycle_path -from [get_clocks clk_tx] -to [get_clocks clk_rx] -hold 1
```

如果这里的 FROM:TO 约束中所定义的 5ns 为路径的具体延时需求，则可转换为 Tcl 脚本 6.53 所示的 set_max_delay 约束。

如果时钟 clk_tx 和 clk_rx 已通过 create_clock 或 create_generated_clock 创建，那么可转换为 Tcl 脚本 6.54 所示形式。

Tcl 脚本 6.53　FROM:TO 转换为 XDC 中的 set_max_delay 约束

```
set_max_delay -from [all_fanout -from [get_nets clk_rx] -flat -endpoints_only]\
-to [all_fanout -from [get_nets clk_tx] -flat -endpoints_only] 5
set_max_delay -from [all_fanout -from [get_nets clk_tx] -flat -endpoints_only]\
-to [all_fanout -from [get_nets clk_rx] -flat -endpoints_only] 5
```

Tcl 脚本 6.54　FROM:TO 转换为 XDC 中的 set_max_delay 约束（已创建时钟周期约束）

```
set_max_delay -from [get_clocks clk_rx] -to [get_clocks clk_tx] 5
set_max_delay -from [get_clocks clk_tx] -to [get_clocks clk_rx] 5
```

6.4.2　理解层次标识符在 UCF 和 XDC 中的区别

无论是在 UCF 中还是 XDC 中，层次标识符/都会被广泛使用，但是它在两者中的使用有所不同[8]。

结论

- *在 XDC 中，层次标识符/确定了层次的边界，不能被通配符*取代，这意味着通配符是不能穿越层次边界的。*
- *在 XDC 中，凡是命令中带有-hierarchy 选项的，均可借助该选项穿越边界。*
- *在 UCF 中，层次标识符/可被通配符*取代，因此，通配符是可以穿越层次边界的。*

以 Vivado 自带的例子工程 BFT 为例，打开综合后的设计，运行 Tcl 脚本 6.55。其中#标记行为上一行命令的返回值，第 6 行和第 8 行只给出了部分返回结果。

Tcl 脚本 6.55　层次标识符在 XDC 中的使用方法

```
1  get_cells */transformLoop[3].ct
2  #arnd1/transformLoop[3].ct arnd4/transformLoop[3].ct
3  get_cells */xOutReg_reg
4  #WARNING: [Vivado 12-180] No cells matched '*/xOutReg_reg'.
5  get_cells -hier xOutReg_reg
6  #arnd1/transformLoop[0].ct/xOutReg_reg arnd1/transformLoop[1].ct/xOutReg_reg
7  get_cells */*/xOutReg_reg
8  #arnd1/transformLoop[0].ct/xOutReg_reg arnd1/transformLoop[1].ct/xOutReg_reg
9  get_cells -hier */*/xOutReg_reg
10 #WARNING: [Vivado 12-180] No cells matched '*/*/xOutReg_reg'.
```

在 UCF 中，若需要引用寄存器 a_inst/b_inst/c_inst/data_out_reg_r，可以直接使用通配符穿越层次边界，如图 6.71 所示。但由于在 XDC 中通配符不能穿越边界，因此采用与 UCF 中相同的写法将无法获得目标寄存器。

```
INST "*/data_out_reg_r" TNM = "group1";
```

```
get_cells */data_out_reg_r
#WARNING: [Vivado 12-180] No cells matched '*/data_out_reg_r'.
get_cells -hier */data_out_reg_r
#WARNING: [Vivado 12-180] No cells matched '*/data_out_reg_r'.
```

图 6.71 UCF 中层次标识符穿越边界

结合 Tcl 脚本 6.55 所示的案例，可得出与 UCF 等效的 XDC，如图 6.72 所示。可以看出，采用-filter {NAME =~ */data_out_reg_r}与原来的 UCF 非常类似，NAME 中的/与 UCF 中的/使用方法相同，即通配符在 NAME 匹配中可以穿越层次。

```
INST "*/data_out_reg_r" TNM = "group1";
```

```
get_cells a_inst/b_inst/c_inst/data_out_reg_r
get_cells */*/*/data_out_reg_r
get_cells -hier data_out_reg_r
get_cells -hier -filter {NAME =~ */data_out_reg_r }
get_cells -hier -regexp .*data_out_reg_r
```

图 6.72 与 UCF 等效的 XDC

6.5 时序约束编辑辅助工具

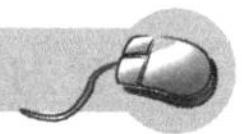

除了直接使用常规的文本编辑器或在 Vivado Tcl Console 中输入 XDC 外，Vivado 还提供了其他两种时序约束编辑辅助工具：时序约束编辑器（Timing Constraints Editor）和时序约束向导（Timing Constraints Wizard）。两者的共同之处是都需要在打开综合后或实现后的设计后进行，如图 6.73 所示。

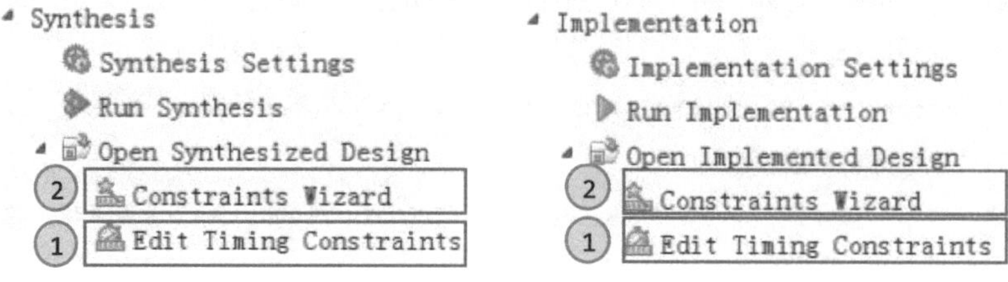

图 6.73 时序约束编辑器与时序约束向导

6.5.1 时序约束编辑器

单击图 6.73 所示中的标记①即可打开时序约束编辑器，其界面如图 6.74 所示。这个界面会显示.xdc 文件中已有的时序约束，同时还可添加、删除或修改时序约束。

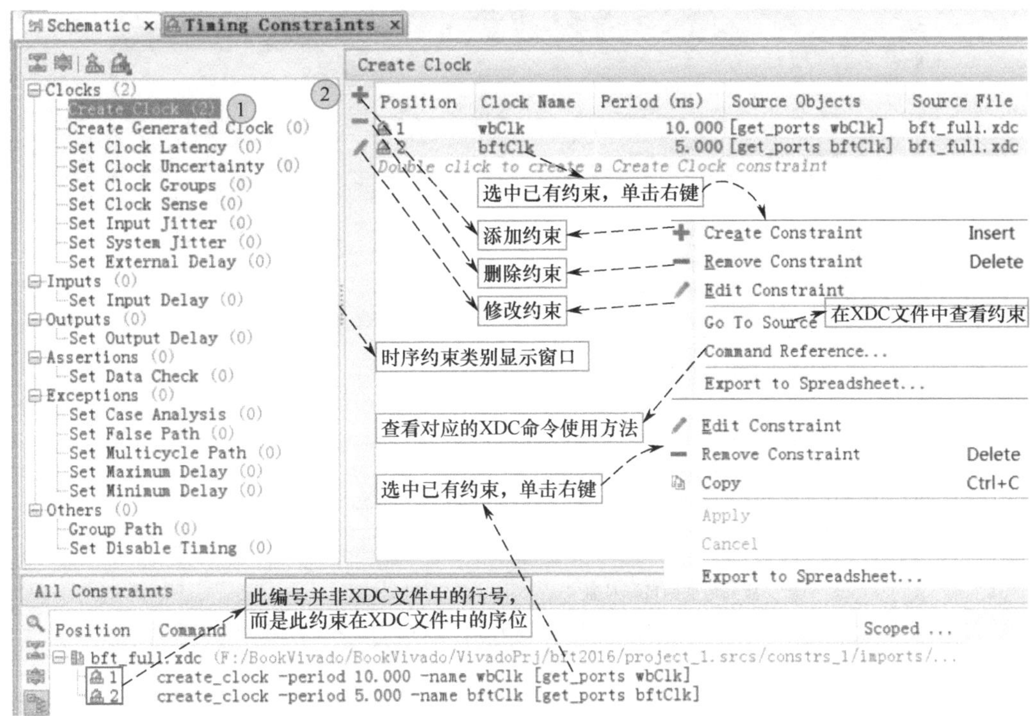

图 6.74　时序约束编辑器界面

以时钟周期约束为例，首先在时序约束类别显示窗口中选中 Create Clock（标记①），然后单击添加约束按钮（标记②），会弹出图 6.75 所示的时钟周期约束编辑窗口。在此窗口中最重要的一步是确定时钟源，单击图中的标记②，会弹出图 6.76 所示界面。一旦确定了时钟源，图 6.75 所示界面即变为图 6.77 所示形式。

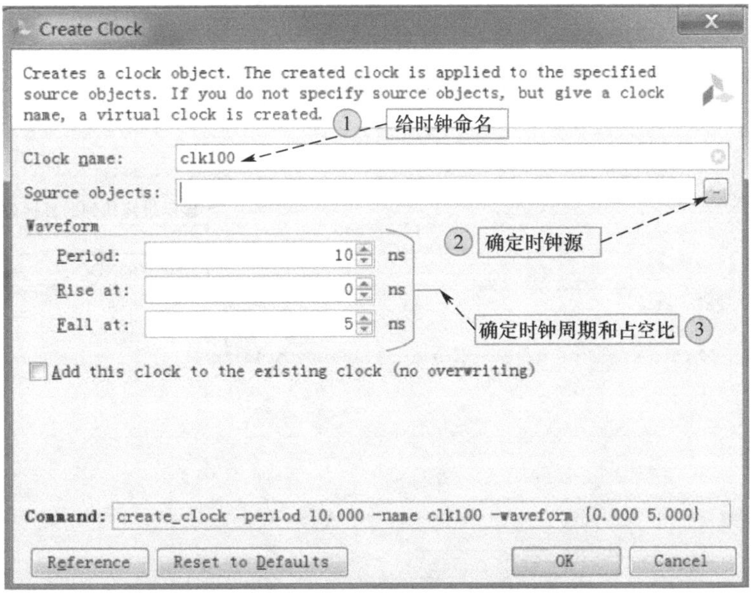

Create Clock

Creates a clock object. The created clock is applied to the specified source objects. If you do not specify source objects, but give a clock name, a virtual clock is created.

① 给时钟命名

Clock name: clk100

Source objects:

② 确定时钟源

Waveform

Period: 10 ns

Rise at: 0 ns

Fall at: 5 ns

确定时钟周期和占空比 ③

Add this clock to the existing clock (no overwriting)

Command: create_clock -period 10.000 -name clk100 -waveform {0.000 5.000}

Reference　Reset to Defaults　OK　Cancel

图 6.75　时钟周期约束编辑窗口

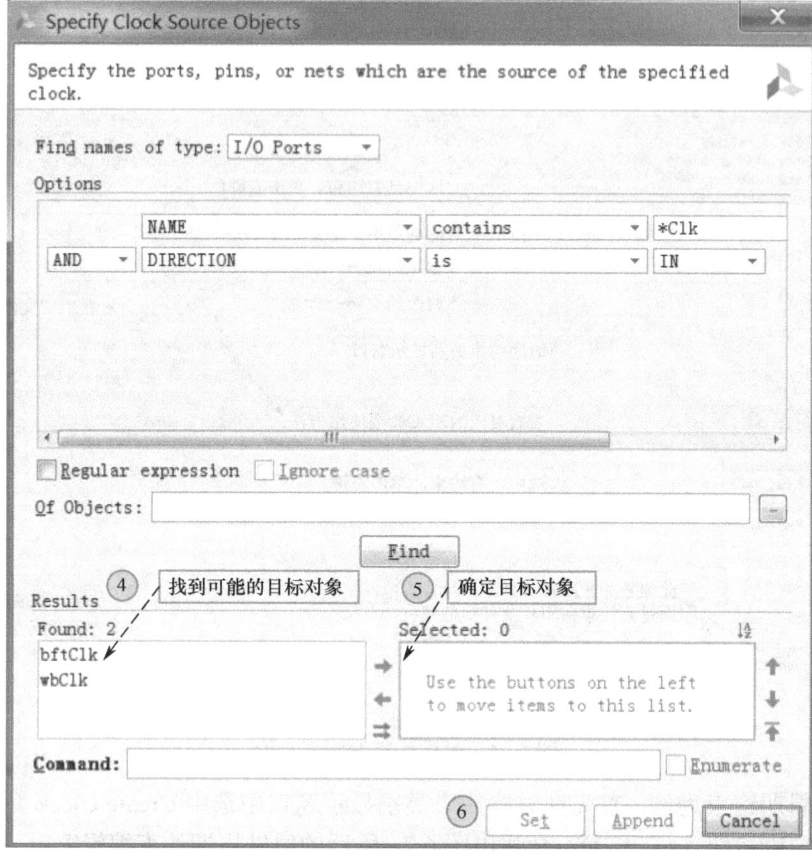

图 6.76　确定时钟源窗口

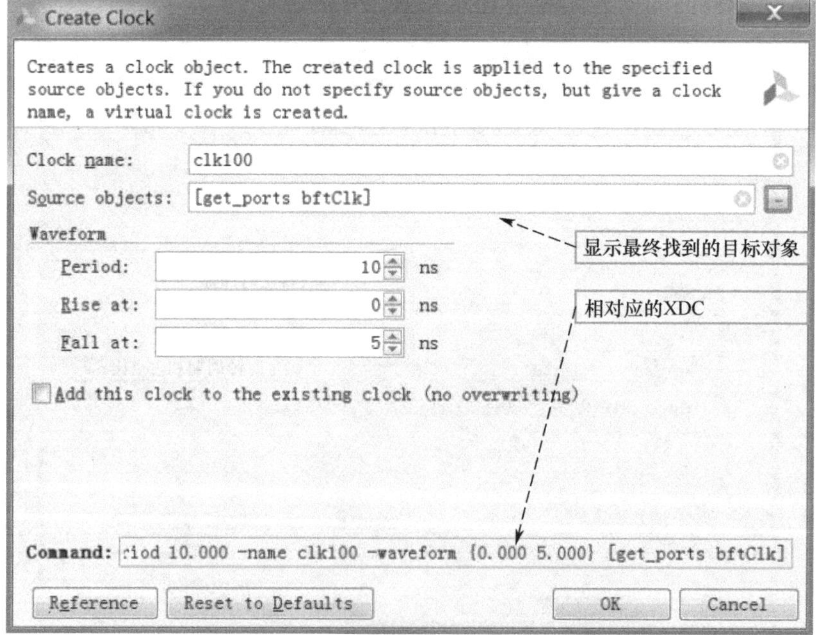

图 6.77　确定时钟源之后的时钟周期约束编辑窗口

最终的时钟周期约束会显示在时序约束编辑器的底部，如图 6.78 所示中的标记①，保存之后的结果如图中的标记②所示。

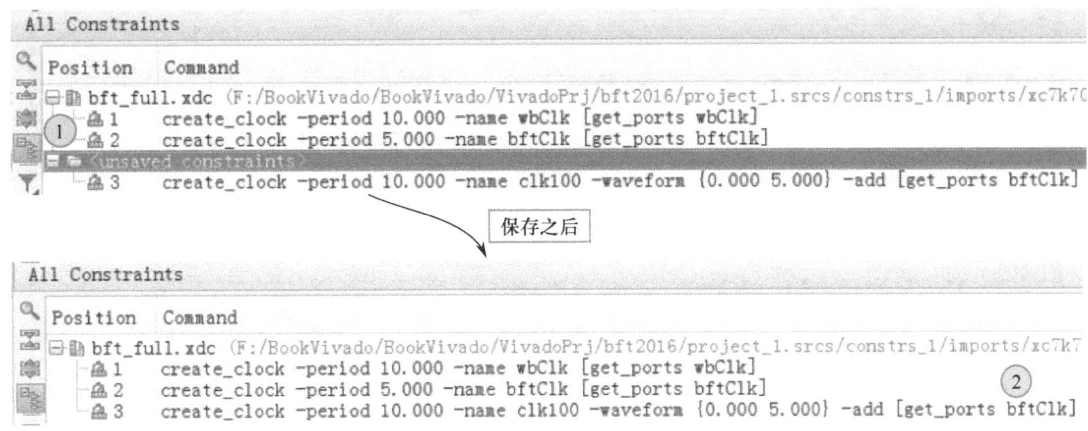

图 6.78　保存创建的时钟周期约束

6.5.2　时序约束向导

单击图 6.73 所示中的标记②，显示基本介绍界面之后会弹出图 6.79 所示的主时钟周期约束界面。不同于时序约束编辑器，时序约束向导可以自动检测出未约束的主时钟，这为时钟约束带来了很大的便利，只需在图中编辑时钟频率即可。

图 6.79　主时钟周期约束界面

时序约束向导会按主时钟约束、生成时钟约束、输入延迟约束、输出延迟约束等的顺序引导设计者创建约束。如图 6.80 所示的输入延迟约束编辑界面，相比于时序约束编辑器更为直观。采用时序约束向导创建的约束会自动保存到目标约束文件中。

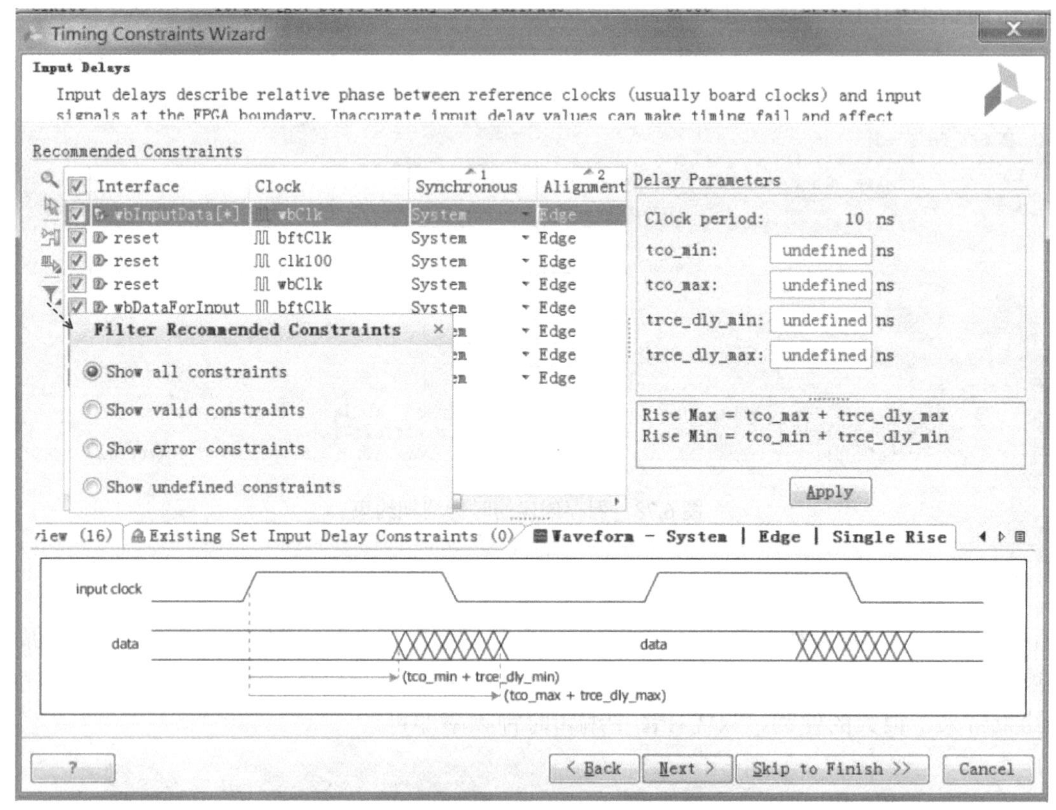

图 6.80　输入延迟约束编辑界面

6.6　关于约束文件

通常建议将约束分为两类保存在不同的文件中，一类是时序约束；一类是物理约束，包括引脚分配、位置约束和面积约束等。有时，也将用于管理 ILA 信息的 XDC 单独保存在一个文件中，这样就形成了如图 6.81 所示的约束文件构成形式。

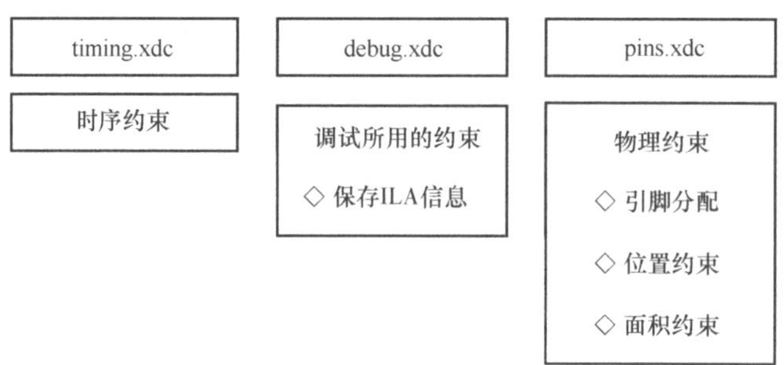

图 6.81　约束文件构成形式

此外，同一个 Vivado 工程中还可以有不同的约束文件集（Constraint Set），用于在不同的综合或实现中使用，如图 6.82 所示。

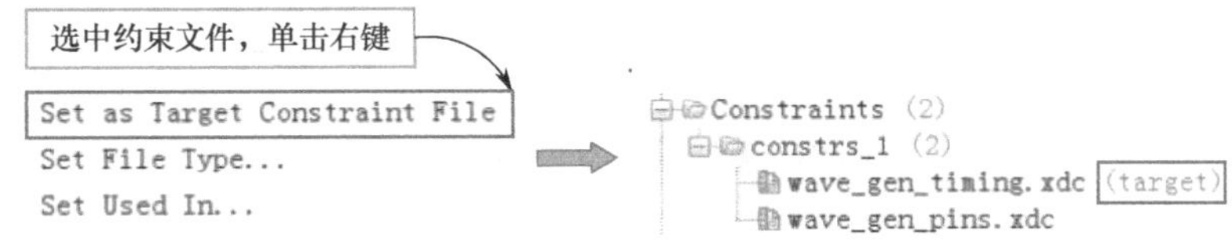

图 6.82　多个约束文件集

当一个约束文件集中有多个约束文件时，应将其中一个设置为目标（Target）约束文件，如图 6.83 所示。所谓目标约束文件是指当约束有所改动时，如添加新的约束，改动结果会保存在该文件中。

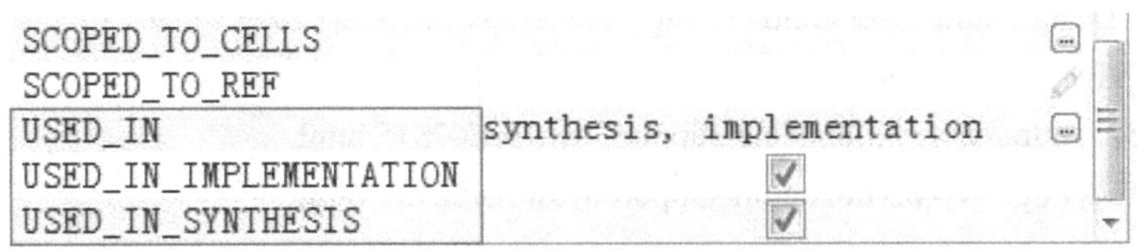

图 6.83　设置目标约束文件

通过设定约束文件的属性可以控制约束文件在何时（综合或实现）使用，如图 6.84 中的 USED_IN、USED_IN_IMPLEMENTATION 和 USED_IN_SYNTHESIS。

SCOPED_TO_CELLS	
SCOPED_TO_REF	
USED_IN	synthesis, implementation
USED_IN_IMPLEMENTATION	☑
USED_IN_SYNTHESIS	☑

图 6.84　约束文件的几个重要属性

对于预先在文本编辑器中采用 XDC 描述的约束，Vivado 可以检测出该.xdc 文件中有问题的约束。这里“有问题的约束”是指约束中的对象无法确定，原因可能是综合时被优化或名称改变或本身书写有误。当打开综合后的设计时，Vivado 会弹出一个关键信息界面，如图 6.85 所示，这些信息也会在 Messages 窗口中以关键警告（Critical Warning）的形式显示出来，如图 6.86 所示。另外，可以通过 write_xdc 命令，如 Tcl 脚本 6.56 所示，过滤出 Vivado 所忽略的有问题的约束，这是调试约束的一个非常有效的方法。

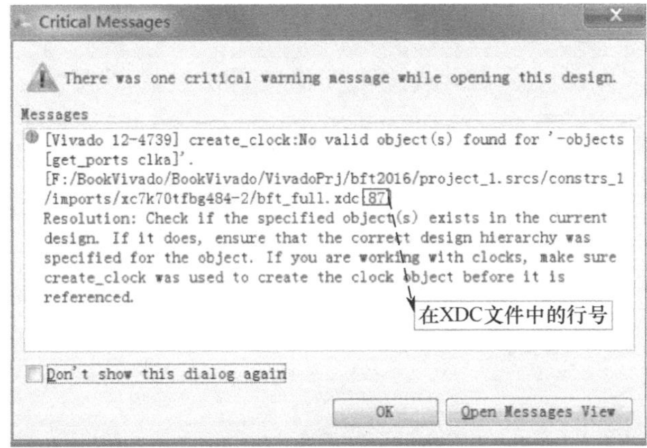

图 6.85　关键信息界面

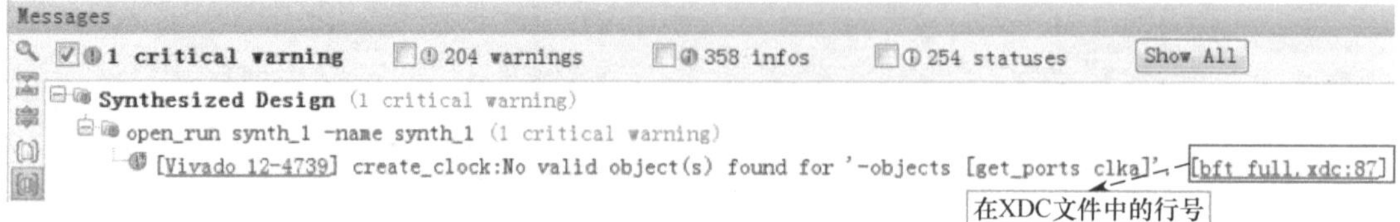

图 6.86　在 Messages 窗口中查看关键警告

Tcl 脚本 6.56　过滤出有问题的约束

```
write_xdc -constraints invalid F:/bad_constraints.xdc
```

参 考 文 献

[1] Xilinx, "Vivado Design Suite User Guide Design Analysis and Closure Techniques", ug906(v2015.4), 2015

[2] Xilinx, AR#62488, http://www.xilinx.com/support/answers/62488.html

[3] Xilinx, "UltraFast Design Methodology Guide for the Vivado Design Suite", ug949(v2015.3), 2015

[4] Xilinx, "Vivado Design Suite User Guide I/O and Clock Planning", ug899(v2015.4), 2015

[5] Xilinx, "Vivado Design Suite User Guide Using Constraints", ug903(v2015.4), 2015

[6] Xilinx, "ISE to Vivado Design Suite Migration Guide", ug911(v2015.4), 2015

[7] Xilinx, AR#47815, http://www.xilinx.com/support/answers/47815.html

[8] Xilinx, AR#62136, http://www.xilinx.com/support/answers/62136.html

第 7 章

Tcl 在 Vivado 中的应用

7.1 Vivado 对 Tcl 的支持

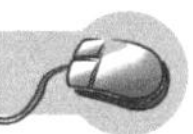

Tcl（Tool Command Language）是一种解释性程序语言，在 EDA 业界被广泛使用。很多 EDA 厂商采用 Tcl 作为应用程序接口（Application Programming Interface，API），以扩展自己的应用。在 Tcl 中，任何东西都是一条命令，包括语法结构（for、if 等），因此本书中的“Tcl 脚本”和“Tcl 命令”的含义是一致的。此外，Tcl 中的所有数据类型都可以看作字符串，语法规则相对简单，因此易学易用。

Vivado 内部的 Tcl 解释器对 Tcl 语言提供了强大而灵活的支持。在 Vivado 中采用 Tcl 脚本，可以方便地获取设计对象及属性、管理设计流程、定制设计报告等[1]。Tcl 进一步丰富了 Vivado 的功能，可以看作是图形界面方式的有效补充。事实上，XDC 本身就是 Tcl 的一个子集。

对于图形界面方式的一些操作，Vivado 会通过.jou 和.log 文件记录下来，如图 7.1 所示。通过这种方法，工程师可以快速地了解一些 Tcl 脚本的含义或一些操作所对应的 Tcl 命令。

图 7.1　打开.jou 或.log 文件

在 Tcl 中，一个重要的概念是置换（Substitution），这里重点解释一下命令置换（Command Substitution）。命令置换是以方括号[ ]为标记的，嵌套的命令以方括号为边界。Vivado 对方括号的处理与标准的 Tcl 略有不同。这是因为在网表中，总线是以方括号的形式确定索引范围的。以 Vivado 自带的例子工程 Wavegen 为例，打开综合后的设计，运行 Tcl 脚本 7.1。这 3 行命令返回的结果是完全一样的。

Tcl 脚本 7.1　命令置换

```
set mypins [get_pins uart_rx_i0/uart_baud_gen_rx_i0/internal_count_reg[2]/Q]
set mypins [get_pins {uart_rx_i0/uart_baud_gen_rx_i0/internal_count_reg[2]/Q}]
set mypins [get_pins uart_rx_i0/uart_baud_gen_rx_i0/internal_count_reg\[2\]/Q]
```

在第 1 行脚本中，可以看到最外层方括号确定了命令 get_pins 的边界，最内层方框号并未被当作命令置换来处理，而是被当作目标对象名字的一部分。在第 2 行脚本中采用了花括弧{ }的方式阻止了内部置换，使得最内部的方括号成为目标对象名字的一部分。第 3 行脚本采用反斜杠，使得 Tcl 解释器把方括号当作常规字符而非命令置换来处理。第 2 行和第 3 行所用方式为手工方式，阻止了方括号被误解释，第 1 行所用方式则表明 Vivado 会自动识别方括号的含义。通常只要方括号中为通配符*或整数，Vivado 就会自动将其作为对象名字的一部分（这里通配符也是通配任意整数）。

除了在 ug835 中查看所有的 Tcl 命令外，在 Vivado Tcl Console 窗口中也可以获取命令的相关信息。以 get_cells 为例，如 Tcl 脚本 7.2 所示。其中，第 1 行和第 2 行可获取该命令的全部信息，两者返回的内容是一致的；第 3 行只获取该命令的所有参数及其含义，第 4 行只获取该命令的语法信息。

Tcl 脚本 7.2　获取命令信息

```
1 help get_cells
2 get_cells -help
3 help get_cells -args
4 help get_cells -syntax
```

此外，也可以通过目录方式查找 Tcl 命令。在 Vivado Tcl Console 窗口中直接输入 help 会生成所有 Tcl 目录，然后通过目录可查看该目录下的 Tcl 命令，如图 7.2 所示。

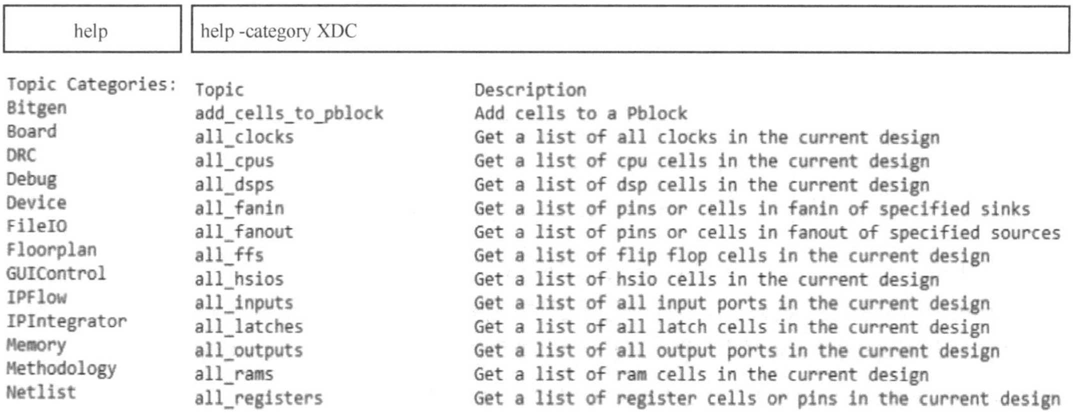

```
help                 help -category XDC

Topic Categories:    Topic               Description
Bitgen               add_cells_to_pblock Add cells to a Pblock
Board                all_clocks          Get a list of all clocks in the current design
DRC                  all_cpus            Get a list of cpu cells in the current design
Debug                all_dsps            Get a list of dsp cells in the current design
Device               all_fanin           Get a list of pins or cells in fanin of specified sinks
FileIO               all_fanout          Get a list of pins or cells in fanout of specified sources
Floorplan            all_ffs             Get a list of flip flop cells in the current design
GUIControl           all_hsios           Get a list of hsio cells in the current design
IPFlow               all_inputs          Get a list of all input ports in the current design
IPIntegrator         all_latches         Get a list of all latch cells in the current design
Memory               all_outputs         Get a list of all output ports in the current design
Methodology          all_rams            Get a list of ram cells in the current design
Netlist              all_registers       Get a list of register cells or pins in the current design
```

图 7.2　通过目录方式查找 Tcl 命令

1. 在 Vivado Tcl Console 窗口中使用 Tcl 命令

这是一种很直观的方式，可以立即查看命令的返回结果。但需要打开 Vivado，通常还要打开综合或实现后的设计（.dcp 文件），无论 Project 模式还是 Non-Project 模式。打开 DCP 的方式如图 7.3 所示。

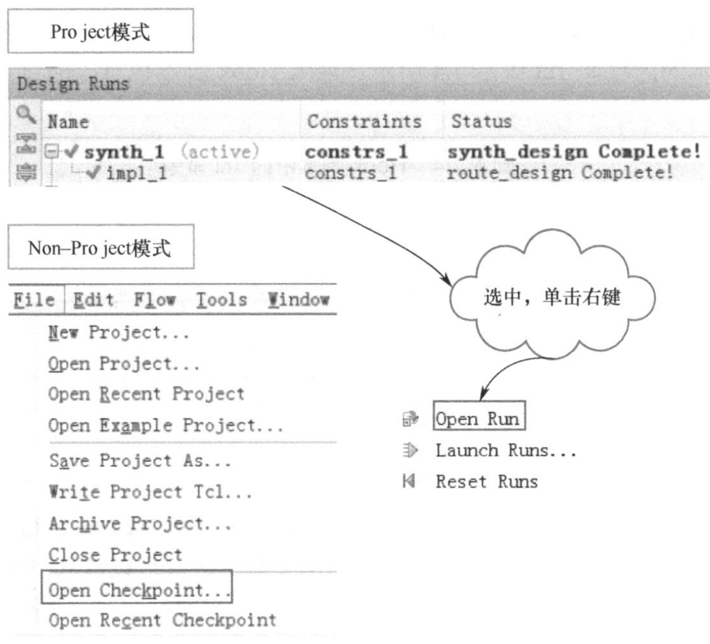

图 7.3　打开 DCP

也可以在 Tcl Console 中通过 source 命令运行 Tcl 脚本，此时的 Tcl 脚本保存在外部的文本文件中，如 Tcl 脚本 7.3 所示。第 1 行和第 2 行脚本的含义相同，但要注意第 1 行脚本中的花括弧是不能省略的，否则会报错。这种方式也可以通过选择菜单 Tools→Run Tcl Script 实现。

Tcl 脚本 7.3　通过 source 命令运行 Tcl 脚本

```
1 source {F:\Vivado\Example\wavegen\opt_timing.tcl}
2 source F:/Vivado/Example/wavegen/opt_timing.tcl
```

2. 通过 Hook 脚本使用 Tcl 命令

在 Project 模式下，无论是综合还是实现的各个子步骤中都可以嵌入 Hook 脚本，如图 7.4 所示。可以看到，运行 Hook 脚本并不需要打开综合或实现后的设计。

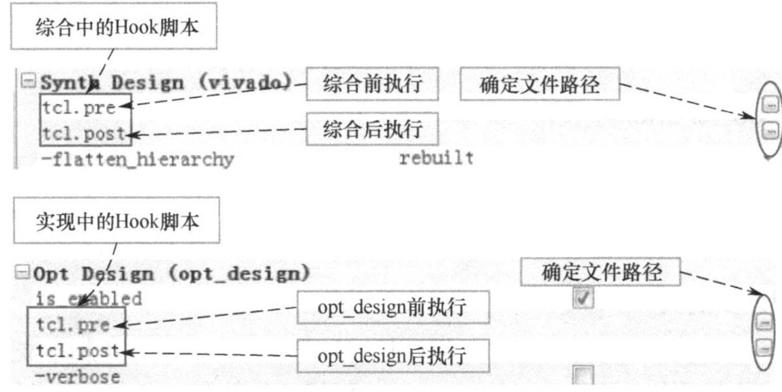

图 7.4　嵌入 Hook 脚本

例如，为了查看 opt_design 后的时序报告，可在 opt_design 设置中嵌入 Hook 脚本 opt_timing.tcl，该脚本的内容如 Tcl 脚本 7.4 所示。嵌入 Hook 脚本也可以通过 Tcl 脚本 7.5 所示的方式实现。

Tcl 脚本 7.4　Hook 脚本中的 Tcl 命令

```
report_timing_summary -delay_type min_max -max_paths 10000 -nworst 1\
 -unique_pins -file ./opt_timing_rpt.txt
```

Tcl 脚本 7.5　嵌入 Hook 脚本

```
set_property STEPS.OPT_DESIGN.TCL.POST {F:\Vivado\Example\wavegen\opt_timing.tcl}\
[get_runs impl_1]
```

需要注意的是，Tcl 脚本 7.4 中的文件路径./，该脚本在 Tcl Console 窗口中运行和在 Hook 脚本中运行最终生成的文件路径是不一样的，如图 7.5 所示。可以看到，当在 Hook 脚本中运行时，最终会保存在当前的 Design Runs 目录下，这可通过图 7.6 所示方式打开该目录查看。

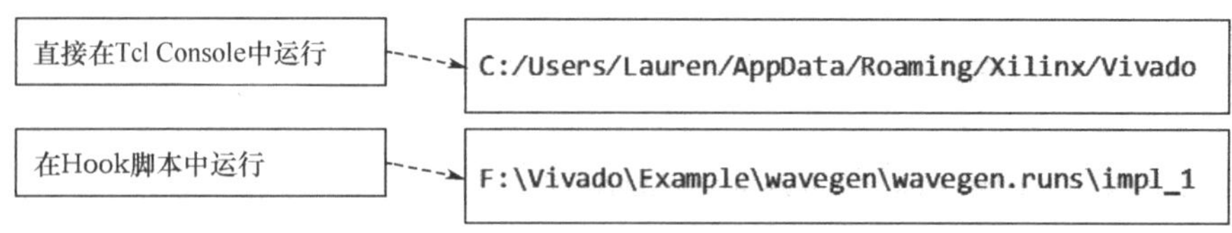

图 7.5　生成文件路径

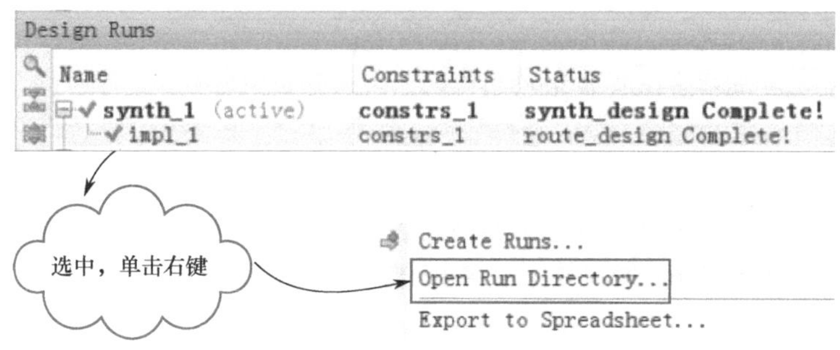

图 7.6　打开当前 Design Runs 目录

3. 在 Vivado Tcl Shell 中使用 Tcl 命令

Vivado 提供了 Tcl Shell，可以方便地使用 Tcl 命令而不用打开 Vivado，如图 7.7 所示。在 Tcl Shell 中可以使用常规的 Tcl 命令，前者可以看作 Tcl 脚本的编译器。借此学习 Tcl 将非常方便。需要明确的是，是否使用 Tcl Shell 并非 Project 模式和 Non-Project 模式的区别。

4. 嵌入用户自定义 Tcl 命令

除了使用 Xilinx 提供的 Tcl 命令外，用户还可以把自己常用的 Tcl 脚本嵌入 Vivado 中。通过选择 Tools 菜单下的 Customize Commands，可将事先保存在文本文件中的 Tcl 命令嵌入 Vivado 状态栏里，如图 7.8 所示。这样做的好处是便于用户使用自己开发的常用的 Tcl 命令。

```
Vivado 2023.1 Tcl Shell - E:\Xilinx\Vivado/2023.1\bin\vivado.bat -mode tcl

****** Vivado v2023.1 (64-bit)
  **** SW Build 3865809 on Sun May  7 15:05:29 MDT 2023
  **** IP Build 3864474 on Sun May  7 20:36:21 MDT 2023
  **** SharedData Build 3865790 on Sun May 07 13:33:03 MDT 2023
    ** Copyright 1986-2022 Xilinx, Inc. All Rights Reserved.
    ** Copyright 2022-2023 Advanced Micro Devices, Inc. All Rights Reserved.

Vivado%
```

图 7.7　Vivado Tcl Shell

图 7.8　嵌入用户自定义 Tcl 命令

5. 使用 Xilinx Tcl Store 中的 Tcl 命令

Xilinx 引入了基于 GitHub 的开源存储库 Tcl Store 来分享 Tcl 脚本。使用这个存储库可以更加轻松地找到理想的 Tcl 脚本，扩展 Vivado 的功能。例如，这个存储库里面收集了实现 Xilinx UltraFast 设计方法的 Tcl 脚本、用于调试的脚本、用于设计和工程方面的脚本、增量编译脚本、调用第三方仿真工具的脚本等，如图 7.9 所示。要使用这些脚本，首先需要安装它们，如图 7.9 中的标记①所示。可以通过图中的标记②将其嵌入 Vivado 中，也可以通过

Tcl 脚本 7.6 所示的方式在 Tcl Console 窗口中直接使用。

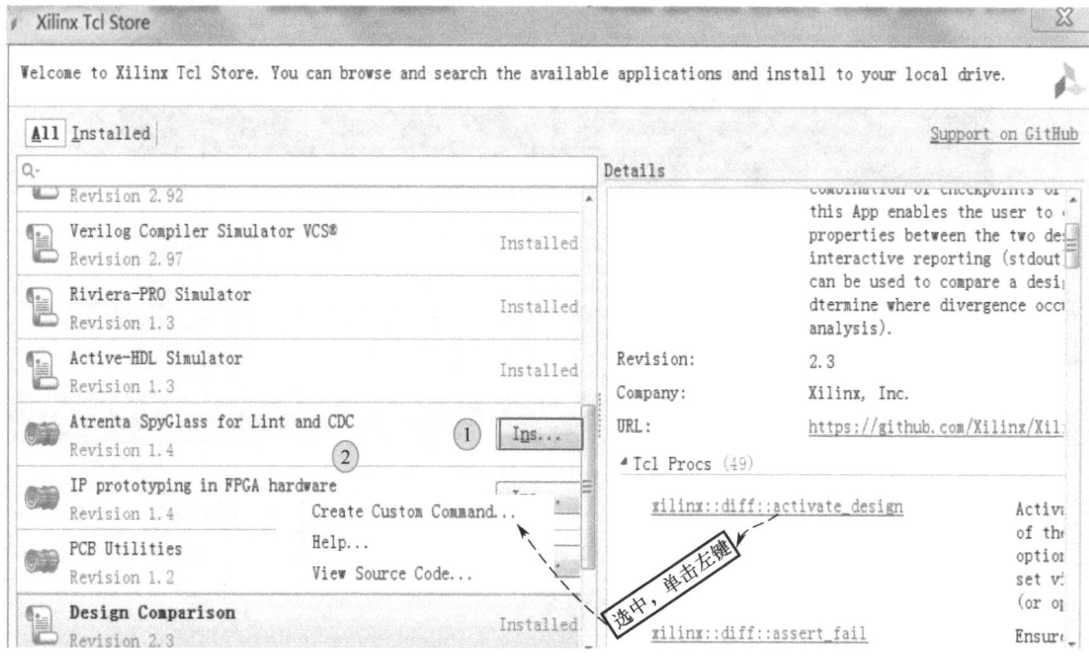

图 7.9　Xilinx Tcl Store

Tcl 脚本 7.6　使用 Tcl Store 中的 Tcl 脚本

```
::xilinx::projutils::convert_ngc ./test.ngc -output_dir output -force
```

7.2　Vivado 中 Tcl 命令的对象及属性

7.2.1　文件对象及属性

通常 Vivado 中的设计文件包括 RTL 代码文件、XDC 约束文件、仿真文件和 IP 文件，且每类文件隶属于相应的文件集（fileset），如图 7.10 所示。

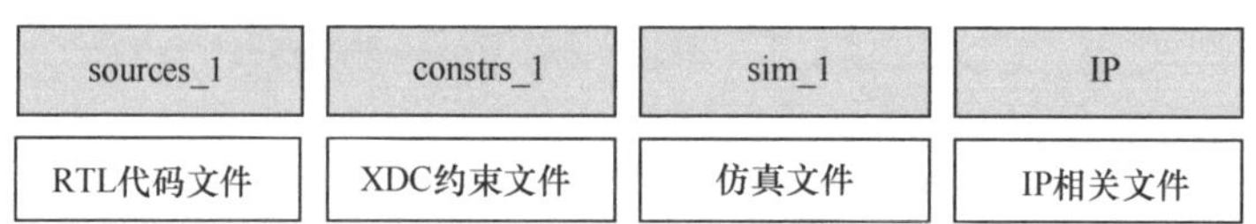

图 7.10　Vivado 工程中的设计文件

无论是文件集还是文件都有自己的属性。除了在属性窗口查看外，还可以通过 report_property 或 get_property 查看属性。图 7.11 是文件集 sources_1 的属性，图 7.12 是文件 wave_gen.v 的属性。查看属性是了解对象信息的一个手段，除此之外，属性还是协助查找对象的一个重要途径。

Property	Type	Read-only	Value
CLASS	string	true	fileset
DESIGN_MODE	enum	false	RTL
EDIF_EXTRA_SEARCH_PATHS	string*	false	
ELAB_LINK_DCPS	bool	false	1
ELAB_LOAD_TIMING_CONSTRAINTS	bool	false	1
FILESET_TYPE	string	true	DesignSrcs
GENERIC	string*	false	
INCLUDE_DIRS	string*	false	
LIB_MAP_FILE	string	false	
LOOP_COUNT	int	false	1000
NAME	string	false	sources_1
NEEDS_REFRESH	bool	true	0
TOP	string	false	wave_gen
VERILOG_DEFINE	string*	false	
VERILOG_UPPERCASE	bool	false	0

图 7.11　文件集 sources_1 的属性

Property	Type	Read-only	Value
CLASS	string	true	file
CORE_CONTAINER	string	true	
FILE_TYPE	enum	false	Verilog
IMPORTED_FROM	file	true	D:/Xilinx/Vivado/:
IS_AVAILABLE	bool	true	1
IS_ENABLED	bool	false	1
IS_GENERATED	bool	true	0
IS_GLOBAL_INCLUDE	bool	false	0
IS_NGC_WRAPPER	bool	true	0
LIBRARY	string	false	xil_defaultlib
NAME	string	true	F:/BookVivado/Viva
NEEDS_REFRESH	bool	true	0
PATH_MODE	enum	false	RelativeFirst
USED_IN	string*	false	synthesis implemer
USED_IN_IMPLEMENTATION	bool	false	1
USED_IN_SIMULATION	bool	false	1
USED_IN_SYNTHESIS	bool	false	1

图 7.12　文件 wave_gen.v 的属性

与文件、文件集相关的两个常用 Tcl 命令是 get_files 和 get_filesets。以 Vivado 自带的例子工程 Wavegen 为例，Tcl 脚本 7.7 可返回当前设计中的所有文件集。Tcl 脚本 7.8 的第 1 行命令可获取 IP 的所有相关文件，第 2 行命令可按编译顺序获取该 IP 用于仿真的文件，第 3 行至第 5 行为该命令的返回值，这里的“…”只是为了书写方便。Tcl 脚本 7.9 可返回当前设计中用于仿真的文件，包括 IP 用于仿真的文件。如前所述，属性的一个重要功能是用于对象的查找，Tcl 脚本 7.10 即为利用属性查找用于仿真的所有.vhd 文件。

Tcl 脚本 7.7　获取文件集

```
get_filesets *
# sources_1 constrs_1 sim_1 char_fifo clk_core
```

Tcl 脚本 7.8　获取 IP 的所有文件

```
get_files -all -of [get_files char_fifo.xci]
get_files -compile_order sources -used_in simulation -of [get_files char_fifo.xci]
#f:/Vivado/Example/.../fifo_generator_vhdl_beh.vhd
#f:/Vivado/Example/.../fifo_generator_v13_0_rfs.vhd
#f:/Vivado/Example/.../char_fifo.vhd
```

Tcl 脚本 7.9　获取当前设计中用于仿真的文件

```
get_files -compile_order sources -used_in simulation
```

Tcl 脚本 7.10　获取用于仿真的.vhd 文件

```
get_files -filter {FILE_TYPE == VHDL && USED_IN =~ simulation*}
```

report_compile_order 的功能在之前已有介绍，这里再给出一个案例，如 Tcl 脚本 7.11 所示。其中第 1 行脚本使文件 cmd_parse.v 无效。之后，通过 report_compile_order 报告出缺失文件，其结果如图 7.13 所示。可以看到，报告显示遗漏了 cmd_parse 模块，该模块位于 wave_gen.v 的第 255 行。

Tcl 脚本 7.11　报告缺失文件

```
set_property is_enabled false \
[get_files  F:/Vivado/Example/wavegen/wavegen.srcs/sources_1/imports/Sources/kintex7/
cmd_parse.v]
report_compile_order -missing_instances
```

```
Missing instances for 'synthesis' with fileset 'sources_1':
Index  Instance Path                        File Path                                                                      Line
-----  -----------------------------------  ------------------------------------------------------------------------------  ----
1      /(wave_gen)/(cmd_parse_i0-cmd_parse)  F:/BookVivado/VivadoPrj/WaveGenNew/wavegen.srcs/sources_1/imports/Sources/kintex7/wave_gen.v  255
```

图 7.13　缺失文件报告

7.2.2　网表对象及属性

网表（综合后或实现过程中各个子步骤所生成的 DCP 文件）中有 5 类重要的对象，分别为模块（cell）、引脚（pin）、网线（net）、端口（port）和时钟（clock），如图 7.14 所示（时钟对象见下文），这里尤其要注意 pin 和 port 的区别。这 5 类对象构成了网表中的基本对象，也是在描述约束及编辑网表时不可避免地会查找或引用的对象。为了获取这些对象，Vivado 提供了 5 个相应的 Tcl 命令：get_cells、get_pins、get_nets、get_ports 和 get_clocks。这里以 Vivado 自带的例子工程 Wavegen 为例，说明这几个命令的使用方法。

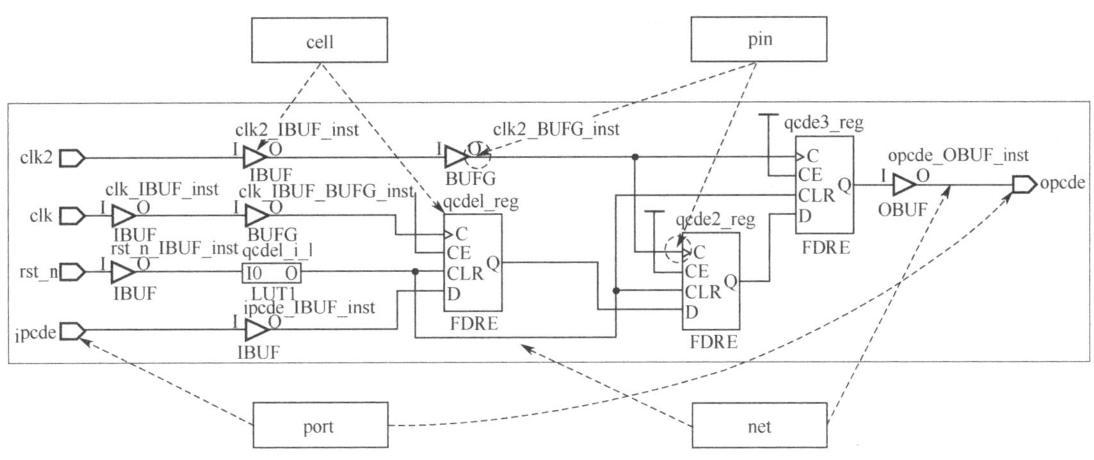

图 7.14　网表中的 5 类对象

1．关于 port

port 的属性如图 7.15 所示。get_ports 命令用于获取目标端口，具体使用案例可参考 Tcl 脚本 7.12。

Property	Type	Read-only	Value
BUS_DIRECTION	enum	true	OUT
BUS_NAME	string	true	led_pins
BUS_START	int	true	7
BUS_STOP	int	true	0
BUS_WIDTH	int	true	8
CLASS	string	true	port
DIFF_TERM	bool	false	0
DIRECTION	enum	false	OUT
DRIVE	enum	false	12
HD.ASSIGNED_PPLOCS	string*	true	
HOLD_SLACK	double	true	needs timing update***
IBUF_LOW_PWR	bool	false	0
IN_TERM	enum	false	NONE
IOBANK	int	true	15
IOSTANDARD	enum	false	LVCMOS25
IS_GT_TERM	bool	true	0
IS_LOC_FIXED	bool	false	1
LOC	site	false	IOB_X0Y106
LOGIC_VALUE	string	true	needs timing update***
NAME	string	false	led_pins[4]
OFFCHIP_TERM	string	false	FP_VTT_50
PACKAGE_PIN	package_pin	false	K16
PULLTYPE	string	false	
SETUP_SLACK	double	true	needs timing update***
SLEW	enum	false	SLOW
UNCONNECTED	bool	true	0

图 7.15　port 的属性

Tcl 脚本 7.12 get_ports 使用案例

```
#获取所有端口
get_ports *
#获取名称中包含字符spi的端口
get_ports *spi*
#获取所有输出端口
get_ports -filter {DIRECTION == OUT}
#获取所有输入端口
all_inputs
#获取输出端口中名字包含字符spi的端口
get_ports -filter {DIRECTION == IN} *spi*
#获取总线端口
get_ports -filter {BUS_NAME != ""}
```

2. 关于 cell

cell 的属性如图 7.16 所示。这里尤其要注意模块的 NAME 和 REF_NAME 的区别。其中，REF_NAME 对应 Verilog 的 module 名或 VHDL 的 entity 名，而 NAME 则是该模块的实例化名称。这一点可进一步结合图 7.17 理解。get_cells 命令用于获取目标 cell，具体使用案例如 Tcl 脚本 7.13 所示。

Property	Type	Read-only	Value
CLASS	string	true	cell
FILE_NAME	string	true	F:/BookVivado/'
IS_BLACKBOX	bool	true	0
IS_DEBUGGABLE	bool	true	0
IS_ORIG_CELL	bool	true	0
IS_PRIMITIVE	bool	true	0
IS_SEQUENTIAL	bool	true	0
LINE_NUMBER	int	true	258
NAME	string	true	cmd_parse_i0
PRIMITIVE_COUNT	int	true	620
REF_NAME	string	true	cmd_parse

图 7.16 cell 的属性

Property	Type	Read-only	Value
CLASS	string	true	cell
FILE_NAME	string	true	F:/BookVivado/VivadoPrj/Wav
INIT	binary	false	1'b0
IS_BLACKBOX	bool	true	0
IS_DEBUGGABLE	bool	true	1
IS_ORIG_CELL	bool	true	0
IS_PRIMITIVE	bool	true	1
IS_SEQUENTIAL	bool	true	1
LINE_NUMBER	int	true	240
NAME	string	true	cmd_parse_i0/arg_sav_reg[0]
PARENT	cell	true	cmd_parse_i0
PRIMITIVE_COUNT	int	true	1
PRIMITIVE_GROUP	string	true	FLOP_LATCH
PRIMITIVE_LEVEL	enum	true	LEAF
PRIMITIVE_SUBGROUP	string	true	flop
PRIMITIVE_TYPE	enum	false	FLOP_LATCH.flop.FDRE
REF_NAME	string	true	FDRE
STATUS	enum	true	UNPLACED

图 7.17 触发器 FDRE 的属性

Tcl 脚本 7.13 get_cells 使用案例

```
#获取顶层模块
get_cells *
#获取名称中包含字符cmd_parse的模块
get_cells cmd_parse*
#获取cmd_parse_i0下的所有模块
get_cells cmd_parse_i0/*
#获取触发器为FDRE类型且名称中包含字符arg_sav_reg
get_cells -hier -filter {REF_NAME == FDRE} *arg_sav_reg*
#获取所有的时序逻辑单元
get_cells -hier -filter {IS_SEQUENTIAL == 1}
#获取模块uart_rx_i0下两层的LUT3
get_cells -filter {REF_NAME == LUT3} *uart_rx_i0/*/*
#uart_rx_i0/uart_baud_gen_rx_i0/internal_count[2]_i_1
```

3. 关于 pin

pin 的属性如图 7.18 所示。同样要注意 NAME 与 REF_PIN_NAME 的区别。通过 get_pins 命令可获取目标 pin，具体使用案例如 Tcl 脚本 7.14 所示。

```
Property             Type      Read-only  Value
CLASS                string    true       pin
DIRECTION            enum      true       OUT
HD.ASSIGNED_PPLOCS   string*   true
HOLD_SLACK           double    true       needs timing update***
IS_CLEAR             bool      true       0
IS_CLOCK             bool      true       0
IS_CONNECTED         bool      true       1
IS_ENABLE            bool      true       0
IS_INVERTED          bool      false      0
IS_LEAF              bool      true       0
IS_ORIG_PIN          bool      true       0
IS_PRESET            bool      true       0
IS_RESET             bool      true       0
IS_REUSED            bool      true       0
IS_SET               bool      true       0
IS_SETRESET          bool      true       0
IS_WRITE_ENABLE      bool      true       0
LOGIC_VALUE          string    true       needs timing update***
NAME                 string    true       cmd_parse_i0/send_resp_val
PARENT_CELL          cell      true       cmd_parse_i0
REF_NAME             string    true       cmd_parse
REF_PIN_NAME         string    true       send_resp_val
SETUP_SLACK          double    true       needs timing update***
```

图 7.18 pin 的属性

4. 关于 net

net 的属性如图 7.19 所示。这里分别列出了 Scalar net（位宽为 1）和总线型 net（位宽大于 1）的属性。对于 Scalar net，BUS_NAME 的属性值为空。通过 get_nets 可获取目标 net，具体使用案例如 Tcl 脚本 7.15 所示。

Tcl 脚本 7.14 get_pins 使用案例

```
#获取名称中包含字符send_resp_val的引脚
get_pins -hier -filter {NAME =~ *send_resp_val}
#获取REF_PIN_NAME为send_resp_val的引脚
get_pins -hier -filter {REF_PIN_NAME == send_resp_val}
#获取时钟引脚
get_pins -hier -filter {IS_CLOCK == 1}
#获取名称中包含字符cmd_parse_i0的使能引脚
get_pins -filter {IS_ENABLE == 1} cmd_parse_i0/*/*
#获取名称中包含字符cmd_parse_i0且为输入的引脚
get_pins -filter {IS_ENABLE == 1 && DIRECTION == IN} cmd_parse_i0/*/*
```

Scalar net属性

Property	Type	Read-only	Value
CLASS	string	true	net
CROSSING_SLRS	string	true	
DRIVER_COUNT	int	true	1
FLAT_PIN_COUNT	int	true	29
IS_CONTAIN_ROUTING	bool	true	0
IS_INTERNAL	bool	true	0
IS_REUSED	bool	true	0
IS_ROUTE_FIXED	bool	false	0
MARK_DEBUG	bool	false	0
NAME	string	true	cmd_parse_i0/arg_sav
PARENT	string	true	cmd_parse_i0/arg_sav
PARENT_CELL	cell	true	cmd_parse_i0
PIN_COUNT	int	true	29
REUSE_STATUS	enum	true	
ROUTE_STATUS	enum	true	UNPLACED
TYPE	enum	true	SIGNAL

总线型 net属性

Property	Type	Read-only	Value
BUS_NAME	string	true	mem_array_reg
BUS_START	int	true	15
BUS_STOP	int	true	0
BUS_WIDTH	int	true	16
CLASS	string	true	net
CROSSING_SLRS	string	true	
DRIVER_COUNT	int	true	1
FLAT_PIN_COUNT	int	true	2
IS_CONTAIN_ROUTING	bool	true	0
IS_INTERNAL	bool	true	0
IS_REUSED	bool	true	0
IS_ROUTE_FIXED	bool	false	0
MARK_DEBUG	bool	false	0
NAME	string	true	cmd_parse_i0/mem_array_reg[0]
PARENT	string	true	cmd_parse_i0/mem_array_reg[0]
PARENT_CELL	cell	true	cmd_parse_i0
PIN_COUNT	int	true	1
REUSE_STATUS	enum	true	
ROUTE_STATUS	enum	true	UNPLACED
TYPE	enum	true	SIGNAL

图 7.19 net 的属性

Tcl 脚本 7.15 get_nets 使用案例

```
#获取名称中包含字符send_resp_val的网线
get_nets -hier *send_resp_val
#获取穿过边界的同一网线的所有部分
get_nets {resp_gen_i0/data4[0]} -segments
#获取名称中包含字符arg_sav的网线
get_nets -filter {NAME =~ *arg_sav} -hier
#获取模块cmd_parse_i0下的所有网线
get_nets -filter {PARENT_CELL == cmd_parse_i0} -hier
#获取模块cmd_parse_i0下的名称中包含字符arg_cnt[]的网线
get_nets -filter {PARENT_CELL == cmd_parse_i0} -hier *arg_cnt[*]
```

5. 关于 clock

clock 的属性如图 7.20 所示。由属性 NAME 可知时钟名，由 PERIOD 可知时钟周期。通过 get_clocks 可获取目标时钟，具体使用案例如 Tcl 脚本 7.16 所示。

Property	Type	Read-only	Value
CLASS	string	true	clock
INPUT_JITTER	double	true	0.000
IS_GENERATED	bool	true	1
IS_INVERTED	bool	true	0
IS_PROPAGATED	bool	true	1
IS_RENAMED	bool	true	0
IS_USER_GENERATED	bool	true	0
IS_VIRTUAL	bool	true	0
MASTER_CLOCK	clock	true	clk_pin_p
MULTIPLY_BY	int	true	1
NAME	string	true	clk_rx_clk_core
PERIOD	double	true	5.000
SOURCE	pin	true	clk_gen_i0/clk_core_i0/inst/mmcme3_adv_inst/CLKIN1
SOURCE_PINS	string*	true	clk_gen_i0/clk_core_i0/inst/mmcme3_adv_inst/CLKOUT0
SYSTEM_JITTER	double	true	0.050
WAVEFORM	double*	true	0.000 2.500

图 7.20　clock 的属性

Tcl 脚本 7.16　get_clocks 使用案例

```
#获取设计中的所有时钟
get_clocks
#获取时钟频率小于10.0 ns的时钟
get_clocks-filter "PERIOD<10.0"
#通过pin获取时钟
get_clocks-of [get_pins clk_gen_i0/clk_core_i0/inst /clkout1_buf/O]
#通过net获取时钟
get_clocks-of [get_nets clk_gen_i0/clk_core_i0/inst/clk_rx_clk_core]
```

这 5 个 Tcl 命令常用选项如表 7.1 所示，其中-hierarchy 常简写为-hier，-of_objects 常简写为-of。

此外，5 个 Tcl 命令对应的 5 个对象之间也有着密切的关系，如图 7.21 所示。图中箭头的方向表示已知箭头始端对象可获取箭头指向的对象。

表 7.1　5 个 Tcl 命令常用选项

命　令	-hierarchy	-filter	-of_objects	-regexp	-nocase
get_cells	√	√	√	√	√
get_nets	√	√	√	√	√
get_pins	√	√	√	√	√
get_ports		√	√	√	√
get_clocks		√	√	√	√

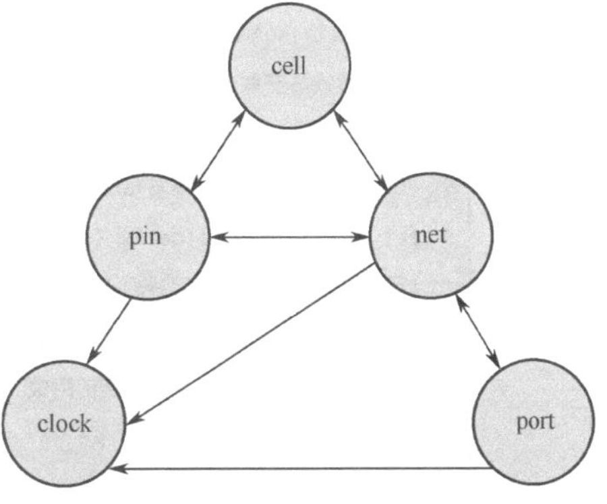

图 7.21　5 个对象之间的关系

以图 7.22 所示网表对象（来自于 Vivado 自带例子工程 Wavegen）为例，根据对象之间的关系获取对象的具体案例可参考 Tcl 脚本 7.17。

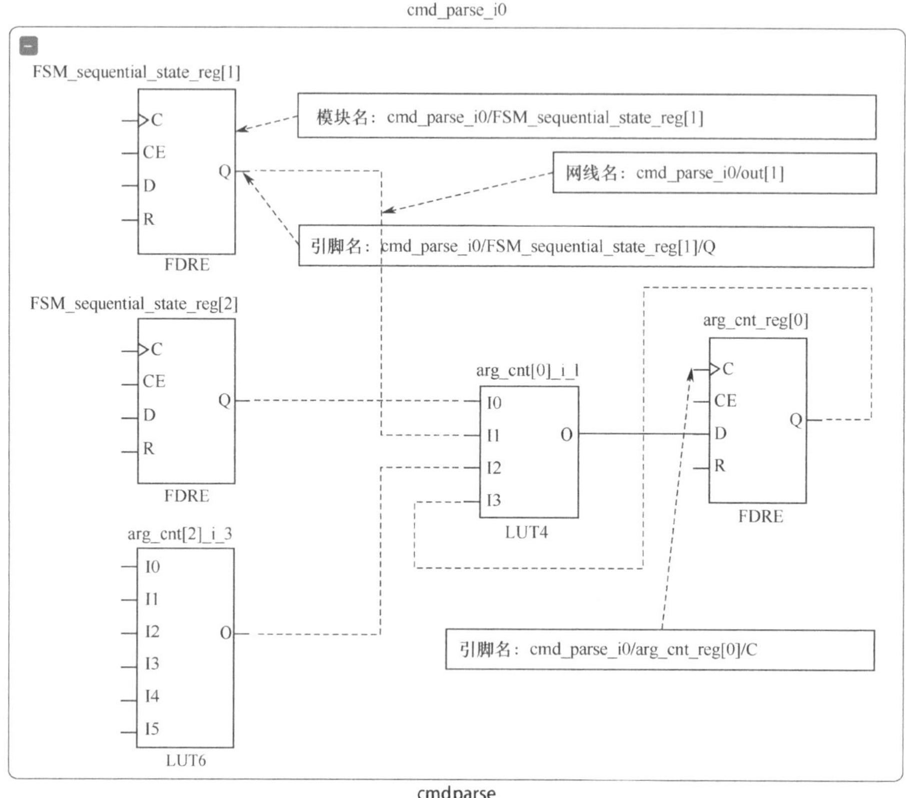

图 7.22 网表视图

Tcl 脚本 7.17 根据对象关系获取对象

```
#已知模块名获取其输出引脚
get_pins -of [get_cells {cmd_parse_i0/FSM_sequential_state_reg[1]}] \
-filter {DIRECTION == OUT}
#已知引脚名获取引脚所在模块
get_cells -of [get_pins cmd_parse_i0/FSM_sequential_state_reg[1]/Q]
#已知网线名获取名称匹配cmd_parse_i0/arg_cnt*的模块
get_cells -of [get_nets {cmd_parse_i0/out[1]}] -filter {NAME =~ cmd_parse_i0/arg_cnt*}
#已知模块名获取与该模块相连的网线
get_nets -of [get_cells {cmd_parse_i0/arg_cnt[0]_i_1}]
#已知网线名获取与该网线相连的输入引脚名
get_pins -of [get_nets {cmd_parse_i0/out[1]}] -filter {DIRECTION == IN}
#已知引脚名获取与该引脚相连的网线
get_nets -of [get_pins cmd_parse_i0/FSM_sequential_state_reg[1]/Q]
#已知时钟引脚获取时钟引脚对应的时钟
get_clocks -of [get_pins {cmd_parse_i0/arg_cnt_reg[0]/C}]
```

结论

- -hier 不能和层次分隔符/同时使用，但/可出现在-filter 中。
- 可根据属性过滤查找目标对象。
- -filter 中的属性支持==（相等）、!=（不相等）、=~（匹配）、!~（不匹配），若同时有多个表达式，其返回值均为 bool 类型时，支持逻辑与&&、逻辑或||运算。

7.3　Tcl 命令与网表视图的交互使用

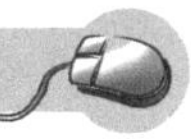

Tcl 命令与网表视图并非对立关系，事实上两者可交互使用，这对于查找目标对象非常有用。

如图 7.23 所示，在 Netlist 窗口中选中模块 clk_gen_i0，按 F4 键即可显示该模块的网表视图；或者在 Tcl Console 中输入 Tcl 命令 get_selected_objects，则输出 clk_gen_i0，即选中对象的名称。这种方法对于获取对象名称很有帮助。

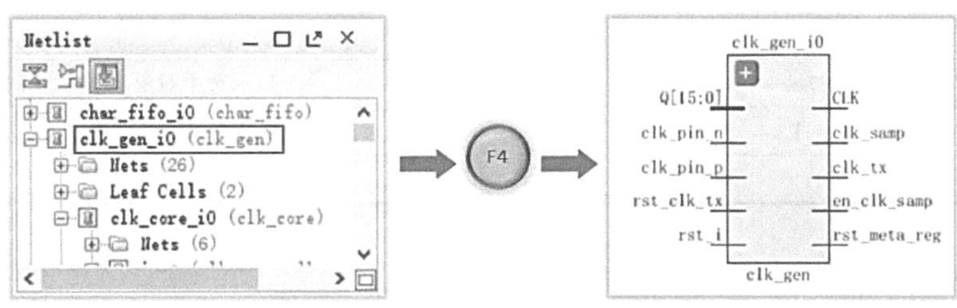

图 7.23　显示对象的网表视图

另外，若已知对象名称，则可通过 Tcl 命令 select_objects 选中该对象，然后按 F4 键即可打开其网表视图，如图 7.24 所示。事实上，这一操作与 Tcl 脚本 7.18 是等效的。

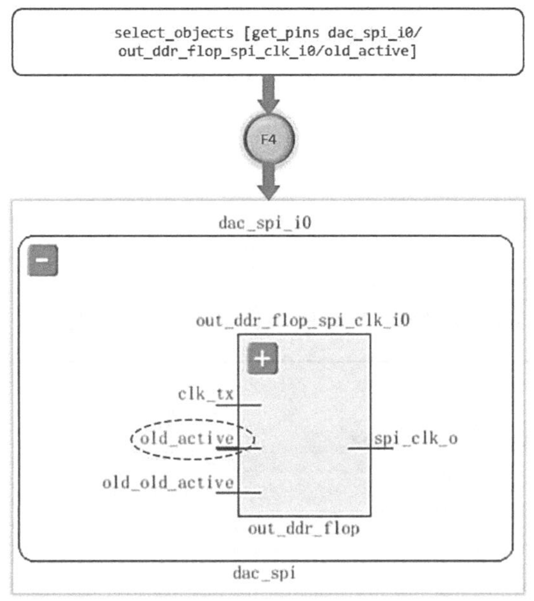

图 7.24　已知对象名称显示其网表视图

Tcl 脚本 7.18　等效的 Tcl 命令

```
show_schematic [get_pins dac_spi_i0/out_ddr_flop_spi_clk_i0/old_active]
```

结论

- get_selected_objects 命令可获取网表视图中选中对象的名称。
- select_objects 命令可选中指定的对象，按 F4 键或通过 Tcl 命令 show_schematic 可显示该对象的网表视图。

除了 F4 键之外，Vivado 还提供了其他快捷键，如表 7.2 所示。其中，除 F11 键外的其他快捷键需要在打开网表文件（.DCP）的情况下使用。

表 7.2　常用快捷键

快　捷　键	具 体 含 义
F4	显示选中对象的网表视图
F6	显示选中对象的层次视图
F7	显示选中对象的 RTL 代码
Ctrl+E	打开选中对象的属性窗口
F11	运行综合

7.4　典型应用

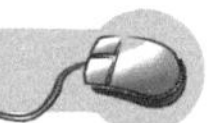

7.4.1　流程管理

无论是 Project 模式还是 Non-Project 模式，Vivado 都支持 Tcl 脚本运行方式。Tcl 脚本可以在 Vivado Tcl Console 窗口中执行，也可以在 Vivado Tcl Shell 中执行。这里以 Vivado 自带的例子工程 Wavegen 为例，分别介绍如何用 Tcl 脚本执行 Non-Project 模式和 Project 模式。需要事先将 RTL 文件放在 src 文件夹下，约束文件放在 xdc 文件夹下，IP 放在 ip 文件夹下。

1. Non-Project 模式

Non-Project 模式下，相应的 Tcl 脚本如 Tcl 脚本 7.19 和 Tcl 脚本 7.20 所示。脚本的第 1 行是将工作目录切换到指定目录，设计的相关输入文件存放在该目录下；第 3 行设定输出文件存放目录。

Tcl 脚本 7.19　Non-Project 模式第一部分 Tcl 脚本

```
1 cd {F:\Vivado\npm}
2 # define the output directory area
3 set OutputDir ./wavegen_output
4 file mkdir $OutputDir
5 # Set basic information
6 set top wave_gen
7 set part xc7k70tfbg676-1
```

```
# Read IP files into in-memory
read_ip [glob -nocomplain ./ip/*.xcix]
# Read design files into in-memory
read_verilog [glob -nocomplain ./src/*.v*]
set_property FILE_TYPE "Verilog Header" [get_files clogb2.vh]
puts "Design files reading successfully!"

# Read design constraints files into in-memory
read_xdc [glob -nocomplain ./xdc/*.xdc]
puts "Design files reading successfully!"

# Synthesis
synth_design -part $part -top $top
write_checkpoint -force $OutputDir/${top}_synth.dcp
report_timing_summary -file $OutputDir/post_synth_timing_summary.rpt
report_utilization -file $OutputDir/post_synth_util.rpt
```

Tcl 脚本 7.20　Non-Project 模式第二部分 Tcl 脚本

```
# Opt
opt_design -directive Explore
write_checkpoint -force $OutputDir/${top}_opt.dcp

# Place
place_design -directive Explore
write_checkpoint -force $OutputDir/${top}_placed.dcp
report_utilization -file $OutputDir/post_place_util.rpt
report_timing_summary -file $OutputDir/post_place_timing_summary.rpt

if {[get_property SLACK [get_timing_paths -max_paths 1 -nworst 1 -setup]] < 0} {
  puts "Found setup timing violations => running physical optimization"
  phys_opt_design
}

# Route
route_design -directive Explore
write_checkpoint -force $OutputDir/${top}_routed.dcp
report_route_status -file $OutputDir/post_route_status.rpt
report_timing_summary -file $OutputDir/post_route_timing_summary.rpt
report_utilization -file $OutputDir/post_route_util.rpt
report_drc -file $OutputDir/post_route_drc.rpt

# Bitgen
write_bitstream -force $OutputDir/${top}.bit
```

2．Project 模式

Project 模式下，相应的 Tcl 脚本如 Tcl 脚本 7.21 和 Tcl 脚本 7.22 所示。与 Non-Project 模式相比，一个重要区别体现在第 7 行脚本，该行脚本旨在创建 Vivado 工程。另外，如果需要在某个步骤中插入 Hook 脚本，可采用 Tcl 脚本 7.23 所示方式。

Tcl 脚本 7.21　Project 模式第一部分 Tcl 脚本

```
1  # define the output directory area
2  cd {F:\Vivado\pm}
3  set OutputDir ./wavegen_output
4  file mkdir $OutputDir
5  set part xc7k70tfbg676-2
6  set PrjName wavegen
7  create_project $PrjName $OutputDir -part $part -force
8  puts "Create project successfully!"
9  # setup design sources and constraints
10 add_files -fileset sources_1 ./src -quiet
11 puts "RTL design source files are added successfully!"
12
13 # Add testbench files
14 add_files -fileset sim_1 ./sim -quiet
15 puts "Simulation source files are added successfully!"
16
17 # Add constraints files
18 add_files -fileset constrs_1 ./xdc -quiet
19 puts "Constraint files are added successfully!"
20
21 # Add existing IP files
22 add_files [glob -nocomplain ./ip/*.xcix] -quiet
23 puts "IPs are added successfully!"
```

Tcl 脚本 7.22　Project 模式第二部分 Tcl 脚本

```
25 update_compile_order -fileset sources_1
26 update_compile_order -fileset sim_1
27
28 launch_runs synth_1
29 wait_on_run synth_1
30 puts "Synthesis Done!"
31
32 # Check timing results of synthesis
33 open_run synth_1
34 set NegSlackPath [get_timing_paths -slack_lesser_than 0 -quiet]
35 if {[llength $NegSlackPath]>0} {
36   puts "Timing Violations after Synthesis!"
37   start_gui
```

```
  return 1
} else {
    puts "Timing is closure after Synthesis!"
  }

set_property STEPS.PHYS_OPT_DESIGN.IS_ENABLED true [get_runs impl_1]

launch_runs impl_1 -to_step write_bitstream
wait_on_run impl_1
puts "Implementation done!"
```

Tcl 脚本 7.23　插入 Hook 脚本

```
set_property STEPS.OPT_DESIGN.TCL.PRE        [pwd]/pre_opt_design.tcl  [get_runs impl_1]
set_property STEPS.OPT_DESIGN.TCL.POST       [pwd]/post_opt_design.tcl [get_runs impl_1]
set_property STEPS.PLACE_DESIGN.TCL.POST     [pwd]/post_opt_design.tcl [get_runs impl_1]
set_property STEPS.PHYS_OPT_DESIGN.TCL.POST [pwd]/post_opt_design.tcl [get_runs impl_1]
set_property STEPS.ROUTE_DESIGN.TCL.POST     [pwd]/post_opt_design.tcl [get_runs impl_1]
```

尽管两种模式下 Vivado 执行的操作基本一致，但所用到的 Tcl 命令完全不同，两者对比如图 7.25 所示。

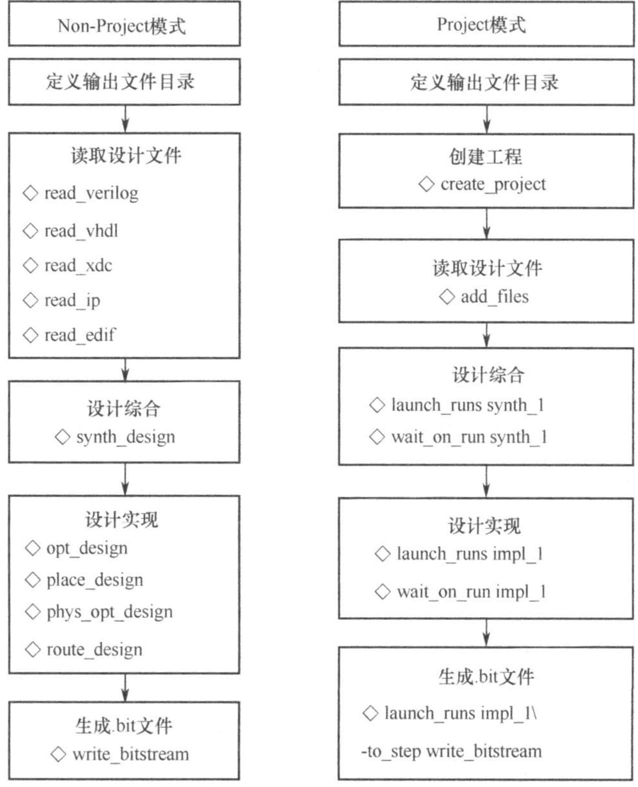

图 7.25　Non-Project 和 Project 模式的对比

7.4.2 定制报告

事实上，Vivado 已提供了各种丰富的报告，无论是采用图形界面方式还是 Tcl 脚本方式。表 7.3 给出了常用报告对应的 Tcl 命令。

表 7.3 常用报告的 Tcl 命令

Tcl 命令	具 体 含 义
report_timing	时序分析报告
report_utilization	资源利用率报告
report_power	功耗分析报告
report_high_fanout_nets	高扇出网线报告
report_control_sets	触发器控制集报告
report_cdc	跨时钟域路径分析报告
report_ip_status	IP 状态报告
report_route_status	布线状态报告
report_property	对象属性报告

在此基础上，用户也可以灵活地定制感兴趣的报告，将其作为 Tcl 命令嵌入 Vivado 中，以方便使用。

案例 1：报告时序最差的路径

如 Tcl 脚本 7.24 所示，该脚本可报告设计中时序最差的路径。可以看到，其中使用了 report_timing 命令，实际上可理解为将该命令进一步参数化，具体使用如 Tcl 脚本 7.25 所示。

Tcl 脚本 7.24 报告时序最差的路径

```
proc report_worst_violations {NbrPaths corner DelayType} {
  report_timing -max_paths $NbrPaths -corner $corner -delay_type $DelayType -nworst 1
}
```

Tcl 脚本 7.25 使用 report_worst_violations

```
report_worst_violations 2 slow max
report_worst_violations 10 fast min
```

案例 2：报告关键路径

如 Tcl 脚本 7.26 所示，该脚本可报告设计中的关键路径，包括路径的起点、终点、逻辑级数和 LUT 个数，并将结果保存在.csv 文件中（该文件可用 Excel 打开）。具体使用如 Tcl 脚本 7.27 所示。

案例 3：查看 FPGA 内部资源

通常打开综合后的设计并运行 report_utilization 命令即可查看当前设计的资源利用率，这也包括芯片的总体资源。实际上，在 I/O 规划工程或 RTL Analysis 阶段（打开 Elaborated Design）即可通过 Tcl 命令获取芯片的资源信息，而不必等到综合之后再查看，也不必通过数据手册获取。如 Tcl 脚本 7.28 所示，以 Vivado 自带的例子工程 Wavegen 为例，打开 Elaborated

Design，执行该脚本，输出结果如图 7.26 所示。

Tcl 脚本 7.26　报告关键路径

```
proc report_critical_paths { FileName } {
  set FH [open $FileName w]
  # Write the current date and output format to a file header
  puts $FH "#\n# File created on [clock format [clock seconds]]\n#\n"
  puts $FH "Startpoint, Endpoint, DelayType, Slack, #Levels, #LUTs"
  # Iterate through both Min and Max delay types
  foreach DelayType {max min} {
    set TimingPath [get_timing_paths -delay_type $DelayType -max_paths 50 -nworst 1]
    foreach path $TimingPath {
      set luts [get_cells -filter {REF_NAME =~ LUT*} -of $path -quiet]
      set startpoint [get_property STARTPOINT_PIN $path]
      set endpoint [get_property ENDPOINT_PIN $path]
      set slack [get_property SLACK $path]
      set levels [get_property LOGIC_LEVELS $path]
      puts $FH "$startpoint, $endpoint, $DelayType, $slack, $levels, [llength $luts]"
    }
  }
  close $FH
  puts "CSV file $FileName has been created.\n"
  return 0
}
```

Tcl 脚本 7.27　使用 report_critical_paths

```
set FileName {F:\mycriticalpath.csv}
report_critical_paths $FileName
```

Tcl 脚本 7.28　查看芯片资源信息报告

```
proc report_resource {} {
  set part [get_property PART [current_design]]
  set slice [get_sites SLICE*]
  set num_slice [llength $slice]
  set ff_in_slice [get_bels -of [get_sites SLICE_X0Y0] -filter {NAME =~ *FF*}]
  set ff_per_slice [llength $ff_in_slice]
  set lut_in_slice [get_bels -of [get_sites SLICE_X0Y0] -filter {NAME =~ *6LUT*}]
  set lut_per_slice [llength $lut_in_slice]
  puts "[lrepeat 40 "="]"
  puts "Information Table: $part"
  puts "[lrepeat 40 "="]"
  set num_ff [expr {$num_slice * $ff_per_slice}]
```

```
  puts "Number of FF: $num_ff"
  set num_lut [expr {$num_slice * $lut_per_slice}]
  puts "Number of LUT: $num_lut"
  set num_bram [llength [get_sites RAMB36*]]
  puts "Number of BRAM: $num_bram"
  set num_dsp48 [llength [get_sites DSP48*]]
  puts "Number of DSP48: $num_dsp48"
  set num_bufg [llength [get_sites BUFGCTRL*]]
  puts "Number of BUFG: $num_bufg"
  set num_mmcm [llength [get_sites MMCM*]]
  puts "Number of MMCM: $num_mmcm"
  set num_pll [llength [get_sites PLL*]]
  put "Number of PLL: $num_pll"
  set hpio [get_package_pins -filter {IS_GENERAL_PURPOSE} -of \
    [get_iobanks -filter {BANK_TYPE == BT_HIGH_PERFORMANCE}]]
  set num_hpio [llength $hpio]
  puts "Number of IO in HP bank: $num_hpio"
  set hrio [get_package_pins -filter {IS_GENERAL_PURPOSE} -of \
    [get_iobanks -filter {BANK_TYPE == BT_HIGH_RANGE}]]
  set num_hrio [llength $hrio]
  puts "Number of IO in HR bank: $num_hrio"
  foreach t {X Y Z H} {
    set gt [get_sites GT$t*_CHANNEL* -quiet]
    puts "Number of GT$t: [llength $gt]"
  }
  set num_pcie [llength [get_sites PCIE*]]
  puts "Number of PCIE: $num_pcie"
  puts "[lrepeat 40 "="]"
}
```

```
= = = = = = = = = = = = = = = = = = =
Information Table: xc7k70tfbg676-1
= = = = = = = = = = = = = = = = = = =
Number of FF: 82000
Number of LUT: 41000
Number of BRAM: 135
Number of DSP48: 240
Number of BUFG: 32
Number of MMCM: 6
Number of PLL: 6
Number of IO in HP bank: 100
Number of IO in HR bank: 200
Number of GTX: 8
Number of GTY: 0
Number of GTZ: 0
Number of GTH: 0
Number of PCIE: 1
= = = = = = = = = = = = = = = = = = =
```

图 7.26　芯片资源信息报告

7.4.3　网表编辑

在 Vivado 工程中，采用 Tcl 脚本对网表进行编辑已经变得非常容易。例如，插入 BUFG、触发器或将内部信号连接到 FPGA 引脚上用于测试等。这里以 Vivado 自带的例子工程 CPU（Synthesized）为例，介绍两个案例。

案例 1：插入 BUFG

在网表中针对某个网线插入 BUFG 的流程如图 7.27 所示。不难看出，所需的操作包括 4 类：创建新模块（OBUF）、创建新网线、断开原有连接和连接新模块，这些操作都有相对应的 Tcl 命令（在图中已标出）。具体操作过程如 Tcl 脚本 7.29 和 Tcl 脚本 7.30 所示。

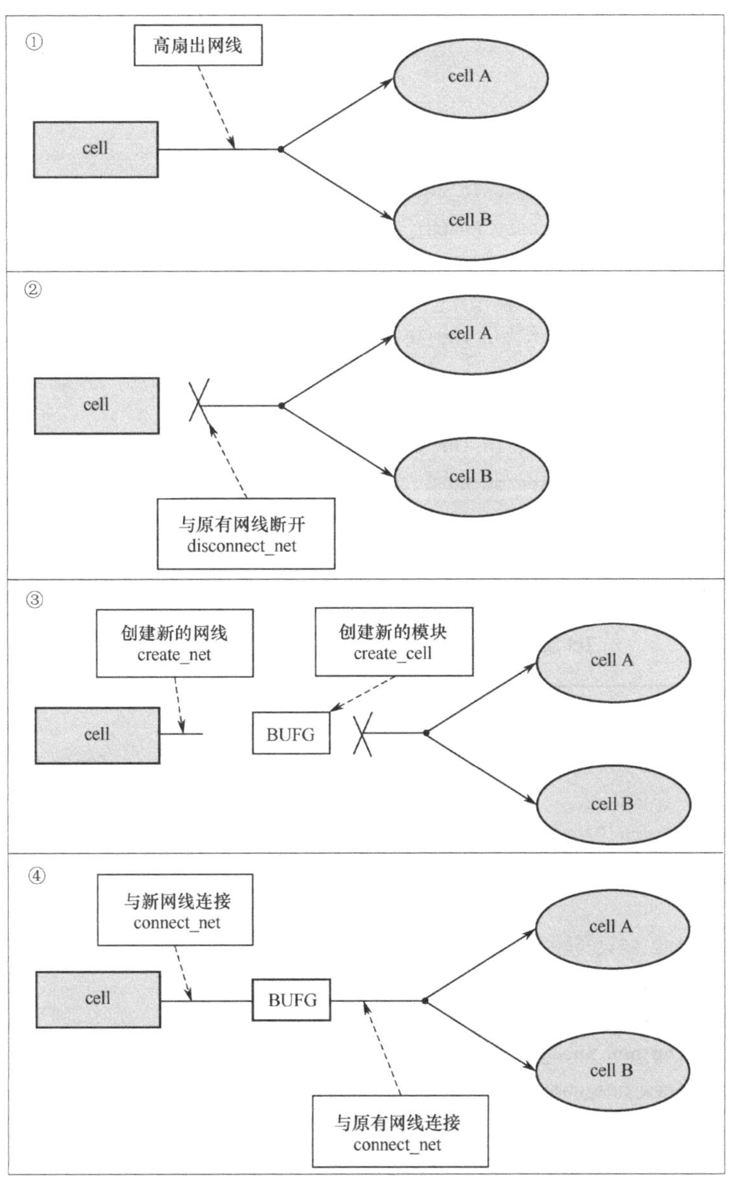

图 7.27　插入 BUFG 的流程

Tcl 脚本 7.29　插入 BUFG 第一部分 Tcl 脚本

```
proc insert_BUFG {net_name {buf_name ""}} {
  set old_net [get_nets $net_name]
  if {[llength $old_net]!=1} {
    puts "Error - invalid net argument - $net_name"
    return 1
  }
  set opin [get_pins -leaf -of $old_net -filter {DIRECTION==OUT}]
  if {[llength $opin]!=1} {
    puts "Error - could not find valid driver - $net_name"
    return 1
  }
  puts "Net name - $net_name - valid!"
  # create valid bufg name
  set net_hier [file dirname $old_net]
  set net_parent [get_property PARENT_CELL $old_net]
  if {$buf_name==""} {
    if {[llength $net_parent]==0} {
      puts "$net_name is in the top level"
      set buf_name "my_BUFG"
    } else {
      puts "$net_name is not in the top level"
      set buf_name $net_hier/my_BUFG
    }
  }
```

Tcl 脚本 7.30　插入 BUFG 第二部分 Tcl 脚本

```
  if {[llength [get_cells -quiet $buf_name]]!=0} {
    puts "Warning - cell name $buf_name already exists. Looking for a new name..."
    set ind 0
    while {[llength [get_cells -quiet $buf_name\_$ind]]!=0} {incr ind}
    set buf_name $buf_name\_$ind
  }
  puts "Creating cell $buf_name (BUFG)"
  create_cell -ref BUFG $buf_name
  set new_net_name $buf_name\_inet
  puts "Creating new $new_net_name"
  create_net $new_net_name
  disconnect_net -net $old_net -objects $opin
  connect_net -net $new_net_name -objects $opin
  connect_net -net $new_net_name -objects [get_pins $buf_name/I]
```

```
  connect_net -net $old_net -objects [get_pins $buf_name/O]
  puts "Insert BUFG \"$buf_name\" Successfully!"
}
```

案例 2：将内部信号引到 FPGA 引脚上

这里直接给出此案例的 Tcl 脚本，如 Tcl 脚本 7.31 至 Tcl 脚本 7.34 所示。读者可结合 Vivado 自带的例子工程进行验证。

Tcl 脚本 7.31　案例 2 第一部分 Tcl 脚本

```
proc connect2port {target_net_name package_pin_name {iostandard LVCMOS18}} {
# Check the target net valid or not
  set target_net [get_nets -quiet $target_net_name]
  set num_net [llength $target_net_name]
  if {$num_net == 0} {
    puts "Error: the \"$target_net\" net does not exist in the design"
    return 1
  } elseif {$num_net > 1} {
    puts "Error: several nets detected for the \"$target_net\" pattern"
    return 1
  } else {
    set target_net [lindex [get_nets -quiet $target_net_name] 0]
  }

#Check the ROUTE_STATUS property of a net
  set route_status [get_property ROUTE_STATUS $target_net]
  if {$route_status == "INTRASITE"} {
    puts "Error: the \"target_net\" net cannot be connected to a probe"
    puts "       as it is not accessible (it is located inside a slice or IO)"
    return 1
  }

# Check the package pin name
  set package_pin [get_package_pins -quiet $package_pin_name]
  if {[llength $package_pin] == 0} {
    puts "Error: the \"$package_pin_name\" pin does not exist in the target FPGA"
    return 1
  }
  set port [get_ports -quiet -of [get_package_pins -quiet $package_pin_name]]
  if {[llength $port] == 1} {
    puts "Error: the \"$package_pin_name\" pin is not free"
    return 1
  }
```

Tcl 脚本 7.32　案例 2 第二部分 Tcl 脚本

```
# Create a new port
  set port_name_pattern [file tail $target_net]
  set port_name [find_free_obj_name $port_name_pattern port]
  create_port -direction OUT $port_name
  puts " New port name is $port_name"

# Set port property
  set_property PACKAGE_PIN $package_pin_name [get_ports $port_name]
  set_property IOSTANDARD $iostandard [get_ports $port_name]

# Create a new OBUF
  set buf_name [find_free_obj_name $port_name\_buf cell]
  create_cell -ref OBUF $buf_name

# Create a new net connecting new OBUF to new port
  set port_net [find_free_obj_name $port_name\_net net]
  create_net $port_net
  connect_net -net $port_net -objects $port_name
  connect_net -net $port_net -objects [get_pins $buf_name/O]

#Unplace all cells connected to $target_net
  set related_cells [get_cells -of [get_pins -of [get_nets $target_net] -leaf]]
  set related_cells_loc_pairs [list]
  foreach cell $related_cells {
    set LOC [get_property LOC $cell]
    set BEL [get_property BEL $cell]
    if {$LOC != ""} {
      lappend related_cells_loc_pairs $cell ${LOC}/${BEL}
    }
  }
  unplace_cell $related_cells
```

Tcl 脚本 7.33　案例 2 第三部分 Tcl 脚本

```
# Connect $target_net to OBUF
  connect_net -net $target_net -hier -objects [get_pins $buf_name/I]
  place_cell $related_cells_loc_pairs
  puts "Successfully Connecting the target pin to a new port"
  puts "=========Information Table=========="
  puts "New port: $port_name package pin $package_pin_name"
  puts "Target net: $target_net"
  puts "===================================="
}
```

Tcl 脚本 7.34　案例 2 第四部分 Tcl 脚本

```
proc find_free_obj_name {pattern obj_type} {
  set index 1
  while {1} {
    set new_name "${pattern}${index}"
    switch $obj_type {
      port { set obj_list [get_ports -quiet $new_name] }
      cell { set obj_list [get_cells -quiet $new_name] }
      net  { set obj_list [get_nets  -quiet $new_name] }
    }
    if {[llength $obj_list] == 0 } { break }
    incr index
  }
  return $new_name
}
```

7.5　其他应用

Tcl 在 Vivado 中的应用非常广泛，本节将介绍其他一些应用，包括编辑网表对象属性、设定是否使用 IOB 中的寄存器等。

1．编辑网表对象属性

这里的网表对象通常包括触发器、查找表、BRAM 和 DSP48 等，它们是 RTL 代码综合后的映射结果。以触发器为例，可以通过 Tcl 编辑触发器的初始值，如 Tcl 脚本 7.35 所示。这项操作也可以在属性窗口中完成，如图 7.28 所示。

Tcl 脚本 7.35　编辑触发器初始值

```
set_property INIT 1'b1 [get_cells {fftEngine/control_reg_reg[1]}]
```

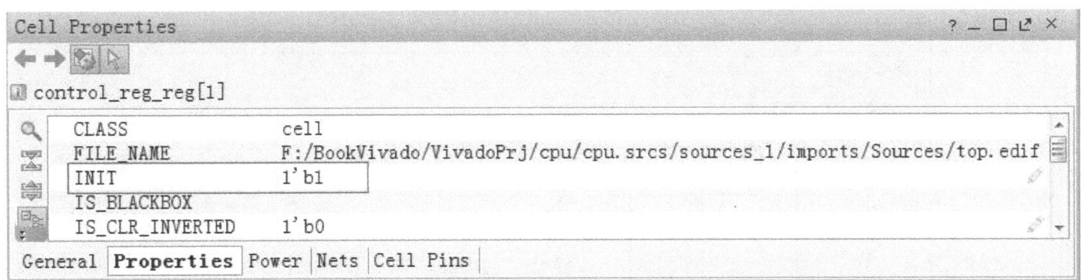

图 7.28　在属性窗口中编辑触发器初始值

对于查找表，当用作逻辑函数发生器时，可编辑其对应的真值表改变逻辑功能，事实上就是更改查找表的初始值，如 Tcl 脚本 7.36 所示。该项操作也可以在属性窗口中完成，如图 7.29 所示。只需打开属性窗口，选择 Truth Table，再单击图中的标记①即可。

Tcl 脚本 7.36 编辑查找表初始值

```
set_property INIT 4'hB [get_cells fftEngine/wb_adr_i_reg_reg[1]_i_1]
```

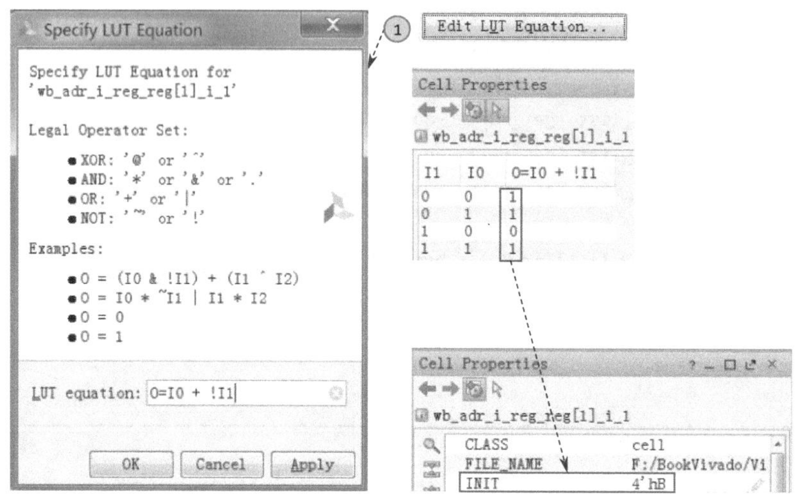

图 7.29 在属性窗口中编辑查找表初始值

2. 设定是否使用 IOB 中的寄存器

通常对设计顶层的端口会加一级寄存器，即外部数据经 FPGA 引脚后的第一级逻辑单元为寄存器，FPGA 内部数据在输出时先过一级寄存器再到 FPGA 引脚。这类寄存器称为输入、输出端口寄存器。输入、输出端口寄存器可以放置在 IOB 中，这样一方面可以节省内部 SLICE 中的寄存器，另一方面对时序收敛也有好处。但并不是所有的输入、输出端口寄存器都可以放置在 IOB 中，这需要遵循一定的条件[2]。

对于输出寄存器，若其输出还需要给内部逻辑使用，那么该寄存器是无法放置在 IOB 中的，如图 7.30 所示。这是因为 IOB 中的寄存器输出端口不能返回 FPGA 内部。若使用 XDC 将该寄存器放置在 IOB 内部，Vivado 会给出警告信息，如图 7.31 所示。

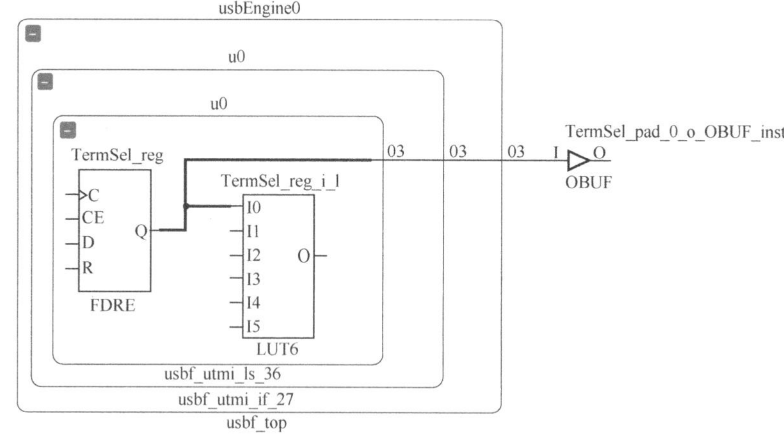

图 7.30 输出寄存器的输出端口给内部逻辑使用的情形

```
WARNING: [Shape Builder 18-132] Instance usbEngine0/u0/u0/TermSel_reg has IOB = TRUE
property, but it cannot be placed in an OLOGIC site. Instance usbEngine0/u0/u0/
TermSel_reg cannot be placed in site OLOGIC_X1Y0 because the output signal of the cell
requires general routing to fabric and cells placed in OLOGIC can only be routed to
delay or I/O site.
```

图 7.31　输出寄存器无法放置在 IOB 内部时给出的警告信息

对于输入寄存器，若输入端口同时连接多个寄存器，则只能将其中一个放置在 IOB 中，此时需要指定该寄存器，如图 7.32 所示。若使用 XDC 同时将这两个寄存器放置在 IOB 内部，Vivado 会给出警告信息，如图 7.32 所示。

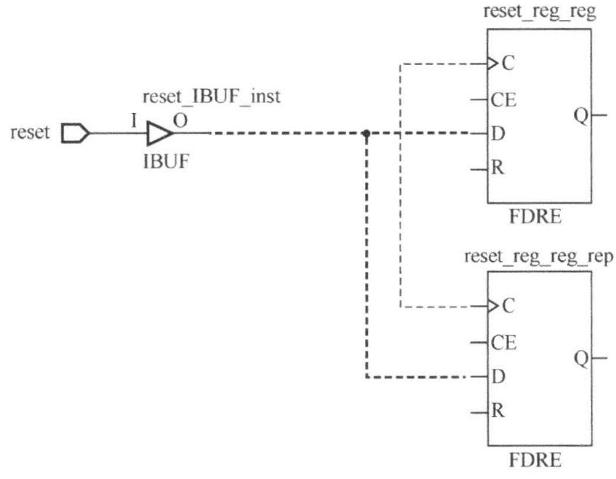

图 7.32　输入端口连接多个寄存器

```
[Constraints 18-841] Port reset has IOB constraint. But it drives multiple flops. Please
specify IOB constraint on individual flop. The IOB constraint on port will be ignored
```

图 7.33　输入寄存器无法放置在 IOB 内部时给出的警告信息

对于输出寄存器，有两种方法可将其放置在 IOB 内部，分别如 Tcl 脚本 7.37 的第 1 行和第 3 行所示。若同时使用会发生约束冲突，第 1 行脚本优先级高。若需要将所有输出寄存器都放置在 IOB 内部，可采用 Tcl 脚本 7.38 所示方式。类似地，对于输入寄存器，可采用 Tcl 脚本 7.39 和 Tcl 脚本 7.40 所示方式。

Tcl 脚本 7.37　将指定输出端口上的输出寄存器放置在 IOB 内

```
1 set_property IOB true \
2 [all_fanin -only_cells -startpoints_only -flat [get_ports {VControl_pad_0_o[3]}]]
3 set_property IOB false [get_ports {VControl_pad_0_o[3]}]
```

Tcl 脚本 7.38　将所有输出端口上的输出寄存器放置在 IOB 内

```
set_property IOB true \
[all_fanin -only_cells -startpoints_only -flat [all_outputs]]
set_property IOB false [all_outputs]
```

Tcl 脚本 7.39　将指定输入端口上的输入寄存器放置在 IOB 内

```
set_property IOB true \
[all_fanout -flat -endpoints_only -only_cells [get_ports usb_vbus_pad_0_i]]
set_property IOB true [get_ports usb_vbus_pad_0_i]
```

Tcl 脚本 7.40　将所有输入端口上的输入寄存器放置在 IOB 内

```
set_property IOB true \
[all_fanout -flat -endpoints_only -only_cells [all_inputs]
set_property IOB true [all_inputs]
```

对于输入、输出端口寄存器的 IOB 设置结果，打开实现后的设计，通过 Tcl 脚本 7.41 所示方式可进行验证，其输出结果如图 7.34 所示。

Tcl 脚本 7.41　查看 IOB 设置结果

```
report_datasheet -name myiob
```

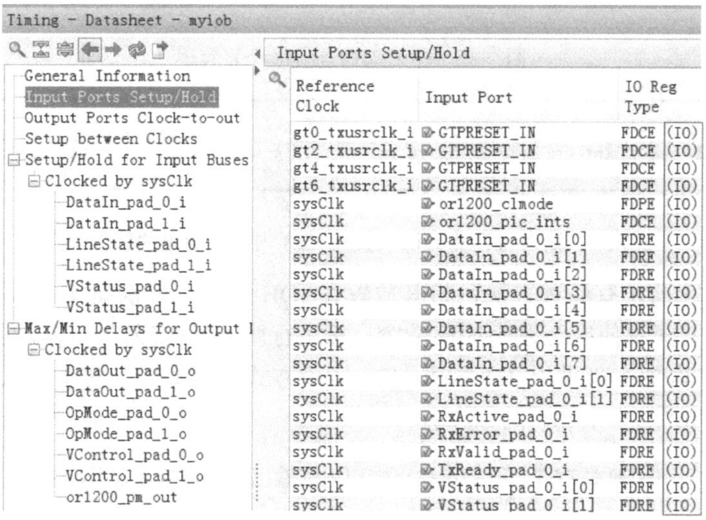

图 7.34　验证 IOB 设置

参考文献

[1] Xilinx, "Vivado Design Suite User Guide Using Tcl Scripting", ug894(v2015.4), 2015

[2] Xilinx, AR#66668, http://www.xilinx.com/support/answers/66668.html